全国高校建筑快题技法指南

几凡设计教育 编 著

李 彬 主 编

U0202257

图书在版编目（CIP）数据

全国高校建筑快题技法指南 / 几凡设计教育编著；

李彬主编 ． -- 北京 ：中国建筑工业出版社,2015.12（2021.9重印）

ISBN 978-7-112-18939-7

Ⅰ．①全… Ⅱ．①李… ②同… Ⅲ．①建筑设计－高

等学校－教学参考资料 Ⅳ．① TU2

中国版本图书馆 CIP 数据核字（2016）第 004897 号

责任编辑：滕云飞

编委会

主　编　李　彬

成　员　卢文斌、陈奉林、赵洁琳、殷　悦、沈　丹、蔡君烨

　　　　孟祥辉、关志鹏、贡梦琼、谢雨晴、幺文爽、刘柏耀、翟继尧、赵新洁（排名不分先后）

全国高校建筑快题技法指南

几凡设计教育　编著

李彬　主编

*

中国建筑工业出版社出版、发行（北京西郊百万庄）

各地新华书店、建筑书店经销

上海雅昌艺术印刷有限公司制版

临西县阅读时光印刷有限公司印刷

*

开本：889×1194毫米　1/12　印张：20　字数：605千字

2016年4月第一版　2021年9月第五次印刷

定价：125.00元

ISBN 978-7-112-18939-7

（28215）

序

　　《全国高校建筑快题技法指南》书稿，拟将出版，经人转托交给我，请我看看，能否写个序。我抱着再学习的态度，收下了它，花了点时间，从头到尾通览一遍，又思考了几天。书稿的编者我都不认识、不熟悉。看了书稿内容后，感到书稿有"亮点"，值得出版。"亮点"至少有三，那就是"抓点"、"考点"和"看点"。

　　第一个亮点是"抓点"。我觉得"快题设计"这个"点"，编者抓得对，抓得准。它适应了市场的需求，它的出版定会受到读者青睐。因为我国每年都有大批的考研学群，大批毕业求职者，他们大多都要通过这道"门槛"，踏上人生未来的新征途。这道"门槛"能否顺利、如愿过关，可能成为人生途中一个重要的"节点"，成为实现人生梦想的一个新起点。其实，本书内容不仅适应考研群和求职者的需求，它对今天仍在校学习的建筑学专业学生来讲，也很有现实意义。对高校建筑院系建筑设计教学也有促进作用。因为"快图设计"的培训，是建筑设计师"看家本领"的培训。20世纪80年代我们一些学生到美国，在事务所能生存下来，大多靠的就是这个手绘快图的看家本领。但现在，据我了解，毕业的学生到设计公司工作后，都依赖计算机来做设计了。接到设计项目，就直接在计算机上操作，很少看到手绘的草图方案，实现了"无纸设计"。它可能是未来的一个方向，但我认为这种现象目前不值得鼓励。不管计算机有多能干，但绝不是机指挥脑，而是脑指挥机。快图培训就是培训我们脑的快速思维力和表现力。这本书也抓到了这一"点"，强调"快图技法"，在限定的几小时的时间内，全用传统的手工作图来完成设计，这种"强制性"是必要的。当然这个"技法"不是靠一次培训就能真正解决，提高快图设计能力和水平的根本途径还是要加强在校时这方面的培训及自身的努力。

　　第二个"点"是"考点"。本书内容强调快图设计要"迅速、准确地判断出考点，有针对性地构思应对策略"。我觉得这真正点到了"指南"的点子上了。我体会这里指的"考点"就是"难点"、"重点"或"挑战点"，也正是我们构思设计策略的出发点。快图设计作为一种考研、求职的考核方式，就是考查应试者设计水平和设计能力，以及建筑设计及表现基本功的一个有效方法，要求应试者在规定的有限小时内，快速、高效化完成一个特定设计对象的概念性的设计方案。它不仅是考查应试者建筑绘图表现能力，更重要的是考查应试者的思维能力、分析演绎能力、设计能力和设计水平。能否迅速、准确抓住"考点"，就是你思维水平、思维能力真实的表现。我认为学习建筑设计，要注重"三法"，即想法—方法—技法的培训。设计方案也贵在设计的理念及其对策是否能较好地解决了这项任务的设计"难点"（即考点）。"想法"（设计理念）是设计的最高层次，"方法"是实现"想法"的途径（或对策），"技法"是藉之使"想法"表现得更充分或更美观，能起到吸引眼球的作用。但最终决定方案生存、优劣的还是设计构思的"想法"及其采取的对策。这个"想法"的产生就是通过调查（考试时只能是深刻的识题及平时的知识积累）、思考、分析、演绎，通过认识矛盾、分析矛盾、抓住主要矛盾，构思相应对策，采用合适的设计策略，提出设计方案。通过分析，抓住了主要矛盾就意味着抓住了"考点"。所以，作为"指南"性的工具书，提出抓住"考点"就是最好的"指南"。通过"指南"，重视如何抓"考点"，应有助于设计过程初始阶段的"分析"，有利于避免设计成果往往"文不对题"，"不得要领"或"简单问题复杂化"等设计弊端。抓住了"考点"，也就是抓住了"难点"。

　　针对"难点"，用特殊的策略予以解决，做出的设计方案就可能创造出真正的自身　"特点"，有特点地解决了"难点"的方案可能就成为了成功的"亮点"。也可以说，越有"难点"的挑战，越有利于激发设计创造力。

　　第三个"点"就是"看点"。我阅读这本书稿后，觉得此书有"看点"。因为本书编者集十年工夫收集、梳理和研究了我国几大著名建筑设计院校历年研究生的考题及一些案例，从几千份快题中筛选出大量优秀快题设计，并结合众多案例进行了全面分析与深入解读，总结了设计的一般规律及常见的八个方面的"考点"，内容丰富、充实、有针对性，可读性强，并赋有指导性，对学习如何做快题设计具有实际的指导性。同时，收集了几个著名院校的考题，也反映了各校出题思路的差异性，有利于学校交流，促进自身的改革。

　　鉴于上述三个"点"——"抓点"、"考点"和"看点"，我就再加上一个点——"赞"点，我自然要给这本书稿的出版点个"赞"，为同济几凡设计团队点个"赞"，为编者点个赞！

戴复东

（前全国高等学校建筑学学科专业指导委员会主任）

2016年1月16日

前 言

阳春三月，春暖花开，是我们收获幸福和喜悦的季节。因为每逢此时，我们都会收到来自全国各地考研学子的"喜报"。自几凡设计教育创立十年以来，已有千余名学员以优异的成绩考入全国各大著名建筑院校，并且每年都不乏多名"考研状元"。除了硕士和博士研究生入学考试以外，几凡学员在应聘面试及实际工作中也受益匪浅。

过去的十年，是不平凡的十年，我们为学员们一点一滴的成长，在不停地努力奋斗。年轻人逐梦的激情深深地感染着我们，在教学过程中，我们不断总结和积累、乐于探索和创新。十年来，我们的团队针对各大建筑院校的考试出题思路，从几千份快题中筛选出大量优秀快题设计，并结合众多实际案例进行全面分析与深入解读，形成了几凡独具特色的教学理念。

特色之一，注重培养学生全面的建筑观。

在绝大多数建筑院校，本科阶段的建筑教学往往是以建筑类型为导向，学生在老师的全面指导下完成课程设计。但是快题考试却与此不同，它需要考生在短时间内快速、独立地完成设计构思和图纸表达，因此，考生必须具备丰富的专业知识储备和快速独立的思考能力才能取得较好的成绩。更为重要的是，很多建筑专业的学生通过本科阶段的学习，并未对建筑设计形成全面的认知体系，往往头疼医头、脚疼医脚。这样必然导致他们在做快题设计时，往往从局部出发，最终产生严重的逻辑混乱。

针对这样的现状，几凡对建筑学专业本科阶段的知识体系进行梳理和总结，注重培养学生全面的建筑观，要求学生具备系统性思维，抓住主要矛盾，弱化次要矛盾，保证快题设计从概念构思到成果表达的逻辑性和完整性。

特色之二，结合案例分析进行快题教学。

为了取得更为理想的教学效果，我们的团队研究了大量中外经典建筑案例，有的教师甚至对美国、欧洲及日本等发达国家的城市与建筑进行过长时间的考察。对此，我们花了几年时间优选出非常符合快题设计特质的典型建筑进行了深入分析。除了常规的功能与流线、场所与空间、形态与结构等分析视角以外，我们还要求学生从建筑的内部体积（房间型与空间型）、房间的立体叠加（均等叠加与不均等叠加）、平面的虚实关系（房间的韵律和突变）等角度理解建筑。

通过大量的分析和比较，学生们会发现这些经典的建筑案例背后，既有建筑师独特的个人设计手法，也有一些普遍性的设计规律。当学生们领会到这两点以后，就能将一些普遍性的设计规律运用到快题设计之中，使之成为重要的设计原则，而案例中一些独特设计手法的运用，又能充分塑造快题设计方案的差异性。除了"正向借鉴"以外，我们还会"逆向溯源"，我们将一些优秀的快题设计与经典建筑案例进行平行比较，这样就能让学生体会到两者之间的关联性，寻找到设计构思的来源，这也是提高快题设计水平的重要方式之一。

特色之三，针对全国高校的快题进行教学。

不同的建筑院校，每年的出题思路都在变化。我们的经验是，如果只针对个别院校的快题进行讲解和训练的话，很容易限制学生的设计思路，有些学生碰到新的题目类型，又是"一头雾水"。快题设计除了考查学生的专业基础知识以外，往往还包括了不同类型的"考点"，而面对这些"考点"所应具备的设计策略又是很多学生所缺乏的。在以往的教实践学中，我们发现很多学生容易陷入局部的细节处理，而对题目的考点及设计策略毫无概念，在千余名学生中，概念清晰者，往往不足十人，这也是他们通常能获得高分的原因。

因此，几凡针对全国著名建筑院校的快题设计题目，总结了常考的八种题型，并且针对每种题型讲解了多种构思技巧及设计策略，尽量让学生熟能生巧、融会贯通，使他们面对一个新考试题目时，不会再束手无策。这也是在几凡学员中，每年都有大量高分的重要原因。

本书体现了几凡独一无二的教学思路及教学特色，是几凡教材体系的一个亮点，其精华在于展示了大量优秀快题及相关案例，并且进行了深入浅出的评析与讲解。这些快题素材均来自于近十年来几凡团队的示范作品，以及众多学员的优秀作业。本书与其他快题设计书籍的不同之处有二：其一，注重建筑形体、空间生成的深度挖掘，涉及功能的逻辑关系、景观的空间关系、地形的契合关系及城市的空间关系等多个方面，并且总结了非常详尽的设计策略，是一本非常实用的技法工具书。其二，注重优秀快题和延伸案例的比较分析，既有相同点，也有差异性，通过多维度比较，可以有效拓展快题设计思路。本书不仅适用于建筑院校快速设计教学、考研快题学习参考，也可以作为一级注册建筑师、设计类公司招聘考试辅导用书。

由于时间仓促和笔者水平有限，书中难免存在一些不足和缺憾，恳请各位读者见谅，并欢迎提出宝贵意见。

2015 年 12 月于同济大学

目　录

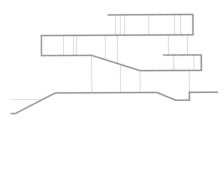
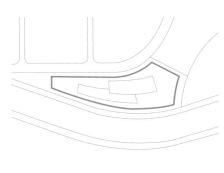
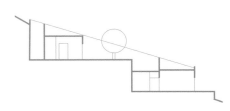
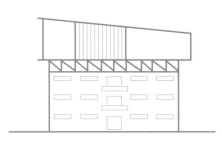
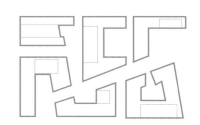

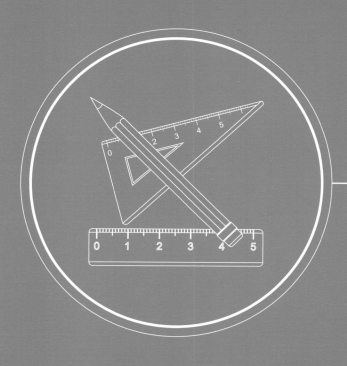

总论：建筑快题设计综述

一、快题设计概念与特征

1. 快题设计概念

　　快题设计是建筑方案设计的特殊形式，是一种考查设计类专业人员设计水平快速而有效的方法。它要求设计者具备一定的专业设计能力，能够在限定时间内完成从文字要求转换到图形表达的任务，以此来评价设计者建筑方案设计的基本能力，同时考查其短时间内分析问题、解决问题的能力。快题设计作为一种建筑学专业特有的考查方式，因其快速、有效、公平的特点，已成为攻读建筑与规划设计专业硕士或博士学位入学考试、建筑设计类企业招募设计人员的常用考试类型，也是国家注册建筑师职业考试选拔人才的重要手段。由此可见，如果期望在专业学位考试、行业入职选拔等方面取得理想成绩，较为纯熟的快题设计能力必不可少。

2. 快题设计特点

　　快题设计规定在有限时间内完成高度概括的方案，要求速度快、效率高、思路清晰、表达美观，需要考生具备熟练的功能布局、空间营造、形体组织等技法，以及各种建筑类型的设计知识和快速表达的能力，绘制出一套相对完整并能反映主要设计意图的图纸。这样的设计模式迥异于周期长、重细节、讲合作的专业课作业或设计院实际项目。因此，想要做好快题设计，设计者需要进行有针对性的学习与训练，并对相关知识进行归纳总结。不少学生在刚开始接触快题时会遇到思维不清晰、表达不完整、图面不美观等情况，建议大家多分析案例、多手绘训练，这几乎是每一位优秀快题考生的必经之路。

二、快题设计步骤与方法

1. 分析题目、理解题意

　　首先通读任务书，对设计内容有宏观把握后，再进行精读，对任务书中所给的文字信息进行分析，此时注意不仅要阅读任务书的文字部分，而且要阅读附图部分。需要强调的是，在读题过程中，快速地分析出题目的考点、敏锐地找到合适的设计策略非常重要，这也通常被认为是短时间内灵感的反映。以2015年同济大学硕士初试快题游客服务中心为例（图1），基地中有很多树木且建筑的可建范围不集中，那么建筑如何有效利用基地就是题目的主要考点。有些同学意识到了这一考点，对树木进行围合，就会获得不错的分数。而有些同学没有意识的到这一点，建筑布局过于随意，与场地树木的关系不清晰，则分数不高。综上，建议考生在拿到题目之后应迅速而准确地判断出考点，有针对性地构思应对策略。这是快题设计的灵魂，需要经过一定数量的训练与积累；剩下的工作就是通过灵活的设计技法来协助你完成设计策略。本书的特色之一就是收集了海量体现不同设计技法的扩展案例，可供学生查阅学习。

2. 设计切入点

　　每位建筑师切入方案的角度可能各不相同，如总图入手、平面入手、剖面入手、形体入手等。而快题设计需要在短时间内完成从构思到表达的整体设计，这更要求考生在设计切入点方面思路清晰。通常的设计切入点总结如下：

　　总图入手（图2）：这一切入点与强调基地内外环境要素的题目密切相关；大

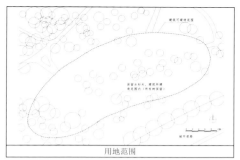
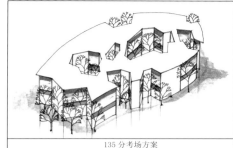
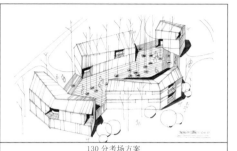

用地范围　　　　　135分考场方案

130分考场方案　　　　　130分考场方案

图1 游客服务中心

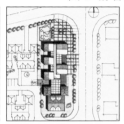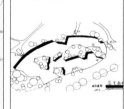
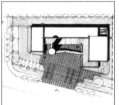
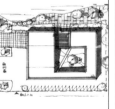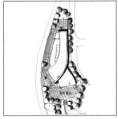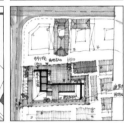
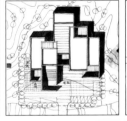

图2 总图入手

部分快题题目会给出完善的地形图和周边环境，如景观资源、地形高差、道路转角、基地保留物、不规则地形等。读题后进行的最基本工作是要分析场地出入口、建筑主次入口、停车位置、建筑的布局及朝向等。在此基础上，更重要的步骤是构思建筑应对特定环境的设计策略，使建筑与周围环境协调融合，提升整体品质，给使用者视觉、行为、心理以美的体验与感受。如果场地中有需要或可以保留、保护、利用、改造的内容（如树木、厂房、历史遗迹等），要考虑新加入的建筑与原有要素相适应，将保留内容有机整合到新的设计中，成为设计的一部分。

平面入手（图3）：这一切入点主要关注平面功能的合理布局，它是建筑设计的基本出发点，也是大多数建筑院校采用的基本教学方式。但需要提醒考生的是：如果仅关注平面而缺乏形体组织和剖面设计的思路，很容易将建筑做得平淡，缺乏特色。因此，建议考生构建立体化、整体性设计思维，多推敲形体、剖面与平面的关系。另外，很多考生在考试中将过多的时间花费在丰富甚至复杂的平面设计上，再去塑造剖面或空间的时候就发现困难很多。经验告诉我们，快题设计中建筑的丰富性在竖向关系上进行体现更为出彩，而平面在满足基本功能使用的前提下可以尽量简洁。

形体入手（图4）：这是一种比较高级的设计切入点，前提要求考生具备娴熟的功能组织能力，这意味着在构思一个形体的同时，已经将形体各部分的功能组织考虑完善；即便有些出入，再进行局部调整即可。注意这里形体主要探讨的是建筑体块的组织关系，而非具体形式。常用的做法有：对体块进行减法、折叠等操作；对体块进行加法、穿插等操作，使体块产生虚实、连续、韵律等效果。这些技法是做出精彩方案的有效手段，本书细致讲解了形体组织与内部空间、外部空间、景观朝向、场地高差、新旧建筑等内容之间的关系，较为全面地总结了形体操作的各种技法，对考生提升快题设计水平大有裨益。

剖面入手（图5）：这一切入点对应快题设计中有些考题涉及到场地高差、内部功能不同标高关系，或有需要创造丰富的竖向建筑空间的需求等，这就要求考生具备一定的剖面设计能力。本书从内部空间的角度比较详细地讲述了剖面设计的技法，以供考生学习。另外，需要提醒考生的是，在塑造丰富剖面的同时，平面结构应清晰易懂，这一点很多考生在刚接触快题时难以兼顾。

3. 落实成形阶段

考生找到设计切入点后会形成大致的总图布局、平面关系、形体及剖面关系，接下来需要进行的步骤如下：

（1）对功能进行平面或剖面分区：对主体部分、公共部分、辅助部分等功能模块进行平面划分或立体叠加。

（2）组织主次入口和交通节点：注意门厅及入口空间的营造，交通节点均匀、合理，并善于运用空间性楼梯。

（3）通过结构体系进行房间、空间的串联：根据房间布置建立起基本柱网关系，注意房间和空间尽量与柱网对应。

在调整房间的过程中，注意房间的不同叠加会产生竖向空间的变化，这需要结合内部空间、外部空间综合考虑。上面几项没有明确的先后顺序，很多都是相辅相成的。经过反复推敲后初步的方案就基本成形了。

4. 深化完善阶段

初步的方案形成后，再认真阅读一遍任务书，仔细核对各项要求是否满足。这一点非常重要，有助于查漏补缺。检查的项目有：房间面积、个数是否正确，

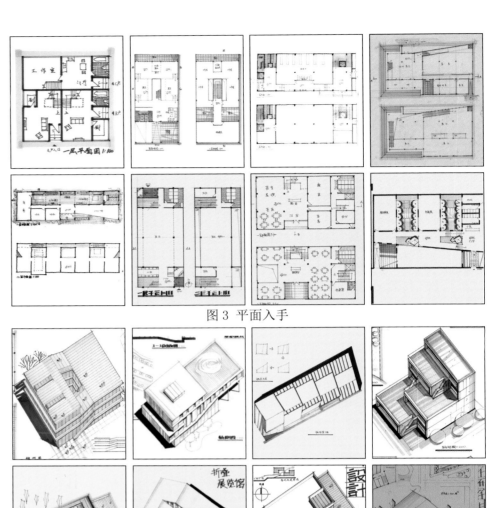

图3 平面入手

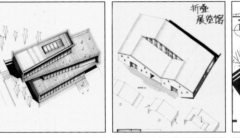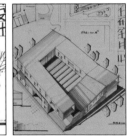
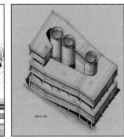

图4 形体入手

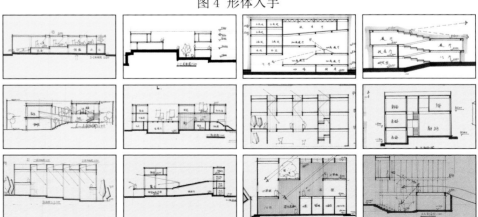

图5 剖面入手

景观是否被充分利用，建筑形体是否与周边环境相适应等。接下来绘制平面图的正式草图，并继续推敲平面功能的合理性、空间的有效性；然后绘制建筑的透视或轴测草图，确保形态的整体性；再根据透视图或轴测图，调整各层平面图，这一步骤具有事半功倍的效果，因为透视图或轴测图生成后，立面图也就随之生成。

5. 排版绘图

所有图纸准备就绪后，开始排版。要求图面完整、疏密有致；借助分析图、小透视来表达设计思想，并填补图面空白。所有内容都确定好位置后，开始绘图。推荐使用半透明纸张，便于拓图，以节约时间。

三、快题设计的常见考点

快题设计的题目类型一般比较常见、普通，功能相对简单、清晰，较少出现功能复杂、面积巨大、功能特殊的建筑。这就要求考生对常见类型建筑的基本知识都要有所了解，常考类型则要非常熟悉。建筑功能是快题考试必备的基本知识，是判断快题好坏的首要条件。功能之外，快题题目的突出考点可以分为：注重内部空间的组织、注重外部形态的组织、注重与保留构筑物的关系、注重与景观的关系、注重与场地高差的关系。此外还有一些规划加单体设计的综合题目，这类题目对考生的综合设计素养及专业知识要求较高，考查考生对大型基地的控制能力，如建筑肌理的延续、建筑群体的空间组织、周边环境的利用等。以上考点需通过推敲形体关系进行组织整合，以建立建筑与环境的逻辑关系。基本考点、题目类型及设计要点整理详见表1。

快题设计常见考点

表1

章节	章节内容	基本考点	题目类型	设计要点
第一章	形体组织与内部空间	考查连续空间的营造及三维空间的想象能力	1. 限定体量 2. 限定立面 3. 限定结构 4. 地形高差限制 5. 功能的开放度较大	1. 需要具备从剖面开始设计的能力，从剖面入手推敲功能布局与空间效果，然后再进行平面布局和形体组织 2. 快题中常用的空间类型包括：中庭空间、错位式中庭空间、嵌入式中庭空间等 3. 内部空间设计要点在于"室空间的配置"即房间型功能与空间型功能在建筑中的合理布局
第二章	形体组织与外部空间	考查形态操作能力及外部空间与内部功能间的对应关系	1. 采光通风等受限 2. 需要创造交流空间 3. 基地周边城市空间价值高或景观环境佳好 4. 形体操作生成	1. 通过加减法、折叠围合等操作，形成架空、露台、庭院等外部交流场所 2. 建立建筑与景观、城市之间的联系 3. 插入内院、屋顶花园等解决内部功能的基本需求
第三章	形体组织与树木保护	考查建筑与场地内植被要素的视线关系，以及形体操作在限制条件下的应变能力	1. 一棵核心树木 2. 多棵树木 3. 树群	1. 建筑形体对树木的围合 2. 设置观景平台、漫游路径等，塑造与树木视线交流的室内外空间 3. 在树群中或林地中应尽量使建筑与环境相融合
第四章	形体组织与景观关系	考查形态操作与景观要素之间联系的能力	1. 滨水景观 2. 城市公园 3. 街道转角 4. 景区自然风光	1. 内部空间来应对景观：内部功能布局、内部中庭空间、台阶空间、对角空间、大厅空间 2. 外部空间应对景观：外部灰空间、屋顶花园空间、平台空间、架空空间 3. 形体应对景观：围合、退台、滑动、悬挑、折叠等手法
第五章	形体组织与不规则地形	考查限制性地形条件下场地设计的能力；不规则地形内建筑功能与空间的组织能力	1. 多边形场地 2. 三角形场地 3. 弧形场地	1. 对于相对规则但有难以利用的锐角空间的基地，建筑形体可以较为规整，并将基地边角空间布置景观 2. 对于明确的不规则地形，一般将建筑界面平行于场地主要边界 3. 通过建筑形体的弯折来应对基地的弧形边界
第六章	形体组织与地形高差	考查形态与地形契合的操作，以及功能、空间在不同标高平面合理布置的能力	1. 高差相差不到半层（小于1.5m）的基地 2. 高差相差半层（1.5～2m左右）的基地 3. 高差相差一层（3～4m左右）的基地	1. 当基地两端高度相差不大时，高差处可以通过台阶式空间来处理 2. 当高差为半层时可以通过错层空间进行设计 3. 当基地两端高度相差一层时，可将高差处理在内部空间上如内部中庭空间或对角空间里，亦可以将高差处理在外部空间，或处理成形体的错迭 4. 在建筑形态的设计上，可以通过建筑体块与基地坡向的顺应或反差的形式来处理
第七章	形体组织与新旧建筑	考查新建筑与旧建筑的形态衔接与过渡、与整体环境的协调与融合，以及新旧建筑间功能、形式、结构间的逻辑关系	1. 在旧建筑内部进行改建 2. 在旧建筑一侧进行扩建 3. 在旧建筑顶部加建 4. 在历史街区中设计新建筑	1. 在城市肌理与建筑形态方面，通过对旧建筑风貌的分析与参照，实现新旧建筑的统一性与整体性 2. 在内外空间方面，塑造中庭、广场、架空、露台、退台等处理与旧建筑的景观及空间关系
第八章	形体组织与规划综合	考查规划层面用地内建筑主辅、动静分区问题，以及建筑群内个体建筑间即相对独立又适当联系的空间关系；考查考生在对建筑、交通系统、开放空间、绿化体系、文物保护等进行综合考虑后进行场地设计的能力	1. 在一个地块中布局建筑群 2. 建筑分散在两个以上的用地中 3. 在单体设计上，常以建筑群中处于核心地位的建筑作为考查对象	1. 规划结构上，根据用地周边道路情况、地块形状、景观及限制因素设置道路、边界、区域、节点、标志物，形成收放有序空间布局 2. 建筑布局上，通过母题重复、形体连续、多形体围合等策略确保主要建筑位于核心区位，一般建筑灵活排布的组织形式

四、快题设计技法与技巧

下面将从功能组织与平面细节、形体组织与内部空间、形体组织与外部空间三个部分来对快题设计进行详细地阐述与剖析。

1. 功能组织与平面细节

功能和平面作为建筑快题的基本要素，对方案概念设计及深化有着深刻的影响。功能可以成为设计理念的出发点，也可以为方案构建整体而系统的框架。不少建筑师通过功能布局框架来推导平面图，并在功能之上通过一定的形态处理，实现形式和功能统一。领会功能的有效方法是研究功能类型相近的经典建筑案例，通过品读这些作品的平面图，总结它们在功能分区、结构选型、房间布局等方面的异同点，并有意识地运用到自己的设计中。下面本书将从设计技法的角度来解读功能组织。

1.1 功能模块与功能分区（图6）

一栋建筑会有三个功能模块：主体部分、公共部分、辅助部分。比如：展览馆有主体的展览部分，有公共的门厅、接待、咖啡，有辅助的库房和办公部分等；宾馆有主体的客房部分，有公共的餐厅、宴会厅及会议室，有辅助的后勤、管理、厨房等；住宅有主体的卧室部分，有公共的客厅、餐厅，有辅助的楼梯、卫生间、储藏间等。如何分区来组织功能块是功能设计的第一步，也是最重要的部分。

常见的功能分区方式为平面分区和剖面分区（图7）两种。平面分区较为常用，而剖面分区不少考生尚未掌握。两种分区方式基本原则是根据使用房间的主辅、动静和内外关系进行功能块在水平或垂直方向划分，注意各部分关系尽量清晰，不要出现相互交叉干扰。

主辅关系（图8）：优先保证主要部分的区位、朝向、景观、采光、通风等。如同济大学2008年硕士初试快题雕塑家工作室设计，主体部分如住宅的客厅、餐厅、卧室等，宜考虑其与桂花树的景观联系及房间的良好朝向；辅助部分如工作室、车库、楼梯、卫生间等，可以布置在相对次要的位置。

对于主辅关系，路易斯·康提出"服务空间"和"被服务空间"的理念，"服务空间"通常指交通空间、卫生间等服务用房等，"被服务空间"通常指建筑的主要空间，如公共建筑中的展览厅、报告厅、阅览室等。在分区设计时，"服务空间"类型明确、集中布置会使"被服务空间"较为完整，有利于空间和形体的塑造。"服务空间"与"被服务空间"的理念在组织空间中行之有效，对很多建筑师产生深远影响。

内外关系：主要针对一些商业、餐馆、图书馆以及展览馆等建筑，有明确的对外使用部分和后勤、仓储、管理等内部工作人员使用部分。例如，天津大学2012年硕士初试艺术家画廊设计，对外部分包括展览室、售卖厅、茶室等，对内部分包括工作室、管理用房等。

动静关系：动静分区即是将建筑公共活动的空间和要求安静的空间适当分开，以避免相互干扰。当动静用房处于同一层平面时，可以通过辅助房间或设立通高、露台等空间将安静和吵闹部分隔离；当剖面分区时，一般采用"下闹上静"的方式进行隔离。

1.2 房间型与空间型建筑（图9）

根据建筑中房间和空间的比例分配，可以将建筑分为以房间为主的建筑、以

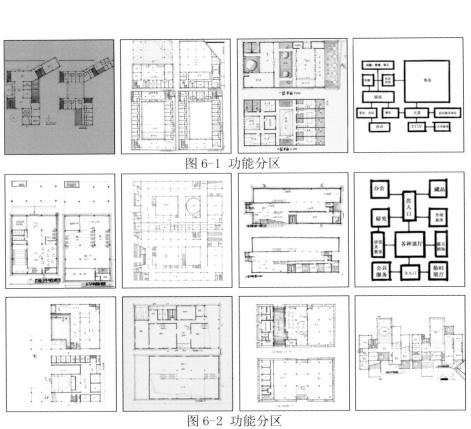

图 6-1 功能分区

图 6-2 功能分区

图 6-3 功能分区

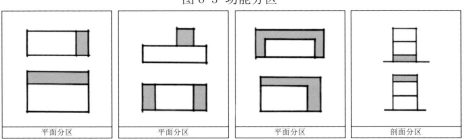

图 7 平面分区和剖面分区

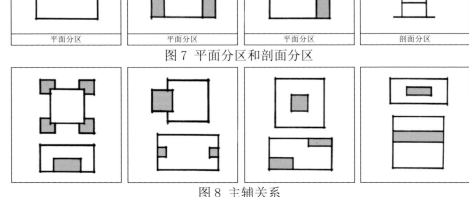

图 8 主辅关系

空间为主的建筑两类。通过房间和空间的组织关系来理解建筑的功能，有助于我们把握建筑内部体积组织的核心特点。

房间型建筑是指以封闭房间为主体的建筑。往往建筑中房间的比例大于空间，比如住宅、文化、旅馆或办公等建筑，卧室、教室、客房、办公室等房间构成建筑的主要部分，这些房间的布局与叠加影响着整个建筑的形象。

空间型建筑是指以开放空间为主体的建筑，往往建筑中开放空间的比例大于封闭房间，如展览、商业、阅览、餐饮等建筑类型，空间的水平流动性或垂直流动性比较重要。此外，还包括以单一空间为主体的建筑，如体育、观演等建筑，这些建筑的功能性很强，要合理处理观众、演出、后勤几部分的关系，组织好人流集散。

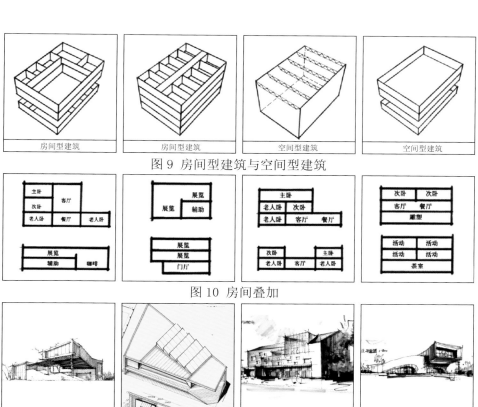

图 9 房间型建筑与空间型建筑

1.3 房间叠加（图 10）

一栋建筑的内部体积由房间和空间组成，房间与房间或房间与空间的叠加可以帮助考生建立空间立体化设计的整体思维模式。叠加的方式大体可归纳为以下几类：

房间均等叠加：大小相等的房间可以竖直叠加；一个大房间和多个小房间可以对齐叠加。

房间不均等叠加：大小不同或大小相同而个数不同的房间叠加可以产生出灰空间、露台、屋顶花园等空间。

房间与空间叠加：如展览馆、图书馆等以空间为主的建筑，将房间和空间叠加，有助于产生通高、错位等竖向空间。

图 10 房间叠加

1.4 交通节点空间

节点空间，如入口、门厅、楼梯、坡道等，其合理排布，对于组织清晰有效的建筑交通流线起着至关重要的作用。

入口（图11）：大部分建筑通常都有两个以上的入口，分为主要出入口（主入口）和次要出入口（次入口）。主入口主要为外部人流使用，次入口为办公及后勤等内部人流所使用。在位置安排上，建筑主入口一般面向基地的主要界面，且主次入口尽量不要设置在同一个界面上。在空间营造上，可以利用架起、凹进等手法营造进入室内前的缓冲性灰空间；也可以塑造独特的路径和景观，形成蜿蜒转折的情景化入口空间；在拥有景观资源时，可以建立入口和景观的联系与渗透，营造景观性入口。

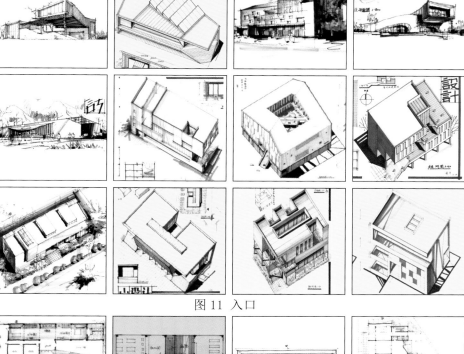

图 11 入口

门厅：作为室内公共活动空间，门厅是建筑最重要的节点之一，它们起到停留缓存、方向引导、紧密联系各个功能空间等作用。其空间的丰富性、尺度的舒适性决定了使用者对建筑内部空间的第一印象。门厅节点一般可分为：功能性门厅、景观性门厅、空间性门厅。

a. 功能性门厅（图12）：最基本的门厅形式，起到的是引导人流、休息停留和衔接各功能区的作用。

b. 景观性门厅（图13）：门厅面对的是景观环境良好的外部空间，如正对或毗邻着庭院、湖面景观等；除了满足门厅的基本功能外，还兼具观赏景观效果。他们既是重要的交通空间，也是舒适宜人的停留空间，同时还可以解决通风和采光问题。

c. 空间性门厅（图14）：在功能性门厅的基础上，具有强调空间的作用，通常将其设计成开敞的通高空间。

楼梯（图15）：公共建筑一般需要两部及两部以上的楼梯，通常分为疏散梯

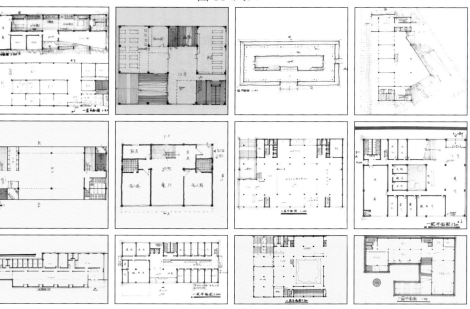

图 12 功能性门厅

和空间梯。一般而言，辅助功能附近宜布置疏散型楼梯，有利于空间的集约；而空间型楼梯往往位于建筑的核心功能区域或公共部分，它们与门厅、中庭、庭院、走廊、露台等空间结合布置，形式感较强，兼具疏散、装饰及加强空间联系的作用。相比之下，在进行住宅设计时，楼梯通常结合电梯、卫生间等进行条状或点状布局，以防止交通空间过大而造成使用面积的浪费。

坡道（图 16）：在快题设计中，通过室内或室外的坡道，在解决高差问题的同时也可以带来建筑漫游的空间体验。通常，室内坡道坡度不宜大于 1:8，室外不宜大于 1:10；室内坡道水平投影长度超过 15m 时，宜设休息平台。值得注意的是，由于坡道占用空间较大，容易带来交通面积过大的问题，需要考生合理安排。

1.5 尺寸与规范要点

房间尺寸与比例：快题设计中可以简化平时的基本房间尺寸，选取容易测量及绘制的尺寸，以方便制图。如住宅建筑中客厅为 4.5m×5m、主卧为 4m×5m、次卧 3.5m×4.5m 或 3.5m×4m、厨房为 2m×3.5m、卫生间为 2m×2.5m；宾馆建筑标准客房 4.2m×8.4m，五星级宾馆客房至少 4.5m×9m。房间长宽比尽量小于 2:1；公共建筑的卫生间蹲位 0.9m×1.2m，蹲位前面的空间宽 1.3m；男女公用残疾人卫生间常用尺寸 2×2m。

柱网尺寸（图 17）：柱网是建筑平面尺寸的基本划分，通常我们功能分区之后选取合适的网格进行房间和空间的划分。在快题中住宅的柱网常选用 4m～5m，公共建筑的柱网则要考虑停车、经济、净高等因素，一般为 7m～8.4m，商业建筑可以做到 9m。在选择柱网时，建议根据主要使用空间或房间来确定。例如，某教学楼设计有 20 间 50 ㎡ 的教室为主要用房，那么推荐的柱网为 7m×7m、6m×8m 或 8m×8m；某旅馆设计有 25 间客房，每间 30 ㎡，那么柱网可以选择 8m×8m，每个网格中容纳 2 间客房。

层高尺寸：建筑层高为下层楼板面到上层楼板面之间的距离。住宅建筑层高 3m～3.3m，公共建筑层高一般为 3.6m，展览、商业建筑层高 4.5m 以上。大中型报告厅层高 5m 以上，有时可以设计为两层通高。

规范要点：快题设计中，通常会用到的相关消防规范。

当建筑的层数不超过 4 层，且未采用扩大的封闭楼梯间或防烟楼梯间前室时，应将直通室外的门设置在离楼梯间不大于 15m 处。

除与敞开式外廊直接相连的楼梯间外，下列多层公共建筑均应采用封闭楼梯间：医疗建筑、旅馆、老年人建筑及类似使用功能的建筑；设置歌舞、娱乐、放映、游艺场所的建筑；商店、图书馆、展览馆、会议中心及类似使用功能的建筑；6 层及以上的其他建筑。

2～3 层的公共建筑（医院、疗养院、托儿所、幼儿园除外），每层最大面积不大于 200 ㎡，第二、三层人数之和不超过 50 人时，可设一个疏散楼梯。

位于两个安全出口之间的疏散门至最近安全出口的最大直线距离为 40m（托儿所、幼儿园为 25m，医疗建筑为 35m，学校为 35m）；位于袋形走廊两侧或尽端的疏散门至最近安全出口的最大直线距离为 22m（托儿所、幼儿园、医疗建筑为 20m）。

公共建筑房间的疏散门通常为两个，且每个房间相邻两个疏散门最近边缘之间的水平距离不应小于 5m。位于两个安全出口之间或袋形走廊两侧的房间，且面积不大于 120 ㎡ 时，可以设置一个不小于 0.9m 净宽的疏散门。位于走道尽端的房间，由房间任意一点到疏散门的直线距离不大于 15m、建筑面积不大于 200 ㎡，可以设置一个疏散门，但门的净宽不小于 1.40m。歌舞、娱乐、放映、游艺场所内建筑面积不大于 50 ㎡，且经常停留人数不超过 15 人的厅、室，可设一个疏散门。

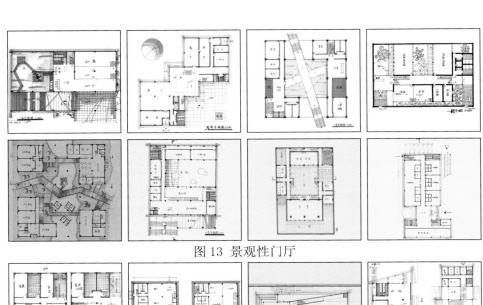

图 13 景观性门厅

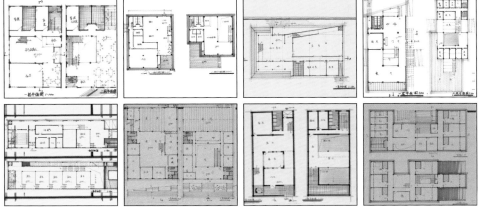

图 14 空间性门厅

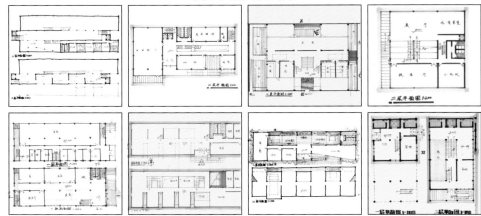

图 15 楼梯（单跑、双跑、多跑、中间两边式、剪刀、错层）

图 16 坡道

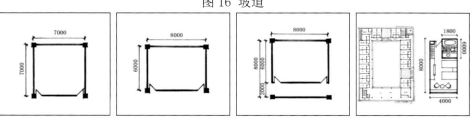

图 17 柱网尺寸

高层民用建筑，超过 3000 个座位的体育馆，超过 2000 个座位的会堂，占地面积超过 3000 ㎡ 的展览馆、商店等单、多层公共建筑应设置环形消防车道。确有困难时，可沿建筑的两个长边设置消防车道。

多层建筑与多层建筑的防火间距不应小于 6m，高层建筑与多层建筑的防火间距不小于 9m，高层与高层建筑的防火间距不小于 13m。

1.6　平面几何形状（图 18）

根据不同的使用性质或地形特征，建筑的平面形状呈现出正方形、长方形、围合形、不规则等形式。一些正方形平面的建筑，其侧立面的造型设计以及房间的空间组织会遇到不少困难，特别是交通流线组织不易，且较难使所有的内部空间获得自然采光和通风；长方形、围合形平面则在快题设计中较为常见。此外，要重视平面网格化设计，即在合理的柱跨网格下进行平面布局，"九宫格"为典型的基本平面网格形式，如：同济大学 2008 年硕士复试 SOHO 艺术家工作室设计、2006 年硕士复试新农村住宅设计，东南大学 2015 年推荐免试研究生试题艺术中心加建设计。两条和三条平面网格是同济大学、东南大学快题中经常考察的平面形式，两条网格的题目有：同济大学 2012 年硕士初试星巴克咖啡店设计、2010 年硕士初试综合楼设计、2007 年硕士复试某中学教学综合楼、2006 年硕士初试展览馆设计，东南大学 2016 年硕士初试游客服务中心设计、2015 年硕士初试社区卫生所设计、2014 年硕士初试厂房改建汽车展馆，两条平面网格可以在一条中进行空间设计。三条网格的题目有：同济大学 2016 年硕士初试学生活动中心设计、2014 年硕士复试社区休闲文化中心设计、2012 年快题周俱乐部设计、2009 年硕士复试会馆史陈列馆设计、2007 年硕士初试乡土历史资料陈列馆设计、2005 年硕士复试美术馆设计，三条网格重要的是对中间一条的处理：可设计成内部空间，也可设计成外部空间，还可以设计成不采光的空间或交通等辅助功能。

1.7　总图设计要点（图 19）

快题总图要素主要包括：广场设计、道路停车设计、绿化水体环境设计等。通常为了满足建筑多个出入口的交通联系，可以布置围绕建筑的车行道路，并尽量贴临用地红线；场地的人行入口和车行入口尽量分开，停车场靠近次入口布置，有些大型建筑可在主入口附近设置少量停车位，以供临时使用；自行车停车位可以设置在场地次入口附近。小轿车停车位尺寸 2.5m×5.5m 或 3m×6m，大客车 3.5m×12.5m，自行车 0.6m×2m。

大型规划的总图设计要注意场地动与静、公共与私密、主要与辅助功能的划分。例如，东南大学 2011 年硕士快题某大学路北学生公寓区设计，礼堂是整个场地的公共核心空间，也是校区面向城市的重要形象，宜将此建筑靠近城市道路布局，而学生宿舍讲私密和安静，因此应将其尽量远离城市道路布局。此外，在进行总图建筑设计时，可以灵活运用母题组织、形体连续、多形体的围合与渗透等手法，来巧妙组织建筑之间的围合和退让关系；规划结构上注意节点空间、轴线、路径的塑造；当面对良好环境时，需要考虑主要建筑单体和景观的关系。

2.　形体组织与内部空间

在众多快题设计中，有些快题着重偏向对内部空间设计能力的评估，功能和形体成为下一层级考量的内容，这要求考生具备较强的剖面设计或者空间处理的技能。典型的考题如：同济大学 2012 年硕士初试快题公园茶室设计、同济大学 2009 年博士复试快题油罐改造设计、同济大学 2005 年硕士复试快题美术馆设计等。在很多建筑项目中，优秀的设计师会对平面图和剖面图反复调整，创造出极具立

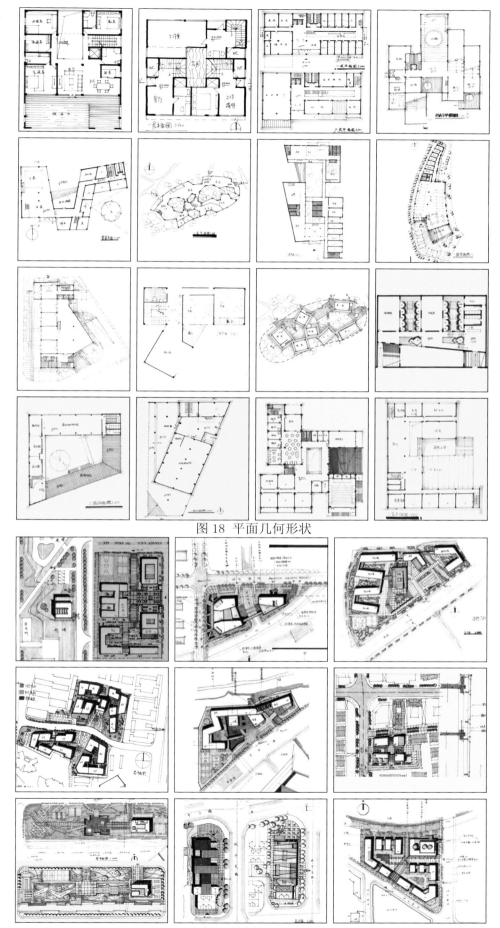

图 18　平面几何形状

图 19　总图设计要点

体感和丰富性的建筑内部空间；而快题应试中有些考生过多关注二维平面的设计，待平面图完成后，才开始考虑剖面，导致给予竖向空间塑造的时间过短，无法训练出空间与剖面设计的思维和能力。在遇到一些特殊地形（如山地斜坡）或以空间为主的建筑类型（如博物馆、图书馆）或包含复杂、独特空间的建筑（如包含无柱大空间的建筑、内部空间标高复杂的建筑、要求考虑屋顶采光的建筑）的设计时，若考生优先从剖面入手，再反推到平面，可能更为直接和讨巧。总的来讲，剖面思维的训练成为快题设计中不可缺少的环节。

关于空间设计的理论词语非常多，如并置、叠合、掏空、透明性、流动性及连续性等，最终都是为了使空间在平面或剖面上进行相互渗透或错位变化，最终塑造丰富的空间效果。这些词语或理论我们接触很多，但在实际运用上可能不甚熟练，因而本书从操作技法的角度来阐述，通过对优秀案例的分析总结，我们将内部空间分为：独立式中庭空间、嵌入式中庭空间及错位式中庭空间。

2.1 独立式中庭空间

中庭空间是最基本的空间类别，也是建筑的"心脏"和人流组织的核心，很多建筑师根据具体的使用功能、视觉效果或个人手法对其进行精心的设计。常见的独立式中庭形状有方形、三角形、不规则形等，主要具备功能性、景观性、交通性等特点，对中庭空间的采光、景观和交通的设计将会大大增加空间的精彩度和丰富性。

功能性中庭（图20）：中庭主体具备建筑功能，如一些展览馆的中庭既是交通节点，也承担着展示功能；一些图书馆围绕中庭组织阅览空间等。

景观性中庭（图21）：当建筑面对景观时，通过大面积的通透空间与景观呼应，从而建立空间与景观的直接联系。

交通性中庭（图22）：围绕中庭组织建筑的主要交通，增加内部空间的流动感。

2.2 嵌入式中庭空间（图23）

利用虚体与实体的交替排列，形成空间的虚实相生。实体容纳功能性空间，虚体多为通高或采光空间，由此产生出一种富有节奏和韵律的空间体验和形体变化。由于嵌入式中庭空间的间隔特征比较明显，也将其称为间隔空间。

2.3 错位式中庭空间

相比于独立式中庭空间和嵌入式中庭空间，错位式中庭空间更能够加强通高空间的斜向延续，达到拉长视线、拓展视野的作用，并在水平和垂直方向上促成内部空间的流动与贯通。最常见的错位空间类型有错层空间和台阶空间两种。充分利用错位空间进行建筑设计，尤其是遇到地形高差类题目时，有助于建筑更好地适应地形，以实现高低场地的自然过渡。

错层空间（图24）：根据场地关系或者建筑师个性化的空间营造手法，将建筑的层高相错半层，甚至一层，错位的部分设计成流动或开敞的空间，增强空间的立体关系。错层空间可结合台阶和坡道，形成丰富的"建筑漫游"体验。

台阶空间（图25）：延伸和拉高的错层空间，将多个室内通高空间错位并置，或者在一个方向上层层抬高，形成一种斜向的穿透力。在这样的空间中布置展厅、咖啡厅、茶室、商业等开放式功能，能够增强空间的引导性及连续感。

3. 形体组织与外部空间

在快题设计中，有不少题目更倾向于关注考生对较大或较复杂（包括树木、

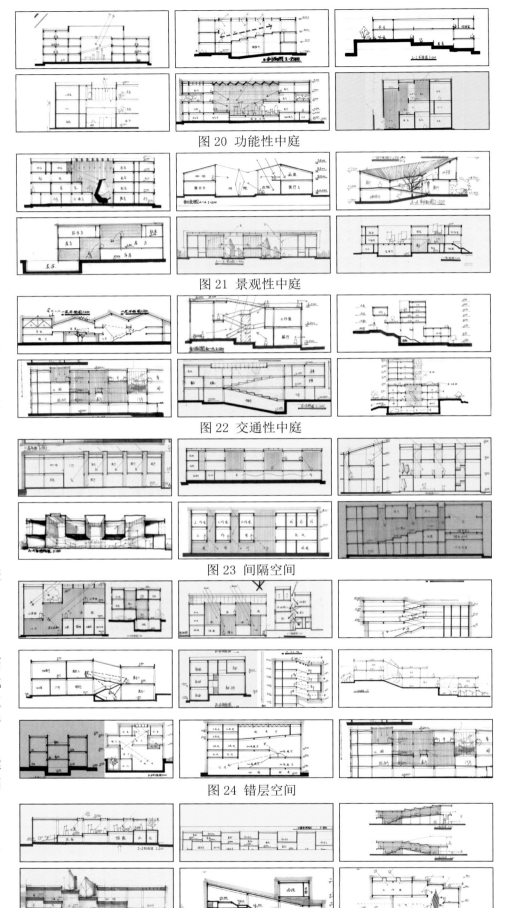

图20 功能性中庭

图21 景观性中庭

图22 交通性中庭

图23 间隔空间

图24 错层空间

图25 台阶空间

滨水、历史遗迹等有利因素，城市快速路等不利因素）场地的把控能力，考查建筑形体组织与周围环境的关系。相关的考题，如同济 2010 年硕士初试综合楼设计、同济 2011 年硕士初试风雨操场设计、哈工大 2012 年硕士初试艺术家创作中心等。还有一些小型规划加建筑单体设计的题目，譬如，东南大学 2010 年硕士初试东湖公园规划加艺术家工作室设计、同济大学 2012 年硕士复试江南某城市规划展览馆设计等。这些题目均要求考生从场地入手，分析交通流线，并根据周边要素有效处理建筑的形体关系。

通过对优秀案例的分析，我们可以将建筑形体关系的组织分为：加法与减法、围合与折叠、线形与基座、单元与整体、开窗与肌理、特殊化形体等。

3.1 加法与减法 （图 26）

加法是通过形体的滑移、穿插或悬挑等，化解建筑体量，以适应周边环境；或产生露台、灰空间等外部空间，或提升建筑的动态性与指向性。减法则是在相对完整的体量上，通过对形体的切削产生灰空间、屋顶花园、退台等外部空间，以加强室内外空间的渗透，并丰富形体。

3.2 围合与折叠（图 27）

围合是通过建筑体量二维平面上的环绕，如 U 形、L 形、回形，营造出庭院或广场等外部空间，建立自身的空间品质或与周围环境的联系。折叠是通过板块或形体的连续立体弯折来塑造形体的整体感与雕塑性，还可以产生出空间的围合效果，其中，板块的折叠是通过折板将复杂或零散的形体统一起来，并创造多样的外部空间；形体的折叠是利用"体"自身的弯折，创造虚实变化、连贯舒展的形态及立体化空间。

3.3 线形与基座（图 28）

建筑形体常与两种基本的功能形态相呼应：当功能需要通风采光时，形体呈现出线状，如条形、L 形、U 形、C 形等；当功能集中，或不需要太多采光时，形体可以表现为基座状。有些考生在快题设计时，容易将建筑"万能化"，排布一些所谓的万能平面，并将其直接简单地抬升起来形成体量，以不变应万变。其实，建筑可以进行线状与基座体量的竖向叠加，塑造建筑形体的立体感、空间感与漂浮感，由此产生极具趣味的空间和剖面，从而摆脱建筑的平面化。

3.4 单元与整体（图 29）

利用碎片化、单元化的体块增加形体的韵律感，单元间可以形成间隙空间，以解决建筑的采光问题；也可以产生露台等外部交流场所，并强化室内外空间的渗透。在采用单元式技法时，可以与相对完整的体量组织在一起，以增加建筑的整体性。

3.5 开窗与肌理 （图 30）

开窗与肌理是对形体的细化处理，但不能破坏形体的完整性。快题设计中常见的类型有横条窗、方窗、竖窗、洞口、格构、表皮等。有的开窗也可以通过图案构成手法形成特殊的肌理效果。

3.6 特殊化形体（图 31）

报告厅往往为典型的特殊化形体。与一般房间不同，报告厅为无柱的大空间，

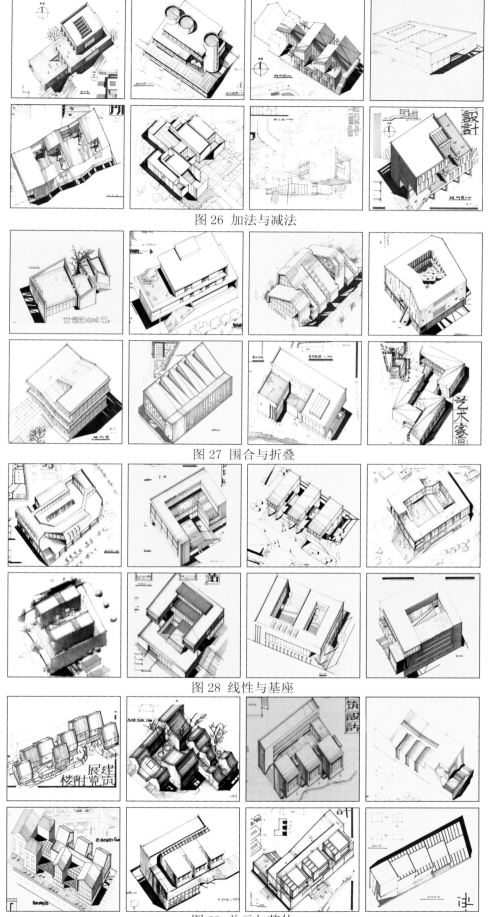

图 26 加法与减法

图 27 围合与折叠

图 28 线性与基座

图 29 单元与整体

要注意避免小跨度结构压在大跨度结构上，其梁架形式宜根据跨度选择密梁、桁架或网架等。它可以位于首层、中庭、顶层或形成单独体量，注意当布置在顶层时，要靠近疏散楼梯，这样有利于人流疏导，并防止流线混杂。另外，报告厅的入口处尽量设计一定面积的缓冲空间，起过渡作用。

五、快题设计的图纸表达

1. 构图与排版

制图时注意图面完整，清晰易懂；突出主要内容，省略细枝末节。建议将平面图并列放置；剖面图、立面图也是如此，且布置在图纸下方；表现图通常位于角部。

2. 内容与逻辑

一般情况下，先完成总平面和各层平面图，其次是表现图、剖面图，最后为立面图。当时间充裕或图面有剩余空间时，可以通过分析图来表达设计者的思路与想法，如场地分析、功能分析、交通分析、竖向空间分析、视线分析及景观分析等（图32）。总之，在快题设计方案构思阶段要建立理性的设计逻辑，同样在图纸表达时也要以清晰的思路呈现。

3. 色彩与表现

建筑的色彩应该强调协调统一，并与周围的环境、城市景观相互协调，主要颜色不宜过多，且注意合理搭配，把握适当的面积和比例。

六、快题设计的学习方法

1. 积累案例

通常而言快题设计的基本功体现在成熟的技法运用上，这是需要长期学习积累的。建议大家通过阅读功能简单、流线清晰的优秀建筑案例来掌握技法：分析设计的概念来源和形态的生成策略；归纳功能分区、平面布局、竖向空间的特征；总结门厅、楼梯等交通节点空间的形式；并进行平、立、剖面及透视图的简化抄绘，以便对作品有更深的理解。在分析作品时，切忌首先关注细节部分，如平面的房间个数、立面的装饰构造等，而是要以整体的眼光看待方案，如功能的布局类型、立面的划分方式等。

此外，本书展示的优秀作业也值得学习，这些作业都是经过十年时间精心筛选出来的，每份作品都是在前人的基础上不断地累积更新，不断地学习大师佳作的成果。案例的汇总与解析对于提升设计能力非常重要，鉴于此，将在第七部分对其学习方法进行详述。

2. 重视手绘

平时多练习速写，提高艺术表现力。重视手绘能力并不是要求画得逼真，而是要求在较短的时间内抓住事物的主要特征，并以简单易读的方式表现出来。一幅图纸可以完全徒手表达，潇洒不拘谨，展现娴熟的手绘功底；也可长线条用尺规，短线条徒手画，图面奔放而活泼。

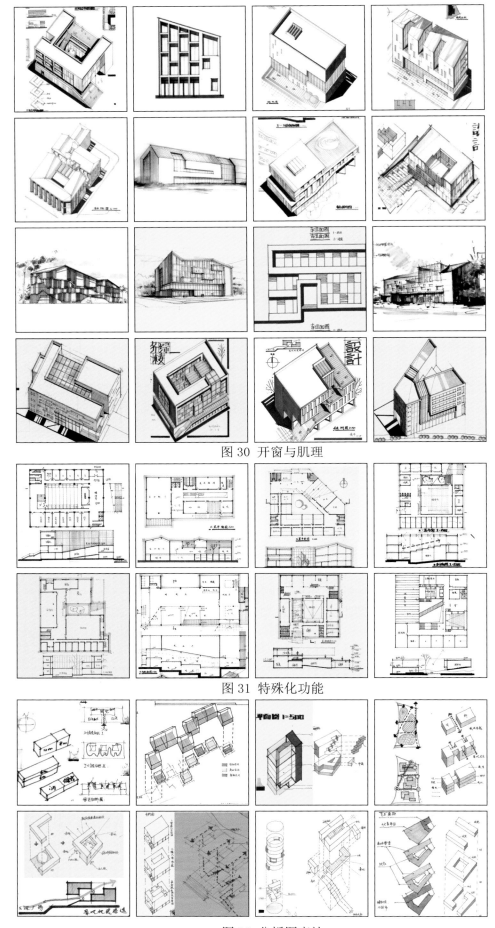

图 30 开窗与肌理

图 31 特殊化功能

图 32 分析图表达

3. 善于借鉴

在进行快题设计时，尽量回忆已经积累的建筑案例，尝试将其空间亮点、体块构成手法或立面虚实关系等运用于方案中。这样既有助于对大师作品的理解，也有助于以便捷的方式创造快题设计的精彩之处。需要强调的是，不要为了模仿而模仿，而是在满足建筑基本功能的前提下进行参考。

4. 针对训练

对于每一道经典题目，只做一次是不够的。在与同学交流、阅读大师作品后，我们一定会有更多更好的思路，可以训练在规定的时间内做方案，不画成图，多训练几次，有利于快速提高审题能力、方案能力。有意识地单独练习绘制总平面图、平面图、剖面图、透视图、轴测图等，节省时间，各个击破，提高画图速度。

七、案例分析

1. 案例分析的过程和目标（图 33）

案例分析是有效提升建筑设计能力的途径之一，在对各种优秀案例深入剖析的过程中，能够掌握从概念构思到平面布局再到细节处理的全面知识。一般而言，案例的阅读和积累是一个由浅入深的过程，大体可分为以下三个阶段：

（1）积累建筑语汇与基本常识阶段。该阶段属于基础层面，还停留在此的同学必须对案例进行一定深度的分析与临摹，补充与积累基础知识，以较快提升设计能力。如平面形式、房间尺度、设计与制图规范、功能布局及流线组织、结构选型、构造知识等。

（2）理解空间营造与形体组织阶段。处于这一阶段的考生，在大量的案例阅读与分析的基础上，总结优秀的处理方式，诸如楼梯的式样、立面门窗肌理的分隔、室内外公共空间的营造，建筑形体的操作等，并最终提炼出自己熟练的创作技法。

（3）提升设计策略与创作概念阶段。优秀快题往往对题设条件与矛盾提出合理应对策略，这是较高的层次，也是快题训练的理想目标。而达到这一目标，需要大量阅读与思考优秀案例设计的缘由和思路，积累解决矛盾的方法策略，以完善建筑观念、开拓设计思维。

正如提高写作能力的有效方法是扩大和积攒阅读量，提高设计能力必须大量分析优秀作品，以达到厚积薄发的良好成效。在这一过程中，上文所提及的三个阶段中的内容将逐步得到提升，并且各内容相互影响、相互补充，最终升华成为得心应手的设计策略。对于短短数小时的快速设计，前期案例积累的作用尤为突出。因为在考场极短的时间内，从无到有地推理出一套形体、功能、空间及细节都十分完善精彩的全新方案实属不易，大部分情况下都是在之前积累研究过的案例或技法基础上的改进。根据几凡多年的教学经验，我们发现优秀快题的形体、空间或处理手法大多来源于对大师方案的学习与借鉴，或是在对经典案例理解消化的基础上的再创造。

2. 案例分析的内容与方法

案例积累的过程并非一蹴而就，而是需要花费大量时间和精力。对于每一个值得分析的优秀作品，若只是简单粗略的浏览，对快题设计的帮助不会很大；相反，我们需要脚踏实地，精读与泛读结合，有意识地不断累积，尽可能深入思考与挖掘案例的精彩之处。在进行案例分析时，不同阶段所关注的主要矛盾是不一样的。

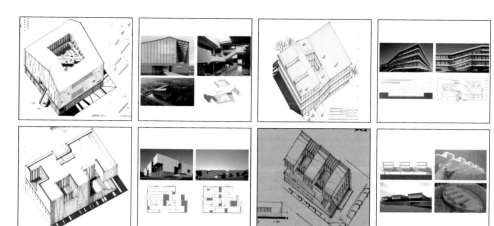

图 33-1 案例学习

  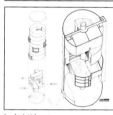 

图 33-2 案例学习

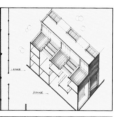  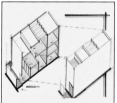 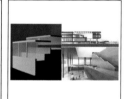
 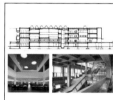  

图 33-3 案例学习

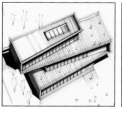   

图 33-4 案例学习

第一阶段：

（1）大致读懂平面，并结合剖、立面对建筑的空间和形体有初步认知。

（2）分析方案的结构选型、轴网间距、建筑层高等与平、剖面相关的基本构架。

（3）学习图纸的规范表达，如楼梯、门窗、卫生间的画法，内外高差的表达，家具的布置等。

（4）梳理方案的功能分区与流线组织。需要强调的是：对于跨专业刚入门的新生或基本功较差的本专业学生，第一阶段的方案分析过程能够有效弥补和巩固建筑学知识空白。

第二阶段：

（1）关注建筑形体的组织与周围环境（包括肌理形态、城市道路、保留树木、滨水景观、街角广场等）的关系；

（2）标注并摘抄方案中精彩的室内外空间设计，如台阶式展览空间、错层式居住空间、退台式露台空间等。

（3）概括立面的虚实关系、分隔方式。

（4）留意入口、门厅、楼梯等节点空间的处理。需要提醒考生的是：探究各案例间的关联与差异，培养分类总结的能力，有利于全面而具体地理解案例，并掌握空间、形体、节点等方面的多种设计手法。

第三阶段：

（1）提炼方案的创作理念与设计亮点，把握应对各种矛盾的方法对策。

（2）在全面理解方案之后，将其以一系列示意图或分析图的形式呈现出来，如平面布局简图，剖面空间简图，体块生成简图等，以把握方案的精髓。值得注意的是：此阶段是思考设计出发点与应对策略的过程，有助于加深对案例理解，也有助于设计能力的提升。

综上所述，案例分析类似于读书笔记，均为记录自己理解并有所感悟的内容：可以是一整套方案，也可以是一些节点或精彩局部，还可以是理解后再抽象的概念或策略简图。需要注意的是在阅读方案的各个阶段，切勿机械地记忆技法，而是要在理解的基础上消化吸收，以达到事半功倍的效果。

3. 由案例积累到快题设计

在完成一定量的作品积累后，选择适合的题目进行有针对性的训练，把学习到的技法主动而恰当地运用于快题设计中，这是我们的最终目标。从案例到快题并非全盘照搬。一个优秀的快题可能是在熟练掌握若干优秀案例的创作手法或处理方式之后的精心改进。这就意味着我们必须把所分析的大量案例进行分解与重组，从而总结归纳出一套适合自己的设计技法，如形体组织的处理手法，内部空间的典型形式，外部空间的常见类型等，只有这样才能举一反三，将案例分析的作用发挥到极致。

本书列举了众多与优秀快题对应的案例，作为本书的扩展延伸，绝大部分案例在几凡课堂上被详细讲解。仔细比较二者，不难发现，高分快题不是对案例的生搬硬套，而是在充分分析和理解基础上的再创作。

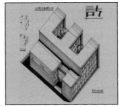
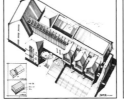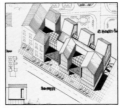

图 33-5 案例学习

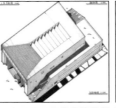

图 33-6 案例学习

图 33-7 案例学习

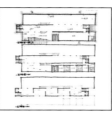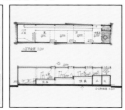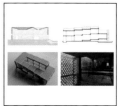

图 33-8 案例学习

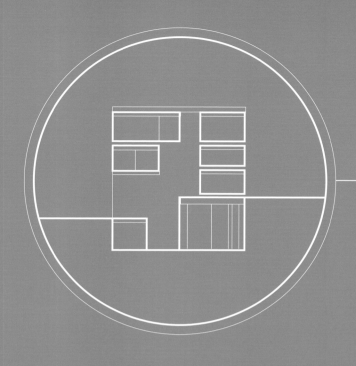

专题一：形体组织与内部空间

　　内部空间的设计是快题题目中最基本与常见的类型，重点考查考生如何在既定的体量内进行功能布局与空间设计能力。这一类题目一般是通过限定体量的形式进行出题。限定体量的方法有给定基地长宽及限高的形式，也有给定柱网的形式，还有给定四个立面的形式等。尽管不同出题形式会给设计带来不同的处理方法，但其主旨都一样，即对内部空间的塑造。

　　将形体组织与内部空间作为主要考查对象的题目类型大致可分为以下三种：
　　（1）限定体量。给定建筑三个维度尺寸、体积，在一定体积内设计建筑，立面与空间自由度较高。如同济大学 2013 年推荐免试复试快题冰块融化设计、东南大学 2015 年推荐免试研究生艺术中心加建。
　　（2）限定立面。建筑有两到四个墙面已经限定好，建筑层数与屋顶形式需考虑周边环境。如同济大学 2012 年初试快题公园茶室设计、同济大学 2009 年博士复试快题油罐改造等、武汉大学 2012 年初试快题星巴克咖啡馆设计、西安建筑科技大学快题训练试题画廊设计、东南大学 2014 年初试快题厂房改建汽车展馆等。
　　（3）限定结构。建筑结构体系给定是较为特殊的出题形式，要求空间和结构有一一对应的关系。如：同济大学 2006 年初试快题展览馆设计。

　　针对形体组织与内部空间设计的题目，以下的设计策略可以借鉴：
　　（1）掌握剖面设计的思路。剖面设计是绝大多数同学的弱项，因为目前多数建筑院校本科阶段建筑设计的教学以功能类型为主，大多同学没有剖面设计的意识。其实剖面设计是现代建筑设计中一个重要主题，最典型的就是阿道夫·路斯提出的"体积规划"的设计思想。本书将内部空间与形体组织作为首章，就是希望通过本书收录的大量的优秀快题与延伸阅读案例，使读者能更容易地掌握总论所讲的剖面设计的技法：错位空间、间隔空间、连续空间、中庭空间等形式，进而在自己练习快题与应试的过程中将剖面设计的设计方式与优秀案例中的精彩剖面结合起来，提升自己的快题设计水平。
　　（2）注意房间型功能与空间型功能区分。此类型题目共通的关键点，即在功能布局和房室配置的时候，通过平面分区或剖面分区，将房间型的功能集中布置在体量的一处以方便空间型功能的自由布置。这种设计方法可大大加快快题的设计速度，同时让内部空间变得清晰简单。

同济大学 2013 年推荐免试研究生试题

题目：冰块融化（1.5 小时）

一、图解分析

请用系列图解描述大小为 3cm×3cm×3cm 的冰块融化过程，表现形式不限。

二、建筑设计要求

1. 要求运用冰块融化的图解概念，设计一个小型艺术博物馆。
2. 该艺术博物馆以展出空间装置为主。
3. 博物馆的空间体量不要超出 6m（高）×6m（宽）×30m（长）的范围。
4. 博物馆功能自定。

三、图纸要求

1. 平面图、立面图自定
2. 提供不少于 5 个剖面图
3. 至少 1 张轴测图

核心考点：

1. 融化可以理解为形态或空间的变化，设计可以重点突出渐变的状态。
2. 单条平面网格的功能、空间及形态设计。

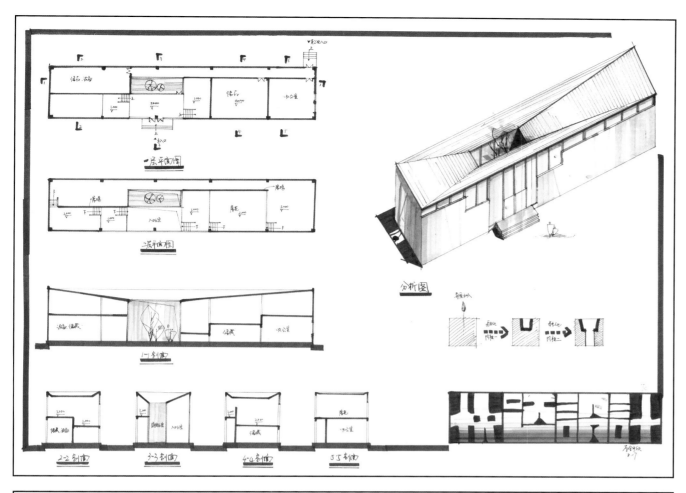

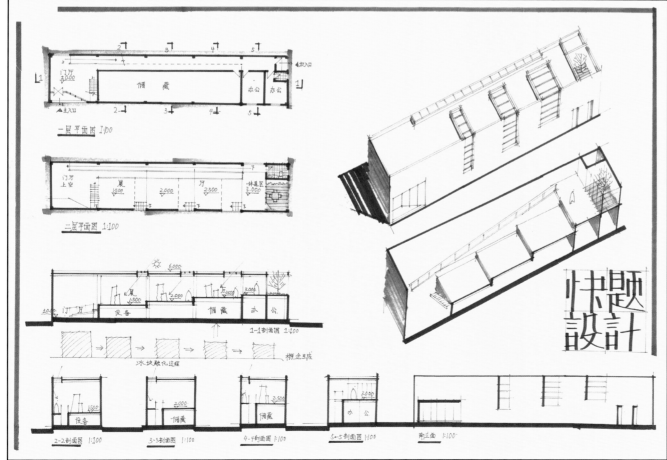

方案点评：

　　两个方案的相似之处在于：将"冰块融化"的概念体现为逐渐变小的内部空间，并结合台阶式展览空间得以实现。外部开窗对应内部空间，使建筑内外得到了统一。不足的是：缺少疏散楼梯。

　　上方案从长边的中部进入，入口正对庭院，展览以庭院为中心形成环形流线。形态上屋顶向庭院倾斜，形成了既内向又外在的空间。不足的是：柱网设置没有考虑到内部空间的结构。

　　下方案从长边的边跨进入，台阶式展览和坡道组成了一个清晰的展览流线。在流线中部植入屋顶花园，创造了较好的节点空间。

上方案作者：李舒欣（2015年保送到同济大学）
下方案作者：蔡兴杰（在同济大学2013年初试快题中获得最高分125分）

延伸阅读：

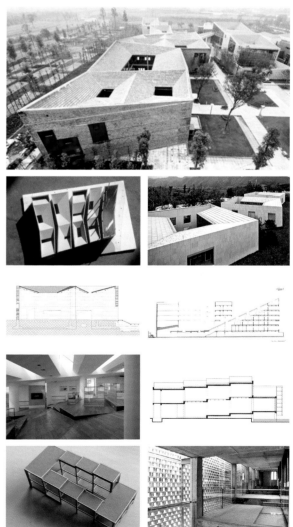

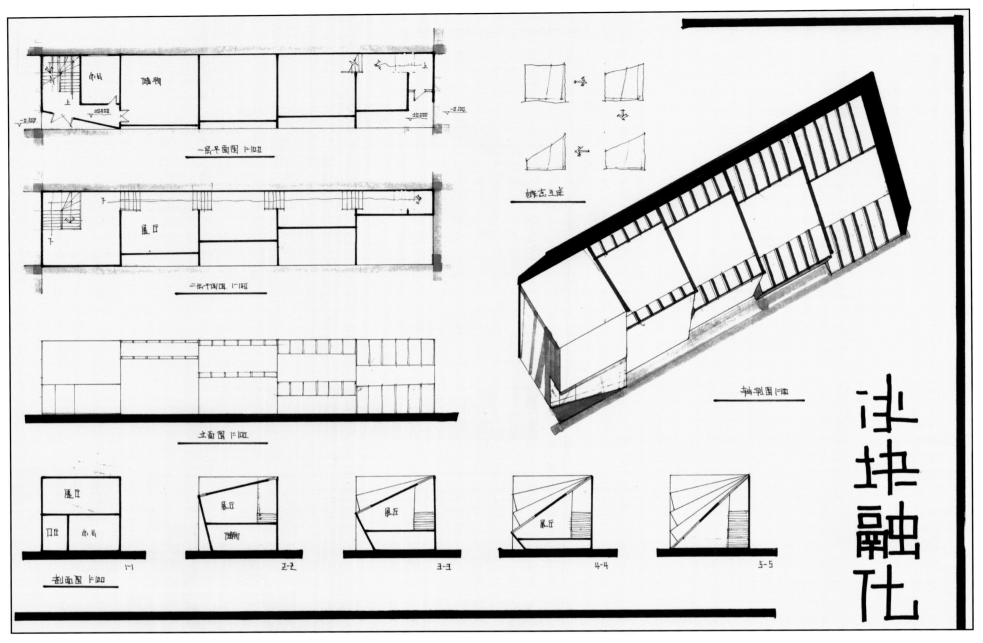

冰块融化

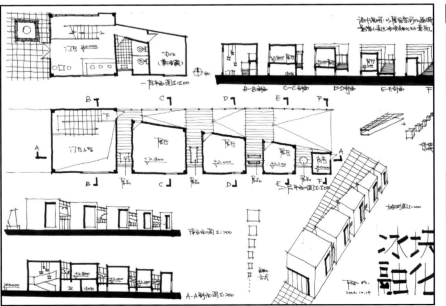

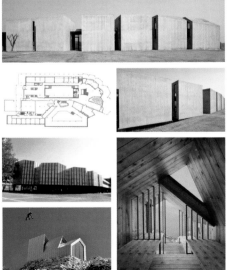

方案点评：

　　两个方案的相似之处在于：将"冰块融化"的概念通过逐渐变化的外部形态来实现。运用渐变单元体的手法，既获得连续变化的外部形态，也塑造了相应的内部空间。

　　两个方案比较而言，上方案的形态与空间比下方案张力感更强，韵律感更好。但上方案入口门厅尺度不足，缺少卫生间，局部展览空间过小。下方案展厅旁坡道的坡度指向线方向画反。

上方案作者：吴　昊
下方案作者：陆一栋

同济大学 2012 年硕士研究生入学考试初试试题

题目：公园茶室建筑方案设计（3 小时）

江南（夏热冬冷地区）某公园内，拟建一茶室，周围环境为大片绿地，景观均质，无主要视线方向，无视线或日照遮挡。拟建建筑入口方向不限，外观要求为建筑的复原。"被复原建筑"的平面为矩形，平面外轮廓边缘与外表面的详细数据见附图，外墙表面材料为白色涂料。设计要求如下：

一、本茶室建筑的主要外观须与"被复原建筑"相同

具体为外表面所有洞口的位置、大小、外墙表面材料均需保持"被复原建筑"的原有状态。洞口可以被利用成为新建茶室建筑的窗、入口，可以增加洞口的附属构造设施如百叶、遮阳、栏杆等，也可以保留洞口状态，但不可以用于"被复原建筑"外墙表面相同的材料填充洞口以缩小洞口尺寸，也不可以扩大洞口尺寸。茶室建筑的任何部分（包括台阶、雨棚、楼梯、地下空间等）均不可超出"被复原建筑"平面外轮廓边缘线。

二、本茶室建筑的具体使用功能为

1. 室内部分：
   - 室内茶室　　　　　　150 ㎡，可分层设置，其中包括服务台区 30 ㎡
   - 茶艺表演区　　　　　30 ㎡
   - 小茶室　　　　　　　20 ㎡ ×3
   - 茶叶、茶具商店　　　40 ㎡
   - 顾客用卫生间　　　　40 ㎡
   - 工作人员卫生间　　　20 ㎡
   - 储藏室　　　　　　　20 ㎡
   - 管理用房　　　　　　20 ㎡
   - 管理人员休息室及卫生间　20 ㎡
   - 楼梯、电梯等设计者根据需要及相关规范要求自定
2. 室外部分：
   - 室外饮茶区 60 ㎡以上（要求与室内茶室部分有空间上的密切联系）
   - 其他观景平台、绿化、阳台等，设计者可根据需要自定

三、总建筑面积不大于 500 ㎡

四、建筑的结构形式不限，但设计需要考虑结构、构造方面的可行性

五、图纸要求

1. 各层平面图　　　　　　　1:100（需画出设计者所认为的重点部
   位室内外家具布置）
2. 屋顶平面图　　　　　　　1:100
3. 剖面图，2 个或 2 个以上　1:100
4. 轴侧图，1 个或 1 个以上　比例自定
5. 剖视轴侧图、1 个或 1 个以上　比例自定
6. 其他设计图纸、分析图设计者可根据需要自定
7. 图纸尺寸、张数与表达方式（工具或徒手）不限

六、附图

"被复原建筑"平面外轮廓边缘尺寸数据。

（西）　　　（南）

（东）　　　（北）

核心考点：

1. 根据给定建筑立面进行建筑内部功能与空间的组织，对考生内部空间的组织能力要求较高。注意室外茶室与小茶室宜设计在顶层。
2. 两条平面网格的功能、空间及形态设计。

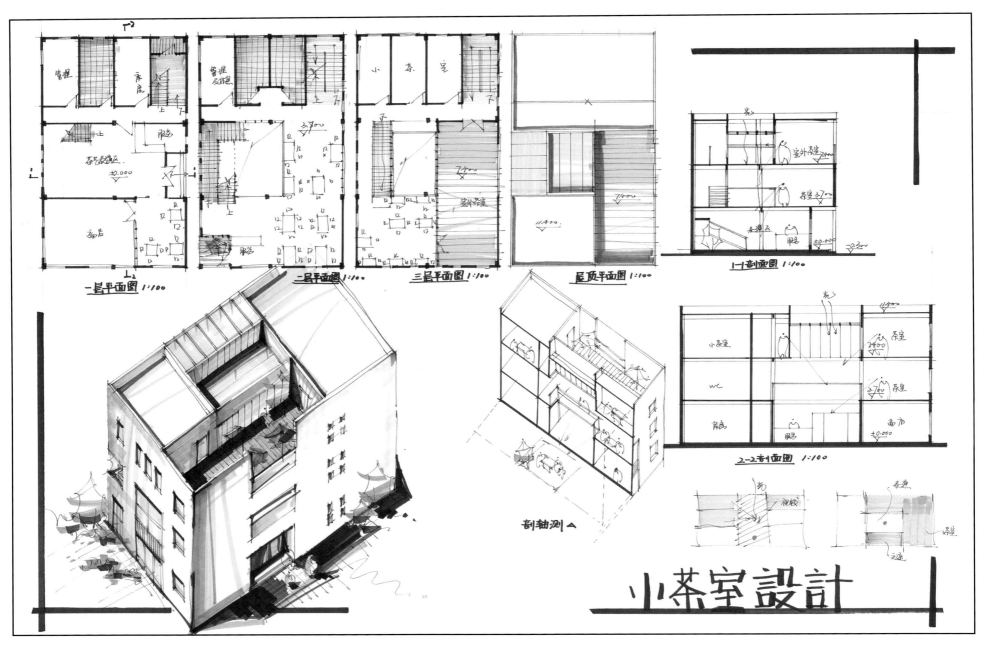

一层平面图 1:100　　二层平面图 1:100　　三层平面图 1:100　　屋顶平面图 1:100

1—1剖面图 1:100

2—2剖面图 1:100

剖轴测 A

小茶室設計

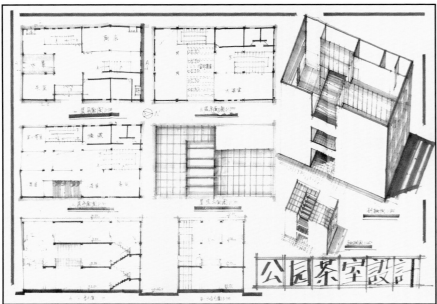

公園茶室設計

延伸阅读：

方案点评：

两个方案的相似之处在于：运用通高空间，加强竖向空间的视线交流。

上方案以通高中庭为中心组织平面，考虑了表演空间的公共性，并植入楼梯间，形成连续立体的观演效果。此外，房间与空间的划分比较明确。不足的是：二层、三层的中空边上，楼板未与柱子平齐，结构有问题。

下方案同学在 3 个小时内能够将考点分析透彻并绘制出完整度较高的图纸，比较难得。不足的是：功能分区不够明确，平面略显琐碎；没有考虑到表演空间的公共性；出入口过多，且尺度局促。

上方案作者：闫启华
下方案作者：魏潇仙（此图为 130 分最高分考场原图方案，考后绘制）

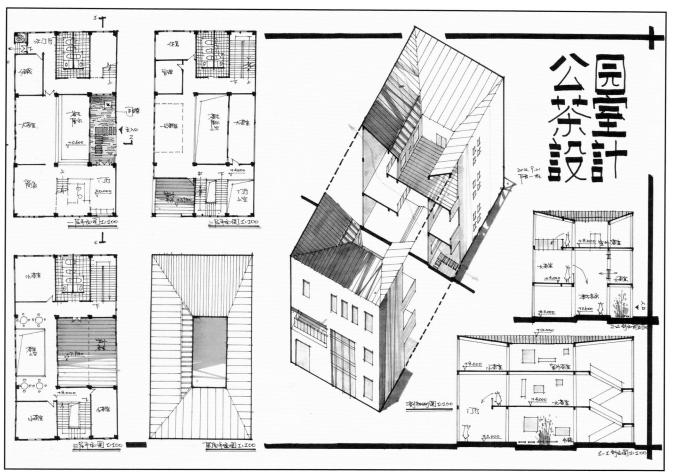

园室
公茶
计设

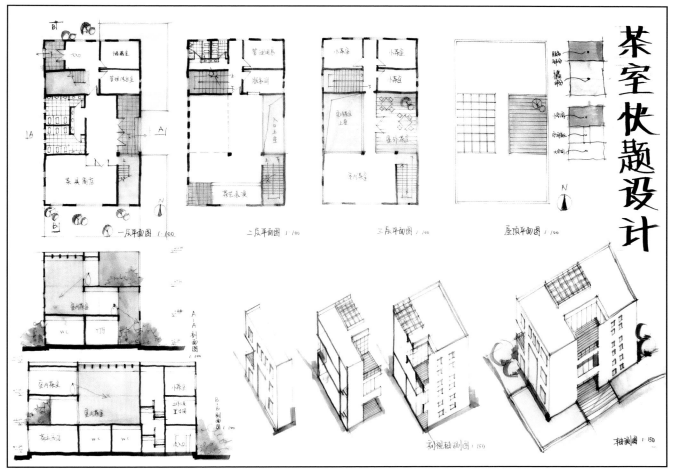

茶室快题设计

方案点评：

　　两个方案的相似之处在于：剖面设计非常精彩，形成了错动的内部和外部空间。

　　上方案功能采用平面分区：辅助功能叠加在北侧一跨，内外分区彻底，互不干扰；三个小茶室统一布置在南侧，采光效果较好。建议将茶艺表演设计在中庭。

　　下方案功能采用剖面分区：辅助功能集中设计在一层；主入口设在南面，结合一个连续的直跑楼梯贯通三层空间；室外茶室为二层，茶室带来间接采光，加强了空间的联系与视线的交流。

上方案作者：陆一栋
下方案作者：王　叶（此图为 125 分考场原图方案，考后绘制）

延伸阅读：

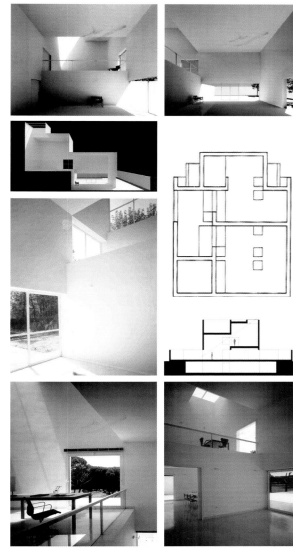

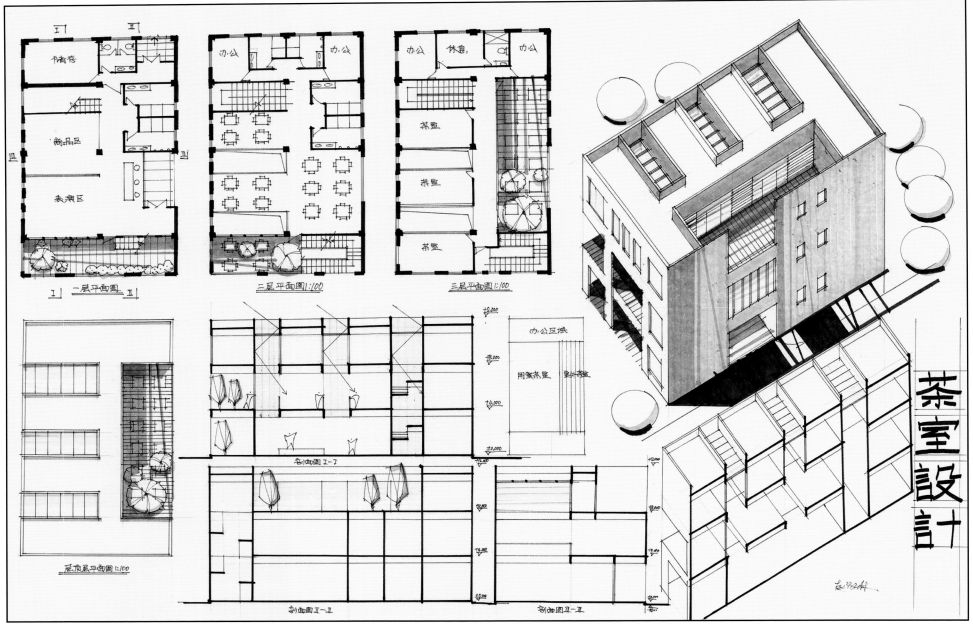

茶室設計

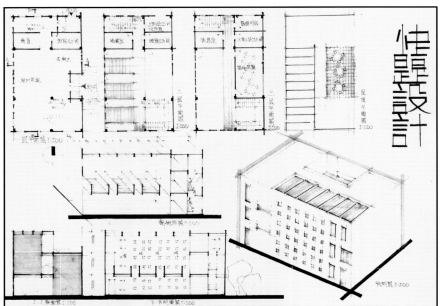

快題設計

方案点评：

　　两个方案的相似之处在于：采用间隔空间的操作手法，将光线引入室内，贯通上下空间。功能采用平面分区，将辅助功能叠加在平面的一侧。

　　上方案不足的是：表演区的通高区域比较小，其公共性没有得到很好的体现。二层有两组卫生间，功能重复。

　　下方案不足的是：间隙空间尺度过大，大面积挖空；三层使用率较低，并且室外茶室与室内茶室的空间联系不紧密。

上方案作者：赵洁琳（在同济大学 2013 年初试快题中获得 125 分最高分）
下方案作者：戴一正（此图为 125 分考场原图方案，考后绘制）

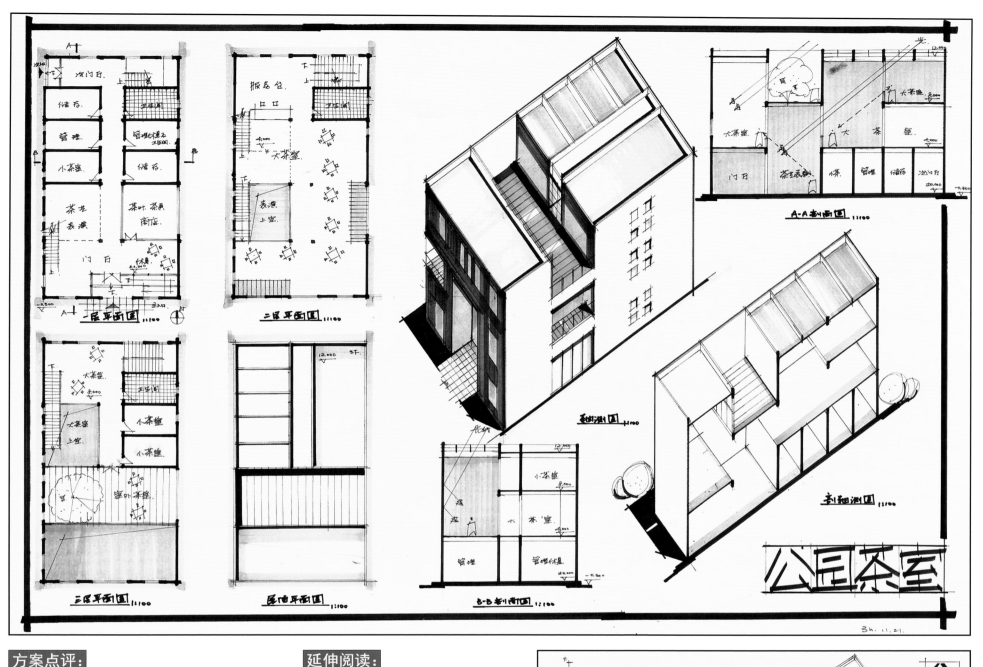

方案点评：

　　两个方案的相似之处在于：剖面设计非常精彩，形成了错动的内外空间。

　　上方案功能采用剖面分区，辅助功能集中设计在一层，主入口设在南向，结合一个连续的直跑楼梯贯通3层空间。室外茶室为二层茶室带来间接采光，增强了空间的联系与视线的交流。

　　下方案运用错层、通高等手法，形成相互渗透的内外空间。不足的是：一层门厅附近卫生间位置欠佳，宽度不够；单跑楼梯长度不足。

上方案作者：张赫群（跨专业学员）
下方案作者：赵新洁（跨专业学员，在同济大学2014、2016年初试快题中获得最高分130分）

延伸阅读：

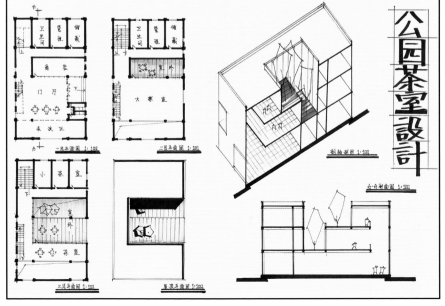

同济大学 2009 年博士研究生入学考试复试试题

题目：艺术家工作室（6 小时）

一、项目概况

将一个废弃的油罐改成艺术家工作室，现存的油管直径为 40m，高度为 60m，立面上每隔 8m 为一个环形钢箍，顶部为 4m。在油罐的边上有一个后人加的景观电梯，围绕景观电梯是一段 3 跑的楼梯。立面上靠近电梯附近在第 6 个 8m 钢箍的位置有一个 8m×12m 的玻璃洞口。油罐的屋顶为鱼腹型桁架，顶上有一些窗口。

二、设计要求

艺术家工作室的功能包括：

1. 展厅 1200 ㎡，层高 20m，包括接待、卫生间。

2. 艺术家工作室 8 个，每个艺术家工作室的功能为 200 ㎡的工作室，层高 10m，除工作室外还要有简单客厅、卫生间、卧室、储藏（这些面积自定）。

3. 艺术家沙龙包括 60 ㎡的大厅、150 ㎡的报告厅，还要有简单客厅、卫生间、卧室、储藏（这些面积自定）。

三、说明

1. 新建筑结构要与油罐脱离。

2. 油罐立面尽量保持原状，如要开窗，开窗面积不大于总面积的 15%。

3. 屋顶可局部开洞或者拿掉。

4. 建筑要有良好的通风。

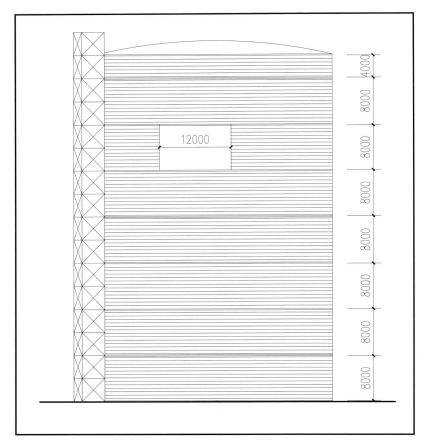

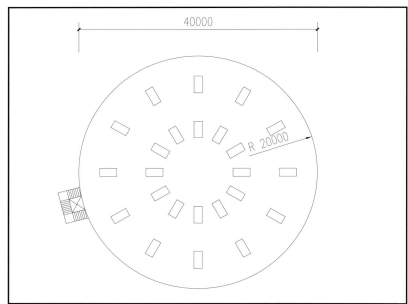

核心考点：

1. 考查封闭墙体内的空间组织与功能叠加，并注意解决采光问题。

2. 集中式平面的功能、空间及形态设计。

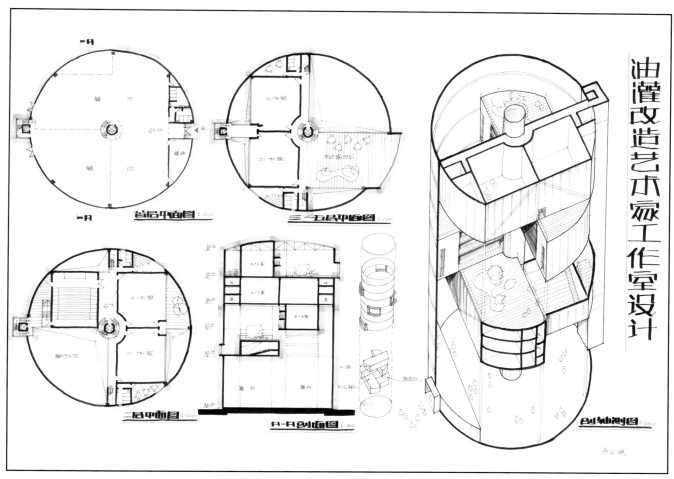

油罐改造艺术家工作室设计

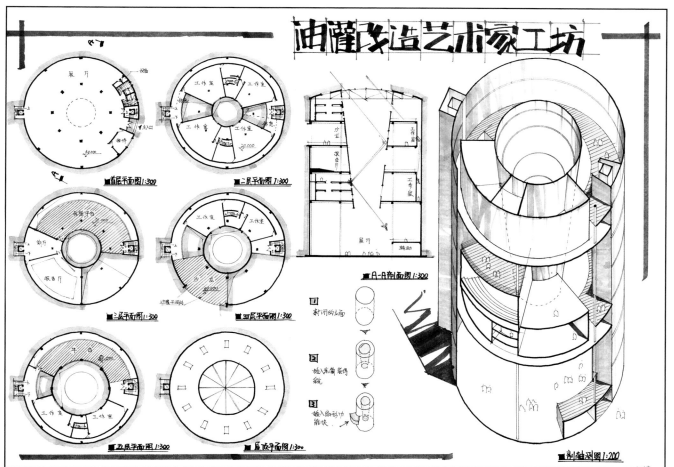

油罐改造艺术家工坊

方案点评：

　　两个方案的相似之处在于：内部空间围绕圆心进行工作室单元的错落与旋转。不同的是：上方案在圆心放置交通体，主要的空间设计在外侧；下方案则在圆心设计了通高的中庭空间。

　　上方案运用方圆切割形成空腔式剩余空间解决采光通风问题，部分剩余空间设计为花园或辅助功能，保证了主体功能的完整性。功能采用剖面分区：一层为20m通高的展厅；二至五层，以两个工作室为一组，进行旋转叠加，形成了空间的竖向错位变化，产生了立体的通风、采光效果，也创造出丰富的露台与通高空间，并设计洞口与之呼应。不足的是：平面楼电梯的设计不满足高层建筑的防火规范。

　　下方案设计了倒锥形的内部通高空间，产生斜向的视线渗透，也为展厅空间带来了充足的自然采光。功能体块围绕中庭呈扇形排布，并通过层层错落形成螺旋式的外部空间，为艺术家提供交流与活动平台。不足的是：由于倒锥形的操作导致上部工作室的面积不够。

上方案作者：卢文斌（在同济大学2015年初试快题中获得130分）
下方案作者：张宏宇

延伸阅读：

同济大学 2006 年硕士研究生入学考试初试试题

题目：展览馆设计（3 小时）

一、题目概况

设计一座 2 层楼的展览馆，宽边方向朝正南北。

展览馆的平面尺寸和结构系统都已确定（见图，屋顶结构系统和二层楼板结构系统相同）。

二、设计限制

1. 所有梁、柱不得进行任何变动。楼板应根据具体设计进行设置。梁、柱体系以外允许出挑 1m。

2. 考生可按具体设计对建筑檐口形式进行调整，但建筑高度不得超过 10.2m 标高。

3. 只设一个入口，必须放置在南面。

4. 建筑内必须放置 2 件异形的高展品。展品外围长 × 宽 × 高尺寸分别为 2400mm×2400mm×4800mm 和 5600mm×1800mm×6000mm。

三、细节尺寸

1. 柱子截面尺寸分 400mm×400mm 和 400mm×1200mm 两种。

2. 梁截面尺寸均为高 600mm，宽 250mm。

四、功能要求

1. 展览面积 600 ㎡以上

2. 咖啡馆约 120 ㎡

3. 管理用房约 90 ㎡

4. 储藏约 90 ㎡

5. 其他相应部分：卫生间、楼梯、门厅等公共部分不定具体面积。

五、图纸要求

1. 1 层、2 层及屋顶平面　　　　　　　　　1:150

2. 2 个立面　　　　　　　　　　　　　　　1:150

3. 剖面 1～2 个（必须有一个纵剖面）　　　1:150

4. 轴测或透视表现图

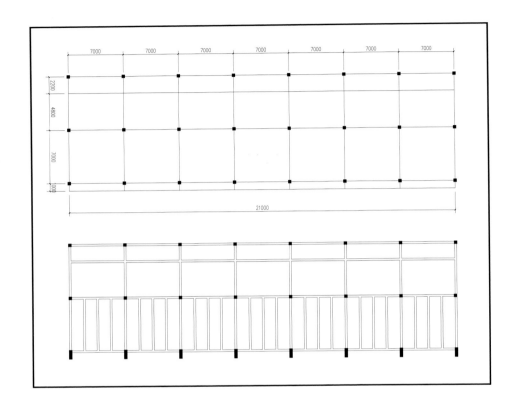

核心考点：

1. 通过结构的限定，考查考生对内部空间与功能的组织能力，并进行相应的外部形态设计。

2. 两条平面网格的功能、空间及形态设计。

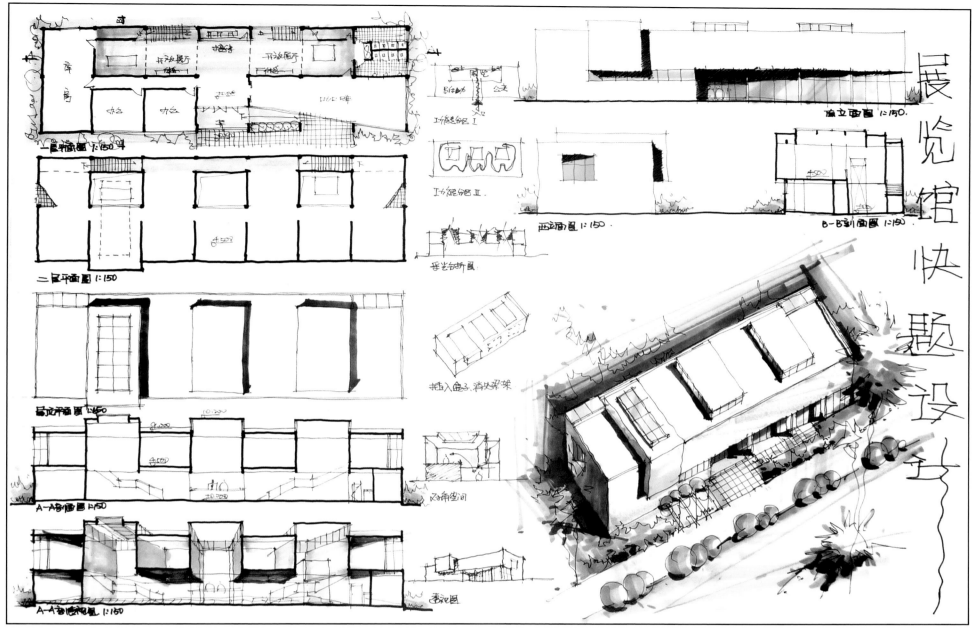

展览馆快题设计

方案点评：

两个方案的相似之处在于：运用间隔的方法处理展览空间。不同的是：上方案体现在空间上，下方案体现在形态上。

上方案运用间隔通高，形成内部空间的韵律变化，并在屋顶上予以呼应。利用2.2m柱跨设置单跑楼梯，空间连续完整。设计概念上通过插入三个长方体体块消解梁架，形成空间。不对称中隐含对称的平面与形态处理显示出作者思考的深度，入口灰空间凹进的手法大气，值得借鉴。

方案不对称的形体和平面结构，均衡且富有变化。功能采用平面分区，咖啡厅和辅助功能叠加在东侧两跨，保证西侧展厅的完整；充分利用密肋梁，在展厅部分形成间隔采光，贯通上下空间。顶部直射光线对应两件通高展品，为内部空间带来通透感。

上方案作者：李　彬（在同济大学2005年初试快题中获得140分最高分，在同济大学2006年复试快题中获得90分最高分）
下方案作者：肖宁菲

延伸阅读：

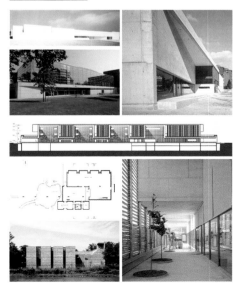

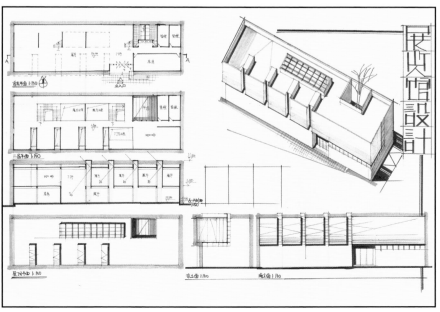

展览馆设计

同济大学 2005 年硕士研究生入学考试复试试题

题目：美术馆设计（6 小时）

一、题目概况

在公园内设计一美术馆，基地平坦，长 65m，宽 25m，宽边方向朝正南北，周围为宽阔草地。入口可以在基地内任意位置设置。建筑物可以占满基地，但不得超越基地范围（包括悬挑）。

受展品尺寸的要求，业主提出具体的供展示用的墙面（室内）大小要求。这些墙面中有 12m 高的、8m 高的、6m 高的和 4m 高的 4 种。

这 4 种高度墙面的具体要求见右表：

二、注意

1. 此处墙体"高度"为业主强制要求，任何高于或者低于此要求的墙面都不予以承认。

2. "最小视距"指单边视距，如果展墙在两边的，墙与墙的最小间距应该是"最小视距"的 2 倍。

3. 其他必须有的功能为：
- 咖啡厅　　　　　100 m²
- 管理用房　　　　100 m²
- 储藏　　　　　　200 m²

4. 其他相应部分：卫生间、楼梯、门厅等公共部分不定具体面积。

5. 建筑限高 13m（包括女儿墙）。

6. 建筑一律在地面以上解决，不得出现任何地下室或下沉设计。

三、图纸要求

1. 各层平面　　　　　1:200
2. 两个立面　　　　　1:200
3. 剖面若干　　　　　1:200（12、8、6、4m 的墙面都必须剖到）
4. 轴测表现图（轴测或剖视轴测都可以）

墙面高度表

	长度	高度	高度上下浮动	最小视距	采光要求	其他要求
12m 高墙面	40m	12m	1m	10m	白天自然采光为主	一片平的 12m×10m 的完整墙面（此墙面在剖、平面方向都不得弯曲、转折、开洞）
8m 高墙面	30m	8m	0.8m	8m	白天自然采光为主	一片 8m×30m 的完整墙面，此墙在平面方向可折一次（此墙面在剖面方向不得弯曲、转折、开洞）
6m 高墙面	50m	6m	0.6m	6m	必须人工采光为主	一片平的 6m×50m 的完整面或 2 片平的 6m 高的墙，它们长度之和为 50m（此墙面在剖、平面方向都不得弯曲、转折、开洞）
4m 高墙面	90m	4m	0.5m	5m	白天自然、人工采光皆可	若干片平的 4m 高的墙，它们长度之和为 90m（这些墙面在剖面方向不得弯曲、转折、开洞）

核心考点：

1. 考查考生对展览建筑的三线设计（流线、光线、视线）与功能组织。不同高度展墙的限定，要求考生具备剖面设计的思维与形态设计能力。
2. 三条平面网格的功能、空间及形态设计。

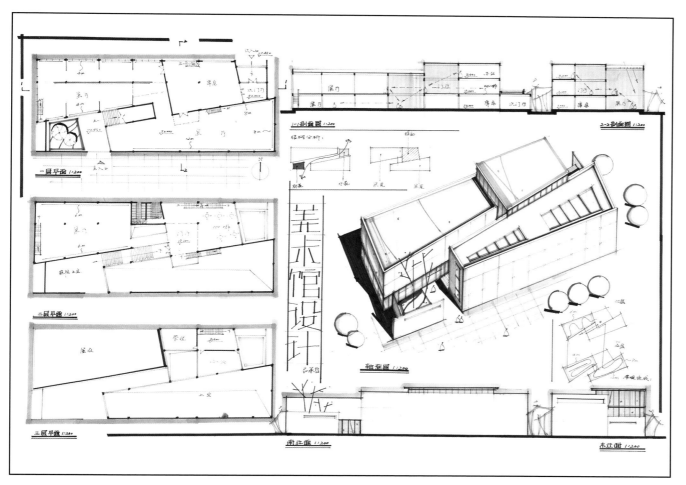

两方案的相似之处在于：通过对形体的切割处理，做到功能与形式的完美结合。

上方案用斜向轴线对方形体块进行切割形成两个高低错落的梯形体量作为展厅，功能较矮的体量是 4m 展墙与 6m 展墙的叠加，较高体量是 12m 与 8m 展墙的通高展厅。功能上将门厅、办公、库房部分叠加成一个体量，与两个展厅体量进行咬合。空间上设计入口庭院和二楼的水院形成轴线的两个端景。该设计构思巧妙，形式与功能完美结合，形态简洁又不失特色。不足的是，部分 8m 与 12m 展墙相对布置，观展视距不足。

下方案在基座上放置 3 个切割的、围合中间庭院的体块，分别对应：6 m 展墙与 4 m 展墙的叠加，8 m 展墙与办公等辅助功能的叠加，12 m 的通高展墙。并对体块斜向切割、连接，形成南北错位的透视状洞口空间，形成大气、完整的入口形态，也削弱了呆板的体量。体块之间形成室外露台，6 m 展墙的屋顶也成为室外活动空间的一部分，与内部庭院、楼梯共同塑造了丰富的室外空间。两个庭院的设计、4 m 走廊空间及内外景色不断交叠的展览流线的组织较为精彩。

上方案作者：吕承哲（跨专业学员）
下方案作者：刘亚飞（在同济大学 2017 年初试中获得总分第三名，复试快题获得 90 分最高分）

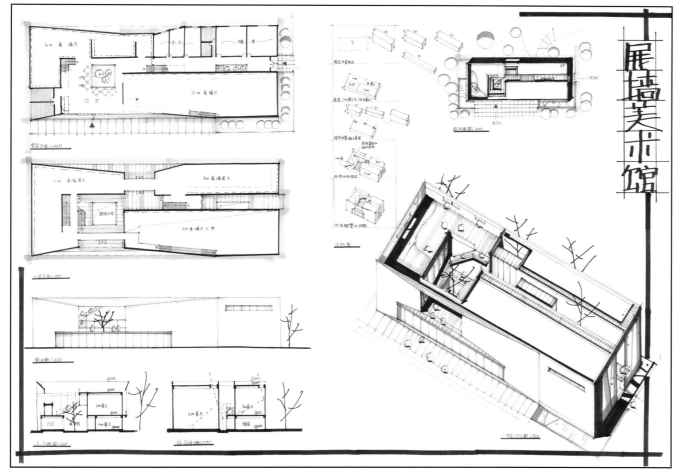

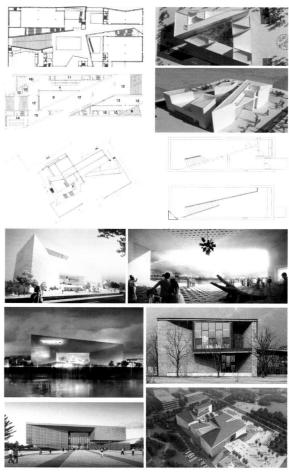

方案点评：

　　两个方案的相似之处在于：通过对不同标高的功能体块的叠加，形成了内部丰富的剖面关系。不同的是：上方案在外部也处理为错落有致的体块造型，下方案外部造型较为整体，将高差处理在内部。

　　上方案通过功能的叠加和滑移的形态操作形成清晰的三条功能：北侧一条为12m高和8m高展墙并置；中间一条为6m高和4m高展墙叠加；南侧平行叠加公共和辅助功能。楼电梯设置合理，其中2个单跑楼梯增加了空间的体验感。内凹的建筑入口与屋顶花园的设计解决了建筑采光问题，也强化了整体的虚实感。

　　下方案通过盒子的嵌套，形成典型的中庭式平面布局。将12m的展览空间设计在中庭，4m、6m、8m高展墙围绕中庭环形展开，并通过不同高度的叠加形成立体、连续的环形观展流线。不足的是：外立面较为简单，可进一步优化。

上方案作者：李　　彬（在同济大学2005年初试快题中获得140分最高分，在同济大学2006年复试快题中获得90分最高分）
下方案作者：赵新洁（跨专业学员，在同济大学2014、2016年初试快题中获得最高分130分）

延伸阅读：

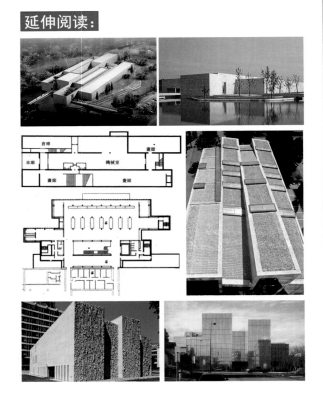

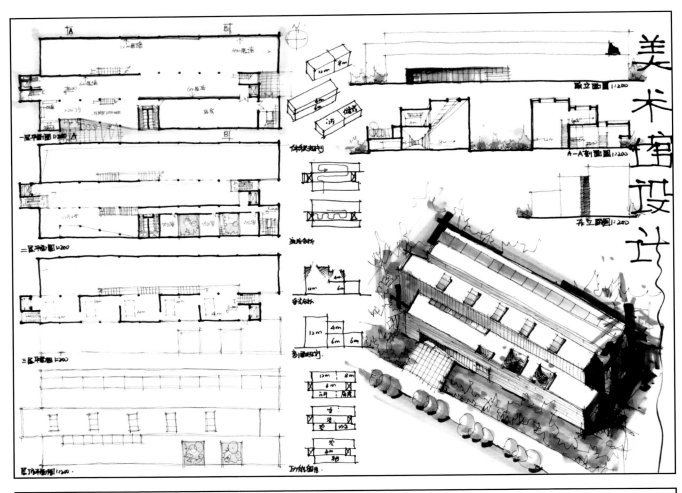

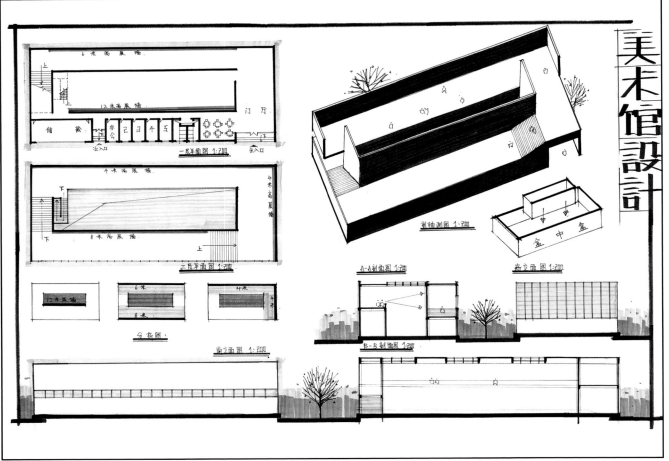

同济大学二年级建筑设计课试题

题目：社区图书馆设计（6 小时）

题目类型：公共建筑
教学要点：功能布局、流线组织、楼梯设计

一、教学要求

1. 学习图书馆建筑的功能特点及各部分空间组成方式，合理组织读者、工作人员、书三条流线和外借、内阅、藏书、服务四个部分的功能。
2. 熟悉图书馆藏书、阅读的布置方式与结构的关系，以及书库结构的特殊性。
3. 培养研究分析、方案设计与表达、设计深化能力。

二、设计内容

设计基地：
基地 1：位于曲阳新村，现曲阳图书馆地块，占地 2660 ㎡。
基地 2：位于彰武路、阜新路（戴斯酒店）转角地块，占地 2930 ㎡。

三、设计任务

1. 设计一图书馆，建筑面积不超过 3000 ㎡，藏书 20 万册。
2. 建筑不超过 4 层（含 4 层），建筑限高 20m，建筑密度小于 50%。
3. 本设计不考虑地下层，不考虑地面停车位。

四、各部分面积配置（基本设置）

1. 公共部分
   • 门厅、出纳、目录厅等 150 ㎡
   • 报告厅　　　　　　　　100 ㎡～ 120 ㎡（80 座）
   • 陈列、展厅等　　　　　100 ㎡
   • 书店　　　　　　　　　120 ㎡
   • 卫生间等
2. 阅览室
   • 儿童阅览室　　　　　　80 ㎡，可接待儿童 25 名
   • 普通阅览室　　　　　　80 ㎡ ×2，每间能容纳读者 35 ～ 40 位
   • 科技开架阅览室　　　　300 ㎡，容纳读者 60 ～ 80 位，与主书库联系紧密
   • 其他类型阅览室设计者自定
3. 主书库（藏书 16 万册）
   主书库如按单层设计，建筑面积 500 ㎡
   　　　　如按两层设计，建筑面积 600 ㎡
   　　　　如按三层设计，建筑面积 650 ㎡；不宜超过 3 层
   　　　　如采用积层书架或多层书架的方式，面积自定
   无论采用何种集中书库方式，均应满足藏书 16 万册的空间需求。
4. 辅助用房
   • 采购、编目、书刊装订、复印等 20 ㎡ ×6 间，应与主书库联系紧密
   • 行政管理　　　　　　　20 ㎡ ×2
   • 小会议室　　　　　　　40 ㎡

五、设计成果内容、要求

1. 图纸规格 A1 图幅、不透明纸
2. 图纸内容：
   • 表达构思的图解、分析、说明及相关技术指标
   • 总平面图
   • 建筑各层平面图　　　　　　　　1:200
   • 建筑立面图（3 个）　　　　　　1:200
   • 建筑剖面图（2 个）　　　　　　1:200
3. 表现图

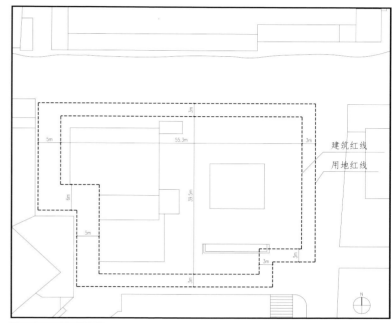

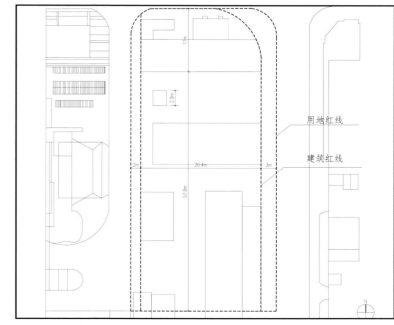

1. 考查小型图书馆的功能、空间与形态组织，尽可能为阅览室设计交流与采光空间。注意儿童阅览室尽量放在首层。
2. 三条平面网格和方形平面的功能、空间及形态设计。

方案点评：

两个方案的相似之处在于：都采用剖面分区，将辅助功能集中设计在一层基座，保证了二层以上作为开放空间。

上方案内部运用退台式空间，增强上下空间的联系。不足的是：卫生间靠门厅太近，电梯未贯通四层。

下方案运用单元间隔的手法，实现了变化丰富的外部形态和内部空间。二层咬合的不规则单元体块丰富了建筑形态，增强了建筑的趣味性。三层运用减法操作，形成内部的通高空间和外部的露台空间，增强阅览室的采光与空间交流。

上方案作者：闫启华
下方案作者：储思敏（跨专业学员）

延伸阅读：

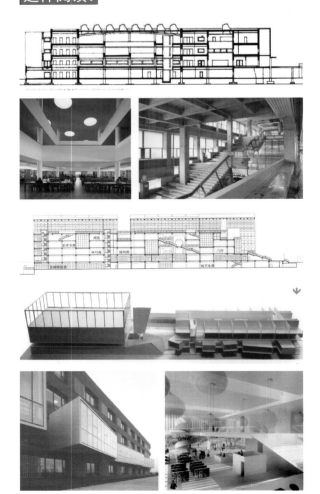

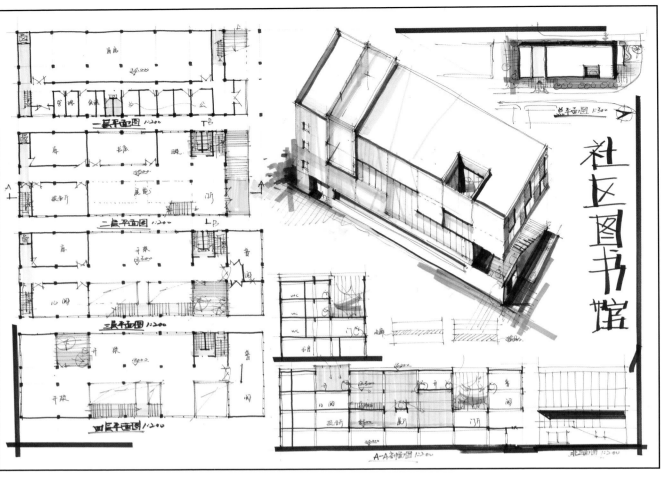

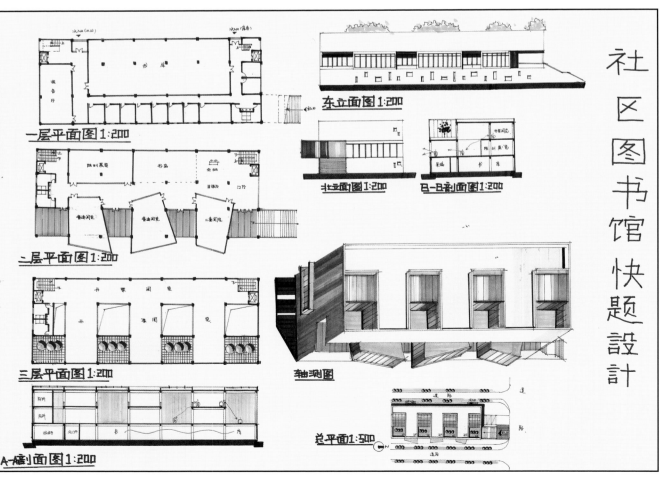

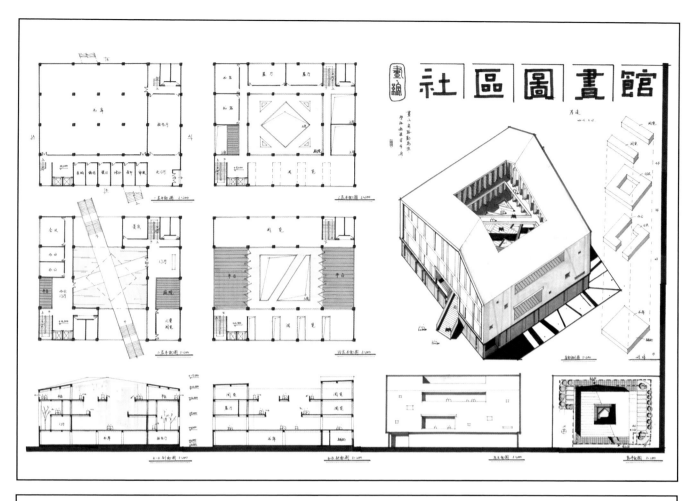

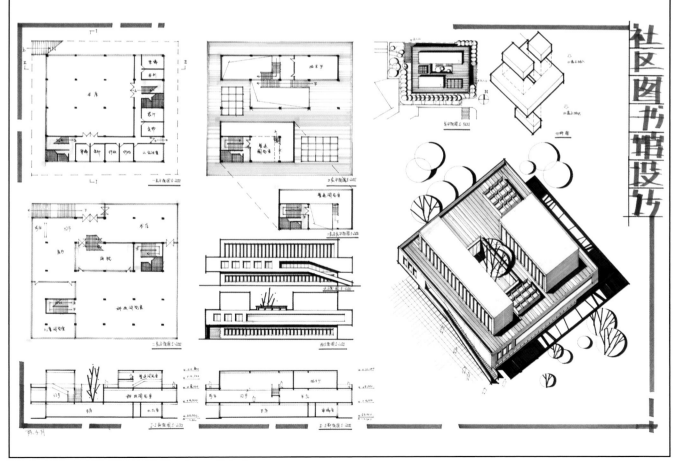

两个方案的相似之处在于：围绕庭院组织空间。不同的是上方案是整体的围合形态，下方案则是开放式的围合。

上方案利用折叠、基座、不对称坡屋顶，塑造了简洁的造型。内部空间在完整方形体量下，进行不同功能体块的立体叠加，一层为书库及辅助功能，二层以上为办公、展览、阅览功能，分区十分明确。不同体块的叠加使建筑内部产生空间的旋转与运动，而外部形态则相对完整静态，内外形成对比。斜向穿透的入口台阶增强了建筑入口的可达性，方形的水院和两个旋转的上空空间将运动推向高潮。

下方案的逻辑性很强，在功能分区方面，运用了剖面分区，将辅助功能置于底层，主体阅览功能设计在二、三层，并通过室外台阶将人流引导至二层。形态上通过横向体量和竖向体块的穿插，形成底层的架空空间和顶层的屋顶露台，给社区人流提供了交流场所。屋顶碎片化的体块、花园和屋顶采光，不仅丰富了建筑的整体造型，也丰富了内部空间。不足的是：顶层使用空间较小，二、三层卫生间过小。

上方案作者：李　凌
下方案作者：陈小月

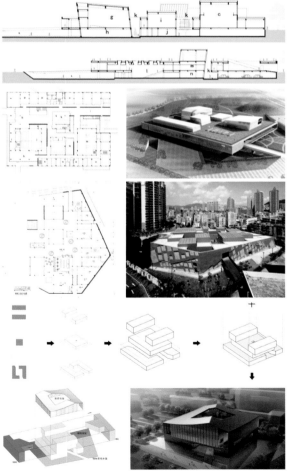

东南大学 2015 年推荐免试研究生试题

题目：艺术中心加建（2 小时）

本设计为一个改造项目，即将仓库改造为艺术中心。一期工程已经完成将三层"口"字形平面的仓库改造为艺术家工作室（各层层高 3.6m）。

一、功能面积要求

二期的设想是利用内院加建，以实现功能空间的扩展：

1. 艺术品展厅 2 间——每间展厅平面尺寸为 16m×16m，其中 16m×8m 的 区域层高需达到 4.8m，以满足大型艺术品陈列要求，展厅其余部分层高不小于 3.6m，需满足自然采光通风要求。

2. 小型研讨室 4 间——每间不小于 8m×8m，层高不小于 3.6m，需满足自然采光通风要求。

3. 储藏等辅助空间若干。

二、答题要求

1. 在下图所示的三层平面中绘制加建平面，深度要求同已有一期改造部分，比例 1:300。

2. 在图纸上绘制剖透视一幅，表达加建部分的内部空间及两期之间的空间关系，剖面比例 1:150。

注：
- 加建部分总高不得大于 10.8m（不考虑下挖）。
- 一期改造沿内院的柱子已经考虑二期加建荷载，可作为结构支撑。
- 可以借助一期的楼电梯组织交通。
- 展厅内部可以有柱。

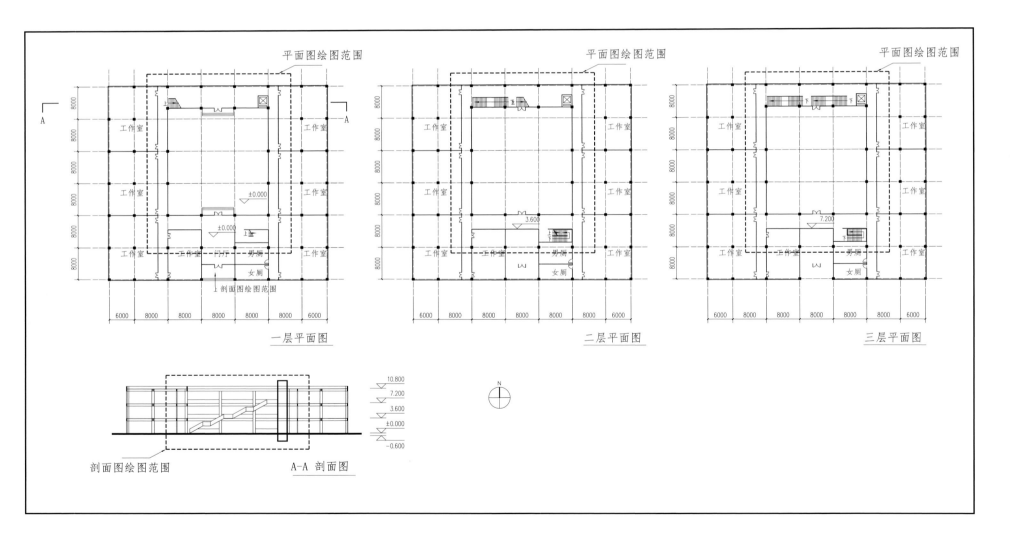

核心考点：

1. 新加建部分与老建筑的关系，以及在限定的体量内合理组织功能与空间
2. 九宫格平面的功能、空间及形态设计。

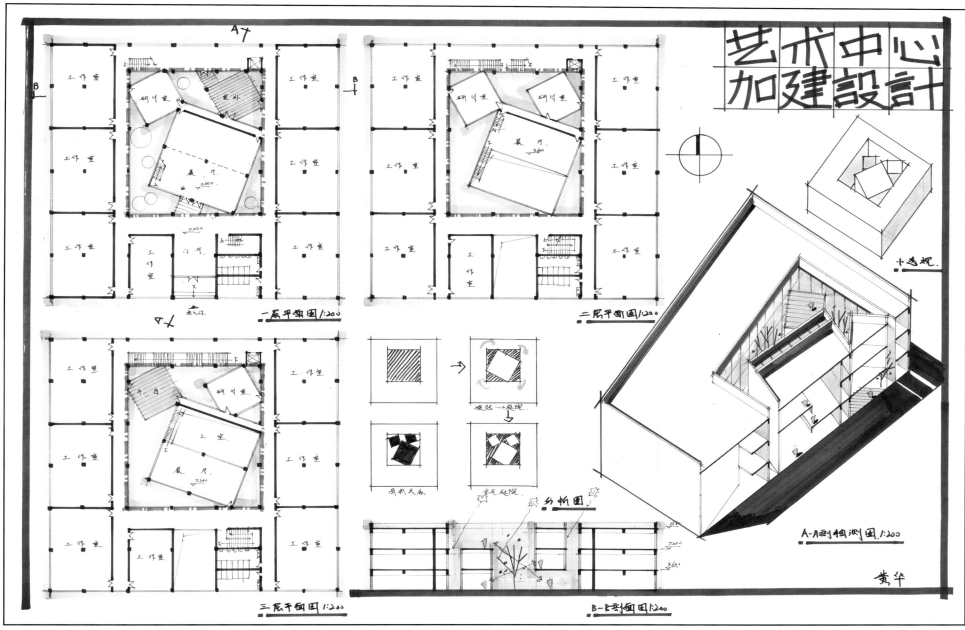

方案点评：

两个方案相似之处在于：都留出了相应比例的外部空间，解决了走廊的通风采光问题，并尽量减小新建筑对老建筑的影响。

上方案通过 3 个盒子的旋转碰撞，创造出富有张力感的外部庭院，同时活跃的形体也成为了中庭的景观小品，使建筑更加生动有趣。功能采用平面分区，展览空间错层布置在最大的盒子里，研讨室布置在 2 个较小的盒子里，并上下错落形成丰富的空间。

下方案的做法相对保守。北侧的外部庭院给予走廊通风采光。功能采用剖面分区：展览功能布置在一、二层，三层则布置研究室。研究室间留出通高空间解决展览采光问题，同时与展览空间产生互动，丰富了空间层次。不足的是：2 个研讨室没有通风采光。

上方案作者：黄 华（在西安建筑科技大学 2016 年复试快题中获得最高分 90 分）
下方案作者：王林玉

延伸阅读：

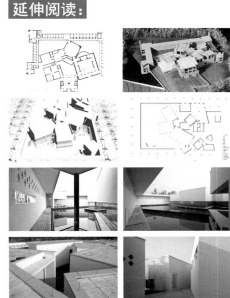

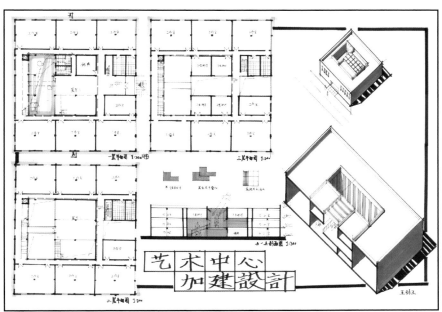

东南大学 2014 年硕士研究生入学考试初试试题

题目：厂房改建汽车展馆（不得改变主体结构）（2 小时）

一、功能面积要求

总建筑面积	1400 ㎡
1. 展厅	600 ㎡
2. 多功能厅	250 ㎡
3. coffee	100 ㎡
4. 接待、办公	20 ㎡ ×6

二、成果要求

1. 画出能体现功能和空间的轴测图　　1:200
2. 分析图若干
3. 平面、剖面图　　　　　　　　　　1:200

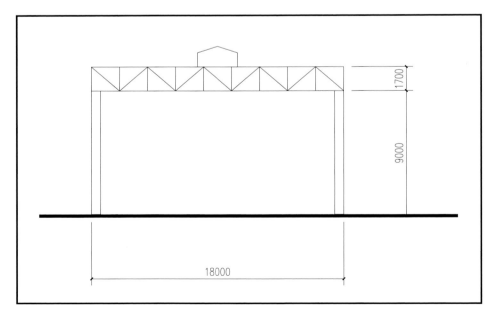

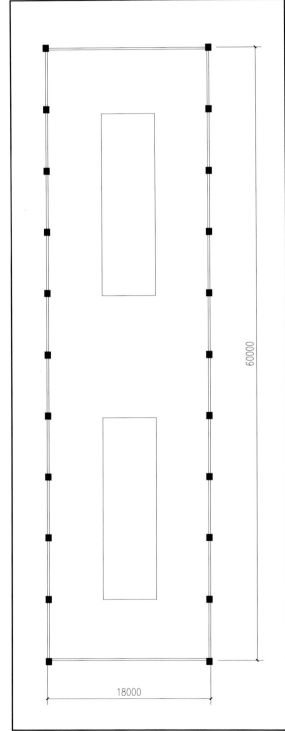

核心考点：

1. 在体量限定的情况下进行内部空间设计与功能组织。
2. 两条平面网格的功能、空间及形态设计。

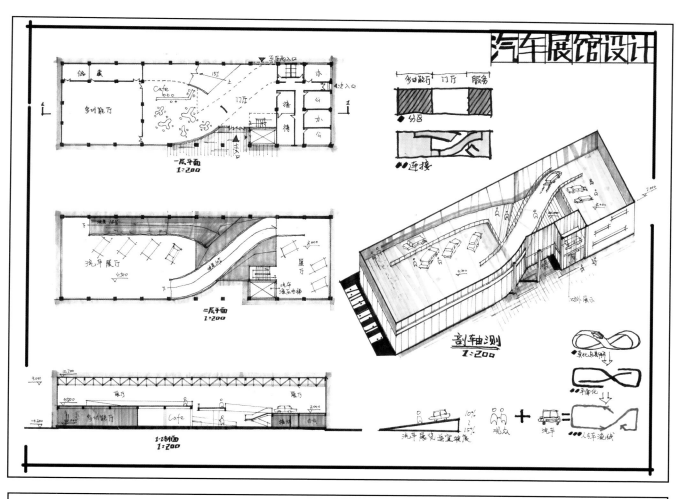

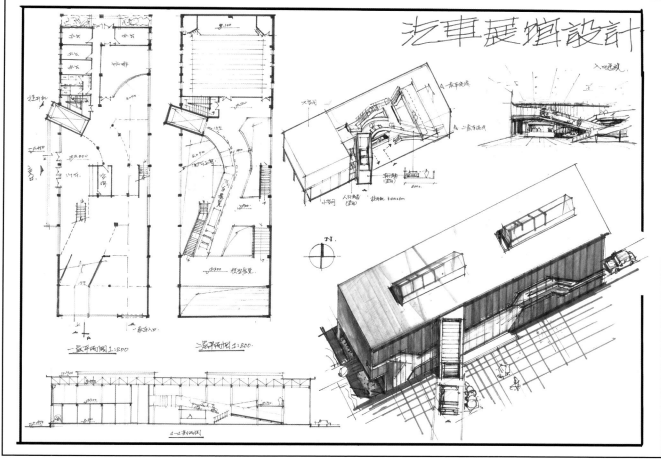

方案点评：

两个方案的相似之处在于：通过曲线坡道来串联上下层的展览空间，方便汽车展品展示的同时，也增加了空间的丰富与趣味性。

上方案通过莫比乌斯环的引入，形成人、车兼行的动态流线，符合汽车展馆的建筑性格。功能上，一层为办公、门厅、咖啡、会议等公共、辅助功能，二层为展览主体功能，汽车可通过坡道、液压电梯进入二层展区。不足的是，电梯距主入口过近。多功能厅的结构跨度过大，导致梁很多，层高较低。

下方案从汽车展览的动态空间入手，在室内空间中插入一条曲线汽车展示坡道，局部展示一些越野车，丰富布展空间。汽车坡道与提升机结合，又解决了汽车提升问题。功能上，北侧一层为办公、咖啡，二层为多功能厅。中间为入口门厅、咨询功能。南侧为主体展览功能。不足的是，一层柱子较多，影响了展览面积。

上方案作者：石尚流
下方案作者：张书略

延伸阅读：

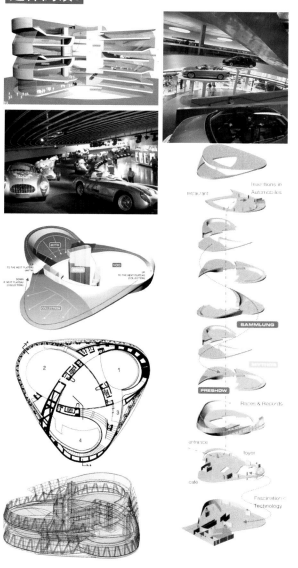

清华大学 2015 年硕士研究生入学考试初试试题

题目：信息采集办公与活动中心设计（6 小时）

一、题目概况

项目基地位于北方某城市中，拟在该地块建一个信息采集办公与活动中心，满足"办公、图书阅览、展览、活动"四大功能。

项目用地呈梯形，东、北侧为城市次干道，南侧为城市主干道，车行入口可开在东、北侧。用地面积 7975 ㎡，地势平坦，场地东南部有一雕塑，要求保留并设法使其与新建建筑形成和谐的关系。场地具体细节见地形图。

二、设计内容

该活动中心总建筑面积控制在 4500 ㎡ 左右（误差不得超过 ±5%），具体的功能组成和面积分配如下：

1. 办公区约 580 ㎡
   - 办公室　　　　　　60 ㎡ ×8
   - 交流会谈室　　　　100 ㎡
2. 教学与活动区约 1200 ㎡
   - 棋牌室　　　　　　100 ㎡
   - 舞蹈室　　　　　　100 ㎡
   - 台球室　　　　　　100 ㎡
   - 健身房　　　　　　100 ㎡
   - 教室　　　　　　　100 ㎡ ×4
   - 图书室　　　　　　100 ㎡ ×4
3. 展览与报告区约 900 ㎡
   - 展厅　　　　　　　400 ㎡
   - 报告厅　　　　　　300 ㎡
   - 多功能厅　　　　　200 ㎡
4. 公共服务区约 350 ㎡
   - 大厅　　　　　　　150 ㎡
   - 咖啡厅　　　　　　200 ㎡
5. 其他必要功能及面积由考生自定，如楼梯、卫生间等。

三、设计要求

1. 方案要求功能分区合理，交通流线清晰，符合有关设计规范和标准。
2. 建筑形式要契合地形，与周边道路以及周边建筑状况相协调。
3. 建筑层数不超过 3 层，结构形式不限。
4. 设置不少于 15 个机动车停车位。

四、图纸要求

1. 总平面图　　　　　　1:500
   各层平面图　　　　　1:200（首层平面应包括一定区域的室外环境）
   立面图（1 个）　　　1:200
   剖面图（1 个）　　　1:200
2. 建筑轴测或透视图。
3. 在平面图中直接注明房间名称，剖面图中应注明室内外地坪、楼层及屋顶标高。
4. 徒手或尺规表现均可。
5. 图纸上不得署名或做任何标记，违者按作废处理。

核心考点：

1. 建筑与保留雕塑的视线及空间关系，教室、活动室的南向采光设计。
2. 围合形平面的功能、空间及形态设计。

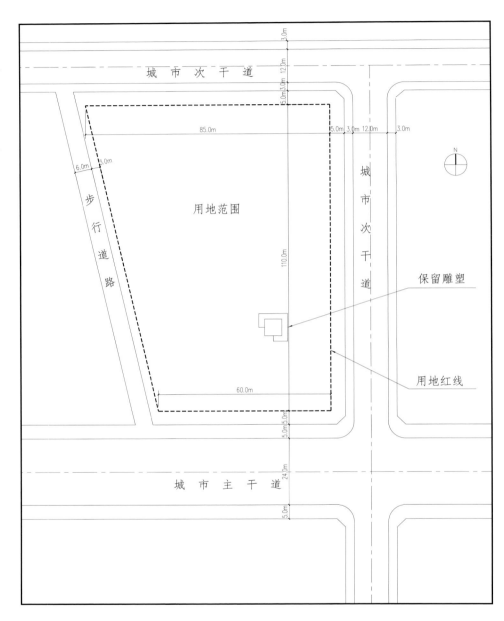

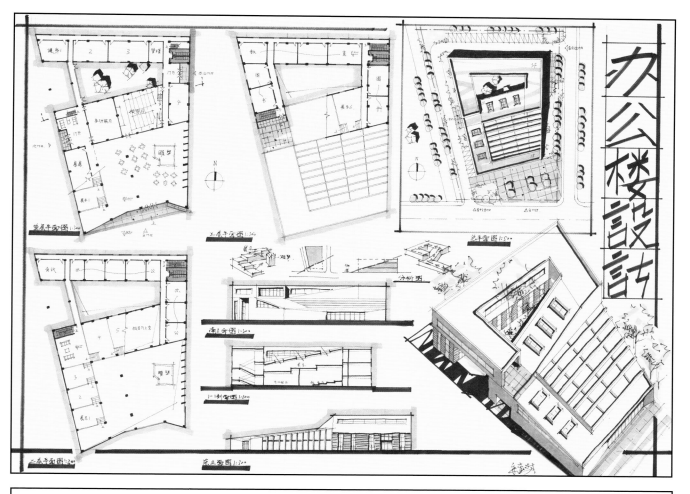

办公楼設計

上方案作者：熊宏材（跨专业学员）
下方案作者：伊曦煜

方案点评：

　　两个方案的相似之处在于：都从空间出发设计了对雕塑围合的大空间，不同的是，上方案是内部中庭，下方案是外部广场。

　　上方案的设计概念来自对保留雕塑的立体观看动线，将展览设计成 L 形的台阶空间，并对保留雕塑进行围合，形成多维度的观看视角。房间型和空间型功能分区明确：公共的展览、咖啡、多功能厅、报告厅等空间设计在门厅附近；办公、活动、教室房间则设计在建筑北部，并进行动静的剖面分区，活动室在一楼、办公室在二楼、教室在三楼。建筑形态根据功能逻辑形成从一层到三层的过渡，同时呼应展览的台阶，形成转折、螺旋的上升姿态。主入口斜线来自对道路转角的呼应，形态上再与斜线找到关系，形成建筑的整体折线关系。

　　下方案对场地原有雕塑进行了外部空间的围合。场地设计合理、空间丰富。形态上运用片墙、单元体、大台阶、露台等多种手法消解建筑体量，营造出丰富的外部环境，尤其是面向雕塑的南北轴线，形成了一条内部步行通廊，成为整个设计的点睛之笔。功能布局采用剖面分区：一层南侧放置公共功能，北侧为辅助功能；二至三层为门厅与教室。不足的是，教室面积稍显不足。

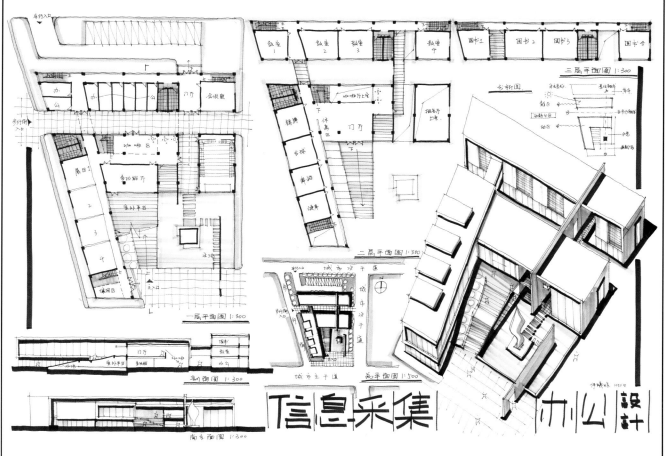

信息采集

延伸阅读：

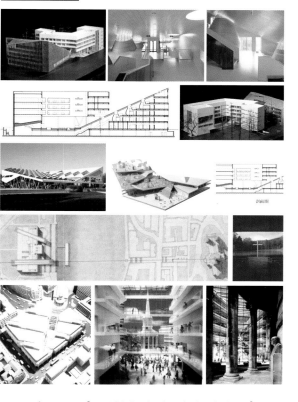

西安建筑科技大学快题训练试题

题目：画廊设计（6 小时）

　　基地位于某传统商业街区一座旧建筑拆除后的狭长空地上，现拟建一个画廊，用地面积约 300 ㎡，建筑面积约 1000 ㎡，用于艺术展示和创作。

一、设计要求

　　1. 既要考虑到整个地段的历史文物，又要融入两侧现代商业用房的风格。
　　2. 既要有一定的标志性，又能谦虚地对待周围的环境。
　　3. 由于结构原因不允许设置地下层。
　　4. 主要提供展示、创作、办公和一定的销售功能。
　　5. 建筑主要功能房间组成：展厅、画室、办公、接待、小卖部以及相关的休息、库房、卫生间等。

二、图纸要求

　　1. 总平面图　　　　　1:500
　　2. 各层平面图　　　　1:200
　　3. 立面图（1 个）　　1:200
　　4. 剖面图（1 个）　　1:200
　　5. 轴测和剖轴测（1 个）
　　6. 设计说明及分析图自定

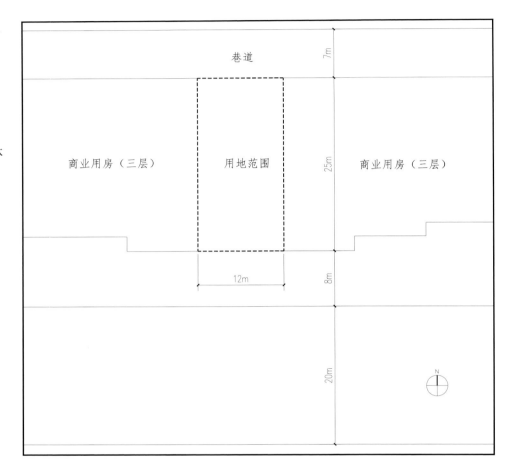

核心考点：

　　1. 考查在封闭地形内画廊的采光设计，以及建筑形态的标志性及与周围环境的融合。
　　2. 两条平面网格的功能、空间及形态设计。

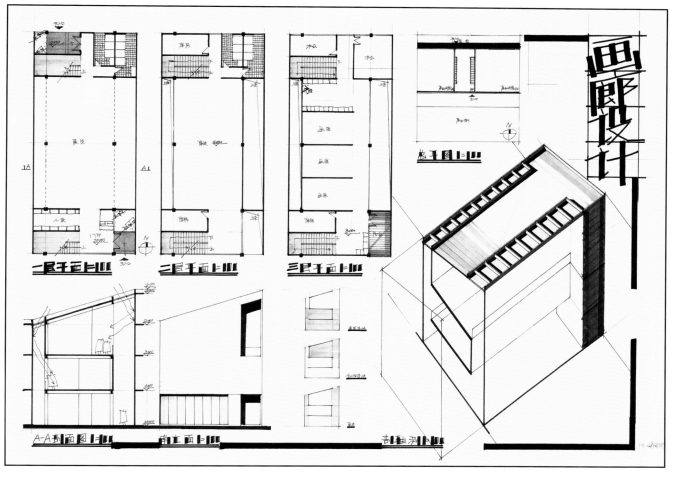

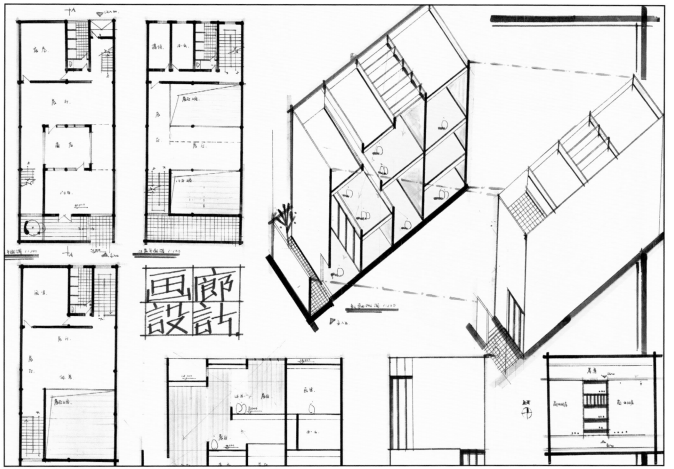

方案点评:

　　两个方案都重点解决了采光问题,上方案运用了S形缝隙空间,下方案通过退台的中庭设置展览功能并解决采光问题,两者是一小一大的设计手法。两个方案主入口都结合庭院景观设计,与街道空间产生过渡。

　　上方案功能采用平面分区,将辅助功能叠加在南北侧两跨内,保证了中间展览空间的完整。形态上运用坡屋顶与左右相邻建筑进行过渡,体量简洁有力。不足的是:楼梯可能会出现梁碰头的问题,南侧库房设计不合理。此同学将同样的设计思路运用到了其同济本科作业现代艺术展示馆的空间设计中。

　　下方案从内部空间出发,利用层层退台和屋顶漫射光来解决采光问题。功能采用平面分区,将辅助功能叠加在北侧一跨,内部形成流动的退台式展览空间。不足的是:形态没有回应周边环境,主入口门厅过高。

上方案作者:陈家豪
下方案作者:汪晨阳

延伸阅读:

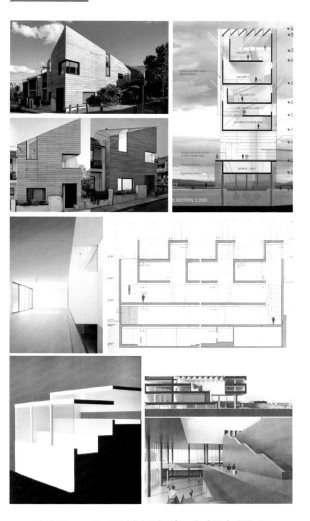

方案点评：

　　两个方案都采用了间隔空间的处理手法，形成节奏感的流动空间。不同的是：上方案的韵律空间体现在内部的对角空间上，下方案则显现在外部庭院、露台空间上。

　　上方案将辅助空间叠加在北侧一跨内，使主体空间完整，容易进行空间操作。不足的是：单跑楼梯结构不合理，易发生梁碰头问题。

　　下方案通过形体的高低错落，巧妙地完成了与临近建筑的高差过渡。首层庭院的引入为建筑内部带来采光。不足的是：主次入口外部院落大小相当，区分度不明显。

上方案作者：张赫群（跨专业学员）
下方案作者：王林玉

延伸阅读：

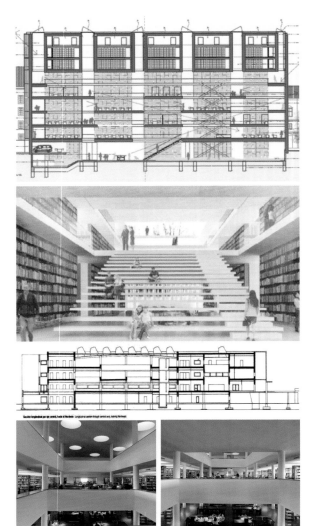

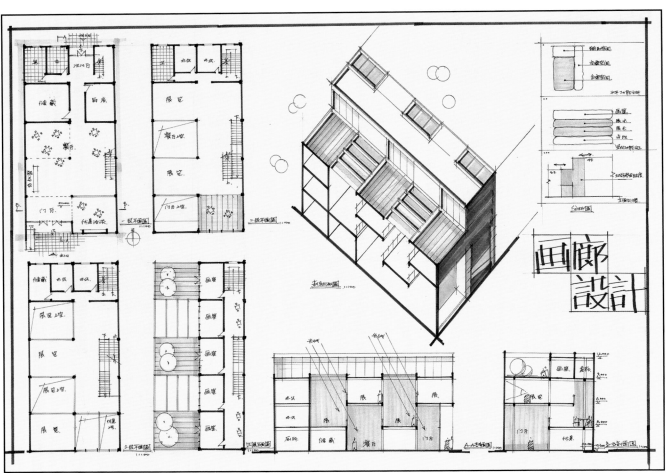

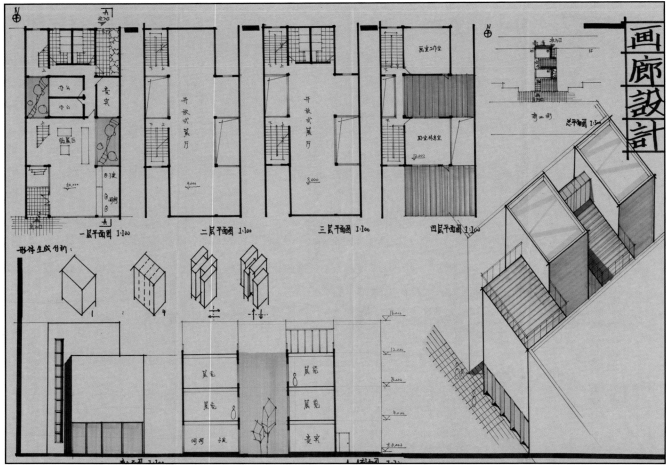

武汉大学 2012 年硕士研究生入学考试初试试题

题目：星巴克咖啡店（Starbucks Coffee Shop）（3 小时）

一、建设场地
详见附图

二、设计规模
总建筑面积 300 ㎡，以轴线计，可增减 10%。

三、房间组成及面积要求
1. 营业厅   220 ㎡
2. 加工制作   30 ㎡，开放式（要求柜台长度不小于 8m）
3. 贮藏室   10 ㎡×1
4. 员工更衣休息   10 ㎡×1
5. 卫生与清洁   20 ㎡～25 ㎡
    • 卫生间：男卫生间设 1 个坐式大便器和 2 个小便器；女卫生间设 3 个坐式大便器。前室设置 3 个洗手池，2 个干手器。
    • 清洁用品和工具间 5 ㎡。

四、设计要求
1. 建筑高度不超过 5.8m（注：据民用建筑设计通则的解释，在这里建筑高度定义为：平屋顶应按建筑物室外地面至其屋面面层高度计算；坡屋顶应按建筑物室外地面至屋檐和屋脊的平均高度计算）。
2. 建筑可贴用地边界建设。
3. 说明本设计所采用的结构形式和主要的建筑材料。
4. 充分考虑到咖啡店的功能特征，要求空间具有灵活布置的可行性。
5. 无障碍设计。

五、成果要求
1. 各层平面，一层兼作总平面图；剖面图（1 个），标注主要尺寸，比例自定。
2. 透视图或轴测图（1 个）。
3. 其他设计者认为需要表达的内容。
4. 表现方式不限。
5. 图幅 A1（841mm×594mm），数量不限。

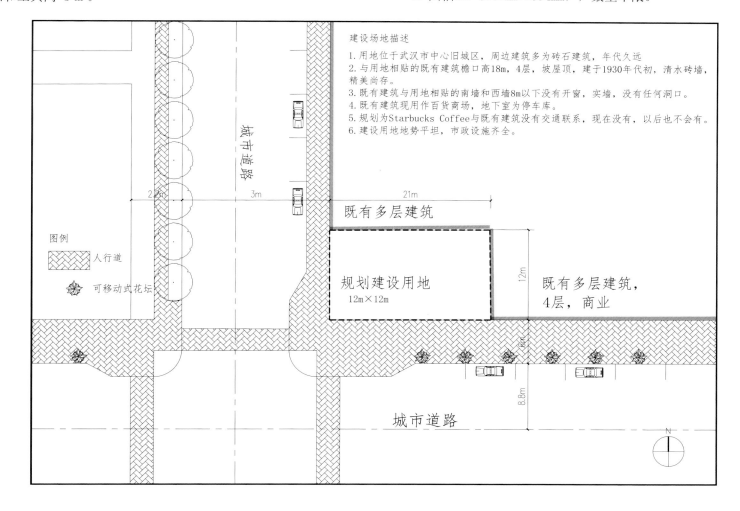

建设场地描述
1. 用地位于武汉市中心旧城区，周边建筑多为砖石建筑，年代久远
2. 与用地相贴的既有建筑檐口高 18m，4 层，坡屋顶，建于 1930 年代初，清水砖墙，精美尚存。
3. 既有建筑与用地相贴的南墙和西墙 8m 以下没有开窗，实墙，没有任何洞口。
4. 既有建筑现用作百货商场，地下室为停车库。
5. 规划为 Starbucks Coffee 与既有建筑没有交通联系，现在没有，以后也不会有。
6. 建设用地地势平坦，市政设施齐全。

核心考点：
1. 如何处理 5.8m 的限高与内部空间的关系。注意建筑转角与街道的空间关系。
2. 两条平面网格的功能、空间及形态设计。

方案点评：

　　两个方案的相似之处在于：都通过化整为零的手法，将建筑形态分成多个母题单元。

　　上方案通过 4 个单元体块的旋转、错动、咬合，塑造出韵律丰富的建筑形体。错落的形体解决了内部通风采光问题，也产生了丰富的半室外空间。辅助功能集中设计在北侧一条，使主体的营业空间相对完整。不足的是：二层营业厅楼板未与柱对齐，结构问题未妥善解决。

　　下方案通过单坡顶母题单元的相互错动、连接形成了一个变化丰富却又三维连续的建筑形态，同时创造出了入口架空、内部庭院、二层露台等层次丰富的外部空间。

上方案作者：杨含悦（2016 年保送到同济大学）
下方案作者：覃　琛

延伸阅读：

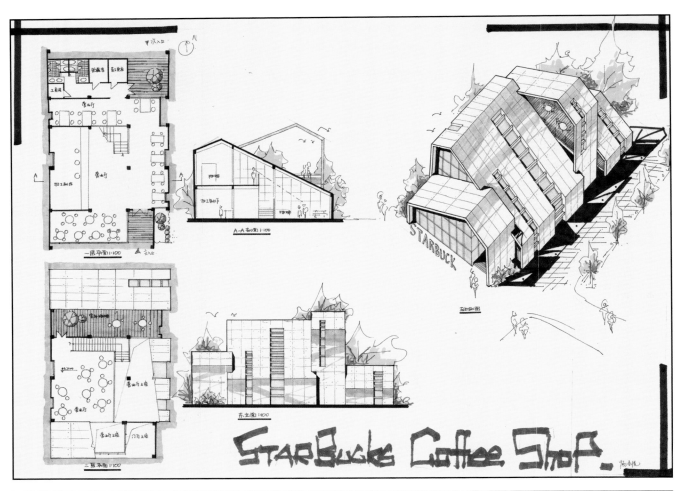

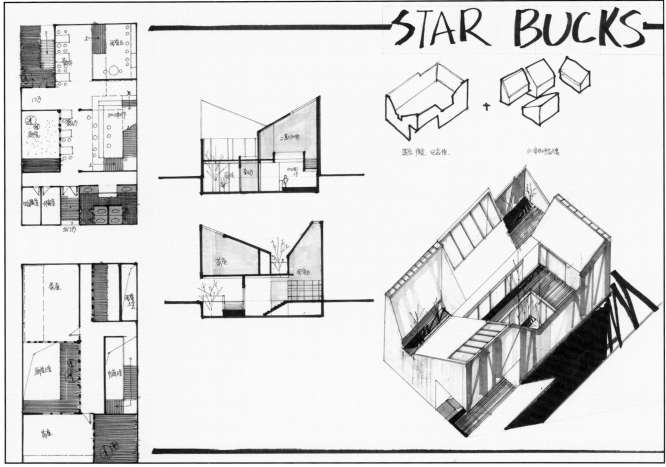

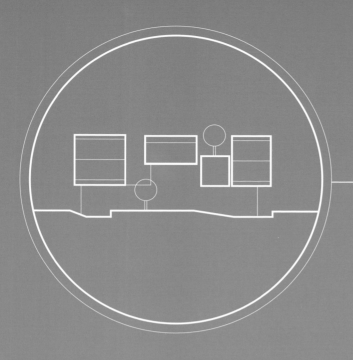

专题二：形体组织与外部空间

在快题设计中，除营造丰富的室内空间外，创造良好的外部空间也是相当重要的。在周边环境及场地条件的限制下，需要通过一定的应对策略及设计手法来组织外部空间，满足诸如采光通风、景观视线、室外交流等要求，提升建筑外部环境品质。此外，外部空间的设计往往与建筑的形态操作相关，如体块的滑移动作会产生露台、架空等外部交流场所，这就要求考生具备一定的形体塑造能力。值得注意的是：外部空间的设计需要与内部空间和具体功能相对应，避免出现表里不一的设计。

将形体组织和外部空间作为主要考查对象的题目类型大致可分为以下三种：
（1）满足建筑的基本使用要求而创造外部空间。在十分有限的场地中为解决采光通风问题而引入室外庭院，如同济大学 2005 年初试快题社区活动中心设计、同济大学 2008 年初试快题青年旅社设计、天津大学 2016 年初试快题社区中的小菜市场设计等。
（2）为创造交流场所而设计室外露台。如同济大学 2016 年初试快题学生活动中心设计、同济大学 2006 年复试快题新农村住宅设计、华中科技大学 2006 年初试快题三户住宅设计、东南大学 2015 年初试快题社区卫生所设计、西安建筑科技大学 2015 年初试快题幼儿园建筑设计、哈尔滨工业大学 2015 年初试快题北方某娱乐中心建筑设计等。
（3）为应对场地及其周边特殊环境而创造外部空间。如同济大学二年级设计课现代艺术展示空间设计；或是基地周边拥有优质景观，通过形体设计塑造观景平台来应对环境，如同济大学 2014 年初试快题生态塑形、北京工业大学 2013 年初试快题社区健身俱乐部设计等。

针对外部空间设计类的题目，以下的设计策略可以借鉴：
对于相似体块的错位叠加，形成滑动、穿插等形态效果；对于相对完整的体量做减法，创造屋顶花园、休息平台等空间；对于景观佳好的基地环境，可以通过底层架空的方式将景观引入场地，或通过建筑形体的折叠、围合创造室外露台和退台来呼应景观，并形成户外活动空间；对于图书馆、美术馆、体育馆等主体和辅助部分相对明确的建筑类型可以运用"条形与基座"的策略，将辅助部分安排在基座中，利用其屋面形成二层主入口平台，并结合大台阶引导人流；对于带有均质功能用房的建筑，如教学楼等，则可以考虑通过单元并置、间隔露台的手法处理内部功能和外部空间之间的联系，但需要注意单元与整体之间的和谐关系。

同济大学 2016 年硕士研究生入学考试初试试题

题目：学生活动中心设计（3 小时）

在某大学校园内现状为露天停车场的基地上，加建一个总建筑面积不超过 2200 ㎡ 的学生活动中心（面积计算包括被覆盖的停车场部分）。

一、基地状况

某地位于中国江南地区，地形平坦，无明显高差变化，基地在有围墙围合的封闭校园内，基地周围环境及具体尺寸见 1:1000 地形图，1:200 基地图。

二、任务要求

1. 多功能活动室 150 ㎡，作为学生社团会议、活动、研讨用，房间内最好不要设有柱子。
2. 社团活动室 6 间，共 300 ㎡（50 ㎡×6=300 ㎡）。
3. 展览空间 200 ㎡，可以气候开敞或气候封闭。
4. 咖啡厅 200 ㎡，要求便于对外服务，在校园内要有一定展示面，设计时需要对室内平面进行简单布置。
5. 文具兼书店 150 ㎡，希望最好布置在低处，设计时需要对室内平面进行简单布置。
6. 需要设置必要的卫生间，面积由设计者决定。

7. 停车场原有 22 个停车位，新建筑建成后，停车位不得少于 18 个。
8. 总建筑面积控制在 2200 ㎡ 以内（包括底层被覆盖的停车场面积）。

三、规划要求

建筑限高 15m，建筑不得超过建筑控制线，考虑到校园道路的规划要求，停车场出入口及车位布置格局不应有太大变动，设计者可对建筑控制线外的绿化进行调整，适应人行进入建筑的要求。

四、图纸要求

1. 总平面图 　　　　　　　　比例及范围自定
2. 各层平面图 　　　　　　　1:100（底层平面需要布置并表达停车位）
3. 立面图（1～2 个） 　　　 1:100，选择设计者认为主要的立面
4. 剖面图（1～2 个） 　　　 1:100
5. 轴测图（1 个） 　　　　　比例自定
6. 其他适合表达设计的图纸（内容不限，如：分析图、透视图、内部空间透视图、细部详图等）

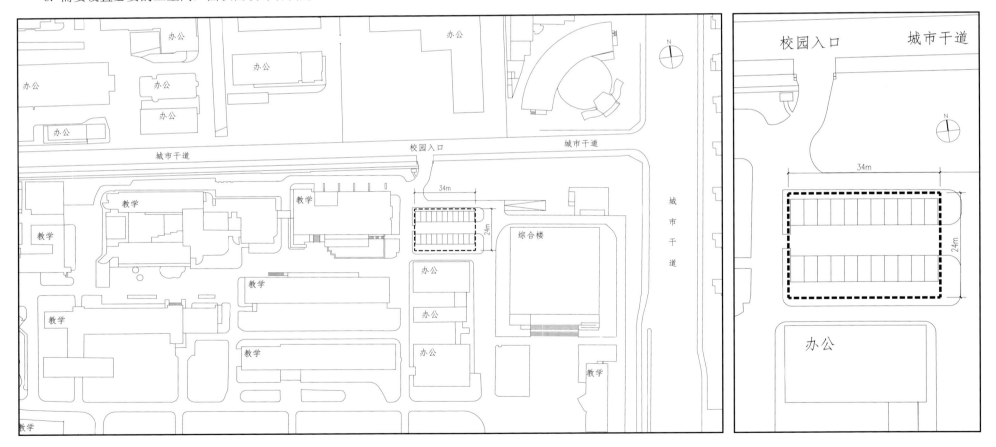

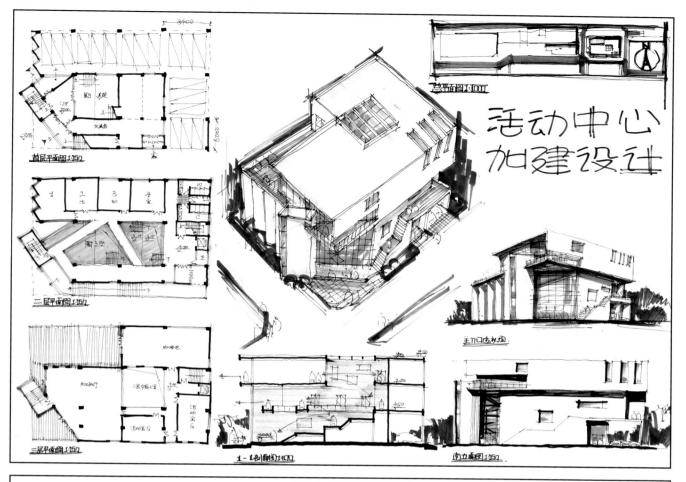

活动中心
加建设计

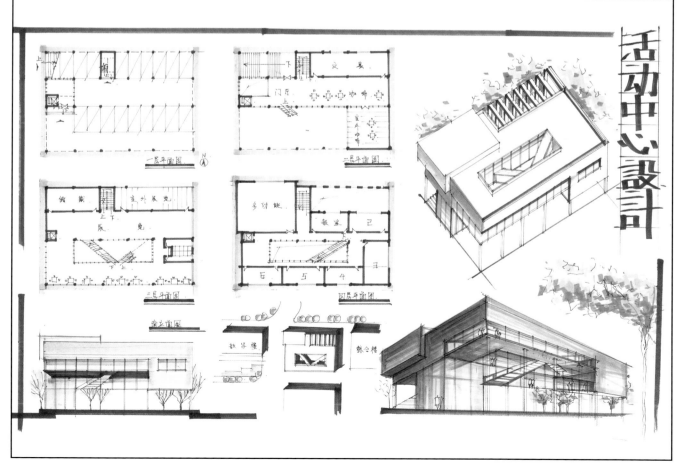

活动中心设计

方案点评：

　　两个方案的相似之处在于：都设计了丰富的空间，上方案侧重对内部中庭的设计，下方案体现为室外庭院。两者都通过对西南转角进行退让来塑造与周围环境的关系。

　　上方案围绕台阶式展厅的中庭空间布置建筑平面，一层北侧和东侧架空形成停车空间，南侧布置门厅和展示空间。二层布置公共活动室。三层是一个漂浮的 L 形体量，布置多功能厅与部分活动室功能。建筑着重塑造了南侧和西侧面对公共人流的立面，具体通过架空悬挑、漂浮盒子、室外楼梯、转角切割、锯齿形平面与独立化楼梯间等手法，形成了一个造型丰富活泼却又得体的建筑。

　　方案围绕室外庭院进行上下连续交通的设计，并给停车库带来采光。西南侧的转角架空处理很好地应对了 C 楼的界面和下沉庭院。不足的是对停车位的遮挡设计不够，影响室外咖啡的环境。

　　两个方案均为 130 分最高分考场原图方案（考后绘制）
上方案作者：林松涛（跨专业学员）
下方案作者：赵新洁（跨专业学员，在同济大学 2014、2016 年初试快题中获得最高分 130 分）

延伸阅读：

方案点评：

　　两个方案的相似之处在于：都通过局部退让与C楼边界守齐，并设计大量的架空、屋顶露台等外部空间实现了建筑的开放性、交流性、公共性，符合活动中心的建筑性格。

　　上方案功能布局采用剖面分区：一层布置架空停车和竖向交通核，二层布置公共门厅、咖啡与阅览空间，三层布置展览与活动，局部四层为多功能厅。二层退让与C楼守齐，同时形成大面积架空空间，作为入口和室外咖啡平台。三层活动室间隔性的庭院丰富了建筑空间也美化了造型。四层多功能厅的单独布置，成为造型的点睛之笔。

　　下方案在南北侧都创造了外部空间，并通过间隔性片墙将一层的停车场遮挡起来，美化了视觉环境也形成完整的建筑体量。不足的是：多功能厅内部的局部掏空，不便于使用。楼梯间和卫生间南向布置占据了良好朝向。

两个方案均为130分最高分考场原图方案（考后绘制）

上方案作者：段晓天

下方案作者：程泽西

延伸阅读：

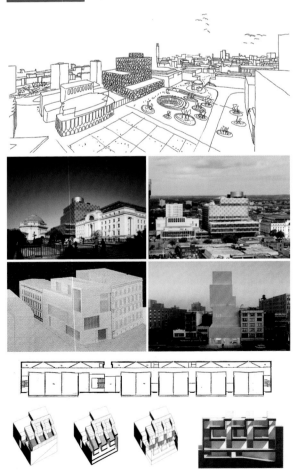

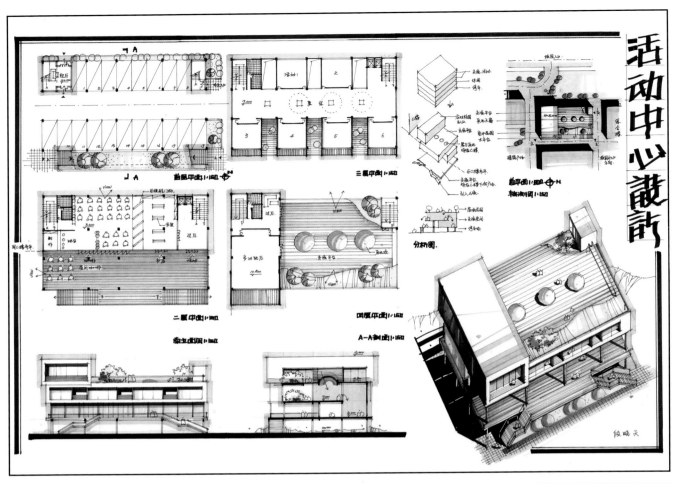

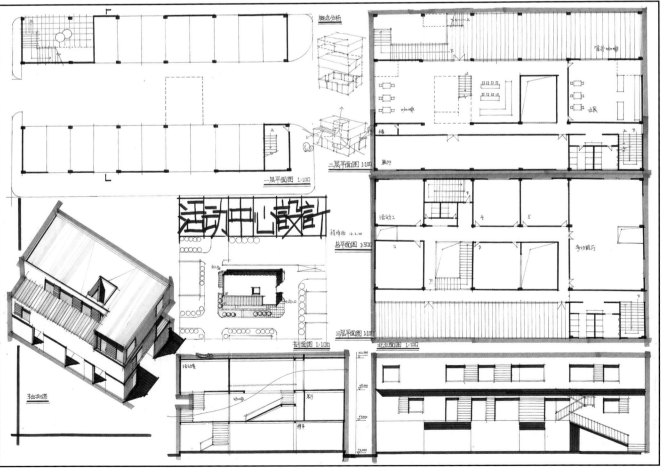

同济大学 2014 年硕士研究生入学考试初试试题

题目：生态塑形——当代艺术馆设计（3 小时）

一、设计概念

建筑对于当地气候与生态特征的回应，已成为当代建筑设计的重要趋向之一，建筑总体格局———内在形式＋细部特征等对于主要气候特征的反映，可称之为"形态塑形"。本次设计的基本要求是，立足"生态塑形"设计概念，构想在特定气候与生态环境下的建筑设计。

二、设计概况

中国南方某滨海城市拟建一座当代艺术馆，地基位于滨海散步道尽端，基地东侧临海，周边为其他文化建筑用地，北侧与滨海步道方向为主要的车行与人流出入口方向。地面留出一个地下车库出入口即可，地下车库不必设计。

1. 主要经济技术指标

用地面积 7500 ㎡，总建筑面积 8000 ㎡（不包括地下车库），建筑密度不大于 50%，建筑高度不大于 20m，建筑层数 2～3 层。

2. 建筑主要功能使用面积如下：

• 大堂展示区，使用面积 3000 ㎡，包括大堂 600 ㎡，展厅 2400 ㎡，可分为 4～6 个展厅设置，展厅层高不小于 7m，要求避免直射光线。

• 艺术交流区，使用面积 1000 ㎡，包括报告厅 400 ㎡，艺术家沙龙 400 ㎡，培训中心 200 ㎡。

• 研究中心区，使用面积 1000 ㎡，包括研究中心 400 ㎡，艺术家工作室 400 ㎡，办公室 200 ㎡。

• 辅助功能区，使用面积 1000 ㎡，包括艺术品储藏 400 ㎡，艺术品商店 400 ㎡，咖啡厅 200 ㎡。

• 其他部分面积 2000 ㎡。

3. 环境概况

基地所在城市属于夏热冬暖地区，夏季气候炎热与潮湿，建筑设计对于以下环境生态要素，需做出关注与回应：

• 加强自然通风，应对夏天的湿热环境，增加室内外公共空间的舒适度。

• 减少夏季阳光直射，加强良好的遮阳空间与设施。

• 减少建筑的热辐射，强化建筑与绿化环境的整体设计。

• 该地区不必考虑台风影响。

三、图纸要求

1. 各层平面图　　　　　　1:200
2. 生态塑形分析图　　　　1:200，结合立面与剖面的图解各 1 个，其他分析图不限。
3. 建筑轴测或透视图，以有效表达建筑形态或空间的生态响应为主旨。

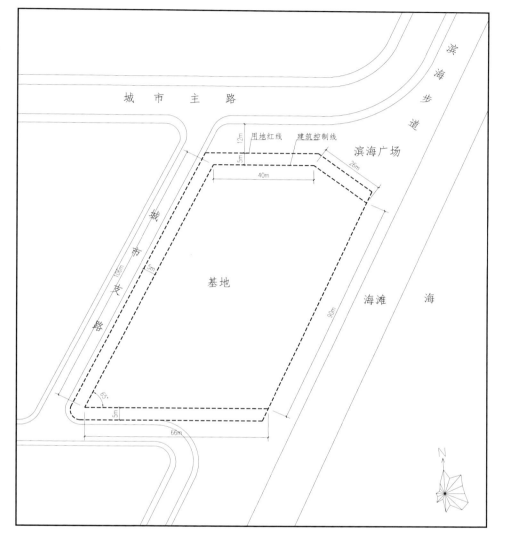

核心考点：

1. 考查考生对外部空间的塑造能力，以及建筑形态对滨海景观和生态策略的回应。
2. 条形或围合形平面的不同组织形式。

方案点评：

上方案通过 U 形体块的反向叠加，围合出中央庭院。二层的观景平台与海景相呼应，结合三层的平台形成良好的拔风效果。功能采用剖面分区：一层为展厅和公共空间，二、三层布置有景观需求的功能用房，布局合理。

下方案对方形体块进行减法操作，依次形成底层架空、一层和二层通高庭院及三层开放露台的多种拔风空间，实现了良好的通风效果。不足的是：交通面积过大，单跑楼梯长度不够，报告厅内柱子表达有误，储藏入口距主入口过近，主入口距卫生间过远。

两个方案均为 130 分最高分考场原图方案（考后绘制）
上方案作者：高佳琪
下方案作者：赵新洁（跨专业学员，在同济大学 2014、2016 年初试快题中获得最高分 130 分）

延伸阅读：

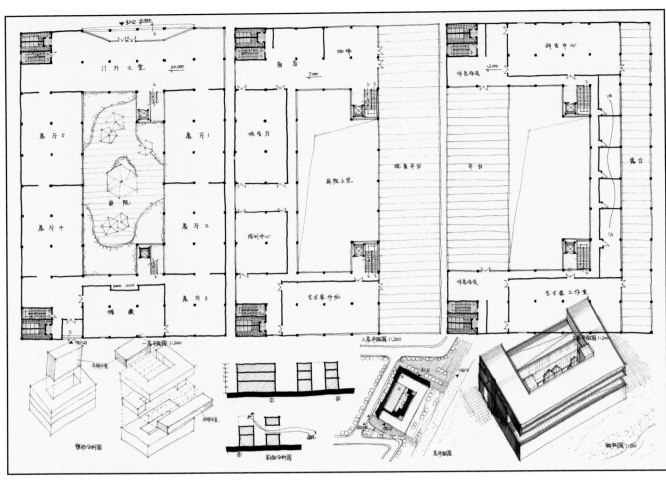

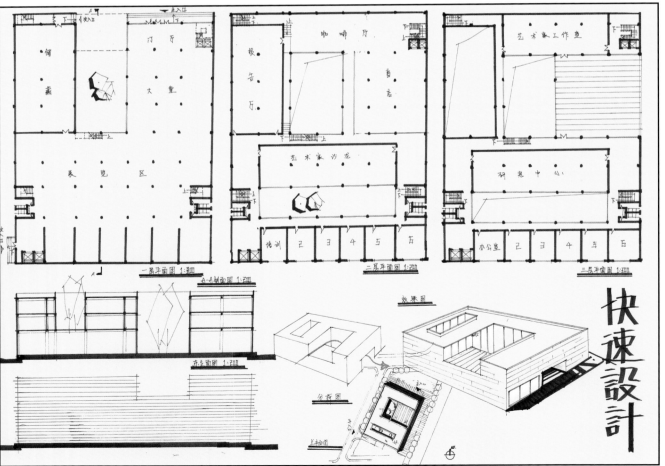

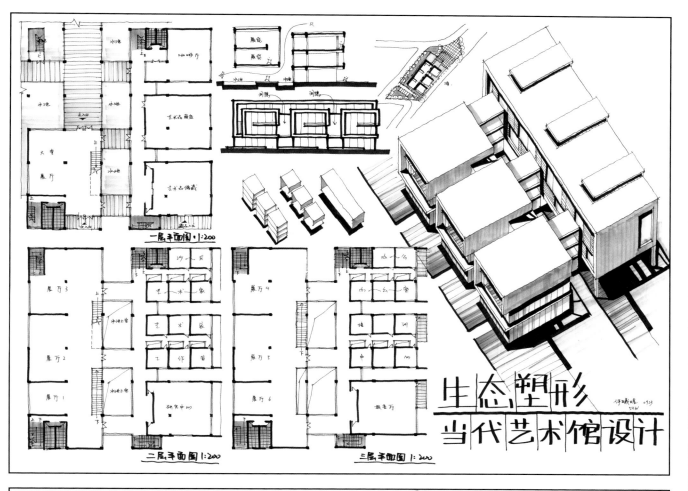

一层平面图 1:200

二层平面图 1:200

三层平面图 1:200

生态塑形
当代艺术馆设计

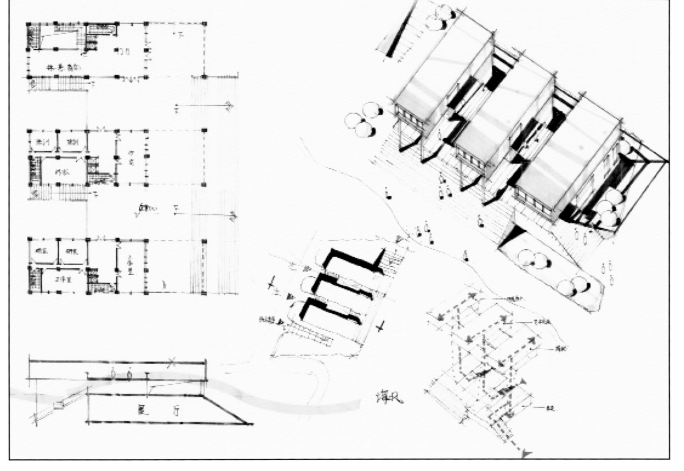

展厅

海风

方案点评：

两个方案的相似之处在于：利用 3 个单元体块之间的间隔来达到通风节能效果，体现了"生态塑形"理念。上方案强调平面分区，下方案强调立体叠加。

上方案根据功能的景观要求将形态设计为 4 个体块的组合。其中一个大体块为三层展示功能，设计在不需要景观朝向的区位；另外 3 个重复单元容纳其余功能，设计在面向海景的区位；并通过连廊进行连系，加强了自然通风。不足的是 3 个重复单元之间的间隔过窄，景观面和柱网的结构处理欠妥。值得一提的是作者习惯性地在很多快题中重复使用的架空、水景、木平台的设计，是非常成熟、好用的手法，值得推广。

下方案运用条形体块与基座叠加，形成架空、间隔空间，并结合大台阶及三层观景平台，应对"加强通风"的设计要求。功能采用剖面分区：一层为开放展厅，二、三层为创作室、沙龙等房间。大台阶的设计营造了观海的场所，也加强了建筑气势。

上方案作者：伊曦煜
下方案作者：凌　赓（此图为 130 分最高分考场方案，考后绘制，只表达部分内容）

延伸阅读：

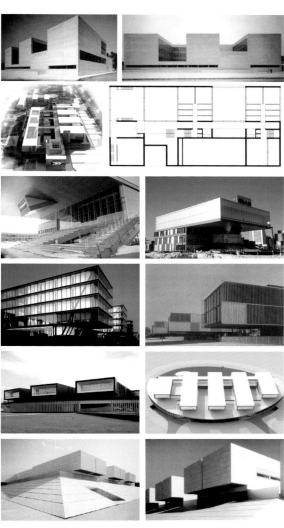

同济大学 2009 年硕士研究生入学考试复试试题

题目：会馆史陈列馆建筑设计（6 小时）

一、概念

建筑体形系数（S）指建筑物接触室外大气的外表面积（不包括地面）与其所包围的体积的比值。其他条件相同的情况下，建筑物耗能量随体形系数的增长而增长。

二、任务描述

1. 拟建一小型陈列馆展示上海各类会馆发展的历史，基地不限。
2. 建筑一律在地面以上解决，不得出现任何地下室或下沉设计。
3. 陈列馆体积限定为 7200m³（设计中体积误差须控制在 ±5%）。
4. 建筑为 2 层，设一部垂直电梯。
5. 楼梯的设置需满足公共建筑楼梯宽度要求及防火疏散的要求。

建筑包括以下功能：
- 门厅，公共走廊，男女卫生间
- 展品周转仓库
- 贵宾接待室
- 多功能厅（兼作小型报告厅）
- 展厅（不小于 800 ㎡）
- 可停放两辆小轿车的室内停车库
- 两间办公室

三、操作要求

1. 给定 54m×54m 的建筑外表面积。在满足功能和体积要求的前提下进行空间和形态操作，建筑体形系数须小于 0.4（建议将 A4 纸进行裁切，弯折，作为模型操作研究手段）。
2. 外表面上开窗形式自定，但总的窗墙比（包括建筑顶面）须小于 0.4。

四、成果要求（要求所有图纸以白描手法绘制，只能使用单色细线笔）

1. 各层平面图，立面图（至少 2 个），剖面图（至少 1 个），轴侧图 1 个（上述所有图纸 1:100）。
2. 利用轴测图分布表现利用 54m×54m 外表面积生成空间与形态的逻辑过程（至少 3 个步骤，比例控制在 1:200）。
3. 给上述形态图上各个面编号后回到 54m×54m 的方框中，以检验建筑的表面积之和。
4. 列出如下经济技术指标：
   - 总建筑面积（   ）㎡ ，其中：一层建筑面积（   ）㎡
     二层建筑面积（   ）㎡，展厅建筑面积（   ）㎡
   - 建筑物外表面积之和（   ）㎡
   - 建筑体积
   - 建筑体积系数

五、评判

建筑体形系数，建筑空间组织，建筑造型同时作为评判标准。

核心考点：

1. 考查小型展览馆的功能组织与折叠的形态操作。内部功能类似于同济 2006 年框架展览馆和 2007 年夯土展览馆设计。
2. 两条或三条平面网格的功能、空间及形态设计。

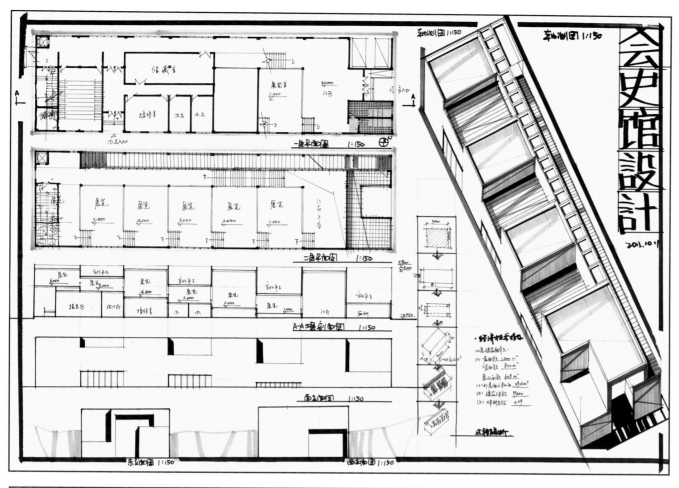

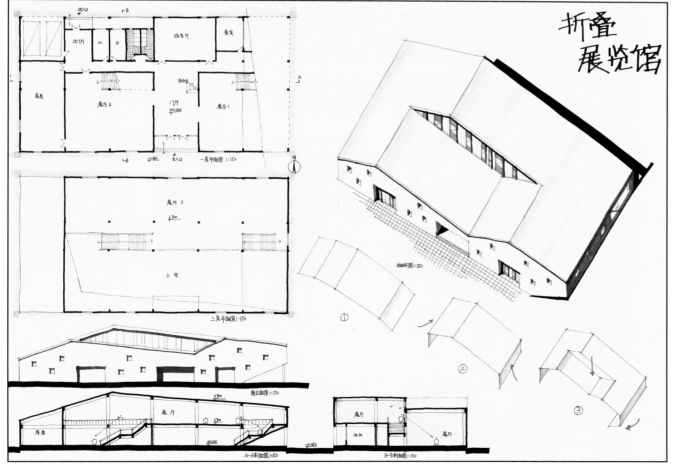

上方案将形态的折叠体现为内部空间的高低变化，并结合台阶式展览形成立体化的空间序列。功能采用剖面分区：一层为办公、辅助，二层为展览空间。不足的是：北侧二楼平台逻辑不强，影响单跑楼梯的结构布置。建议展览空间的台阶楼梯采取错位布置，丰富展览路径。

下方案北侧一条叠加辅助功能和展厅，南侧一条为通高的展厅。形态上通过屋顶的弯折形成对角错位的内部空间，也给内部展厅带来高侧窗采光。

上方案作者：毕若琛
下方案作者：孙泽龙

延伸阅读：

同济大学 2008 年硕士研究生入学考试初试试题

题目：小型青年旅舍设计（3 小时）

一、基地情况

基地（图中红色线范围）为 6m 高围墙，四周与居民住宅相邻，两侧是基地内立面图。居民住宅为坡屋顶。

本题目着重考查考生对于场地的控制能力。

二、功能要求

1. 客房　　30 ㎡（18 ～ 21 间）
2. 餐厅　　120 ㎡（作为早餐用途平时兼咖啡，包括 50 ㎡的厨房）
3. 管理　　60 ㎡
4. 小型车停车位 4 个
5. 门厅、楼梯、卫生间按自己需要布置
6. 总建筑面积不超过 1500 ㎡

三、布置要求

1. 建筑限高地上 9m。
2. 基地内东西测墙体不允许改动，只允许在南北侧墙体改动。
3. 建筑墙体可以紧邻侧墙的实墙部分，对于居民的侧窗要留出采光的空间。
4. 新建筑与居民住宅南北墙之间要留出至少 6m 的间距。

四、图纸要求

1. 图幅 A1
2. 总平面图　　　　　　　　1:500，包括完整的周边情况及场地布置
3. 各层平面图　　　　　　　1:150
4. 立面图（1 ～ 2 个）　　　1:150
5. 剖面图（1 ～ 2 个）　　　1:150，如剖到居民住宅应反映出相互关系
6. 能够表达设计意图的室内或室外透视、轴测图

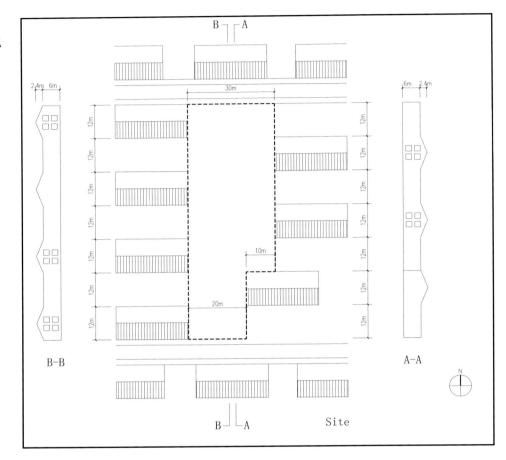

核心考点：

1. 考查考生控制分散体量的能力。注意客房的采光、通风设计。

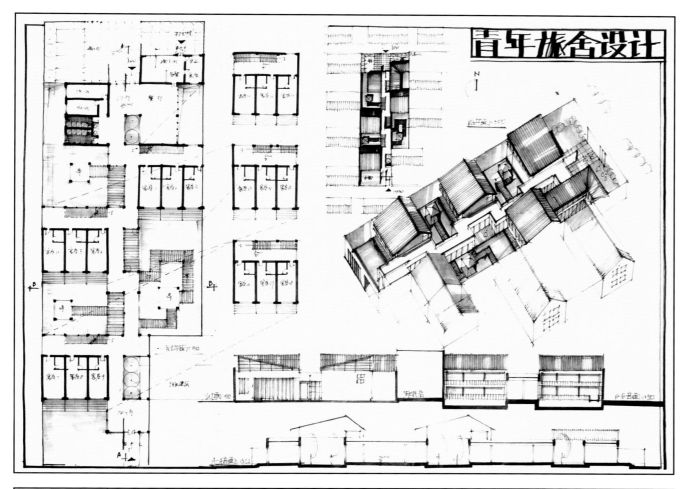

青年旅舍设计

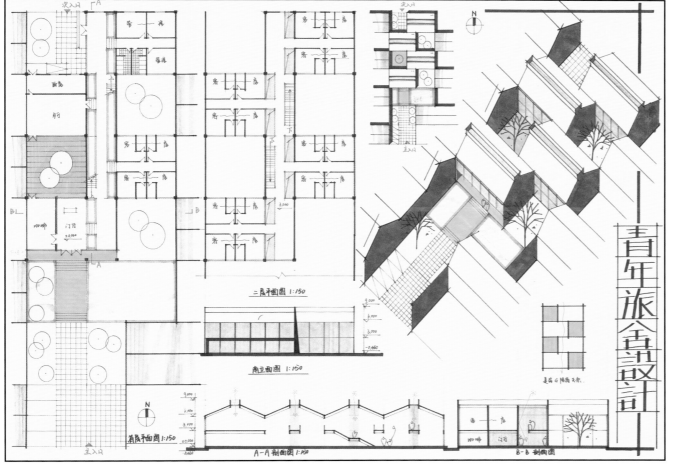

青年旅舍设计

方案点评：

　　两个方案都是单元化设计。上方案为散落布局，下方案为紧密排列。

　　上方案将功能分解为几个单元体块，散落在庭院里。并运用曲折的一层连廊将其串联，创造出丰富的庭院空间。中间较宽的连廊通过室内外的划分，形成曲折变化的路径，连接各功能空间与景观庭院。不足的是：次入口门厅尺度过大，建议卫生间与办公互换。

　　下方案通过单元体块的紧密排列形成屋顶连续转折的建筑形体，并通过单跑楼梯、连廊、采光设计丰富了中庭交通空间。不足的是：柱网跨度过大，交通空间稍显浪费。

上方案作者：刘津瑞
下方案作者：唐　铭

延伸阅读：

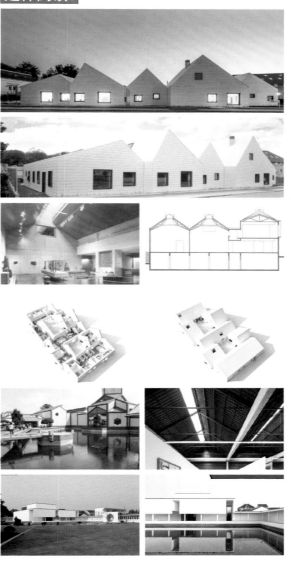

同济大学 2006 年硕士研究生入学考试复试试题

题目：新农村住宅设计（6 小时）

一、设计内容

为三代同堂的七口之家设计一独立式农村住宅，设计者应通过有效的空间手段来组织三代人的血缘关系与各自生活。

家庭结构　　老年人：爷爷、奶奶，外公、外婆
　　　　　　中年人：父亲、母亲
　　　　　　青年人：一个 20 岁左右的青年

二、设计要求

1. 在一个容积为 750㎥ 的长方体内组织室内外空间，长方体内的室内外空间容积比控制在 4:1。
2. 设计者自行决定该长方体的各向度尺寸以及它接触地面的姿态；设计者自行决定该长方体的各空间的高度以及功能配置。
3. 挑出该立方体不大于 600mm 的不落地突出物（如挑板、窗等）不计入容积。

三、图纸要求

1. 体量分析图（表达该立方体的体量尺寸及内外空间的分布状况）
2. 各层平面图及总平面　　　　　　　1:100
3. 剖面、立面各 2 个　　　　　　　　1:100
4. 墙身剖面 1 个　　　　　　　　　　1:20（包括基础、墙、窗及屋顶女儿墙，要求遵从节能、节约的设计原则）
5. 轴测或剖轴测表现图 1 张　　　　　1:100

核心考点：

1. 考查考生对外部空间的操作，目的是创造架空、露台等交流空间，以及如何通过空间手段来组织三代人的血缘关系和各自生活，如错层、中庭、大厅、庭院空间。
2. 方形或条形平面网格的功能、空间及形态设计。

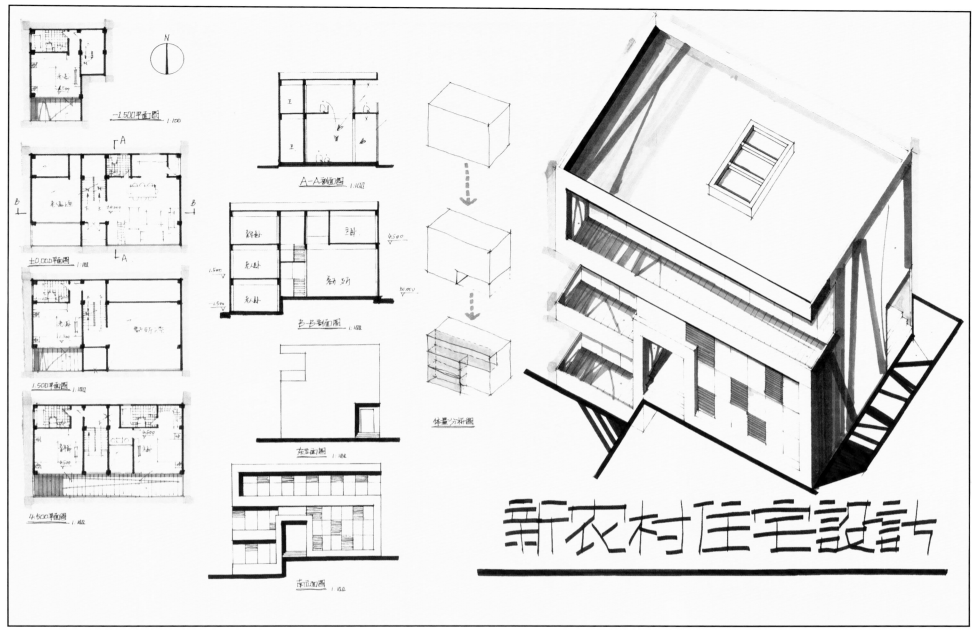

两个方案的相似之处在于：运用错层的空间手段来组织三代人的血缘关系与各自生活。

上方案通过错层来划分公共与私密空间，使公共空间获得足够的室内高度。不足之处是：厨房与卫生间高度过高。

下方案公共与私密空间实现彻底分区，卧室间的干扰最小，"各自生活"这一考点体现得十分明显。建议将楼梯与卫生间位置互换，一层设计公共门厅；同时应注意剖面的正确表达。

上方案作者：喻干一
下方案作者：李志豪

延伸阅读：

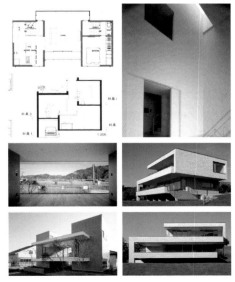

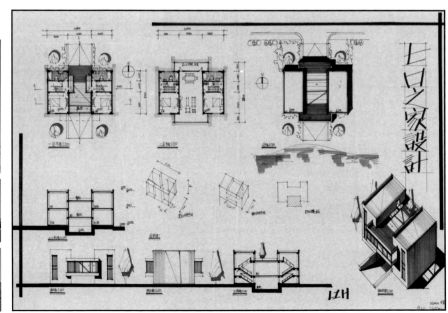

方案点评:

　　两个方案的相似之处在于:两条式的平面结构。辅助功能叠加在北侧一条,南侧一条叠加主要功能性房间,分区明确。

　　上方案运用体块叠加与滑移的手法产生外部空间,形成4:1的容积比。平面细节处理上,在第三层消解了走道空间,体现作者非常细腻的思考。不足的是:门厅空间尺度不够,老人卧室家具布置不合理。

　　下方案运用减法操作形成连续转折的形体及其所包围的外部空间,室内外空间的渗透处理较好。不足的是:门厅尺度略小,厨房面积过大。

上方案作者:陈志刚
下方案作者:陈奉林(2015年考取同济大学研究生,在同济大学2015年初试快题中获得130分)

延伸阅读:

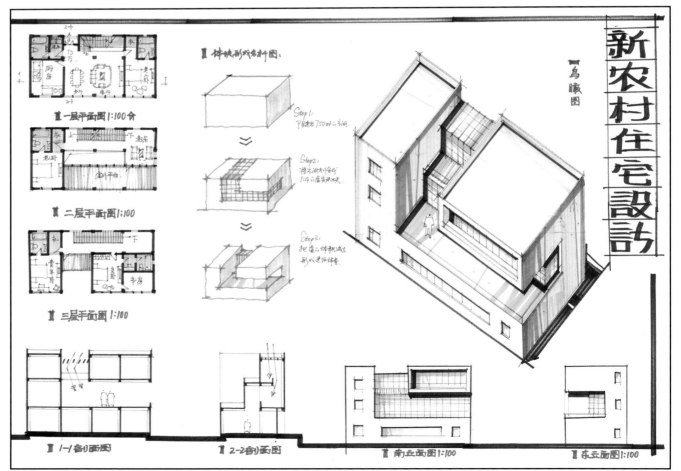

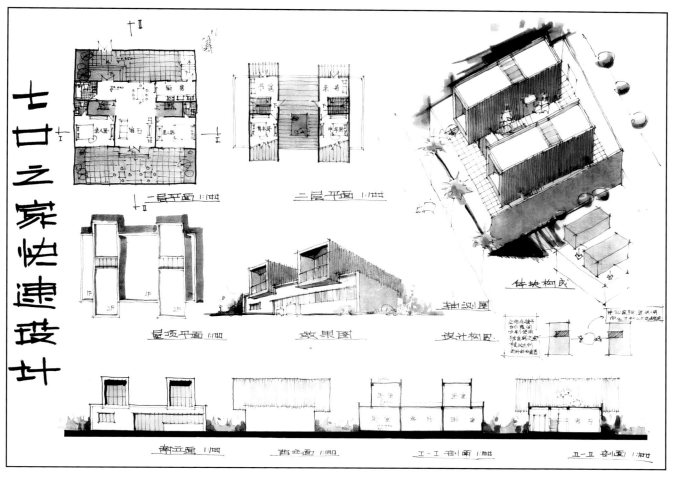

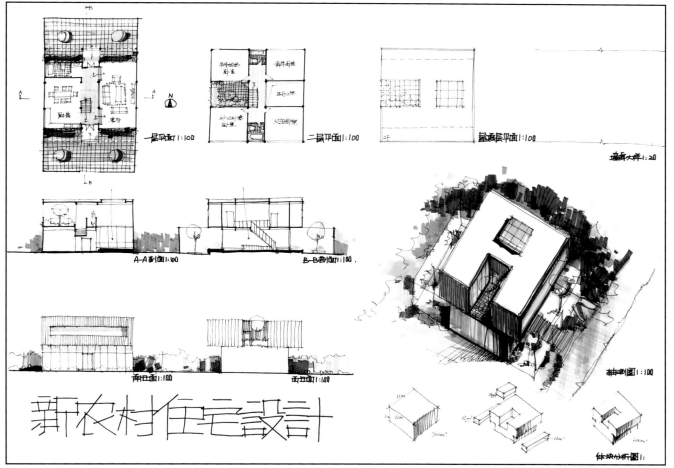

方案点评：

　　两个方案为对比的设计手法，上方案通过3个体块的叠加创造出丰富的外部空间。下方案通过减法操作获得了架空、露台等外部空间。

　　上方案首层平面秩序感较强，通过九宫格划分公共与私密空间的层级关系，二层体块的收分与悬挑使形体产生叠加关系。不足的是：二层缺少卫生间；主卧尺度过小，这也是形态使然。建议二层书房、杂务改为卫生间。

　　下方案客厅的南北通透度达到最好，其综合了路易斯·康的条形平面和柯布西耶底层架空与屋顶花园的设计手法。不足的是：主门厅尺度过小，楼梯长度也不够。建议厨房与餐厅位置互换，客厅上空可以减小形成平台，为父母和青年卧室提供入口空间；主入口门厅前的室外空间可以设计为门厅空间。

上方案作者：潘　晓
下方案作者：蒋玲娇（跨专业学员）

延伸阅读：

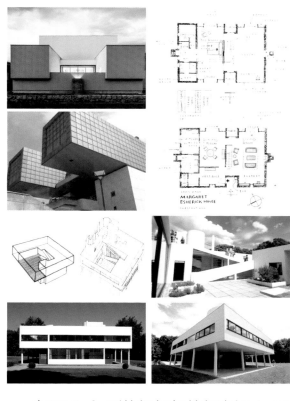

同济大学 2005 年硕士研究生入学考试初试试题

题目：小型社区活动中心建筑设计（3 小时）

一、设计任务

因社区建设需要，拟建一座小型社区活动中心。基地位于居住小区内，处在居住小区的沿路地段，小区内主要居住建筑 5～6 层。与拟建建筑基地周边相接的建筑物为 2 层，人流来自道路南北两个方向。基地面积为 600 ㎡，总建筑面积不超过 500 ㎡。

具体功能内容与要求如下

1. 本社区服务中心主要为本小区的居住服务。
2. 功能空间组成：

- 茶室　　　　　　100 ㎡
- 书画活动室　　　60 ㎡
- 戏迷活动室　　　60 ㎡
- 教室　　　　　　60 ㎡
- 棋牌室　　　　　60 ㎡（可分成小间）
- 小卖部　　　　　12 ㎡
- 办公室　　　　　12 ㎡
- 卫生间　　　　　40 ㎡

※ 部分功能空间可开放布置，但需保证使用面积

3. 不考虑机动车或非机动车停靠。

二、设计要求

基地图中所给区域为实际可建筑区域，相邻建筑外墙可共用。

建筑所有部分（包含局部突出物）均不得超过 6.0m。

沿路现状为 6.0m 高连续实墙面，且无任何形式的（窗）洞口，墙表面沿路为白色涂料，墙厚 0.3m，可利用。但除设置必要的出入口外，不得开启任何形式的（窗）洞口或以其他方式改变现状。出入口的大小控制在 1.5m（宽）×2.4m（高）的范围之内，出入口的数量不超过 2 个。

三、表达方式

1. 绘图表现方式不限。
2. 图纸不限，图面表达清晰。
3. 如果表达需要，可以辅助以反映方案构思的简要文字说明。（注意不作为必要内容，不作为加分条件）

四、图纸要求

1. 屋顶平面图　　　　　　1:100
2. 各层平面图　　　　　　1:100
3. 剖面图（不少于 2 个）　1:100
4. 轴测图（不小于 1 个）　1:100
5. 其他表达设计构思的图纸

五、基地图

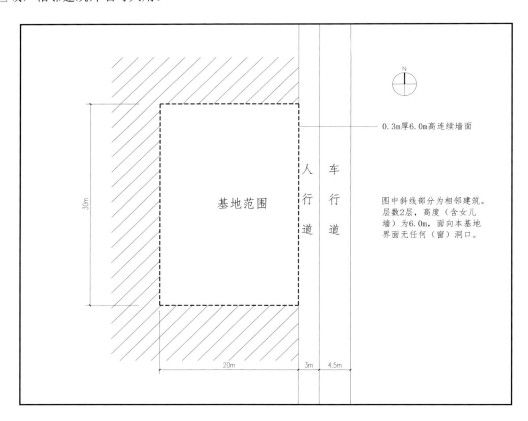

基地范围

人行道　车行道

0.3m厚6.0m高连续墙面

图中斜线部分为相邻建筑。层数为2层，高度（含女儿墙）为6.0m，面向本基地界面无任何（窗）洞口。

30m　　20m　　3m　4.5m

核心考点：

1. 此题为同济大学快题考试由 6 小时改为 3 小时的第一年，本意是为了避免考生套用万能平面和万能立面，因此出现四面围墙的基地。
2. 考查考生解决采光，处理建筑限高的能力，以及条形或围合形平面的不同组织形式。

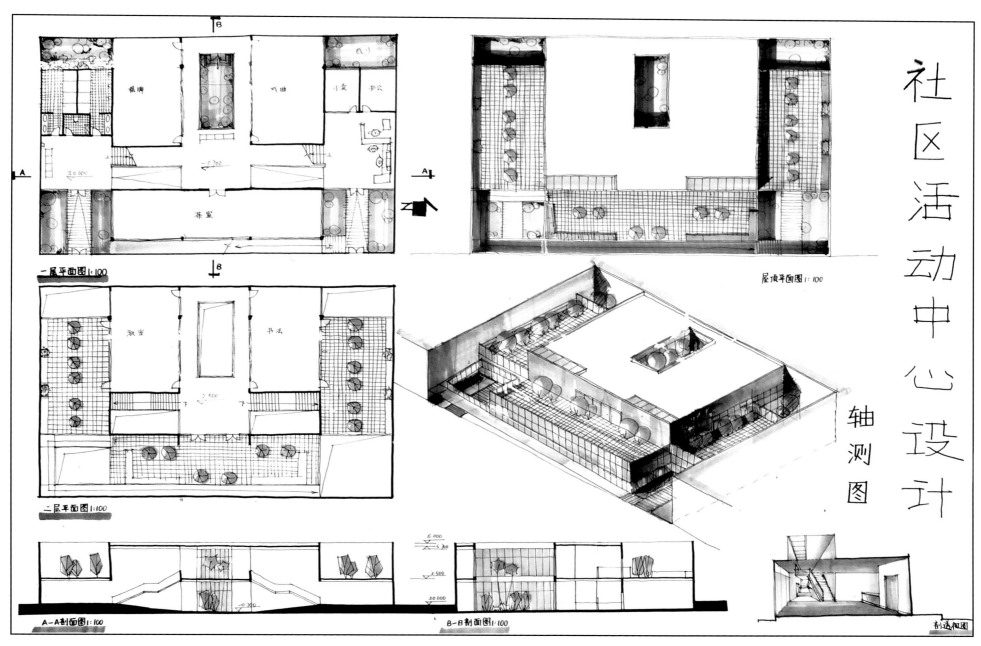

一层平面图1:100

屋顶平面图1:100

二层平面图1:100

轴测图

A-A剖面图1:100

B-B剖面图1:100

剖透视图

社区活动中心设计

方案点评：

　　两个方案都优先考虑建筑的主体形态设计，再附加从属形体。

　　上方案将 4 个 60 ㎡ 房间垂直叠加，形成完整的二层体量，茶室再与其对应，其余辅助部分南北对称布局。门厅空间的高低变化以及高差的错位处理，形成连续的内部空间。

　　下方案围绕水院布置功能性用房，茶室与 4 个 60 ㎡ 房间组合，形成主体形态，产生园林式的院落空间效果。建议在茶室外部设计亲水平单。

延伸阅读：

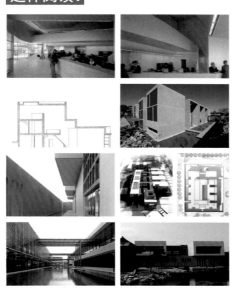

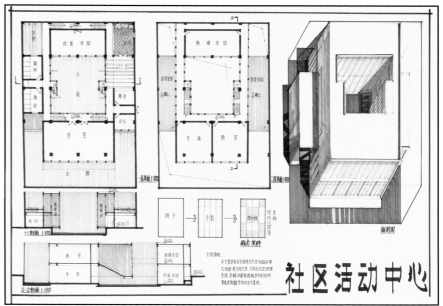

社区活动中心

上方案作者：张蕾
下方案作者：杨勇

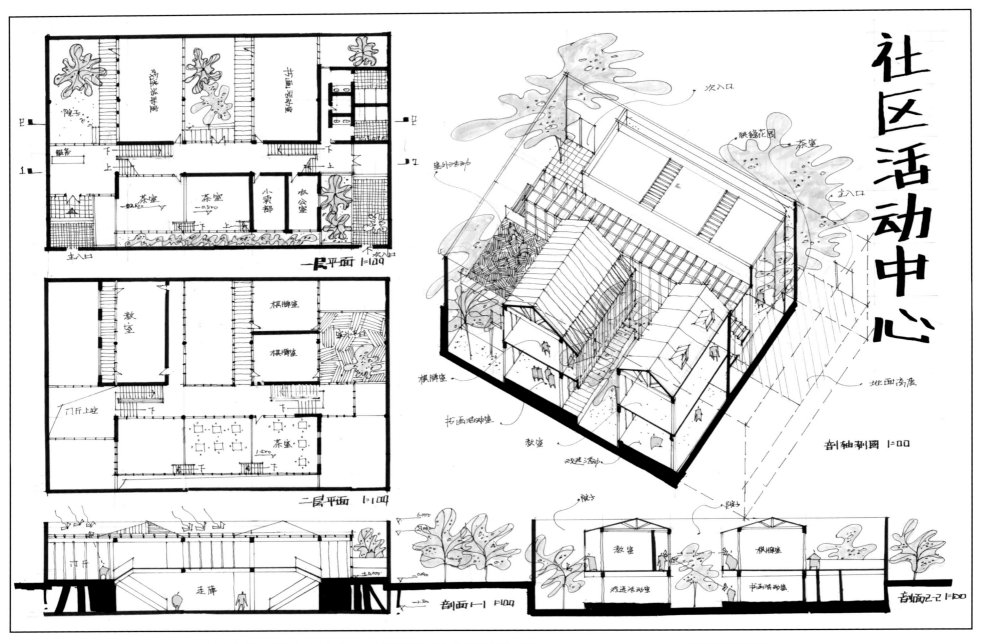

社区活动中心

主入口
次入口
间隔花园
茶室
室外活动
棋牌室
书画活动室
教室
戏迷活动
地面架层
剖轴测图 1:100

一层平面 1:100
院子
服务
茶室
茶室
小茶部
办公室
书画活动室
室外活动室
主入口

二层平面 1:100
教室
棋牌室
棋牌室
室外活动
门厅上空
茶室

剖面1-1 1:100
门厅
走廊

剖面2-2 1:100
教室
棋牌室
戏迷活动室
书画活动室

快题设计

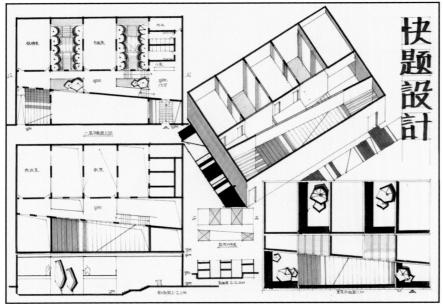

延伸阅读：

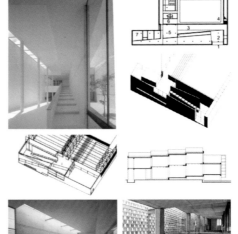

方案点评：

　　两个方案都采用单元式布局，并通过间隔式花园解决采光问题。中间的空间型走道既解决高差又产生空间上的立体联系。

　　上方案的茶室采用台阶式空间，拉长了视线，方便一、二层使用。不足的是：一楼下挖过多，处理不恰当。

　　下方案斜墙的处理增强了空间的引导性。建议平面可以左右镜像，使得所有教室朝南，卫生间朝北；另外卫生间距办公区域及门厅过近。

上方案作者：曹加铭（2015 年保送到东南大学）
下方案作者：赵洁琳（在同济大学 2013 年初试快题中获得 125 分最高分）

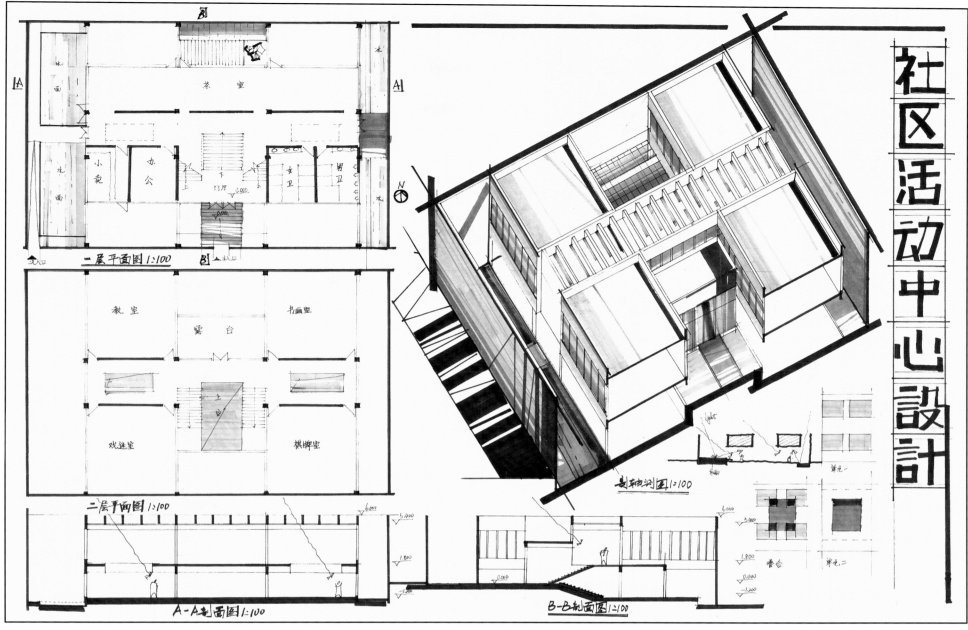

社区活动中心设计

茶室

小卖　办公　男卫　女卫

教室　书画室

露台

戏迷室　棋牌室

二层平面图1:100

A-A剖面图1:100

B-B剖面图1:100

剖轴测图1:100

单元一

露台　单元二

方案点评：

　　两个方案都采用工字形布局，并利用下挖来解决层高问题，产生错动的内部空间。

　　上方案将辅助空间和茶室融合到一个完整的体量里，与60㎡房间形成的工字形体量进行叠加，产生架空和露台空间。主入口门厅剖面高差错位，变化丰富。不足的是：门厅尺度较小，缺乏停留感。二层剖面中空栏杆未画，卫生间干湿分离不足。

　　下方案将辅助空间与茶室叠加，教室与活动室叠加，形成两个高低不同的体量，并用楼梯和坡道进行错位连接。建筑主入口通过转折的路径、台阶、庭院，营造出蜿蜒曲折的入口空间。不足的是：卫生间干湿分离不够，并且距主入口过近。

上方案作者：不详
下方案作者：冷鑫

延伸阅读：

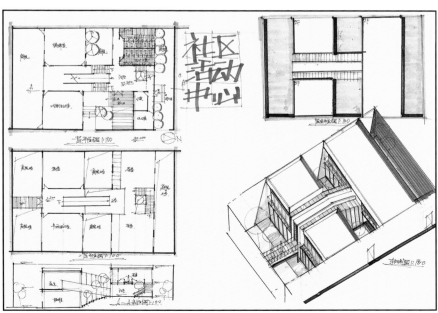

社区活动中心

一层平面图1:100

二层平面图1:100

A-A剖面图1:100

剖轴测图1:100

华南理工大学 2014 年硕士研究生入学考试初试试题

题目：小型岭南社区民俗博物馆设计（6 小时）

一、项目概况

用地位于广州市荔湾区多宝路与恩宁路之间的荔湾涌边，北侧为现有多层民房，东侧为 4 层高框架结构现代建筑，西南临荔湾涌，隔涌与正在建设中的粤剧博物馆相望，西北角的宝庆大押是市级文物建筑。恩宁路街区有广州市区保留较好的骑楼建筑，宝庆大押为 5 层高的西洋式塔楼，建设中的粤剧博物馆采用园林式传统建筑形式，灰砖灰瓦。近期，广州市政府对荔湾涌进行了揭盖复涌的环境整治，加上粤剧博物馆的建设，项目用地所处区段将成为荔湾涌游览线上的一个重要空间景观节点和文化休闲场所。项目定位为小型岭南社区民俗博物馆，要求结合周边人文资源对内部空间进行必要的个性化设计。

二、设计内容（征地面积：2880 ㎡，总建筑面积：2600 ㎡～ 2800 ㎡）

各功能空间的使用面积如下：

- 展室   250 ㎡ ×3
- 藏品仓库   250 ㎡
- 多功能厅   250 ㎡
- 研究工作室   15 ㎡～ 20 ㎡ ×5
- 办公室   15 ㎡～ 20 ㎡ ×3
- 会议室   60 ㎡ ×1
- 值班室   20 ㎡
- 门厅（售票）   100 ㎡
- 休息茶座   150 ㎡
- 工艺品出售商店   100 ㎡
- 停车：小汽车（室外停车位 3 个，其中 1 个为无障碍停车位）
- 楼梯、电梯、公共卫生间等自定
- 其他个性化空间自定
- 建筑密度≤ 40%，绿地率≥ 25%（按征地面积计算）

三、设计要求

1. 建筑平面退缩见地形图所示。建筑红线范围外不能出挑建筑。建筑层数不超过 4 层，建筑高度≤ 20m，屋顶楼梯间、机房、屋顶小型园林建筑等不受此限。
2. 建筑形式、空间布局须考虑与周边环境协调。
3. 建筑首层宜适当向涌边开敞，内外渗透。
4. 结合博物馆个性化要求进行公共空间的设计。
5. 建筑设计要求功能流线、空间关系合理，动静分区明确，处理好新旧建筑的关系。
6. 结构合理，柱网清晰。
7. 符合有关设计规范要求，建筑入口及停车场应考虑无障碍设计。
8. 对周边室外场地进行简单的环境设计。
9. 设计表达清晰，表现技法不限。

四、图纸要求（A1 图幅）

1. 总平面图   1:500
2. 各层平面图   1:200 或 1:250
3. 立面图   1:200 或 1:250（2 个）
4. 剖面图   1:200 或 1:250（1～ 2 个）
5. 透视图   1 个
6. 主要经济技术指标及设计说明

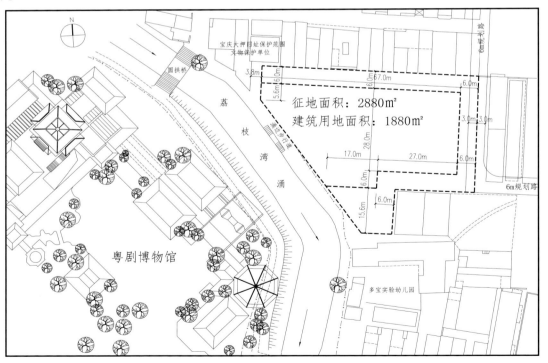

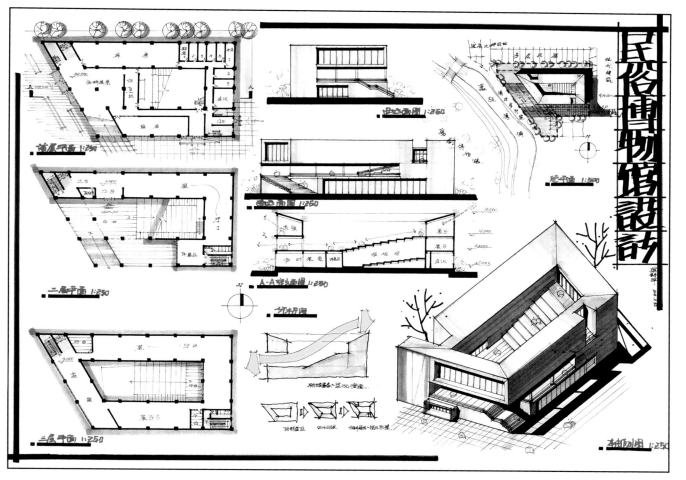

民俗博物馆设计

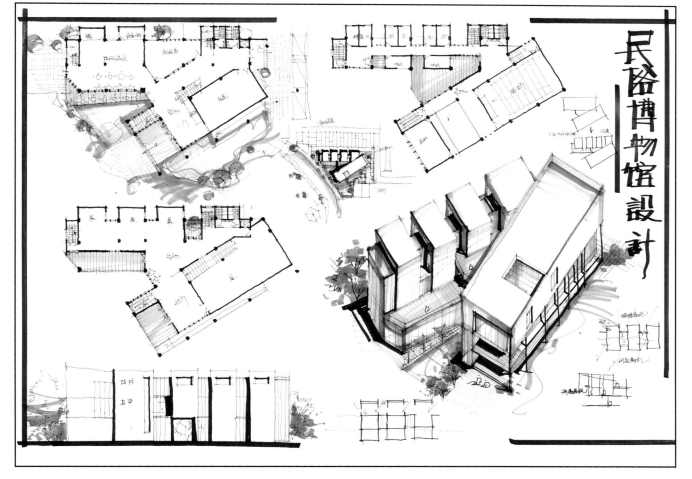

民俗博物馆设计

方案点评：

两个方案的相似之处在于：利用围合的室外空间应对河道及西侧粤剧博物馆，并且处理了建筑与不规则地形的关系。不同的是：上方案强调连续完整的形态，下方案侧重形态的多样组合。

上方案从剖面入手，利用报告厅的顶部楼板形成屋顶平台，并结合入口大台阶创造了立体、连续的外部空间，与西侧景观渗透。功能布局采用剖面分区：一层为辅助功能，二、三层为展览功能。门厅、茶座功能靠近西侧河边布置，给予其充分的景观视野。

下方案从总图入手，利用2个长方形体块成角度的拼接形成V形体量且呼应不规则地形，并通过室外退台、架空平台呼应西侧景观。功能布局采用剖面分区：一层为库房和公共功能，二层为展厅功能，三层为办公功能。北侧长方形通过单元拼接形成碎片化的体块呼应周边街区肌理，南侧长方形形态较为完整，空间上通过坡道、通高及内部单跑楼梯丰富展览流线及景观动线。下方案形态、空间较上方案丰富，体现作者多样统一的设计思想。

上方案作者：粟诗洋
下方案作者：闫启华

延伸阅读：

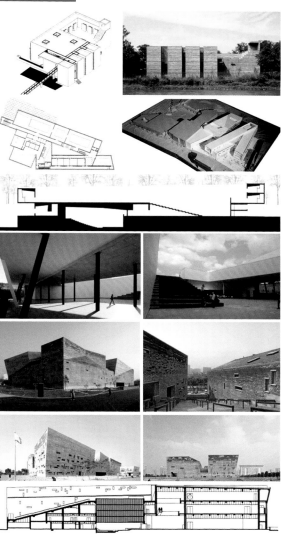

方案点评：

两个方案的相似之处在于：塑造丰富的灰空间面对西边景观，并在形态上产生阶梯和重复的节奏。不同的是：上方案的形态逻辑来自3个250 ㎡的展厅，下方案则是立体的园林式退台。

上方案从形态入手，利用多个坡屋顶单元与玻璃连廊消解了建筑体量，不仅与周边的历史肌理达成一致，而且呼应了不规则的地形。建筑的沿河立面退让了西北侧的保护建筑，同时通过室外楼梯与架空平台，引入河边的室外人流，实现内外空间的渗透，并契合了题中周边众多骑楼建筑的设定。功能布局采用平面分区：南侧一条布置办公功能，北侧一条布置展览功能。空间上运用台阶式展览与报告厅的坡度相对应，产生了丰富且合理的内部空间。

下方案的设计概念为立体的园林，将景观从河道延续到入口水景，再延续到二层和三层屋顶，形成对西侧粤剧博物馆可观、可玩的屋顶场所。形态在退台的基础上增加玻璃观光塔、观景连廊、斜坡体块及步道空间，并用斜面墙体进行围合、统一，游览空间极其丰富。功能布局采用剖面分区：一层为公共和辅助功能，二、三层为展览和报告厅。方案的高明之处在于玻璃观光塔和观景连廊的设计，延长了在建筑内部游览路线中观看周围建筑和自然景观的路径。此种手法在贝聿铭和安藤忠雄的建筑中较常见，快题中能够运用实属难得。

上方案作者：李　璐
下方案作者：王　伟（2017年保送到东南大学）

延伸阅读：

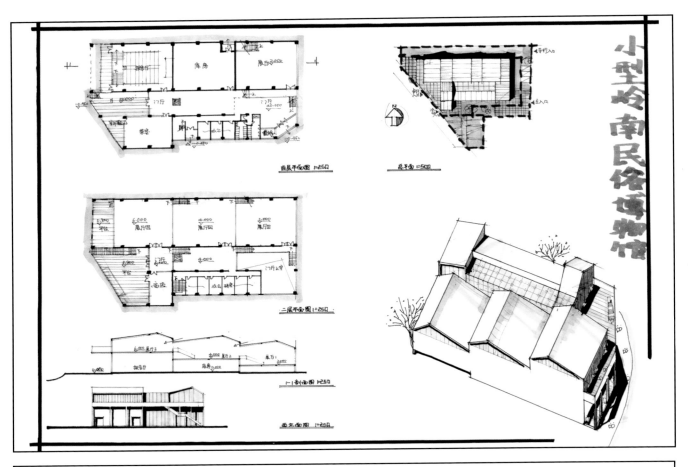

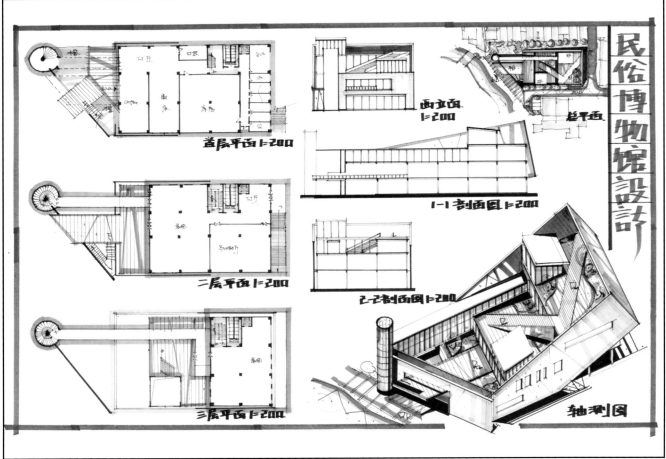

同济大学 2009 年快题周试题

题目：区级文化馆设计（6 小时）

一、教学要求
掌握有综合功能要求的建筑类型的设计方法和步骤；
培养综合解决建筑功能，结构技术和空间造型的能力；
通过室内外环境气氛的塑造，力求表现文化类建筑的个性；
提高方案表达的能力。

二、设计任务
区、县级文化馆是城镇的文化、娱乐设施，它融文化、娱乐、教育、宣传于一体，具有广泛的社会性、综合性、群众性，它是社会精神文明建设的一个必不可少的组成部分。现拟建文化馆建筑一座，具体内容如下：

1. 群众活动部分（可考虑局部独立开放）
   - 400 座表演厅（兼会场）按 0.8 ～ 1.0 ㎡ / 座
   - 交谊厅（兼排练厅，设演奏台）　　　　　100 ㎡
   - 展览室（包括展品储藏）　　　　　　　　150 ㎡
   - 阅览室（包括小型书库及外借）　　　　　100 ㎡
   - 游艺活动室（乒乓、棋类、桌球、游艺机）50 ㎡ ×6
   - 咖啡茶座（结合室外，可考虑夏季纳凉晚会）60 座
   - 准备室（设煤气灶）　　　　　　　　　　10 ㎡
2. 学习辅导部分
   - 普通教室　　　　　　　　　　　　　　　50 ㎡ ×4
   - 美术书法教室　　　　　　　　　　　　　50 ㎡ ×2
   - 综合排练室　　　　　　　　　　　　　　120 ㎡
   - 大教室　　　　　　　　　　　　　　　　120 ㎡
3. 业务工作部分
   - 业务工作（创作）室　　　　250 ㎡（8 ～ 10 间包括
   文艺、音乐、美术、戏曲、舞蹈、摄影）
4. 行政管理部分
   - 办公室　　　　　　　　　　150㎡（若干间，包括
   馆长、文印、会计、接待、值班等）
   - 门卫及票房　　　　　　　　　　　　　　25 ㎡
   其他：根据各自方案配置进厅、厕所等辅助面积
   总建筑面积控制在 3000 ㎡以内，建筑层数不多于（含）3 层

三、图纸及有关设计文件要求
图纸内容：
1. 总平面（包括道路，环境）　　　1:500
2. 平面图　　　　　　　　　　　　1:200
3. 剖面图（1 个）　　　　　　　　1:200
4. 立面图（2 个）　　　　　　　　1:200
5. 彩色表现图（表现方法不限）

四、附件（基地图）

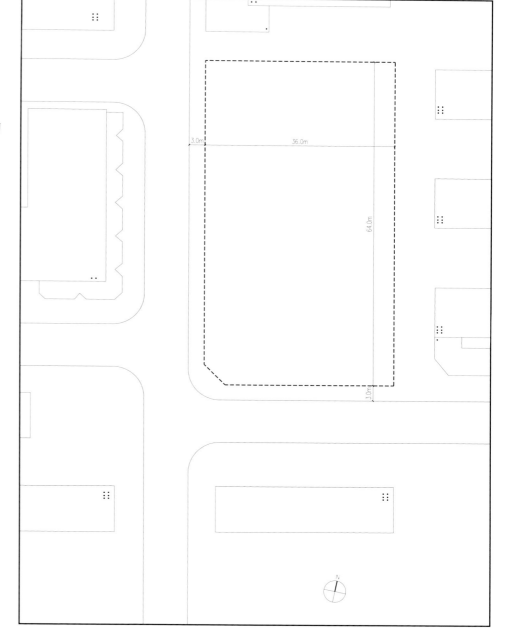

核心考点：

1. 考查考生在南北向条形基地上处理房间的南北向采光的能力，注意对复杂功能建筑的分区与整合设计。
2. 条形平面的不同组织形式。

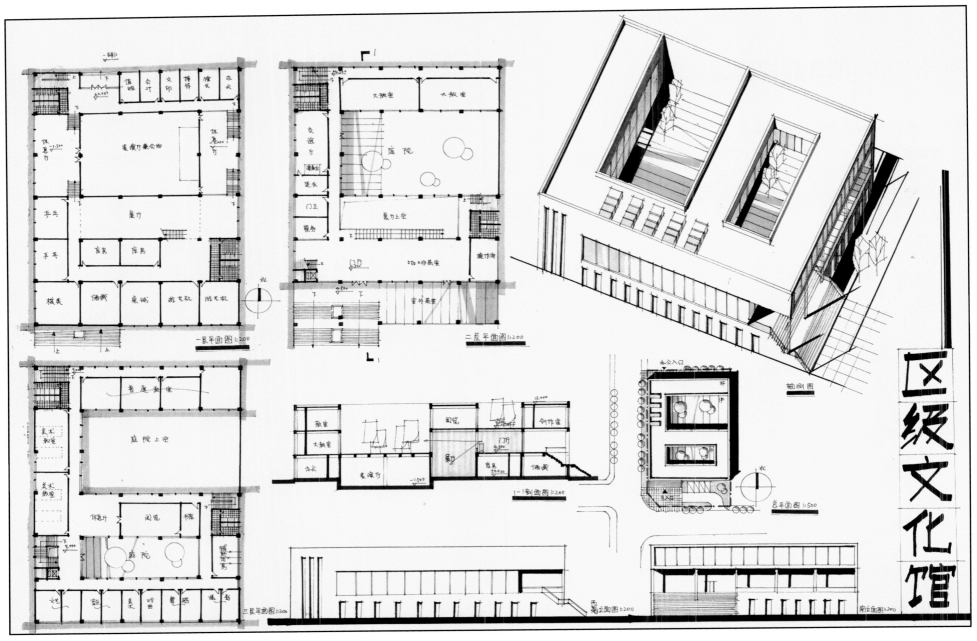

区级文化馆

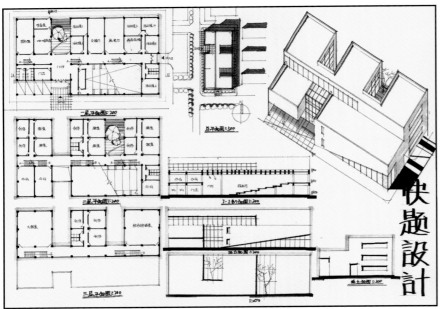

快题设计

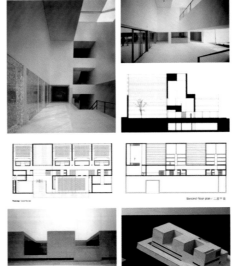

方案点评：

　　两个方案本质上都采用了三条式的平面布局和外部造型。

　　上方案通过对方形体量做减法，创造出丰富的外部空间，并满足文化建筑中教室等功能对通风采光的要求。功能采用剖面分区：一层为办公、娱乐等功能，展览、表演厅及库房等对采光要求低的功能布置在基座内部；二层为公共部分与大教室，通过大台阶将人流引入；三层为小教室和创作室。表演厅和门厅上方的屋顶花园保证了主要教室的南向采光。空间上从入口架空到通高展厅，再到屋顶花园形成连续、透明的空间效果。

　　下方案东侧一条叠加教室和活动室等功能，并植入两个庭院，解决教室的南北向采光、通风问题；中间一条为交通空间；西侧布置通高报告厅与办公。不足的是：形体上对街角空间的应对不足；一层活动室、展厅、交谊厅等功能的划分较为凌乱。

上方案作者：谢金容
下方案作者：赵洁琳（在同济大学 2013 年初试快题中获得 125 分最高分）

同济大学 2010 年快题周试题

题目：职业培训中心设计（6 小时）

一、设计任务

职业培训中心是对职工再就业前进行职业道德、职业知识和技能教育的基地。同时也是职业更新知识的场所。他融文化、教育、宣传于一体，具有广泛的社会性、综合性、群众性。是社会文明建设的一个有机组成部分。现拟建职业培训中心建筑一座，要求满足功能的同时充分体现文化教育建筑的特征。

总建筑面积：控制在 3800 ㎡以内。

建筑层数：不限

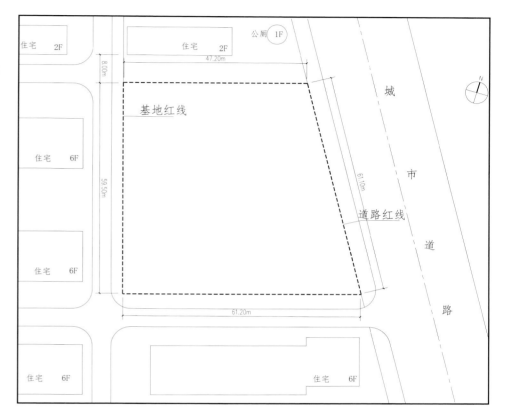

二、功能要求

1. 学习辅导部分
   - 普通教室　　　　　　　　　　　50 ㎡ ×10
   - 电脑教室　　　　　　　　　　　100 ㎡ ×2
   - 摄影、美术、书法教室　　　　　100 ㎡
   - 阶梯教室　　　　　　　　　　　350 座，0.8 ～ 1.0 ㎡ / 座
   - 教师休息室　　　　　　　　　　若干间，总建筑面积 80 ㎡
2. 职工活动部分
   - 交谊厅（兼排练厅，设宴总台）　200 ㎡
   - 展览室（包括展品储藏）　　　　150 ㎡
   - 阅览室（包括小型书库及外借）　200 ㎡
   - 餐厅厨房 300 ㎡，应考虑对外营业
3. 行政管理部分
   - 办公室（包括正副主任室、文印会计、接待、值班等）　150 ㎡
   - 门卫　　　　　　　　　　　　　15 ㎡
4. 其他：根据各自方案配置进厅、厕所等辅助面积。
5. 室外环境：除绿化外，应布置不少于 15 个小汽车停车位，并相应设置非机动车车停车位。

三、图纸及相关设计文件要求

图纸规格 :841mm×594mm
1. 总平面图　　　　　　　1:500（包括道路，环境设计）
2. 平面图　　　　　　　　1:200
3. 剖面图（1 个）　　　　1:200
4. 立面图（2 个）　　　　1:200
5. 彩色表现图（表现方法不限）

核心考点：

1. 考查考生处理复杂功能的能力，以及应对不规则地形的策略。注意教室房间的采光问题。
2. 条形平面的不同组织形式。

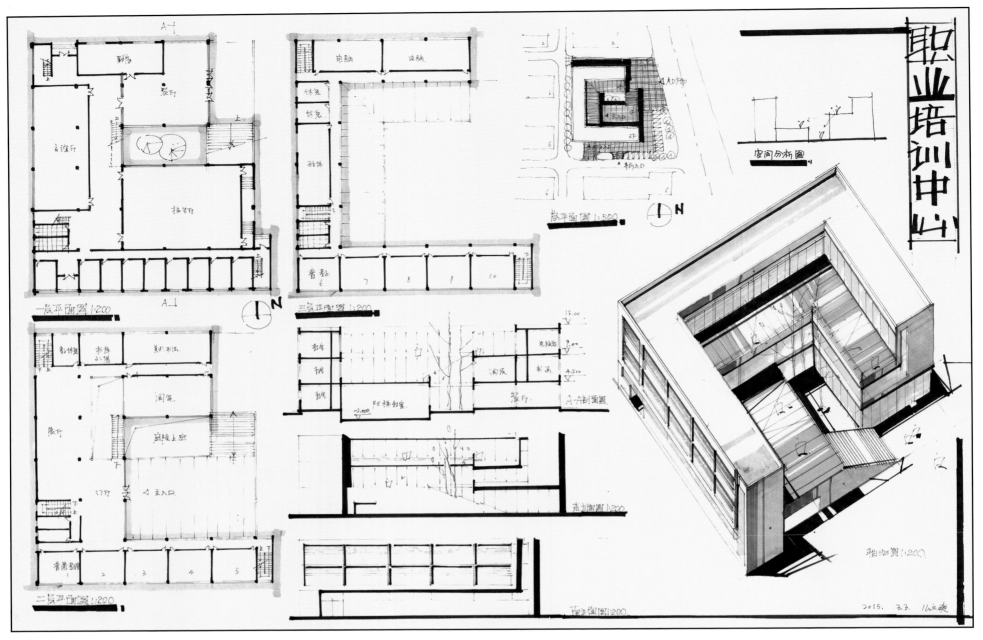

职业培训中心

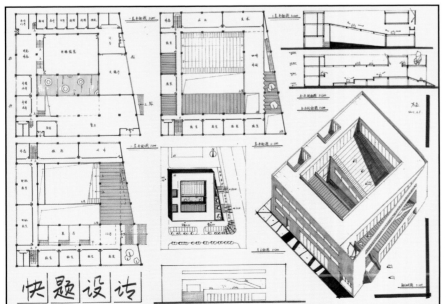

快题设计

延伸阅读：

方案点评：

　　两个方案运用回形或 U 形体块的叠加，围合出错落的露台空间，向城市空间开放。

　　上方案运用逐层缩小的 U 形体量产生出层层退台的外部空间，并呼应地形。功能采用剖面分区：一层为活动空间、阶梯教室，二、三层为公共空间、普通教室。大台阶结合阶梯教室的顶部露台形成进入建筑的景观路径。建议增加室外楼梯联系二、三层露台，强化围合空间的价值。不足的是：主入口门厅距教室过近；次入口卫生间距门厅过近；厨房面积过小。

　　下方案围绕阶梯教室和水庭布置功能房间，一层为阶梯教室、办公和公共功能；二、三层叠加教室。空间上，以水院为中心，环绕其组织展厅、门厅、屋顶花园，形成空间的漫游与运动。形态上，利用斜边呼应地形，并产生入口的灰空间。不足的是：一层活动空间的独立门厅不明显。

上方案作者：幺文爽（跨专业学员）
下方案作者：李　凌

东南大学 2015 年硕士研究生入学考试初试试题

题目：社区卫生所设计（2 小时）

一、概况

本案基地位于某菜市场北侧，建筑红线内面积约 430 ㎡（见附图）。菜市场上部住宅楼内的居民需通过一个标高为 4.5m 的公共户外连廊到达各个单元。现拟在改地块建一社区卫生所，总建筑面积约 600 ㎡，层数 3 层（不考虑地下室或下沉）。功能上能满足基地北、西侧及南侧菜场上部各幢住宅楼内居民日常就医、康复使用要求。

二、建筑功能

1. 挂号、缴费、药剂室（3 个功能共用 1 个房间）　　40 ㎡
2. 诊室　　　　　　　　　　　　　　　　　　　　　20 ㎡ ×6
3. 公用候诊区（就近诊室设置）　　　　　　　　　　60 ㎡～80 ㎡
4. 输液室　　　　　　　　　　　　　　　　　　　　60 ㎡
5. 康复器械活动室　　　　　　　　　　　　　　　　80 ㎡（并利用屋顶平台设大于 150 ㎡的康复器械露天活动场，康复区内外应联系便利）
6. 内部办公　　　　　　　　　　　　　　　　　　　15 ㎡～20 ㎡×（2～3）
7. 集散门厅、卫生间、储藏等空间若干
8. 机动车停车位　　　　　　　　　　　　　　　　　6 个

注：
- 建筑红线内可以贴现有建筑建设，但不可将其作为新建建筑承重或维护结构。
- 天桥位置不可以调整，现状户外楼梯可以重新设计，但仍需在建筑红线内，并需保证菜市场上部的居民能方便进出。
- 输液室层高不小于 4m，其他功能用房不大于 3.5m。

三、成果要求

1. 各层平面图（其中一层平面必须完整表达用地红线内的环境布置）　1:100
2. 剖面图（1 幅，建筑与天桥之间的空间联系关系表达不可或缺）　1:100
3. 轴测图　　　　　　　　1:100
4. 总平面图　　　　　　　1:500

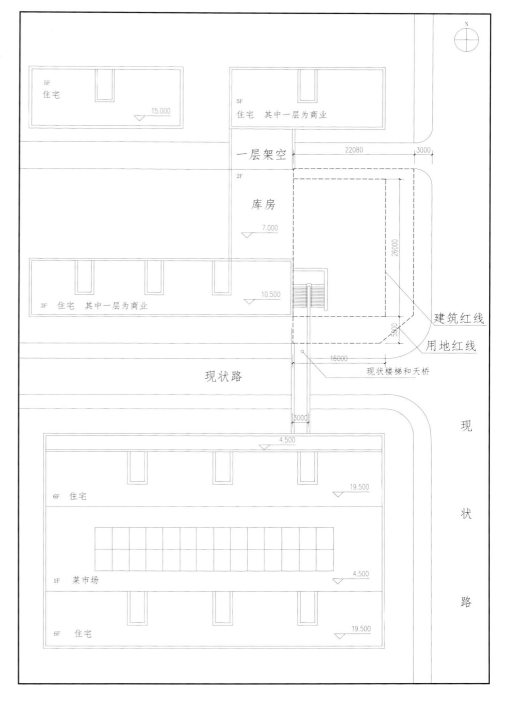

核心考点：

1. 对诊所复杂功能的合理排布，并解决好这种南北向地形建筑的采光问题。处理新建筑与原有建筑和天桥的空间关系。
2. 两条平面网格的功能、空间及形态设计。

方案点评：

　　两方案的相似之处在于：运用底层架空满足停车，屋顶花园形成室外活动平台。并将居住的室外楼梯设为单跑形式，节约占地；将室内楼梯结合小花园置于西侧，保证主体功能的完整。

　　上方案从三条平面出发，西边一条布置楼电梯及采光庭院，东边一条一层为停车及主入口架空空间，三层主要为露天活动场地，形成非常完整、实用的格局。功能上一层为门厅、挂号，二层为办公、诊室，三层为输液器械活动。将居住楼梯设计为单跑，避免对卫生所平面的占用，又在二层形成内外联系。形态上通过柱廊融入整体的体量中，输液室的层高较高，与主体形成悬挑、高起、咬合的关系。不足的是，输液室在二层不便使用。三层缺少卫生间。停车距主入口太近。

　　下方案从形体入手，通过两个形体的咬合，形成三层的南北室外活动平台。立面上受萨伏伊别墅的影响，底层架空形成入口和停车空间。二、三层的围墙包裹形体露台和花园空间，形成统一的形态。二层条窗与诊室的室外阳台对应，十分简洁、大气。平面上与形体对应，西侧一条为两个封闭楼梯间和花园，中间一条为电梯、交通和卫生间。东侧为输液、诊室、库房器械、办公的叠加。中心小花园的设计解决了楼梯、卫生间和走道的采光，十分经典。办公次入口、货梯、管道的设计相当成熟老道。停车分为两处，可以节约对用地的占用，也比较合理。这是一个难得的上乘佳作。

上方案作者：刘　源
下方案作者：胡治国

延伸阅读：

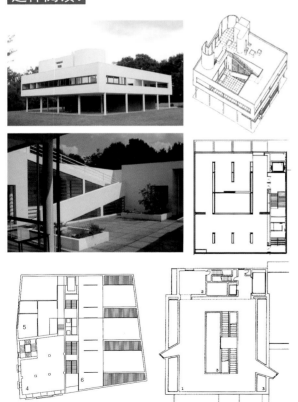

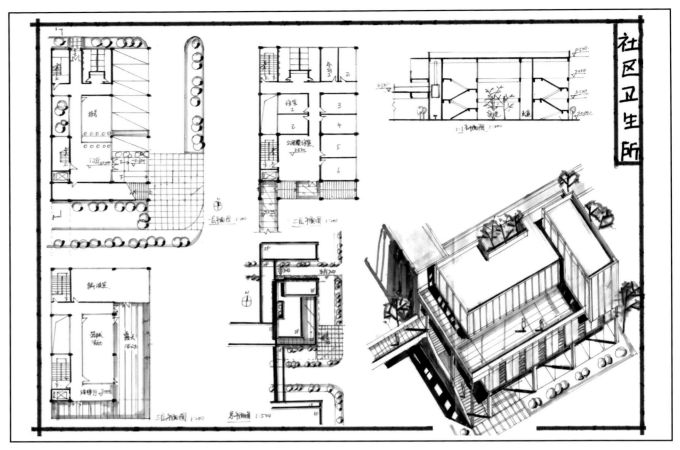

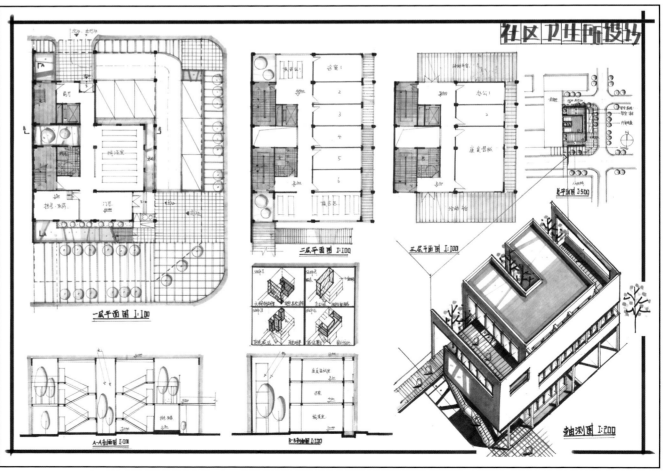

天津大学 2016 年硕士研究生入学考试初试试题

题目：社区中的小菜市场设计（6 小时）

一、项目概况

    项目基地位于北方某城市的社区中，拟在该地块建一小型菜市场，解决周边居民日常生活服务的需求，增加社区活力。

    项目建设用地呈梯形，北侧短边为 48m，南侧长边为 60m，西侧边长为 72m，项目用地面积 3888 ㎡。项目用地的南面及西面为住宅区，北临城市次干道铭德道（道路红线宽 42m，要求后退道路红线 9m），东侧为玉泉路（道路红线宽 26m，要求后退道路红线 6m），隔路相对为幼儿园，幼儿园主入口朝向玉泉路。菜市场可朝向铭德道或玉泉路开口。项目用地范围及周边环境的关系在图中均已标出尺寸。

二、设计内容

    该菜市场建筑层数 2 层，总建筑面积约 3000 ㎡（误差不超过 ±5%）。

    具体的功能组成和面积分配如下（以下面积均为建筑面积）：

    1. 小菜市场约 1200 ㎡

    小菜市场设若干摊位，设计中注意菜市场空间的采光及通风要求。菜市场的主入口需后退用地红线 18m 以上，留出足够的缓冲区域。小菜市场每个出入口都应留出不少于 100 ㎡的自行车临时停放区，以及不少于 3 个汽车停车位（每个车位按 3m×6m 计算）。

    2. 独立店面 16 间，约 800 ㎡

    独立店面供对外长期出租，经营项目为理发店、百货店、小餐馆等，店面开间不小于 4m。独立店面若对向铭德道或玉泉路设出入口，则需后退用地红线 9m 以上，若不对向铭德道或玉泉路设出入口，则不做用地红线后退。

    3. 社区活动约 500 ㎡，包括：

      • 多功能厅   200 ㎡ ×1

      • 文化教室   75 ㎡ ×4

    4. 办公管理   25 ㎡ ×4

    5. 公共部分约 400 ㎡

    含门厅、楼梯、走廊、卫生间、休息厅等公共空间及交通空间，各部分的面积分配及位置安排由考生按方案的构思进行处理。

三、设计要求

    1. 建筑层数 2 层，结构形式不限，方案要求功能分区合理，交通流线清晰，并符合国家有关规范和设计标准。

    2. 项目基地北侧铭德道及东侧玉泉路均为居民上下班途径的主要道路。幼儿园在接送孩子的时间段都会在幼儿园主入口附近形成道路的局部拥堵。因此，如何组织交通将是本项目面临的最大考验。

    3. 满足前述小菜市场及独立店面的后退用地红线的要求。

    4. 用地范围内必须留出消防车道，消防车道宽度不小于 6m，消防车道转弯半径不小于 12m。小菜市场的货物运输通道可临时借用消防车道，但停车卸货空间不得占用消防车道。

四、图纸要求

    1. 能够表达设计概念的分析图，或用简练文字阐述设计概念。

    2. 总平面图   1:500

      各层平面图   1:200（首层平面图中应包含一定区域的室外环境）

      立面图 2 个   1:200

      剖面图 1 个   1:200

      轴测图 1 个   1:200（不做外观透视图）

    3. 在平面图中直接标明房间名称，首层平面必须注明两个方向的两道尺寸线，剖面图应该注明室内外地坪、楼层及屋顶标高。

    4. 徒手或仪器表现均可，图纸规格采用 A1（841mm×594mm）草图纸。

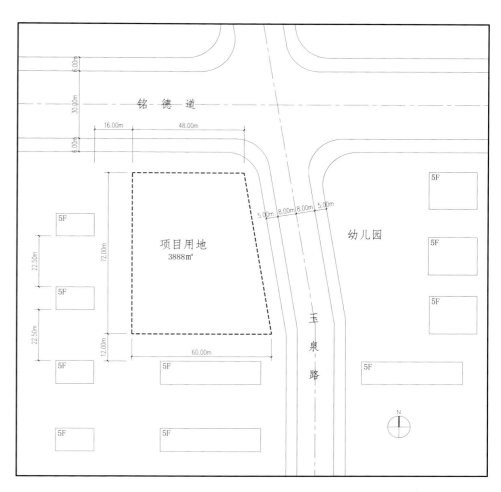

核心考点：

    1. 商业建筑的两种空间类型划分：流动空间、店铺空间、建筑与城市道路转角的空间关系。

    2. 商业空间与社区活动空间的功能、流线及形态区分。

方案点评：

　　两个方案的主次入口，以及对基地的呼应都比较类似。不同的是上方案的社区活动功能为碎片化设计，形成多元化、围合式的屋顶花园空间，体现了社区活动建筑的精髓；下方案的社区活动功能为集中式设计，与上方案相比室外积极的活动空间略少。

　　上方案将办公、活动空间设计在二层，通过两个独立的室外楼梯进入，形成与商业空间的彻底分区，并产生了二层的园林空间。一层菜市场通过内部的室内庭院通风采光。

　　下方案将办公、活动空间设计成集中的体量，并与菜场形态形成连续的折叠，协调统一、主次分明，手法成熟。功能上巧妙利用层高5.9m以下按单层面积计算的规范，设计了一些夹层式的商铺，提高了转角用地的商业价值。另外方案的场地设计、卸货空间、坡道设计，以及各种流线的组织都非常成熟，显示出作者扎实的基本功和创造力。

上方案作者：赵新洁（跨专业学员，在同济大学2014、2016年初试快题中获得最高分130分）
下方案作者：郑永俊

延伸阅读：

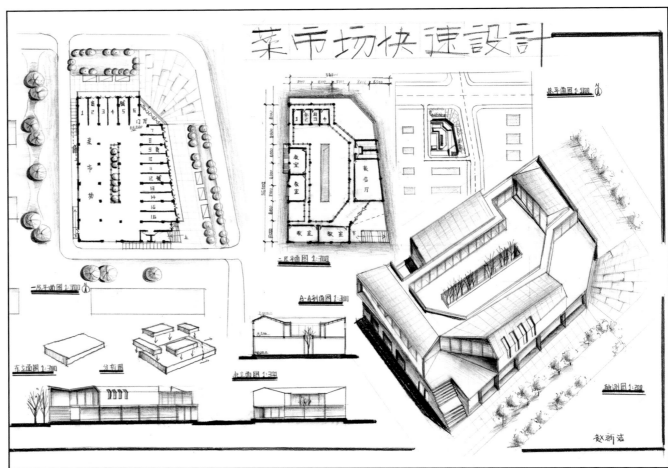

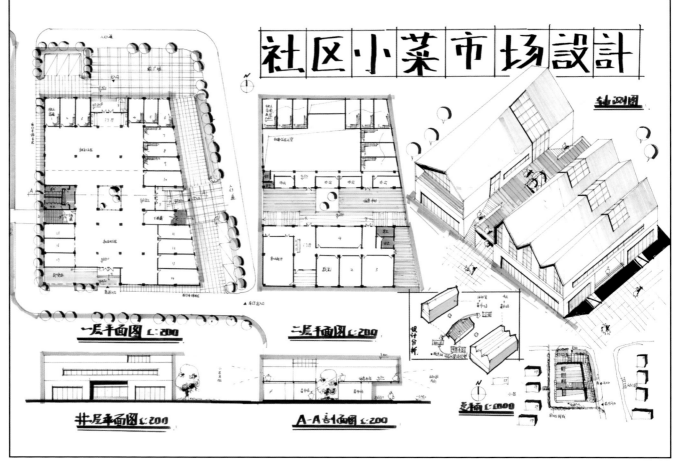

西安建筑科技大学 2016 年硕士研究生入学考试初试试题

题目："某革命纪念馆"建筑方案设计（6 小时）

　　本项目位于西北地区黄土高原山区内，属于黄土高原沟壑区的东西向川道地形，南北均为山体。本地段原为陕甘宁边区某革命根据地，在革命战争时期，一曲《军民大生产》在这里唱响全中国。为了纪念这段革命历史，同时为了进行爱国主义教育及红色旅游需要，拟在基地内建设军民大生产纪念馆，功能以展示、陈列、宣传教育为主。基地南侧为战争时期军民大生产演兵场，演兵场南侧现建有纪念碑，西侧为战争时期根据地部分用房，东侧为红色旅游景区管理处，周边分布有其他不同的革命历史遗址。

　　设计总用地 6687.5 ㎡。

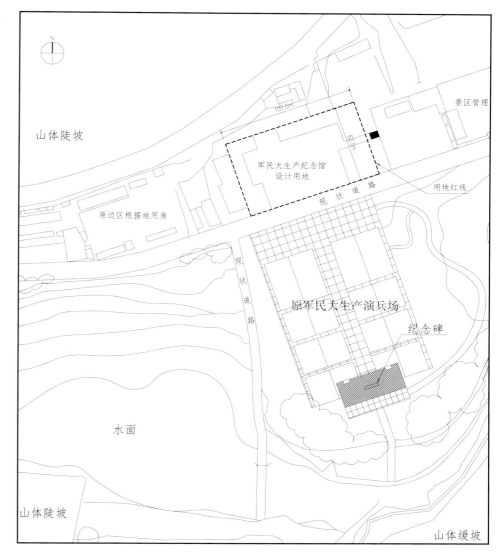

一、主要功能

　　1. 陈列部分，1500 ㎡，含序言厅。主要以长期陈列展示为主，考虑部分临时主题展览。

　　2. 展品库房，500 ㎡，依据陈列部分的布置灵活安排。

　　3. 声像展示，100 ㎡，独立设置并考虑与陈列部分参观流线的统一组织。

　　4. 多功能厅，200 ㎡，满足举行会议及多功能需求。另外设置必要的辅助配套空间。

　　5. 办公空间，25 ㎡ ×8，会议室，50 ㎡ ×1。

　　6. 门厅、休息、卫生间、库房等必要内容及规模设计者自行安排。

　　7. 总建筑面积 3200 ㎡，架空部分按投影面积的一半计算建筑面积。

　　8. 区内车位，大巴车位不少于 3 个，小车位不少于 20 个。

二、设计要求

　　1. 设计须符合国家相关规范的要求。

　　2. 建筑高度小于 24m，建筑层数、建筑结构形式和建筑材料由设计者自定。

　　3. 必须对基地入口空间及外环境进行必要的安排，凸显建筑主题与纪念氛围。

二、图纸要求

　　1. 总平面图　　　　　　　　　　1:500

　　2. 各层平面图　　　　　　　　　1:200

　　3. 主要立面图 2 个

　　4. 体现设计意图的剖面图　　　　1:200

　　6. A1 号图纸表达，张数自定，徒手或工具草图表达，铅笔、钢笔均可。

核心考点：

　　1. 纪念性建筑的形态设计，以及与纪念塔、广场、山体的空间关系。

　　2. 广场、停车等场地要素设计以及多种流线的组织。

方案点评：

两个方案的相似之处在于：都通过台阶式的灰空间与南侧的纪念碑形成对景关系，延续了面向纪念碑的空间轴线。不同的是：上方案处理在一层，下方案处理在二层。

上方案运用对称和均衡的美学原则，设计了面向纪念碑的视觉窗口和面向山体的视觉窗口。形态上运用大台阶和透视门，加强建筑的纪念性。

功能布局采用平面分区：主入口东侧为两层展览，主入口西侧为门厅和辅助功能的叠加。展览功能巧妙运用光线、山景以及流线的曲折变化，营造出跌宕起伏的空间变化，特别是展览中部的三角形中庭将山景尽收眼底，与主入口的透视空间形成前后呼应。

下方案从形态入手，通过完整基座上叠加分散小体量的手法使得建筑形态既灵活多变又完整统一。功能布局采用平面分区：西南侧布置展厅，北侧布置办公研究，东侧布置报告厅，中间是两层通高的门厅，合理衔接了不同部分的功能。值得一提的是展厅部分设计成螺旋上升的台阶式空间，从一层上到三层，并直通屋顶平台。与此对应的是设计了一条由外部大台阶和坡道通往屋顶的外部流线，成为展览结束的路径，并将入口的水景和北侧的山景串联起来，形成了内外连续统一的山水路径建筑。

上方案作者：熊宏材（跨专业学员）
下方案作者：谢雨晴（跨专业学员）

延伸阅读：

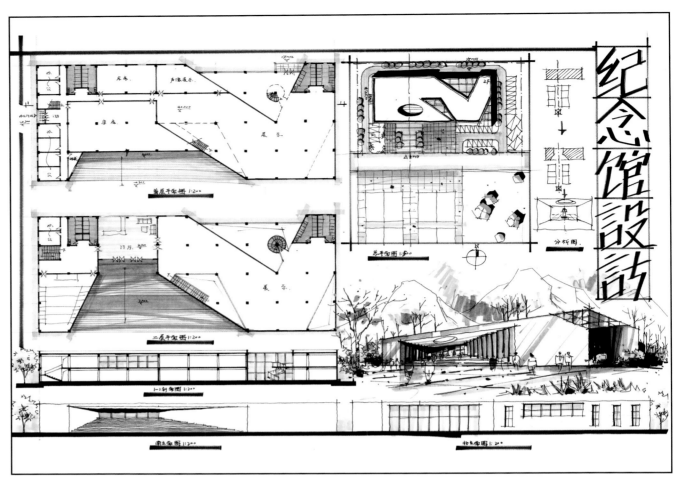

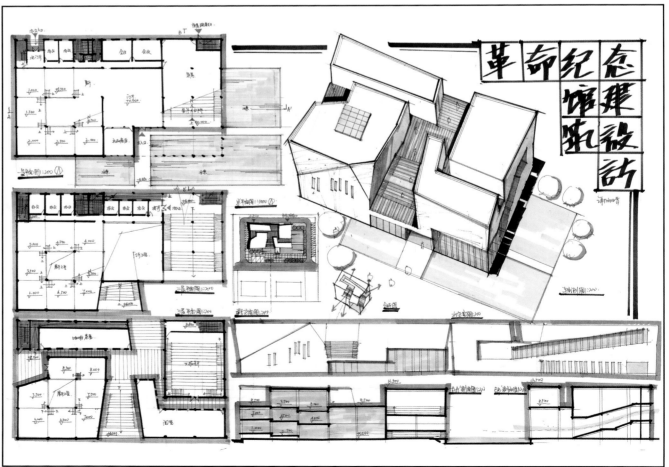

西安建筑科技大学 2015 年硕士研究生入学考试初试试题

题目：幼儿园建筑设计（6 小时）

一、设计要求

在北方（寒冷地区）某小区需设计一所全日制幼儿园，具体设计要求如下：

1. 总体要求：功能合理，流线清晰，考虑幼儿的生理、心理特点，与周边环境和谐。

2. 总建筑面积及高度：3000 ㎡，幼儿活动用房不超过 2 层，其他不超过 3 层。

3. 规模为 7 个班（大、中、小班各 2 个、托儿班 1 个）。

4. 功能空间

   • 各幼儿班级（活动单元）要求：

   幼儿活动室：幼儿活动、教学空间，每间面积 60 ㎡，必须保证自然采光和充分的日照（南向最佳，东、西次之）和自然通风。

   幼儿寝室：幼儿午休空间，每间面积 60 ㎡，应有良好的自然采光与通风。

   卫生间：供幼儿使用，每班至少 5 个蹲位（每个尺寸 800mm×700mm），5 个小便器，不用男女分设，尽量考虑自然采光与通风。

   储藏间：主要为幼儿衣帽存放，10 ㎡

   • 音体活动室，共 1 间，面积 120 ㎡。音体活动室的位置宜与幼儿活动室用房联系便捷，不应和办公、后勤用房混设。如单独设置，宜采用连廊与主体建筑连通。

   • 办公部分

   办公室　　　　　　　　60 ㎡

   院长室　　　　　　　　15 ㎡

   会议、接待室　　　　　60 ㎡

   医疗室　　　　　　　　30 ㎡，包括治疗室、观察室

   • 后勤部分

   厨房　　　　　　　　　60 ㎡

   库房　　　　　　　　　30 ㎡

   • 门厅　　　　　　　　不小于 60 ㎡，其中设晨检

5. 室外场地

   • 每班应有相对独立的班级室外活动场所，面积不小于 60 ㎡集中活动场地，其中设置 30m 跑道（6 道，每道宽度 0.6m）种植园地，不小于 150 ㎡，应有较好的日照。

   • 其他：幼儿园主入口应考虑留出家长等待空间，设置次入口供后勤使用。

二、图纸要求

1. 总平面图　　　　　　1:500～1:100
2. 各层平面图　　　　　1:200
3. 立面图（至少 1 个）　1:200
4. 剖面图（至少 1 个）　1:200
5. 表现图（形式不限）
6. 其他图纸设计者自定

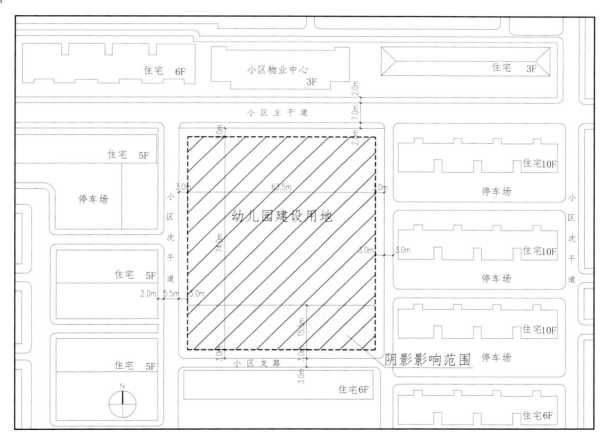

核心考点：

1. 单元式建筑的功能、空间及形态设计。
2. 幼儿建筑的场地和流线设计。

方案点评：

两个方案的相似之处在于：都创造出了丰富的外部空间，给幼儿带来多样的活动场所。班级单元通过两种颜色材质的交替变化塑造出幼儿园建筑的活泼性格。

上方案突破常规幼儿园单一的班级功能组织，设计为竖向和横向两种模块，并通过模块间的错位、抬升形成架空和屋顶活动平台空间，给学生带来半室外、屋顶等多样活动场所，实现了阴雨天、酷暑天的活动可能。架空和露台空间使内外相互渗透，实现教师对户外活动空间的有效看护。功能布局采用平面分区：西北侧为办公辅助功能，东南侧为活动、音体功能。

下方案通过剖面分区将所有的办公和后勤功能布置在一层，并通过一个流线形的玻璃廊相连接。二层整齐地排布着各个班级活动单元，每个班级活动单元都有属于自己的室外活动场地。建筑形态上通过一个连续的高墙围合起来，墙面上开满大小变化的窗户，创造了美观的沿街界面。不足的是：办公流线和教室流线有交叉，建议通过双走廊进行解决。

上方案作者：赵新洁（跨专业学员，在同济大学2014、2016年初试快题中获得最高分130分）
下方案作者：孙泽龙

延伸阅读：

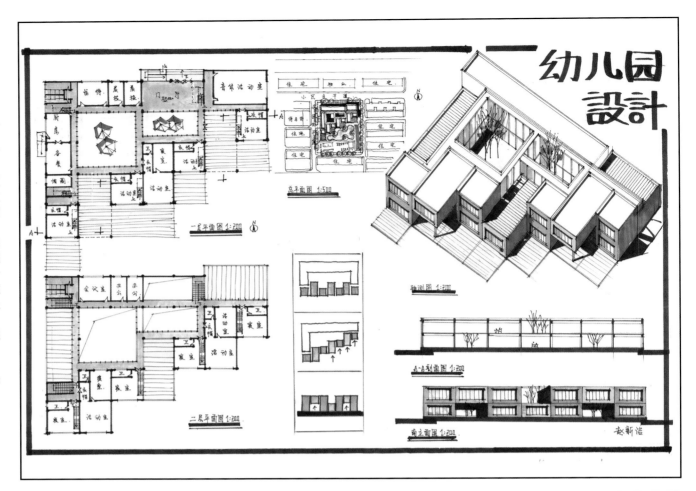

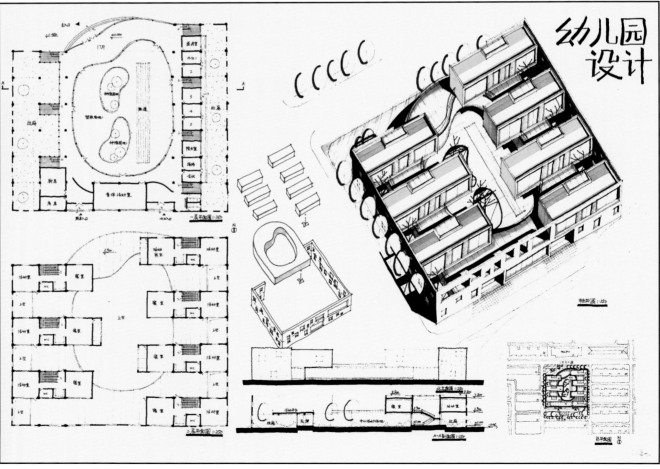

哈尔滨工业大学 2015 年硕士研究生入学考试初试试题

题目：北方某体闲娱乐中心建筑设计（6 小时）

　　在北方某城市公园的内部，拟建设一处为广大群众服务的体闲娱乐中心，总建筑面积 2800 ㎡左右（上下可浮动 5%），建筑层数以 2 层为主，不允许建设 3 层建筑以及地下室。基地位于公园一条主路的北侧，周边没有建筑物，视野开阔。基地北侧和东侧有自然林地，拟建设用地 2625 ㎡。基地内部被一条水源保护地的引流渠分割成两部分，具体位置以及控制范围详见基地总平面图。

一、设计要求

　　1. 基地中部的引流渠宽度 5m，两侧有 3m 高的防护隔离网，严禁非工作人员入内。引流渠两侧各预留 1.5m 宽的工作通道，在此水平范围内不准修建任何构筑物。引流渠上空 4.5m 高度以下的空间不准修建任何构筑物，高于 4.5m 的上空可以修建跨越式的建筑物。具体控制范围和尺寸详见引流渠断面图。

　　2. 充分考虑北方寒地的气候特征和基地条件，场地设计做到交通流线清晰，室外活动空间布置合理，建筑形态与周边自然环境融合，基地左右两块用地建筑密度都要小于 65%。

　　3. 严格遵照场地可建设范围进行休闲娱乐中心的建筑设计，依据内部功能要求处理好基地左右两部分之间的功能布局，结合建筑形态和功能组织合理解决跨越引流渠的交通组织问题。

　　4. 建筑内部功能要布局合理，尽量避免不同流线之间的干扰，空间人性化设计。功能分区明确，流线清晰，配套设施齐全，体现休闲娱乐中心的空间特征。建筑外部造型要简洁大方，充分体现休闲娱乐中心的性格，具有一定的地域特色和时代感。

二、设计内容

　　1. 各部分面积分配如下：（所列面积为轴线面积）
- 入口大厅 200 ㎡（要求净高 5.7m，顶部采光，兼做冬季室内活动空间）
- 多功能室　　　　　150 ㎡
- 公共展厅　　　　　200 ㎡
- 声乐室　　　　　　50 ㎡×2
- 书画室　　　　　　30 ㎡×2
- 棋牌室　　　　　　50 ㎡×2
- 图书室　　　　　　60 ㎡×1
- 健身室　　　　　　80 ㎡×1
- 医疗室　　　　　　25 ㎡×1
- 中型活动室　　　　35 ㎡×8
- 小型活动室　　　　18 ㎡×10
- 开敞餐厅　　　　　200 ㎡
- 包间　　　　　　　25 ㎡×4
- 厨房备餐部分　　　300 ㎡（自行划分内部功能房间）
- 办公室　　　　　　25 ㎡×4
- 员工体息室　　　　25 ㎡×2
- 储藏间　　　　　　30 ㎡×2

　　2. 室外场地要求集中设置一处面积 200 ㎡的露天小剧场，公园内部严禁一般车辆入内，场地不用考虑停车问题。

三、图纸内容及要求

　　按比例要求徒手绘图，不要求绘制透视图，白色不透绘图纸规 841mm×594mm
1. 总平面图　　　　　　1:500
2. 各层平面图　　　　　1:100
3. 立面图　　　　　　　1:100
4. 剖面图　　　　　　　1:100

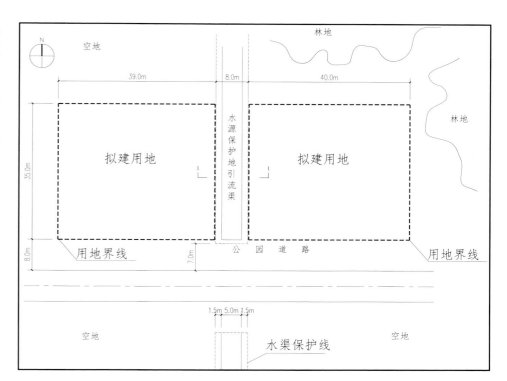

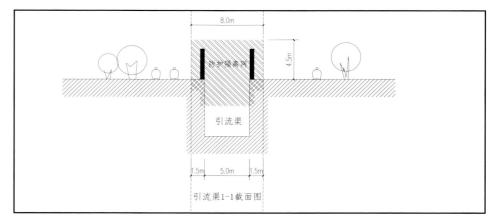

引流渠 1-1 截面图

核心考点：

　　1. 建筑与引流渠的空间关系，以及两块用地的功能联系与区分。
　　2. 此题中间为穿通的洞口，类似政府建筑，需要平衡两侧建筑的形态和空间。

方案点评：

两个方案的相似之处在于：都对引流渠进行了空间围合，不同的是上方案体现在剖面上，下方案体现在平面上。

上方案为环绕式布局，空间型和房间型功能区分彻底。围绕引流渠设计门厅、展览、露天小剧场等大空间，房间型功能设计在其周围，形成观看引流渠的剖面形态。功能分区明确：西侧一层为门厅、办公、展览功能，东侧一层为餐饮功能，二层为活动室功能。室外剧场设计在建筑形体内，并形成半室外的交流空间，是本方案的一大特色。

下方案通过平面和立面上的斜线操作获得多个不规则的三角形空间，并通过斜向天桥进行两个地块的联系，使建筑产生完整、统一的动态感。功能分区明确：二层为活动部分，一层西侧为门厅、展览、办公部分，一层东侧为餐饮部分。

上方案作者：陈颖军
下方案作者：孙泽龙

延伸阅读：

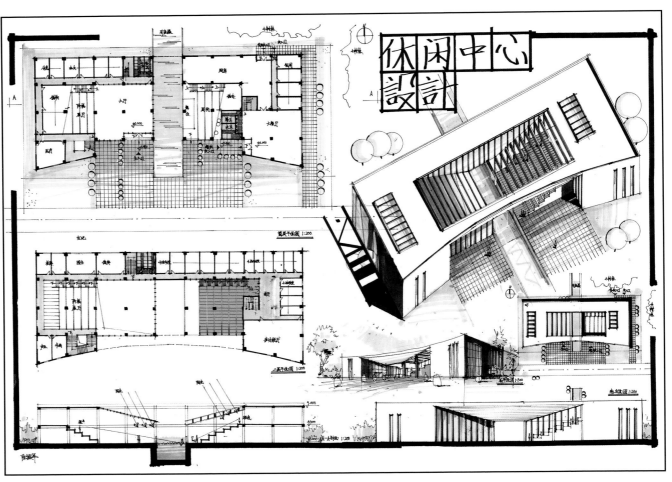

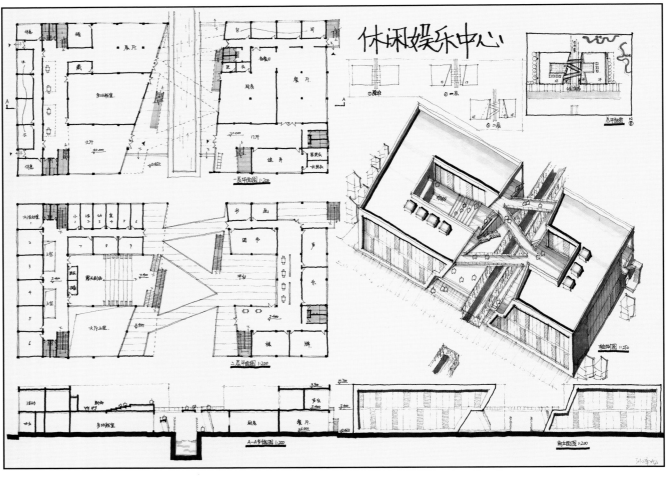

哈工大 2016 年硕士研究生入学考试初试试题

题目：北方某校史纪念展览馆（6 小时）

一、任务及成果要求

1、建筑用地地势平坦，周边场地三面松林环绕，南侧紧邻校园主路。场地中有一处已建成高约 10m 的纪念碑，要求围绕纪念碑布置 150 ㎡的广场，应充分利用场地周边景观。

2、建筑以二层为主，不允许建设三层及地下室，用地面积 2268 ㎡，建筑面积 2000 ㎡（±5%）场地内不要求停车。

3、建筑要求功能清晰，流线合理。

二、功能房间要求：

门厅（兼做冬季活动使用）	100 ㎡（层高 6m，天窗采光）	
序厅	60 ㎡	
校史图书展览厅	3 间	每间 90 ㎡
校友成果展厅	3 间	每间 90 ㎡
多功能视听室	90 ㎡	
茶室	50 ㎡	
VIP 室	50 ㎡	
报告厅	200 ㎡	
讲解员休息室	1 间	25 ㎡
资料室	3 间	每间 25 ㎡
库房	2 间	每间 25 ㎡
办公室	3 间	每间 25 ㎡
卫生间、楼廊、楼梯等其他房间自定		

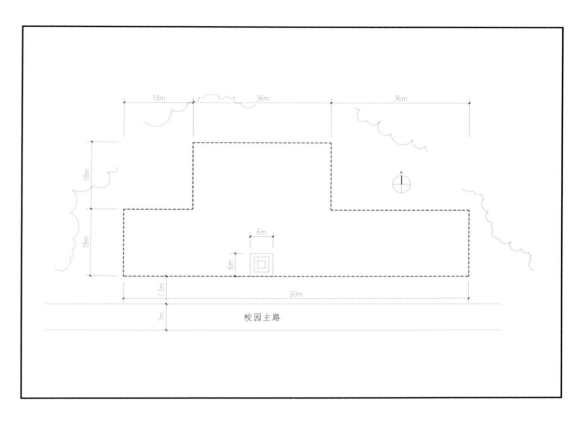

三、图纸要求：

1、图纸内容

不要求绘制透视图

- 总平面图　　　　　　　　　1:500
- 各层平面图　　　　　　　　1:200
- 立面图 4 个　　　　　　　　1:200
- 剖面图 2 个　　　　　　　　1:200（要求不同方向）
- 重要构造节点详图 2 个　　　1:25
- 分析图 2 个
- 技术经济指标
- 设计说明 300 字

2、图纸要求

工具或徒手绘制均可，表达方式不限

核心考点：

1. 建筑与北侧松林的呼应，以及对不规则地形的利用。
2. 纪念碑对建筑形态和空间的影响和塑造。

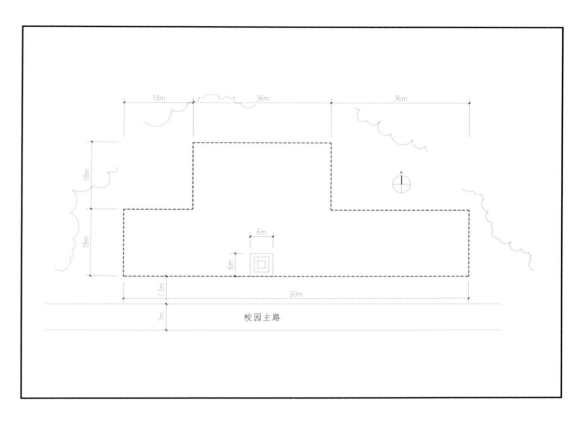

方案点评：

　　两个方案的相似之处在于：对纪念碑进行空间的围合，并对纪念碑形成多角度的观看。

　　上方案从形态和空间入手设计了连续的台阶状建筑，形成底层的架空和屋顶露台。架空使建筑与景观渗透，联系了两边的场地；连贯的屋顶给游人在行进过程中对纪念碑及周边景观也有一个良好的视线。对纪念碑设计了两条对应的轴线，一条为南北向，一条为东西向。建筑水平向的延展、纪念碑的垂直耸立以及景观水池的指向使建筑产生了三维空间上的纪念性。功能上根据形态及空间的结果分为明确的三部分：会议、办公、展示，简约、合理。此方案是典型的形态和空间主导的建筑，功能扮演着从属角色，但又十分好用。不足之的是：中间对着纪念碑的院子略显局促，放宽到12m较好。

　　下方案从展览流线出发，将纪念碑视作场地上的展品。适合的展品视看距离为展品高度的1.2倍，因此充分拉大纪念碑的广场，并形成对称的空间。流线上创造了丰富的观碑体验，观碑视看距离有1.2H、1.5H、2H，其中最合适视看距离1.2H处设置观碑盒，同时兼具建筑入口大厅和序厅功能。

上方案作者：陈　磊
下方案作者：王韩霖

延伸阅读：

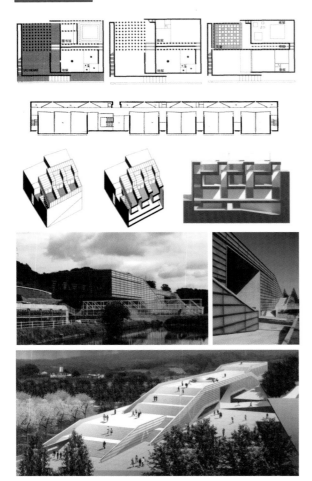

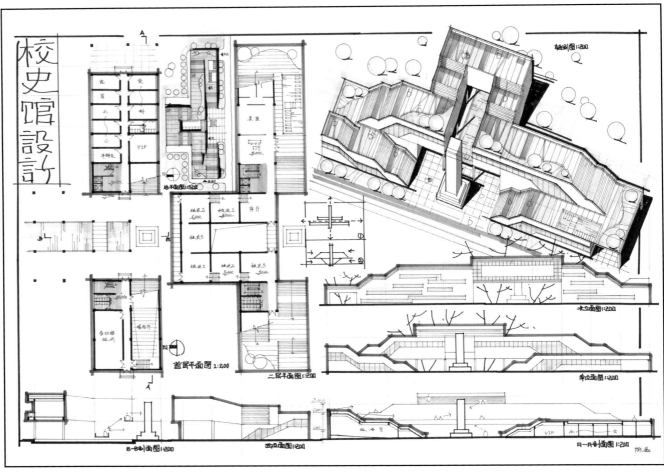

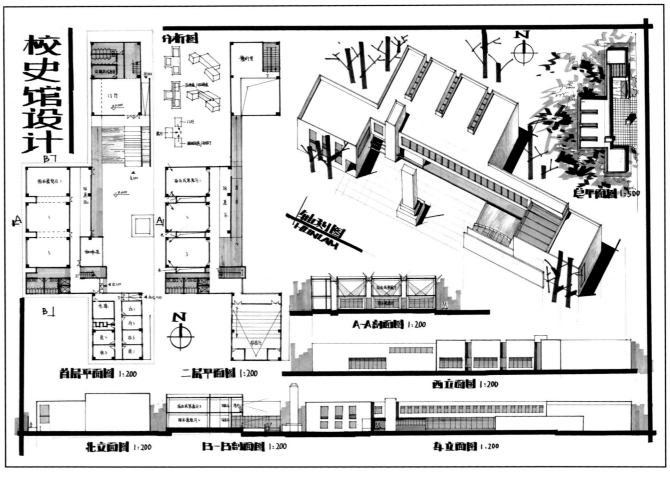

南京大学 2012 年硕士研究生入学考试复试试题

题目：设计联排别墅最靠西侧端头的一个单元（3 小时）

一、设计要求
1. 建筑层数 :2～3 层
2. 占地尺寸 : 东西向长度 8m, 南北向长度 20m
3. 建筑面积 :180 ㎡（面积误差控制在 5% 以内）
4. 周边条件 : 用地东侧紧靠另一户的分户墙，西侧景观好，南面和北面用地
边界距离其他单元院墙均为 8m。

二、功能配置
1. 起居室（可二层挑高）
2. 餐厅　（可二层挑高）
3. 厨房
4. 主人生活区域 : 主人卧室、卫生间、更衣室、书房
5. 儿童生活区域 :12 岁的女儿卧室、卫生间、更衣室
6. 地下室 : 可考虑设置健身、影视、酒窖等功能（地下室不计入建筑面积）
7. 每个单元配置露天停车位 1 个，在 8m×20m 用地范围内解决
8. 前院后院根据需要设置

三、图纸要求
1. 各层平面 1:100（包括家具布置，厨房及卫生间布置）
2. 南立面、西立面、北立面各 1 个 1:100
3. 西南或西北轴测图至少 1 张
4. 其他有助于表现设计概念的图纸

四、表现要求
徒手绘制（可用尺规打底），表现工具不限。

核心考点：

1. 考查建筑与景观的空间关系，可通过内部空间与外部空间操作实现，外部空间的处理类似同济 "新农村住宅" 考题。
2. 两条平面网格的功能、空间及形态设计。

方案点评：

两个方案运用对比的设计手法与西侧景观呼应，上方案体现在内部空间的处理上，下方案则显现在外部空间上。

上方案外部空间的亮点在于架空的处理：北侧架空容纳停车、入口功能，南侧起到遮阳作用。不足的是：门厅空间不足；地下室功能采光不足；厨房与书房的尺度过大；二楼、三楼楼梯前交通面积过大。

下方案运用基座与条形体量的叠加，形成漂浮的形态，同时产生了架空、屋顶花园等丰富的外部形态与空间。注意客厅、卧室南向开窗设计，轴测图未表达室外柱子。另外住宅建筑中单跑楼梯可以不设计休息平台，减小楼梯长度。

上方案作者：孙泽龙
下方案作者：赵新隆

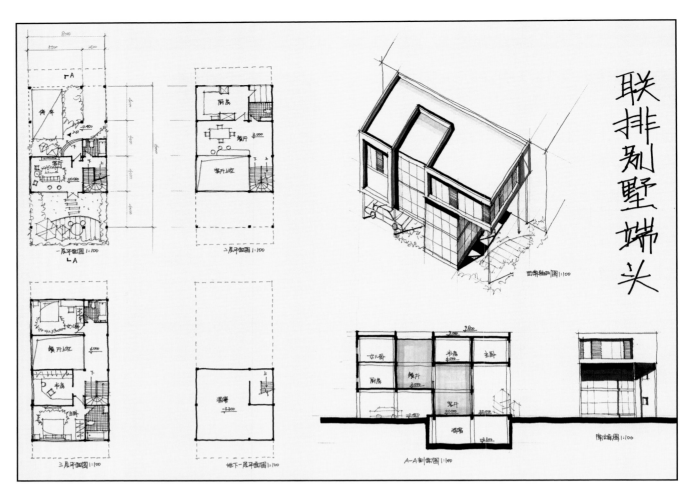

延伸阅读：

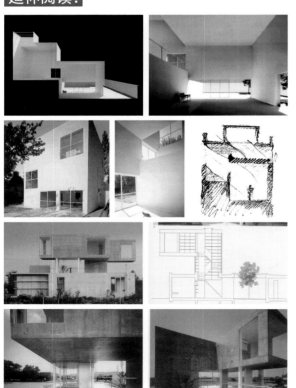

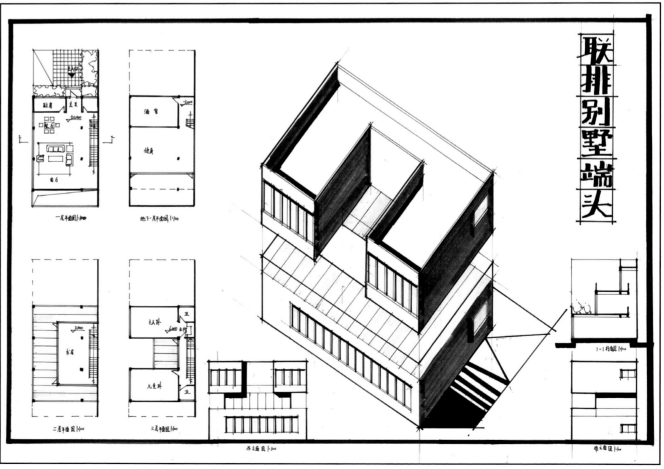

北京工业大学 2013 年硕士研究生入学考试初试试题

题目：社区健身俱乐部方案设计（6 小时）

北方某城市拟在城市中心区一地块建设社区健身俱乐部一座，总面积大约 6000 ㎡～ 6500 ㎡，面向广大群众体育健身和部分专业训练之用。

一、基地环境和用地规划设计要求

基地宽为75m，长105m，北邻城市湖泊和街头绿地，东临城市公园和城市干道，南侧和西侧分别是城市次干道和居住区。场地平整，建筑控制线要求四个方向分别退用地红线5m，用地地形图见附图。

二、设计要求和设计内容

设计要求

1. 完成社区健身俱乐部总平面布局设计和各功能部分建筑设计。

2. 设计要求考虑各部分之间的流线关系及相互关系，体现较好的功能安排与空间组织。

3. 建筑层数不超过 4 层。

4. 布置室外停车位 10 个。

设计内容

1. 办公部分　　　　　　　　300 ㎡
   - 办公室　　　　　　　　50 ㎡ ×2
   - 接待室　　　　　　　　30 ㎡
   - 会议室　　　　　　　　60 ㎡ ×2
   - 卫生间　　　　　　　　30 ㎡
   - 储藏间　　　　　　　　20 ㎡

2. 大型健身单元 2200 ㎡
   （以下场地尺寸是划线尺寸，注意在此之外留出场地间距和缓冲距离）
   - 羽毛球馆（800 ㎡，层高12m，布置6片羽毛球场地，单片场地尺寸 6×12m，场地之间的间距四个方向均为0.8m，临近墙面的场地应留出 1.5m 的缓冲距离）
   - 篮球馆（800 ㎡，层高9m，布置 1 个篮球场，场地尺寸 15×28m，四周与墙面或其他房间至少留出 2m 的缓冲距离）
   - 网球馆（600 ㎡，层高12m，布置 1 个网球场，场地尺寸 10×24m，四周与墙面或其他房间至少留出 3m 的缓冲距离）

3. 小型健身单元 1500 ㎡，层高均为 4.5m
   - 摔跤馆　　　　　　300 ㎡（内置尺寸 15m×15m 的场地区）
   - 柔道馆　　　　　　300 ㎡（内置尺寸 15m×15m 的场地区）
   - 跆拳道馆　　　　　300 ㎡（内置尺寸 15m×15m 的场地区）
   - 乒乓球室　　　　　300 ㎡（内置尺寸 12m×20m 的场地区）
   - 训练房　　　　　　100 ㎡，器材室 100 ㎡，体质测试中心 100 ㎡

4. 服务部分 800 ㎡
   - 快餐厅　　　　　　150 ㎡
   - 商店　　　　　　　150 ㎡
   - 水吧　　　　　　　100 ㎡
   - 休息厅　　　　　　100 ㎡
   - 卫生间　　　　　　80 ㎡
   - 更衣室及淋浴房　　220 ㎡

5. 其他
   - 休息厅、公共空间及交通部分面积根据方案设计自定，涵盖在总面积中。

核心考点：

1. 考查对大小功能单元的逻辑叠加和平面秩序。
2. 建筑应对周边环境的策略。

三、设计最终成果要求

1. 总平面图	1:500
2. 各层平面图	1:200 ～ 1:300
3. 立面图（不少于 2 个）	1:200 ～ 1:300
4. 剖面图（不少于 2 个）	1:200 ～ 1:300
5. 效果图	
6. 技术指标和简要说明	

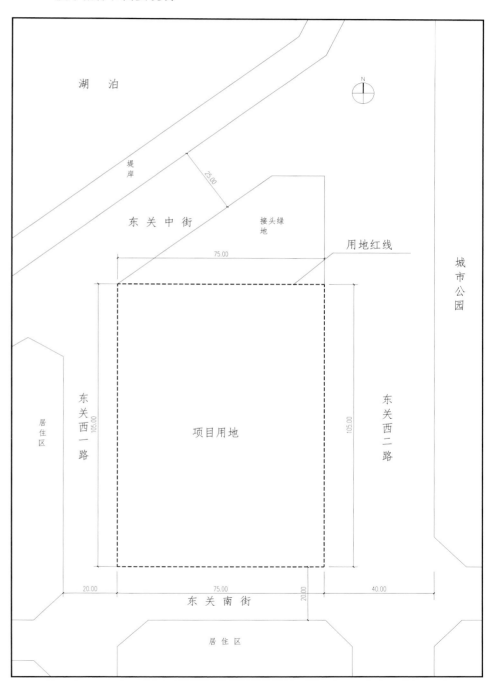

方案点评：

　　两个方案相似之处在于：强调建筑的单元体块，不同的是上方案体现在大型健身单元，下方案体现在小型健身单元。

　　上方案利用折板来统一 3 个功能体块，形成大气完整的建筑形象。功能采用剖面分区：一层为办公、服务和小型健身馆，二层为3个大型场馆。入口处运用了大台阶手法，起到分解人流、增加建筑气势的作用。不足的是：300㎡ 健身单元房间梁较大，层高不够。

　　下方案将 3 个大场馆整合为一个体块，小场馆则与辅助功能叠加，形成有韵律的虚实间隔。不足的是：一层流线略有混杂，主门厅前广场尺度不够。

上方案作者：胡　彪（跨专业学员）
下方案作者：陈家豪

延伸阅读：

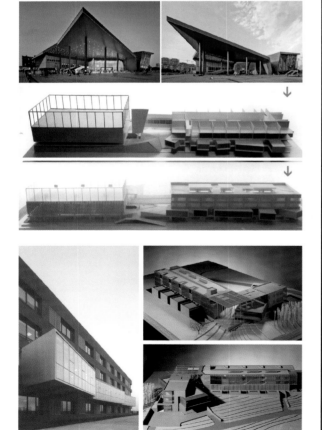

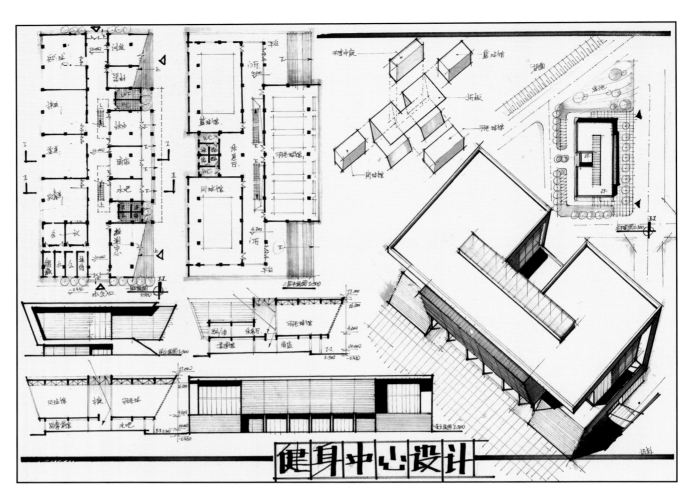

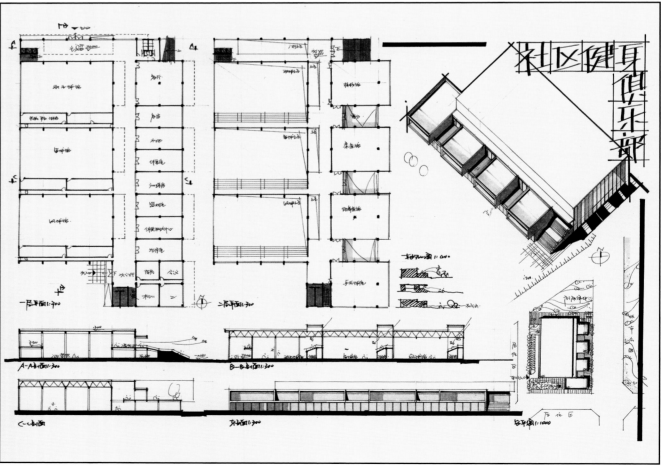

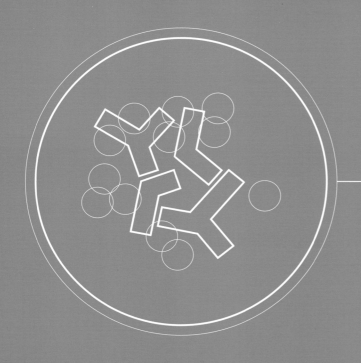

专题三：形体组织与树木保护

基地中有保留树木的题目较为常见，考生应充分尊重并有效利用它们，在建筑布局、内外空间营造、形态操作等方面反映出对树木景观的回应。

将形体组织和树木保护作为主要考查对象的题目类型大致可分为以下三种：
（1）一棵树木位于场地关键位置，成为形体组织的核心，如厦门大学 2010 年初试快题企业会所设计、同济大学 2009 年初试快题雕塑家工作室住宅设计等。
（2）多棵树木集群出现或点状分布于场地中，如西安建筑科技大学 2011 年初试快题雕塑造型工作室设计、天津大学 2011 年初试快题艺术家工作室设计、东南大学 2015 年复试快题校园健身中心设计等。
（3）场地本身或周围环境处于树群之中，如同济大学 2015 年初试快题游客服务中心设计，天津大学 2013 年初试快题餐厅设计。

针对树木保护类的题目，以下的设计策略可供参考：
（1）建立建筑形体与树木的呼应关系。以一棵需要保留的树木作为核心限制元素出现在基地中的题目，可以运用围合、退台、庭院、露台等策略突出树木作为建筑核心元素的地位，同时围合的界面可以设置平台、台阶、步道等要素进一步呼应树木景观。
（2）塑造与树木视线交流的内外空间。当场地中出现多棵树木时，综合分析树木对建筑的影响程度，若多棵树木集中分布于基地中心或一隅，处理手法与单棵树木类似；若多棵树木分散于场地中，则需要在总图设计中着重考虑建筑布局与树木的交融关系，并把树木作为场地中的景观要素加以巧妙利用，如设置门厅对景、观景平台、绿化庭院等，创造建筑室内外空间与树木的视线联系。
（3）关注建筑形体与基地环境的融合。当基地处于树林之中，且不可对原有树木进行破坏时，建筑宜以谦逊顺应的态度回应树群，可通过分散布局、降低层数、底层架空、使用坡屋顶等手段，减少建筑对环境的压迫感；同时也可设计情景化的漫游路径，将使用者的动线与树木充分结合。

同济大学 2015 年硕士研究生入学考试初试试题

题目：游客服务中心（3 小时）

一、任务描述
　　某滨湖风景区拟建约 1200 ㎡ 的游客服务中心，包括旅游咨询、茶室、零售商店、公共卫生间等功能。

二、场地条件
　　1. 场地内部平整，场地范围及景区内部道路与城市道路关系见总平面图。
　　2. 场地北侧为主湖面。
　　3. 场地西侧为景区入口。
　　4. 场地东南侧与城市道路相连，西侧、北侧和东侧与景区园路相连。
　　5. 场地内部及周边有大量约 20m 高的水杉树。

三、设计要求
　　1. 游客服务中心为 2～3 层建筑，建筑总面积约为 1200 ㎡。
　　2. 建筑需含四部分功能：旅游咨询、茶室、零售商店、公共卫生间，其中旅游咨询约 100 ㎡、茶室约 400 ㎡、零售商店约 200 ㎡、公共卫生间约 300 ㎡（男 16 蹲位，女 32 蹲位）。

　　3. 室外景观廊道及景观平台不可计入建筑面积。
　　4. 需处理好建筑与环境之间的关系，以及四部分功能之间的关系。
　　5. 场地内水杉树需要保留。

四、成果要求
　　1. 总平面图　　　　　　1:500
　　2. 各层平面图　　　　　1:200
　　3. 剖面图　　　　　　　1:200
　　4. 主要的表现图（透视、轴测均可）1 张或多张连续局部表现图
　　5. 主要的概念分析图
　　6. 表现形式不限

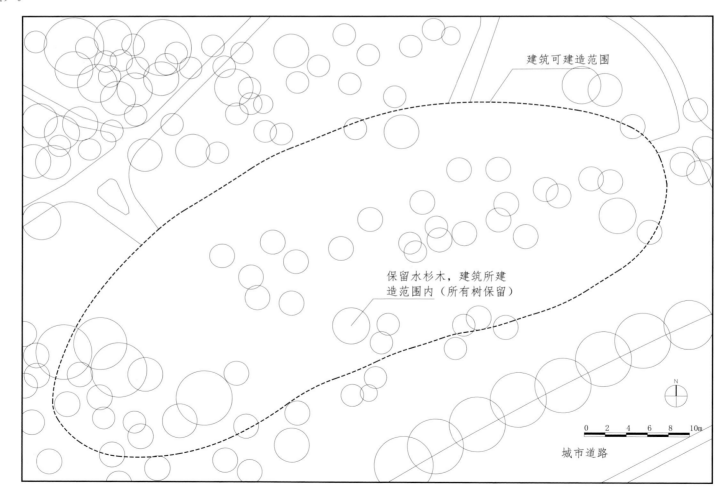

建筑可建造范围

保留水杉木，建筑所建造范围内（所有树保留）

城市道路

0　2　4　6　8　10m

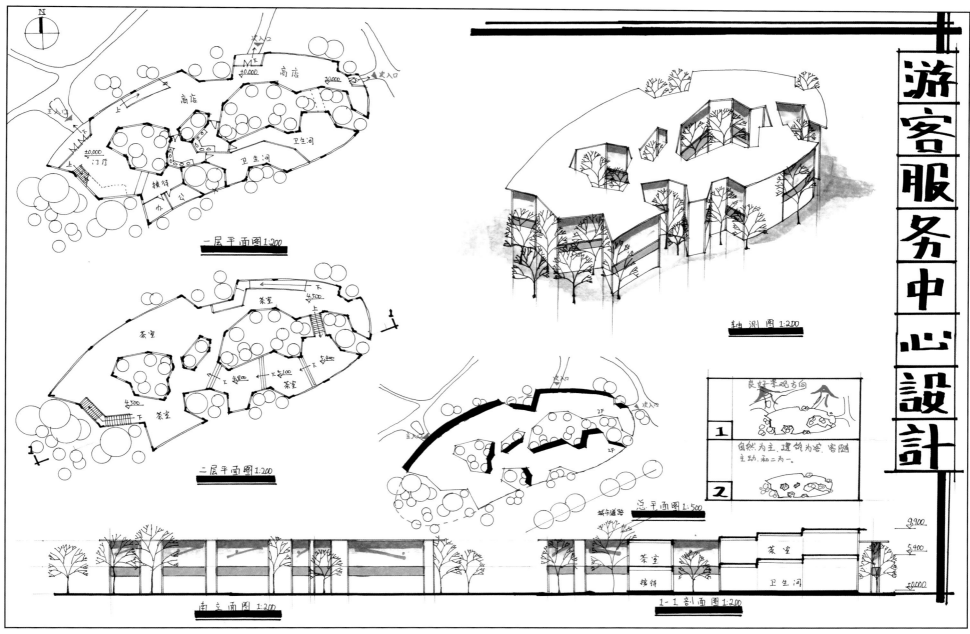

游客服务中心设计

一层平面图1:200

二层平面图1:200

轴测图1:200

总平面图1:500

南立面图1:200

1-1剖面图1:200

方案点评：

　　两个方案的图底虚实关系比较类似，但设计出发点不同。

　　上方案以"化零为整"的手法，跳出网格秩序，直接沿树木边缘切割平面，形成建筑与树木交融的完整形式。功能采用剖面分区：一层朝向湖面一侧设置门厅和商店，南侧设置辅助房间；二层为茶室，南侧设计台阶式空间。一、二层之间利用坡道和单跑楼梯联系上下，丰富内部空间。

　　下方案通过连廊串联多个碎片化体块来围合树木，结合架空和局部三层，形成丰富的形体变化。不足在于：体块过于琐碎，连廊过分封闭不利于景观的渗透。

上方案作者：于宪（此图为135分最高分考场原方案，考后绘制）
下方案作者：李凌（此图为125分考场原方案，考后绘制）

延伸阅读：

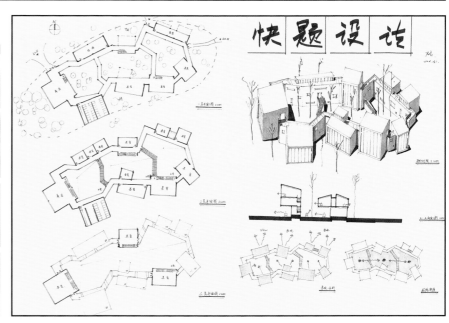

快题设计

方案点评：

　　两个方案的共同之处在于：用分散的体量围合树木。

　　上方案利用平台、台阶联系各个功能体块，形成宜人的交流场所。功能分区合理清晰，北侧朝向景观布置茶室，南侧为厕所，西侧为商业。建议：局部放大树池洞口，为底层平台带来采光；咨询宜靠近景区入口布置。

　　下方案运用连廊串联起5个坡屋顶体块，局部架空，促进景观的渗透。功能采用剖面分区：一层为辅助功能，二、三层为茶室和商业。

上方案作者：卢文斌（此图为130分考场原方案，考后绘制）

下方案作者：陈奉林（此图为130分考场原方案，考后绘制）

延伸阅读：

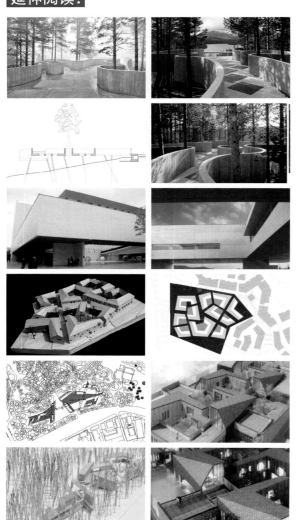

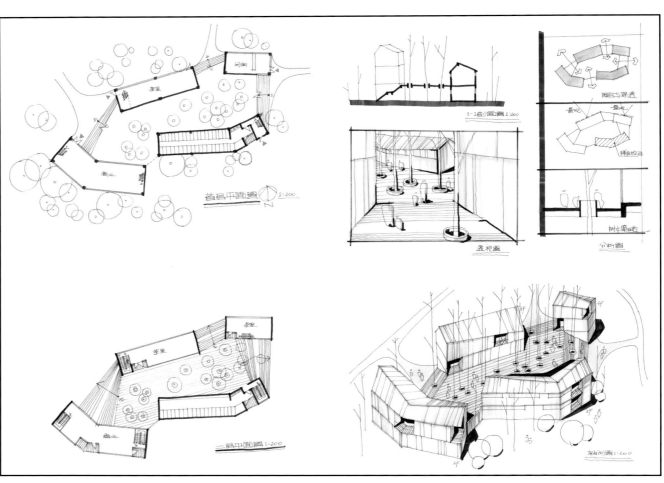

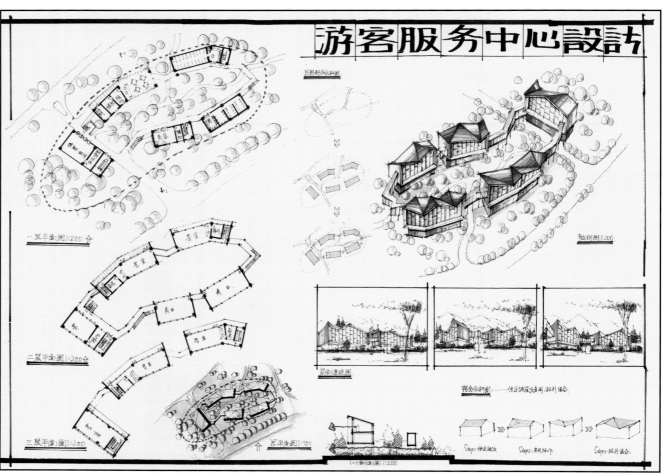

同济大学 2009 年硕士研究生入学考试初试试题

题目：雕塑家工作室（3 小时）

一、设计任务
某国某小镇内为一对夫妇及其 2 位子女设计日常居住的独立式住宅。

二、基地状况
平地，无明显高差变化。基地周边基本居住形式为散布的独立式住宅。基地所处城市气候类似中国江南地区。

三、任务要求
1. 建筑中布置住宅的基本功能，配置及面积由设计者决定。
2. 要求夫妇有独立卧室，2 位子女各有独立卧室。
3. 要求在基地红线内设置有一个小轿车的停车位置（室内外均可、车位上尽量有遮阳和挡雨）。
4. 厨房可设计为开敞形式。
5. 需要为雕塑家父亲设置一个净空最少长、宽、高在 9m×3m×3m 的雕塑工作空间。
6. 建筑地面以上体积（建筑气候封闭的部分）控制在 500m³ 以内。
7. 假如有地下室的话，地下室内不希望布置人常留的空间。

四、规划要求
1. 建筑限高 10m，建筑退界 0.8m，建筑不得超越退界，但基地范围线内均作为内部花园用地，允许进行景观布置。
2. 基地内现存一棵桂花树不得破坏（树木退界已在图中标识）。
3. 基地内停车位及人行都需要从正面城市道路进入。
4. 基地西侧巷道不能进车，也不允许设置人行入口。

五、图纸要求
1. 总平面图（比例及涉及范围自定）
2. 各层平面图 1:50（要求布置家具，底层要求画出基地范围线及花园布置，标注尺寸标高）
3. 立面图 1:50（2 个或 2 个以上，要求标明建筑外立面所用的主要材料）
4. 剖面图 1:50（1 个或 1 个以上，标注尺寸标高）
5. 细节详图（如墙身大样、影响到设计的材料及细部构造处理、设计细节放大等）
6. 其他适合表达设计的图纸（内容不限，如分析图、透视图、轴侧图、内部空间透视等）

六、设计提醒
1. 设计中请注意住宅内部空间的私密性，主要房间避免与邻居相互直视。
2. 注意汽车进出停车位动线符合车行基本规律。
3. 注意各类家具尺寸的准确性。
4. 注意墙厚、门洞大小等技术尺寸的准确性。
5. 注意窗门洞等平立面对位的准确性。

核心考点：
1. 考查建筑与树木的景观关系。注意住宅建筑的动静分区及外部活动空间设计。
2. 条形或方形平面的组织形式。

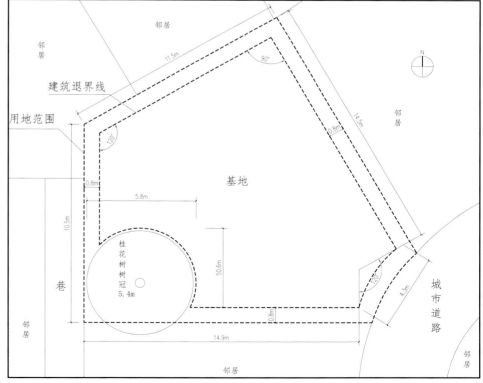

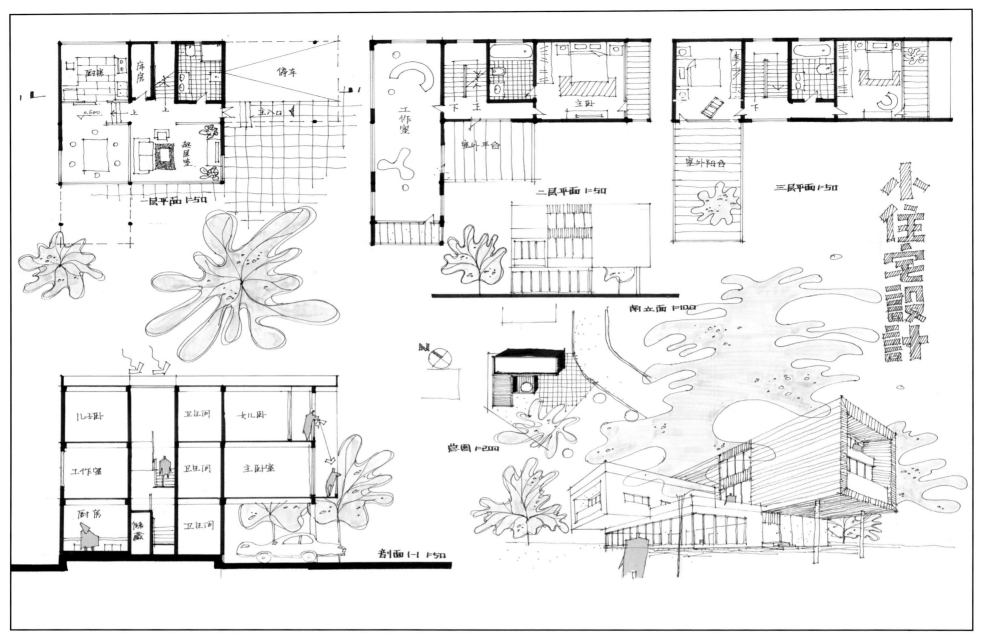

一层平面 1:50

二层平面 1:50

三层平面 1:50

住宅设计

南立面 1:100

总图 1:200

剖面1-1 1:50

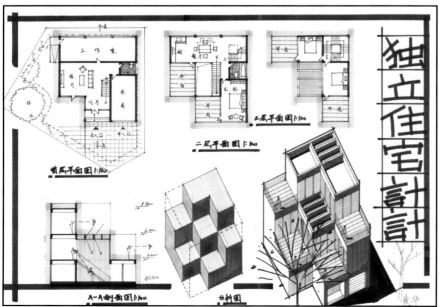

首层平面图1:100

二层平面图1:100

三层平面图1:100

A-A剖面图1:100

分析图

独立住宅设计

延伸阅读：

方案点评：

　　两个方案的相似之处在于：通过体块的叠加或退让形成跌落的形体和室外退台，与树木形成良好的空间关系。平面布局紧凑，辅助空间设置在次要位置，保证了主要使用房间的景观朝向。

　　上方案的形态为外向型，张力感较强。不足的是：门厅面积过小，并且与卫生间距离太近；主卧房间过小，建议扩大到阳台。

　　下方案由于形态限制，三层使用卫生间不方便。

　　两个方案均从形态入手，设计难度较大。

上方案作者：曹加铭（2015年保送到东南大学）
下方案作者：黄　华（在西安建筑科技大学2016年复试快题中获得最高分90分）

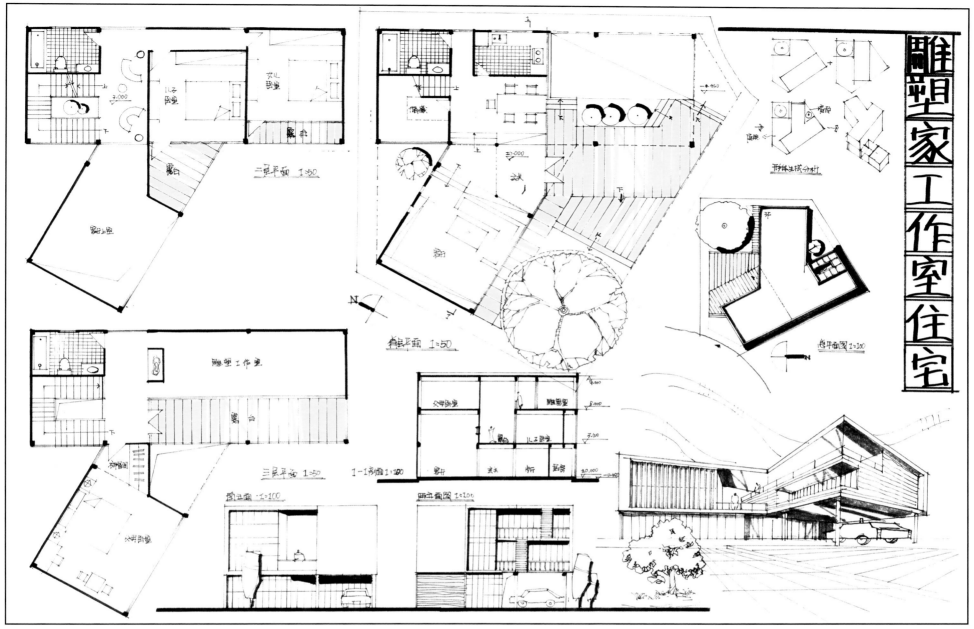

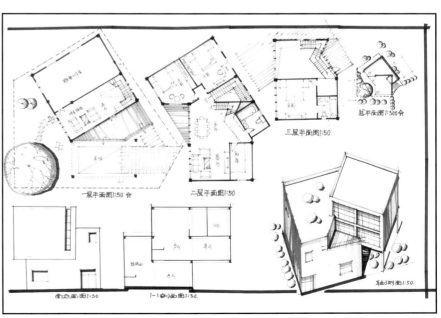

方案点评：

　　两个方案的相似之处在于：用 2 个成夹角咬合的方形体块来顺应不规则地形，应对景观，设计难度较大。

　　上方案利用 Y 形体量伸向景观，围合出庭院。所形成的不规则夹角处理成门厅、露台和通高空间，确保所有房间实用、规整。功能采用剖面分区：一层为餐厅、客厅，西侧架空设置停车；二层为带有独立露台的次卧室；三层为主卧室、工作室，拥有大面积露台，紧密围合、呼应树木。不足的是体积稍有超限。

　　下方案建筑的几何操作非常明确，通过形体扭转，产生了转折运动的内部空间。不足的是：忽略了功能的朝向要求，南向房间过少；可用的外部露台不足；主卧家具布置不合理。

上方案作者：不　详
下方案作者：陈奉林（在同济大学 2015 年初试快题中获得 130 分）

延伸阅读：

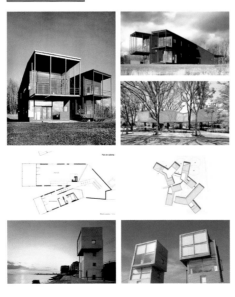

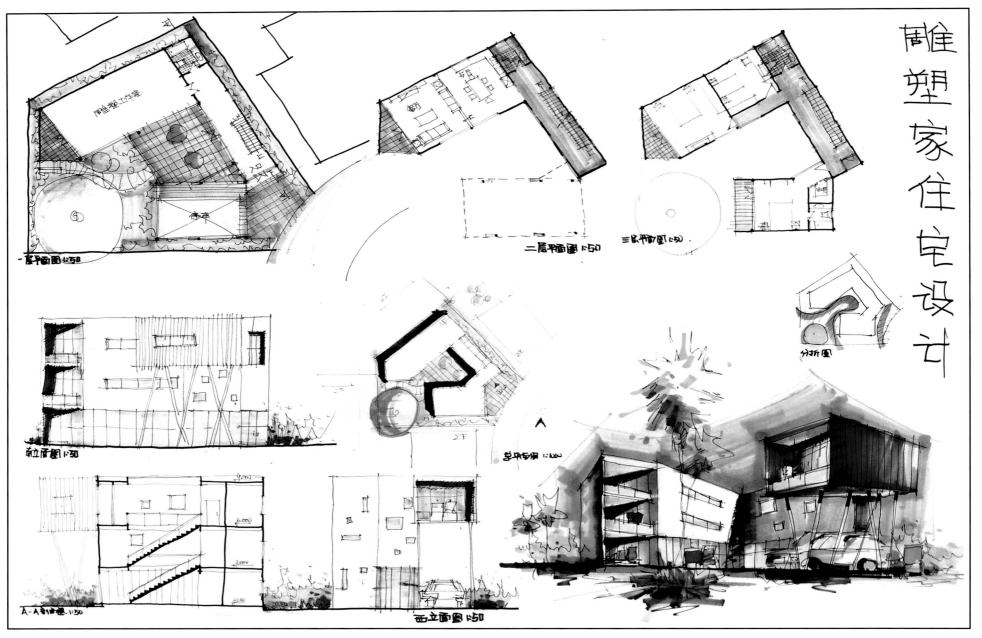

雕塑家住宅设计

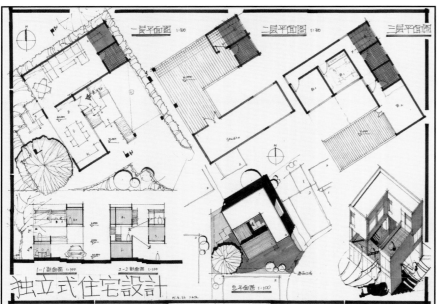

独立式住宅设计

方案点评：

　　两个方案的相似之处在于：运用 U 形与 L 形形体的围合来呼应树木，形成半开放的庭院空间。

　　上方案充分呼应地形，创造出三角庭院。巨型灰空间的处理满足停车需求，并使场地内外空间相互渗透。平面结构清晰，辅助功能设计成一条，利于空间组织。功能分区彻底：一层为工作室，二层为家庭公共功能，三层为居住功能。体块的悬挑、洞口的处理、材质的变化丰富了建筑形态。不足的是：门厅尺度稍小。

　　下方案通过 L 形的立体叠加形成连续转折的形态和灰空间，围合树木，强调内化的外部空间。不足的是：客厅成为穿过的交通动线，并且尺度过小。

上方案作者：李　彬（在同济大学 2005 年初试快题中获得 140 分最高分，在同济大学 2006 年复试快题中获得 90 分最高分）

下方案作者：游钦钦

华南理工大学 2015 年硕士研究生入学考试初试试题

题目：售楼部快速建筑设计（6 小时）

广东某市的一个住宅小区正在开发中，拟在小区入口建一处售楼部，总用地面积 5947 ㎡，可建设范围 3807 ㎡，建筑总面积 1800 ㎡（可 ±5% 调整），地上 2 层，不设地下室，用地情况详见附图。

一、设计内容
主要功能
1. 门厅接待区 140 ㎡（考虑售楼资料取阅处，服务台）
2. 展售大厅 600 ㎡（设于首层）
   - 模型展示区，摆放一个小区模型（4m×5m）、5 个样板间模型（1m×1m）
   - 洽谈区，摆放 12 台四人小圆桌
   - 儿童活动区，约 40 ㎡～ 50 ㎡，摆放小型滑梯、积木玩具等
3. 签约区 300 ㎡　签约室，20 ㎡～ 25 ㎡ ×6；休息区，150 ㎡
4. 办公区 180 ㎡
   - 经理室　　　　　25 ㎡ ×1
   - 会计出纳室　　　25 ㎡ ×1
   - 办公室　　　　　20 ㎡～ 25 ㎡ ×3
   - 会议室　　　　　60 ㎡ ×1

其他设施
1. 首层共用卫生间 1 处
   - 男：厕位 3 个，便斗 3 个；女：厕位 5 个；无障碍卫生间；清洁工具间
2. 配电间：10 ㎡～ 12 ㎡
3. 二层卫生间、楼梯、走廊等公共交通空间自定
4. 室外停车位 8 个（车位 3m×6m）（含无障碍停车位 1 个 3.5m×6m）
5. 结合建筑设一处室外景观水池，水面面积约 200 ㎡～ 300 ㎡

二、设计要求
1. 结合用地环境和气候条件进行设计，能因地制宜安排布局，流线合理。
2. 功能分区明确，结构合理，柱网清晰，符合有关设计规范。
3. 在用地范围内解决停车、景观水池，并作出简单的环境设计。
4. 主入口考虑无障碍设计。
5. 场地内有一刻大榕树，须保留。

三、图纸要求
1. 总平面图　　　　1:500
2. 各层平面图　　　1:200 或 1:300（展售大厅布置家居，卫生间布置洁具）
3. 立面图　　　　　1:200 或 1:300（1 个）
4. 剖面图　　　　　1:200 或 1:300（1 个）
5. 效果图　　　　　1 个（画面不小于 30cm×40cm）
6. 主要经济技术指标及简要设计说明
7. 其他必要的分析图、透视图自定
8. 图纸规格：A1 不透明绘图纸，要求表达清晰、全面，技法不限。

四、功能置换设计
售楼部未来将改为小区商业活动中心，设计要求将"一、设计内容"中的"主要功能"置换为下列内容。功能置换可对室内墙体重新设计，但不能改动室内柱子、楼板、楼梯、卫生间以及建筑外立面。
1. 咖啡厅　　　　　300 ㎡
   提供简餐，须增设 50 ㎡的厨房，与毗邻的其他用房应符合卫生要求
2. 便利店　　　　　100 ㎡
3. 健身房　　　　　100 ㎡
4. 乒乓球室　　　　面积自定，布置 2 个乒乓球台（球台尺寸 2740mm×1525mm）
5. 棋牌室　　　　　数量自定，利用签约室置换
6. 阅览室　　　　　面积自定
7. 会议室　　　　　600 ㎡
8. 办公管理用房 25 ㎡ ×2
图纸要求：各层平面简图，1:200 或 1:300（咖啡厅、乒乓球室须布置家具，卫生间不表达洁具）；图纸侧重表达需要功能置换部分，其余内容从略。

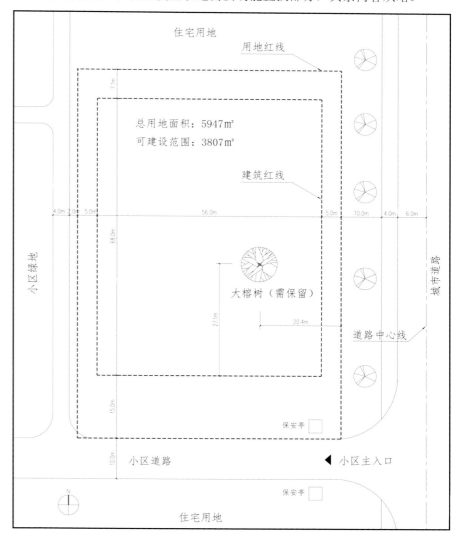

方案点评：

　　两个方案的相似之处在于：运用回字形布局围合树木，形成带有水池的庭院，并通过折叠操作形成连续的屋顶形态。不同的是，上方案的屋顶可作为露台使用，下方案主要是形态处理手法。

　　上方案设计从形态入手，运用线性形体的连续与折叠形成围合树木的渗透空间和观看小区绿地的屋顶平台。形体的折叠通过台阶式展览空间来实现，台阶式的展览空间未来又置换为咖啡厅功能。功能布局采用剖面分区：一层布置公共部分，二层布置办公部分。不足的是：改造后平面的部分流线不够连续、通畅，例如健身房与便利店之间的狭窄走廊将成为主流线中的一部分。

　　下方案设计从剖面入手，通过台阶式展示空间和折叠的屋顶形成面向树木和小区绿地的开放视线，由此剖面生成连续折叠的屋顶形态。不足的是：局部平面和剖面表达不规范。

上方案作者：粟诗洋
下方案作者：曹秋颖

延伸阅读：

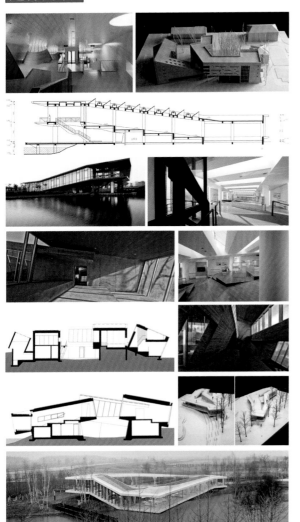

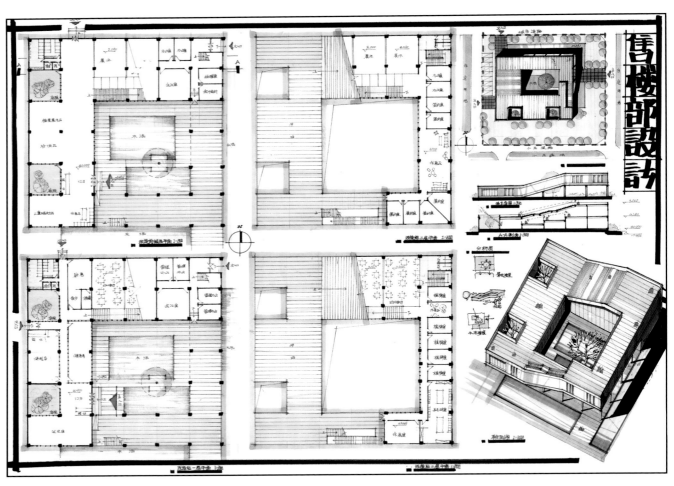

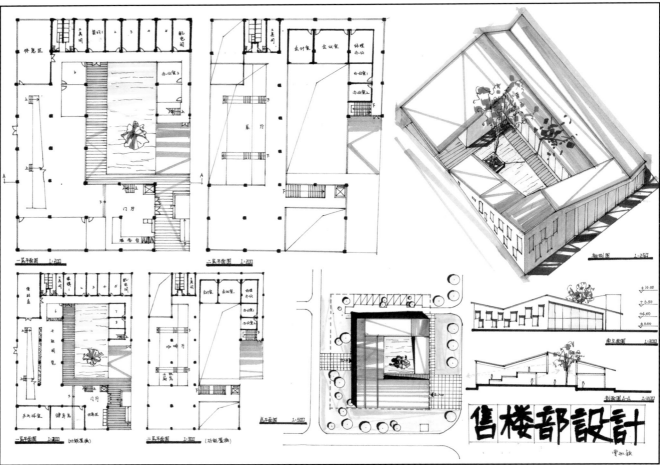

东南大学 2015 年硕士研究生入学考试复试试题

题目：校园健身中心设计（6 小时）

某高校拟在宿舍区建设健身中心一座，建设用地 3250 ㎡，如附图所示：宿舍区主入口位于东侧城市主干道，次入口位于北侧城市次干道，用地三面环绕宿舍区内部道路。健身中心具体设计要求如下：

一、设计要点

1. 健身中心建筑布局应考虑与宿舍区室外篮球场、足球场的整体空间关系，场地中现有大树 2 棵，应结合设计予以保留；
2. 健身中心建筑应至少设置两个入口：一个为主入口，要求比邻宿舍区主要道路，设入口广场，方便师生进出；另一个为机械库房入口，相对隐蔽，库房入口外设置不小于 100 ㎡后场卸货区；
3. 根据宿舍区内部道路交通状况，在用地红线内合适的位置设置地面临时停车场地（不少于 6 个机动车位），停车场地应靠近主入口；
4. 健身中心主体建筑不超过 24m，其中室内篮球场净高≥7m，应选择适宜的结构形式以满足室内体育活动的高度、跨度要求，同时要求采用合理的采光方式，以防止眩光的发生；
5. 按照疏散要求合理布置楼梯间，设电梯一部。

二、具体面积指标

1. 总建筑面积：2500 ㎡（±10%）

2. 各功能面积分配

男、女更衣室各 20 ㎡，男、女淋浴间各 20 ㎡
室内篮球场 640 ㎡ ×1（篮球场地尺寸 28m×15m，净高≥7m，边界至障碍物≥2m）
器械库房 100 ㎡ ×1（要求与室内篮球场紧密联系）
大健身房 180 ㎡ ×1，小健身房 60 ㎡ ×3
办公室 20 ㎡ ×4，值班室 20 ㎡ ×1
男、女卫生间，门厅，休息等候区，接待台，设备用房等按照要求配置。

三、成果要求

1. 总平面图 1:500
2. 各层平面图 1:200（标注轴网尺寸）
3. 立面图（南、东） 1:200（标注层高及标高）
4. 剖面图 1:100（其中至少 1 张剖面图应剖到室内篮球场，并清晰表现其结构形式、采光方式，并且标注必要的标高及尺寸）
5. 人眼透视或轴测图（应表达外立面材质）
6. 表达设计构思的分析图及说明

四、附图

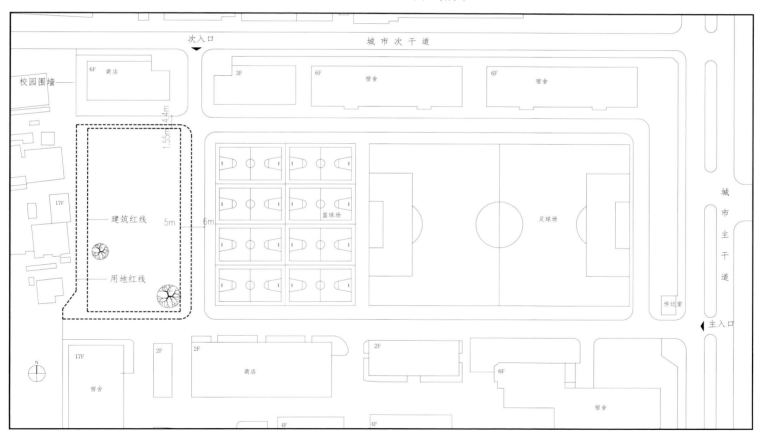

核心考点：

1. 考察场地设计，如何组织场地主次入口、广场空间、建筑中的大小空间、车行流线及静态停车，以及建筑与树木的呼应关系。
2. 条形平面网格的功能、空间与形态设计。

方案点评：

　　两个方案的相似之处在于：都运用整形和单元的组合，对保留的树木做出了良好的呼应，且考虑了健身俱乐部与东侧操场的视线关系。

　　上方案运用加法，将大空间的篮球场作为主体形态，然后叠加 3 个相互扭转的健身房体块和 1 个朝向古树的入口大厅体块，形态生动活泼。入口门厅体块经过扭转将人流从古树方向引入，同时内部挖出一个庭院将保留的另一棵古树作为入口门厅的景观，设计巧妙。不足的是：加法操作的体量较为均质，略显单调；通往健身功能的交通缺乏节点变化；二层平面北侧交通厅过大。

　　下方案通过大基座叠加分散体量的手法来塑形，分散体量根据功能的差异形成大小不同、高低变化的统一形态，特别是面向操场斜屋面的处理形成景观形态和功能属性的完美结合。基座内布置了器材、办公、健身房等辅助功能，分散体量内布置了门厅咖啡、篮球场，及健身房的局部通高。大台阶的设计解决了二层的人流疏散及对操场的视线关系。建筑局部退让、围合古树，并将咖啡厅和大健身房功能面对树木，布局合理，形态完整统一。

上方案作者：段晓天（在同济大学 2016 年初试快题中获得最高分 130 分）

下方案作者：李　香

延伸阅读：

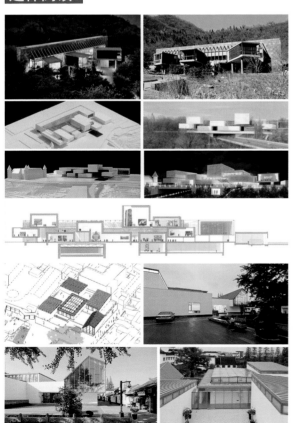

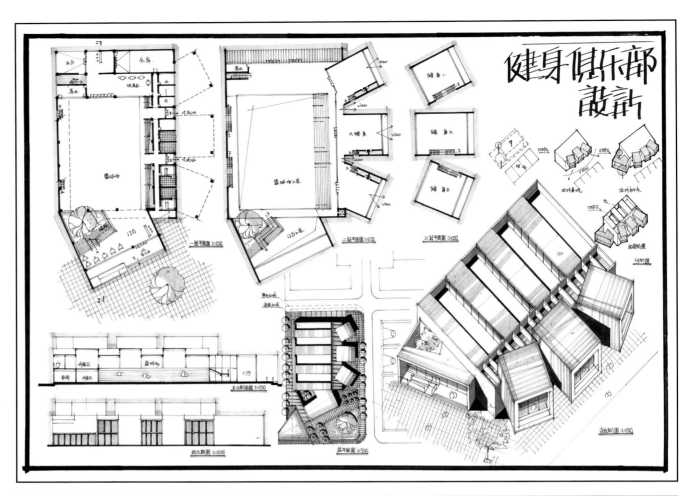

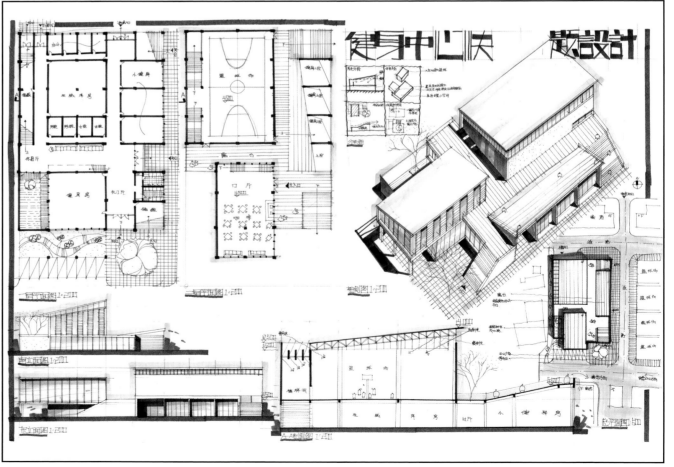

天津大学 2013 年硕士研究生入学考试初试试题

题目：森林公园餐厅设计（6 小时）

一、项目概况

项目基地位于北方某森林公园内。森林公园内栽植树木，树干中央与树干中央之间的水平和垂直距离均为 9m。拟在该地块内部建一特色餐厅，供游客进行就餐和聚会之用。

项目基地地块呈直角梯形，南北进深 101.5m，东西宽 52m，地势平坦规整，总用地面积 3296 ㎡，用地范围内栽植 40 棵树，建设范围如图中红线所示，不做建筑退线要求，图中各部尺寸均已标出。

二、房间组成及使用面积要求

1. 中餐厅部分 1400 ㎡
   - 厨房操作 500 ㎡，由主副食库、加工间、杂物间、洗碗间和备餐间等组成，在房间功能上简单布置即可。
   - 公共餐厅 600 ㎡，提供中式餐饮的聚餐环境，要求布置桌椅和柜台。
   - 雅间共 300 ㎡，一共 10 间，每个雅间内部需要独立设置卫生间。
2. 西餐厅部分 1300 ㎡
   - 厨房操作 500 ㎡，由主副食库、加工间、杂物间、洗碗间和备餐间等组成，在房间功能上简单布置即可。
   - 西餐厅 600 ㎡，提供西式餐饮的聚餐环境，要求布置桌椅和柜台。
   - 咖啡厅 200 ㎡，提供西式休闲环境，要求布置桌椅和柜台。
3. 入口接待部分 250 ㎡
   - 餐饮外卖 50 ㎡，供菜品对外出售。
   - 菜品展示 200 ㎡，供菜品的展示，兼做门厅和接待。
4. 管理办公部分 50 ㎡
   - 管理间每间 25 ㎡，共 2 间。
5. 其他如门厅、楼梯、走廊、卫生间等各部分的面积分配及位置安排由考生按方案的构思进行处理。

三、设计要求

1. 餐厅室外应设置一个不小于 200 ㎡的室外就餐环境，与周边环境相协调。
2. 总体布局中应严格控制砍伐树木的数量不超过 20 棵。
3. 树干中心距离建筑不得小于 1m。
4. 本项目位于森林公园内，故不要求设置停车位。
5. 建筑层数不超过 3 层，结构形式为框架结构。

四、图纸要求

1. 总平面图 1:500，各层平面图 1:200，首层平面还要包括一定区域的室外环境，立面图 2 个 1:200，剖面图 1 个 1:200。
2. 首层平面中画出用地范围内没有被砍伐过的树木位置，同时画出建筑红线。
3. 画出建筑的轴测图 1 个，比例为 1:200。
4. 考生根据设计构思，画出能够表达设计概念的分析图。
5. 在平面图直接注明房间名称，餐厅部分（中餐厅、西餐厅和咖啡厅）应画出柜台和桌椅布置方式或座位区域。首层平面必须注明两个方向的两道尺寸线，剖面图应注明室内外地坪、楼层及屋顶标高。
6. 图纸均采用白纸黑绘，徒手或仪器表现均可，图纸规格采用 A1 草图纸（草图纸图幅 841mm×594mm）。
7. 图纸一律不得署名或作任何标记，违者按作废处理。

核心考点：

1. 考查考生如何应对基地内的保留树木，以及不规则地形的处理。
2. 围合形平面的不同组织形式。

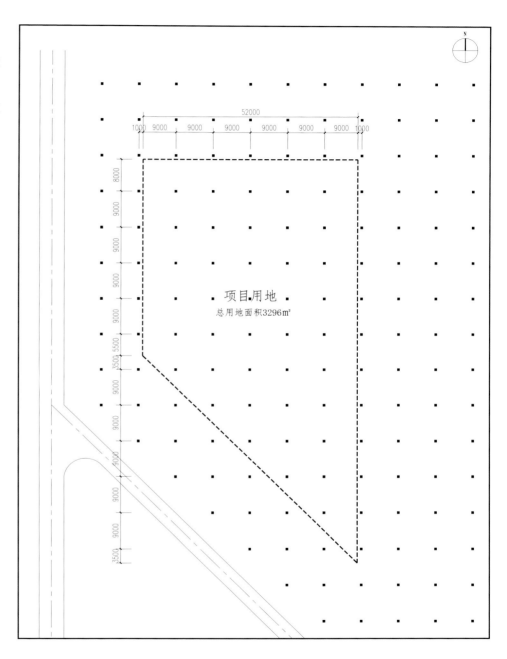

方案点评：

上方案从大小两种网格入手，形成丰富的院落空间，7m 大的网格对应开放的大空间及房间，4m 小网格对应保留的树木，非常巧妙地化解了 9m 树距的尺寸，想法理性细腻，这样两种网格的建筑在路易斯·I·康的作品中大量存在。功能上中西厨房叠加，中西餐厅叠加，门厅、公共与包间叠加，十分清晰。围墙水系的设计对场地补形，也塑造了幽静的就餐环境。这是一个难得的上乘之作。

下方案运用室外露台围合场地树木，再用 L 形围合二层的大露台，使建筑与场地产生联系，同时对局部采用单元化处理，使树木生长在单元体缝隙之间。功能上 3 个形体在二层分别对应中餐厅、西餐厅、包间，一层分别对应它们的辅助功能，功能分区明确。建筑形体采用坡屋顶进行统一，相邻形体在坡度上延续，还有架空、玻璃天井产生虚实变化，细节处理细腻。

上方案作者：白思瑶
下方案作者：崔文桥

延伸阅读：

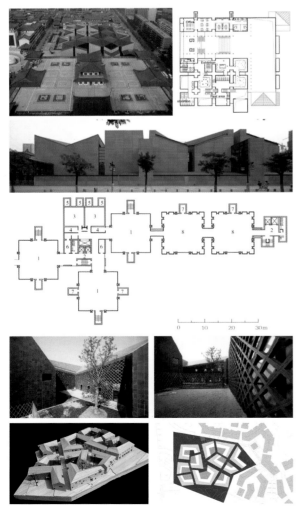

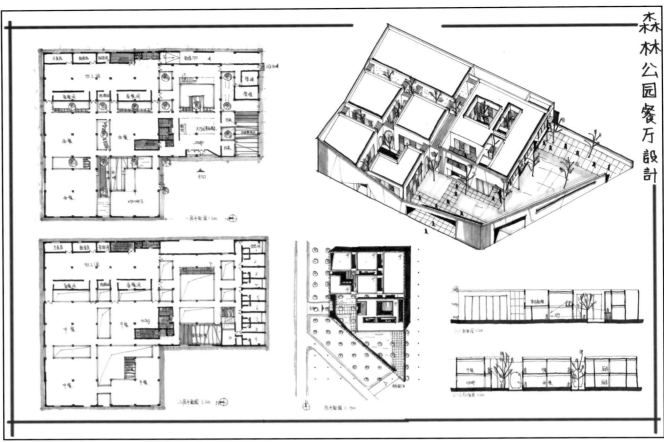

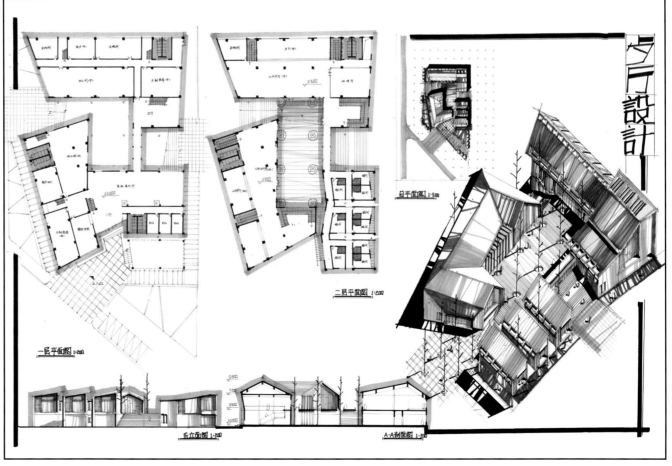

森林公园餐厅設計

餐廳設計

西安建筑科技大学 2011 年硕士研究生入学考试初试试题

题目：某雕塑、造型事务所工作室建筑设计（6 小时）

某国际知名雕塑、造型设计事务所拟建一处工作室，建设地点位于上海某保护片区的一处街坊内，见地形图（另附图）。本保护片区建筑多为民国及解放初期建设，街区保留完整，后经精心设计与改造，使街区面貌集开放、现代、时尚与传统文化多元共存，现已成为上海市重要的文化产业、休闲娱乐、旅游购物的理想区域。

一、设计内容

本项目总建筑面积约 2000 ㎡，满足工作室 30 人创作团队的使用。本工作室建成后应能开展以下业务：
1. 业务接待及洽谈
2. 外部人员参观交流
3. 雕塑及立体造型初稿创作
4. 大比例雕塑稿件的放样
5. 事务所工作人员的日常学习、生活

拟建项目的主要功能面积如下：
1. 接待室，约 60 ㎡
2. 业务洽谈室及财务结算室，约 60 ㎡
3. 雕塑及造型初稿绘制创作室，约 45 ㎡ ×6
4. 小比例雕塑样稿放样工作间，约 100 ㎡
5. 会议室，约 80 ㎡
6. 大比例雕塑放样工作间（室内高度不小于 9m，室内宽度不小于 8m，能进出卡车）及原料库房，约 260 ㎡
7. 事务所作品展室，约 150 ㎡
8. 事务所资料室、阅览室、休息交流室、职工简餐就餐区等，共约 250 ㎡
9. 后勤保障、卫生间等，约 100 ㎡
10. 带卫生间的休息室 5 间，约 120 ㎡
11. 室外环境设计，要求设计适量的展场
12. 室外停车场，约 15 个小车车位

二、设计要求
1. 经济、实用，结构合理
2. 室内外空间浑然一体，提供富有生机与活力的创作环境
3. 建设富有文化品位的符合区域要求的建筑形象
4. 开放的、丰富的室外空间设计

三、图纸要求
A1 草图纸，绘制方式不限，内容如下：
1. 总平面图　　　　　　　　　　1:500
2. 各层平面图　　　　　　　　　1:200
3. 主要方向立面图 2 个　　　　　1:200
4. 体现设计意图的剖面图　　　　1:200
5. 透视图
6. 设计说明及设计构思图解

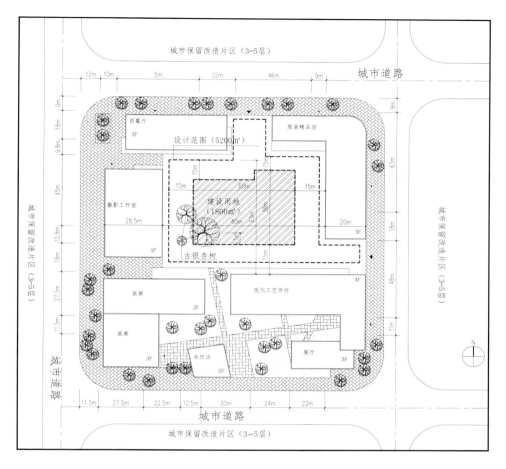

核心考点：
1. 考查建筑与树木的空间关系。注意创作室交流空间的设计。
2. 围合形平面的不同组织形式。

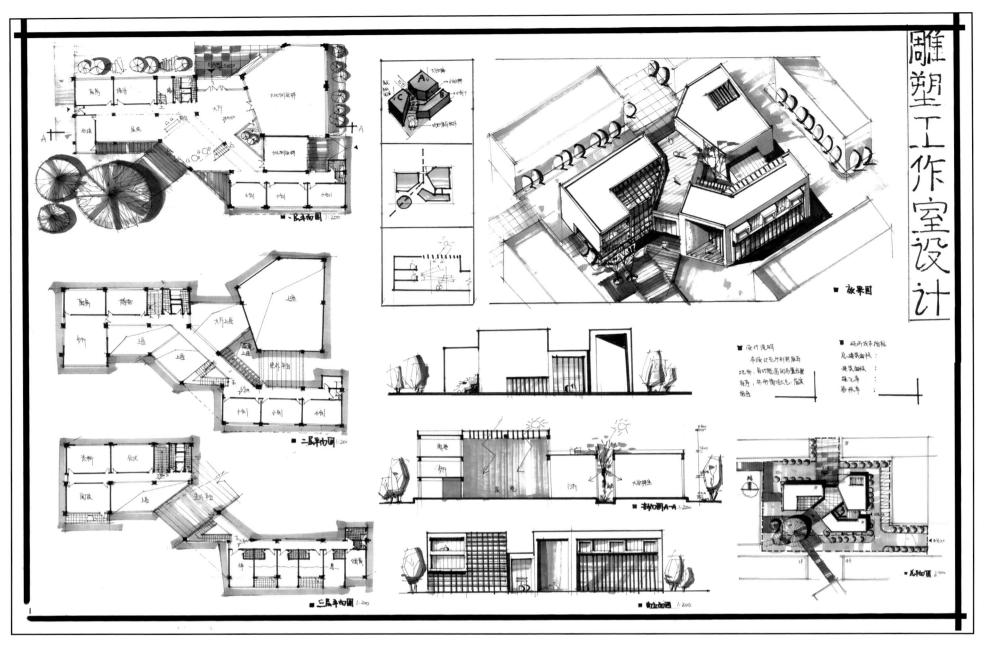

雕塑工作室设计

■ 方案点评：

上方案从总图入手，通过面对树木的斜向大厅将建筑切割成3部分：大比例放样间、创作休息、展览、餐饮等。并塑造出三角形楼梯、三角形庭院、不规则通高等动态空间。构思简单清晰，形态多样统一。不足的是，展览、创作室的玻璃面太多，建议减少。

下方案的特色是将创作室两层叠加，并相互间隔，形成外部交流平台。不足的是：休息、简餐功能与创作室流线交叉。

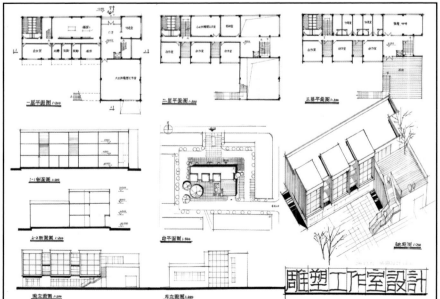

雕塑工作室設計

延伸阅读：

上方案作者：赵睿祺
下方案作者：王 艺（2015年保送东南大学）

哈尔滨工业大学 2012 年硕士研究生入学考试初试试题

题目：艺术家创作中心（6 小时）

　　某北方城市市郊拟建一艺术家创作中心，为艺术家提供潜心创作与艺术展示和交流的场所，层数 2 ～ 3 层，建筑面积规模 2300 ㎡左右（上下可浮动 5%）。建设项目选址毗邻景区人工湖，用地平坦，基地具体情况及尺寸详见附图。

一、设计要求

　　1. 充分利用场地自然条件，妥善处理建筑与环境的关系，需保留基地原有树木。

　　2. 充分考虑建筑性质与特点，合理组织建筑功能空间，满足建筑朝向、景观等方面要求及不同适用人群需要，考虑无障碍设计。

　　3. 建筑形象及内外部空间要与自然环境协调，并配置相应的室外活动场地与停车场。

二、设计内容

　　部分建筑组成及使用面积：
　　1. 艺术作品展厅　　　　　250 ㎡
　　2. 藏品库　　　　　　　　80 ㎡
　　3. 艺术家工作室　　　　　150 ㎡ ×5
　　4. 学术报告厅　　　　　　200 ㎡
　　5. 标准客房 6 间
　　6. 套房 2 间
　　7. 餐饮部（包括餐厅和厨房）共 120 ㎡
　　8. 办公管理用房（包括办公室和小会议室）90 ㎡
　　门厅等公共交通空间，卫生间及附属配套用房面积自定。

三、图纸内容及要求

　　按比例要求徒手绘图，透视图需要彩色表现，表现形式不限，白色不透明绘图纸规格 841mm×594mm。

　　1. 总平面图　　　　　1:500
　　2. 各层平面图　　　　1:100 ～ 1:200
　　3. 立面图　　　　　　1:100 ～ 1:200（不少于 2 个）
　　4. 剖面图　　　　　　1:100 ～ 1:200
　　5. 透视图
　　6. 设计分析图（数量不限）
　　7. 主要经济技术指标及简要设计说明（字数不限）

四、附图

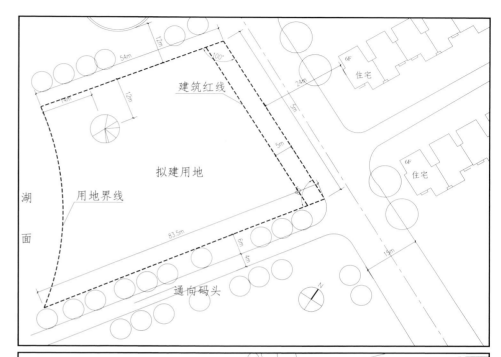

核心考点：

　　1. 考查建筑与古树、湖面的景观关系。艺术家工作室创造交流空间的设计。
　　2. 围合形和方形平面的不同组织形式。

方案点评：

　　两个方案的相似之处在于：运用形体的组合来围合树木，应对景观。

　　上方案从形体叠加入手，运用 L 形体块的反向叠加形成朝向道路转角的架空和面向景观的露台空间，并围合树木、朝向湖面。两个 L 形体块通过室外平台、大台阶进行过渡和叠加，产生出连续、旋转的效果。功能上一个体块分别容纳客房、工作室，另一个容纳其余的公共和辅助空间。不足的是：两个次入口距离过远，缺乏联系。一层门厅和餐厅过近。

　　下方案的灵感来源于树美术馆，将树木塑造为空间的核心，由此产生出一系列的形态和空间，对树木的回应更加积极、主动。弧形体块与 L 形体块围合树木，并产生冲突美。弧形的空间布置开放式的公共功能，较为规整的功能则置入 L 形体块中。弧形室外楼梯和露台空间与景观形成了清晰的对应关系，成为方案的点睛之笔。不足的是：客房没有面向景观。

上方案作者：粟诗洋
下方案作者：林增捷

延伸阅读：

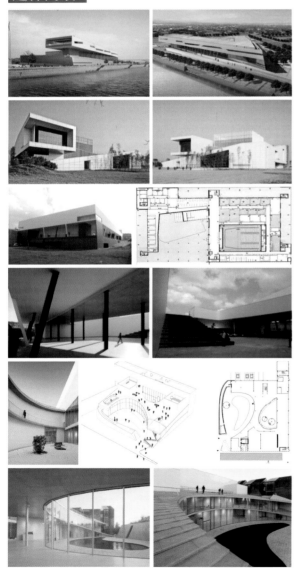

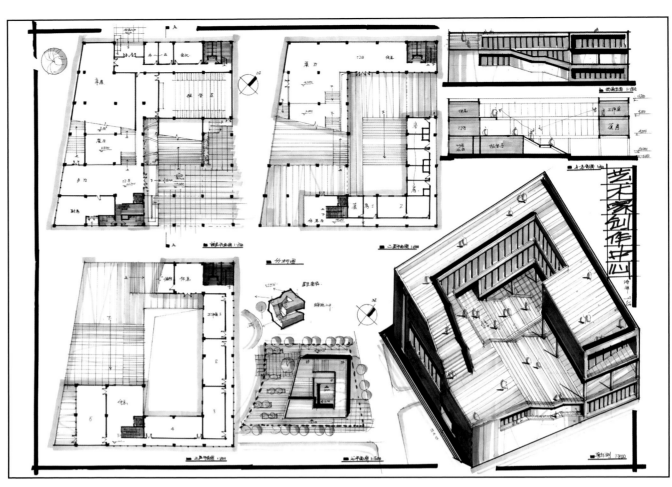

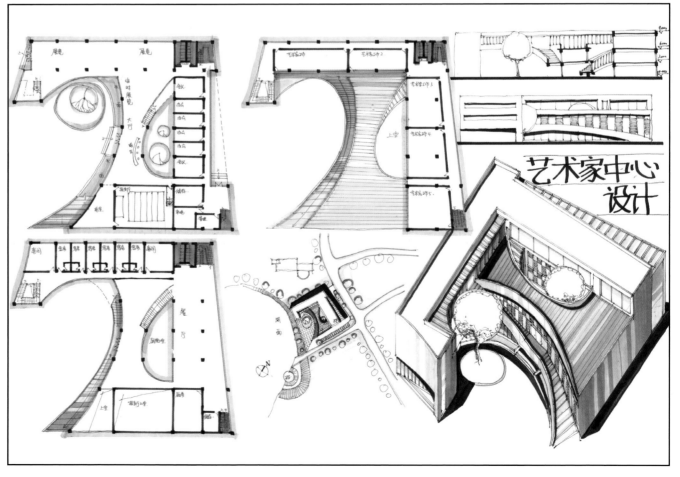

深圳大学 2013 年硕士研究生入学考试初试试题

题目：某南方高校会议中心设计（6 小时）

一、设计任务书

华南地区某高校内建设中等规模会议中心，提供校级或学院一级进行会议和学术交流活动。建设基地环境优美，场地平整，用地及周边环境如附图。设计宜关注景观利用以及地域气候特点。设计任务及指标如下：

建设用地面积 6530 ㎡

总建筑面积 3000 ㎡，其中：

1. 大报告厅　　　　400 座 1 间，约 550 ㎡～ 600 ㎡
2. 中会议室　　　　150 ㎡ ×2
3. 小会议室　　　　75 ㎡ ×4
4. 接待室　　　　　40 ㎡ ×2
5. 咖啡厅　　　　　120 ㎡
6. 展廊　　　　　　（可结合门厅或休息厅布置）约 150 ㎡
7. 门厅　　　　　　约 200 ㎡
8. 管理办公　　　　20 ㎡ ×2
9. 服务间　　　　　20 ㎡ ×1
10. 储藏室　　　　　40 ㎡ ×1
11. 男、女卫生间　　至少 2 组，约 80 ㎡～ 100 ㎡
12. 停车位　　　　　小汽车 20 辆，自行车位 100 辆

二、设计要求

1. 总平面图　　　　　　1:500
2. 各层平面图　　　　　1:200（首层需表达周边环境）
3. 主要立面不少于 2 个　1:200（简要注明饰面用材及色彩）
4. 主要剖面不少于 1 个　1:200（注明相对标高）
5. 透视表现图不少于 1 个（表达方式任选）
6. 成果图纸 :A1 绘图纸（或硫酸纸）

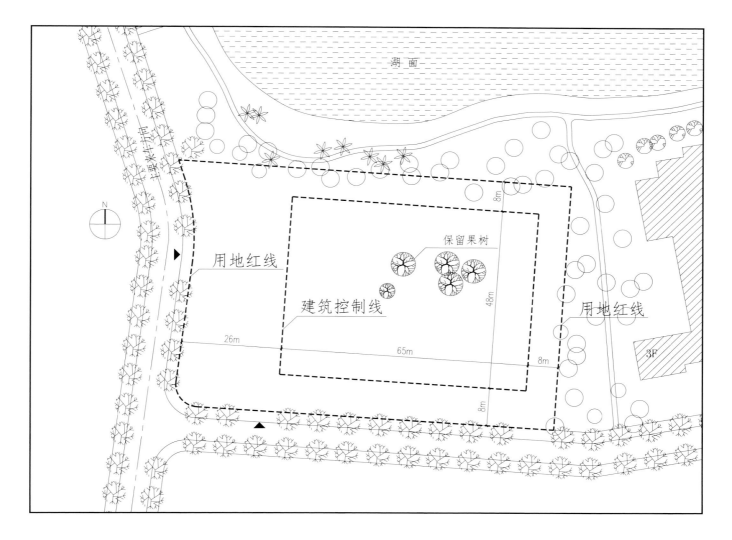

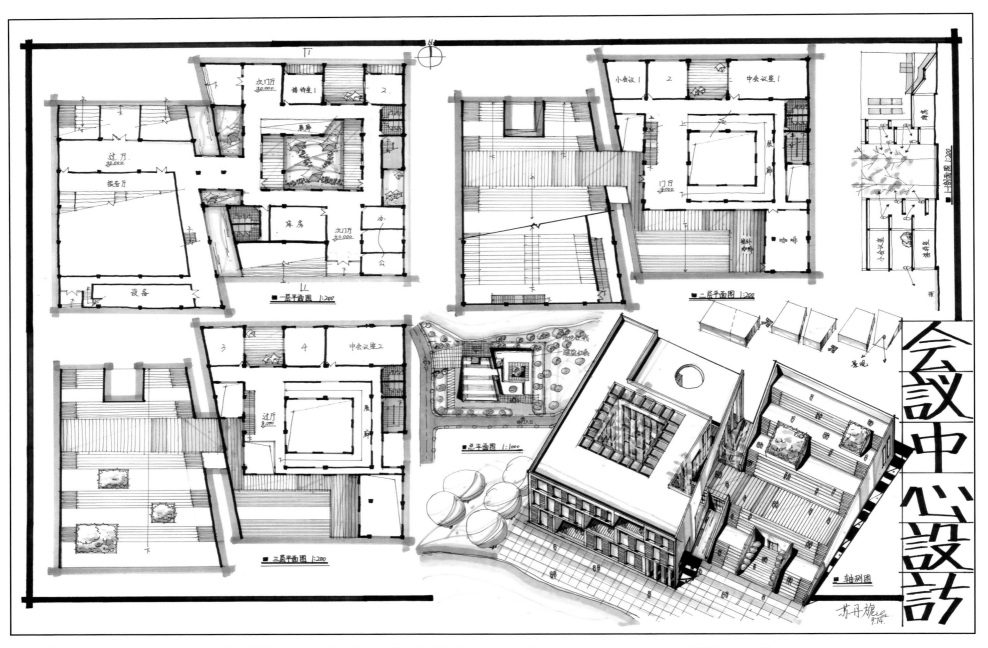

会议中心设计

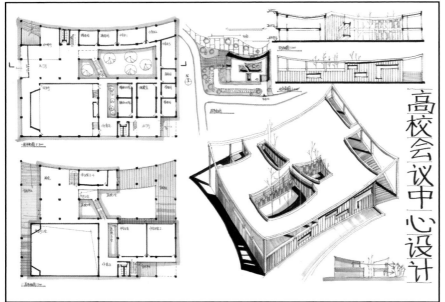

高校会议中心设计

延伸阅读：

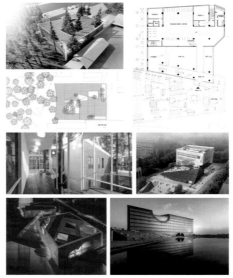

方案点评：

　　两个方案的相似之处在于：运用形体来围合树木、应对景观。

　　上方案从形态入手，通过斜线切割，将建筑分成楔形体块容纳600人报告厅功能，并将报告厅上部做成台阶式平台观赏湖景，应对湖面景观。方形体容纳会议和办公功能，其中会议室和观景平台朝向湖面间隔设计，形成良好的景观朝向。方形体块中间设计坡道式展览，并且围合场地中的主要树木，使展览和树木景观有效结合。斜线的设计来自报告厅形状的逻辑，又活化了整体形态。

　　下方案从围合树木的空间出发进行功能的排布和露台空间的塑造，形成了多样的院落空间，并包含在完整的形态中。形成的灰空间露台以及中小型会议室都能朝向景观是方案的特色。

上方案作者：苏丹旎
下方案作者：林增捷

重庆大学 2016 年硕士研究生入学考试初试试题

题目：乡村竹艺工坊（6 小时）

一、建设背景

　　我国西南地区某城市拟在下辖某村镇建设一座"竹艺工坊"，选址位置、用地情况分别如附图所示。地块基本呈三角形，位于集镇边缘，东侧紧邻过境省道，南侧为古镇步行小巷，西侧与具有文化历史价值的小型祠堂相邻（图中斜线填充部分）。地块内有一棵古树，树形优美，需保留并合理利用。该镇具有较悠久的历史，建筑形式、街道网络均基本保留了传统特征。距用地不远即为数十平方公里的"竹海"，具有良好的生态价值、旅游价值和经济价值。当地有着利用竹海建设建筑、制作家具及生活器具的传统和一批技术精的工艺匠人。当地政府拟通过"竹艺工坊"的建设，实现对乡村技艺的保护、传承、推广。同时该项目也将作为一处公共空间吸引当地人的参与，提升乡村文化氛围。

　　周边建筑主要结构形式为木材屋架，外墙为木板、青砖或块石砌筑，屋顶为小青瓦坡屋顶。除竹外，当地还盛产木材、石材。

二、主要建筑功能及指标要求

　　总用地面积：1818 ㎡
　　总建筑面积：不超过 1800 ㎡
　　用地内的主要功能设置要求如下：
　　1. 竹艺作品展厅（可紧邻门厅开放性设置，也可成为相对独立的空间，需考虑竹艺作品的尺寸、种类、展示方式）　　　　　　　：400 ㎡
　　2. 工艺师工作室［包括 4 个工艺师独立工作区，4 个游客体验工作区（可容纳一定数量游客旁观），具体面积自行分配］　　　　：400 ㎡
　　3. 竹影茶坊（含茶道表演区、品茶区、工作间）：200 ㎡
　　4. 竹艺影厅（观看艺术纪录片）　　　　　　　：80 ㎡
　　5. 工艺商店（可为开放空间，也可以独立房间）：100 ㎡

　　6. 管理辅助用房（办公、后勤、安保、配电等）：120 ㎡
　　7. 竹材储存库（需良好通风并考虑材料长度）　：80 ㎡
　　8. 其他公共部分用房（门厅、卫生间、交通空间等）：面积按需自定
　　9. 不设室内车库，但须在场地内设置不小于 2 个临时小汽车位
　　10. 设室外杂物院一个，面积不小于 100 ㎡，与相关功能有机结合相对隐蔽
　　11. 在总建筑面积规定范围内，可适当增加必要的其他功能

三、设计要求

　　1. 需充分考虑该地区气候、材料、生活习惯等条件，鼓励建筑风格和空间关系的创新
　　2. 主体建筑层数不超过 3 层，制高点距室外地面竖直高度不超过 16m
　　3. 充分考虑外部空间与建筑空间的关系；充分考虑公共空间及公共活动的营造；充分考虑景观与建筑的关系
　　4. 合理考虑出入口数量和类别
　　5. 需符合现行国家相关设计规范

四、成果要求

　　1. 总平图，　　　　　　1:500
　　2. 各层平面图，　1:150（标注两道尺寸，主要房间功能、主要家具）
　　3. 立面图，1 个，1:150（反映主入口，标注主要标高、立面材料，需绘制阴影）
　　4. 剖面图，1 个，1:150（按相关规定完成标注，切剖位置需具有代表性）
　　5. 三维表现图不少于 1 个，角度自定，可为透视图或轴测图，表现方法不限
　　6. 文字说明（不少于 150 字）、主要技术经济指标
　　7. 图纸大标题为"竹艺工坊"，不需写"快题设计"四字

核心考点：

　　1. 建筑与树木、祠堂及河道的空间关系。
　　2. 建筑如何融于古镇的肌理之中。

方案点评：

　　两个方案的共同之处在于：运用 3 个形体的扭转，朝向景观打开，并呼应不规则地形，上方案重在形体的拼接，下方案重在形体的叠加、穿插，以获得更为复杂的空间。

　　上方案根据功能将形态分为 3 个体量：一个为办公、储存，一个为工作室，一个为门厅、体验区。3 个体量分别对应树木、祠堂和道路。体量之间通过庭院进行过渡，形成扇叶状的打开姿态，非常灵动。特别是为来自西侧古镇及东侧道路的两股人流设计了两条室外路径，均可进入展厅，并可观赏祠堂、古树，这一部分相当精彩。另外三层的挑台既与二层协调也丰富了西侧界面。单坡屋顶的处理大气、简约，恰到好处。不足的是，轴测上院落的玻璃体和楼梯少画了一部分。

　　下方案面对复杂到极点的地形环境，用 3 条轴线轻松、巧妙地形成视看与呼应关系。3 条轴线带来多样、丰富、直接的空间体验。其中一条为办公，另外两条形成的不规则柱网与不规则空间给室内带来运动与张力，非常高级。这是一种极其大胆的做法，显示作者高超的技巧和娴熟的形态能力和基本功。

上方案作者：吴　倩
下方案作者：梁凯程

延伸阅读：

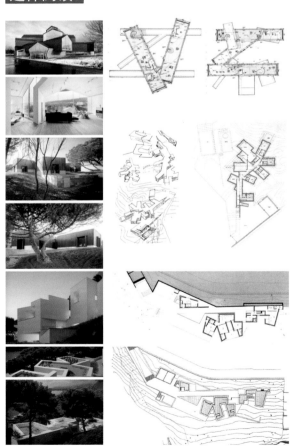

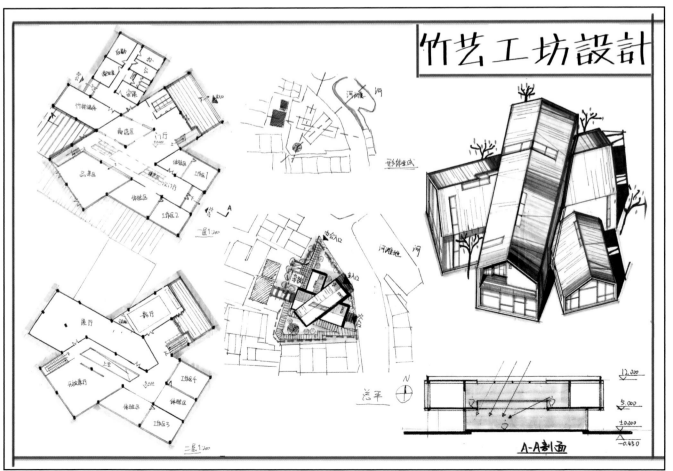

南京工业大学 2012 年硕士研究生入学考试初试试题

题目：就业型社区老年之家建筑方案设计（6 小时）

一、项目描述

随着生活和医疗水平的不断提高，城市职工的平均寿命普遍延长。一大批企事业单位的员工在退休之后的相当长时间内仍有继续工作的能力和强烈的意愿。创造必要的条件让他们在退休养老的同时，适度地从事他们熟悉的工作。

某城市拟在市内某居住区兴建一处"就业型社区老年之家"，为该片区内具有一技之长的退休职工提供集居住、工作（如艺术创作、科技服务）和休闲娱乐为一体的综合性新型养老场所。该项目区位条件优越，用地红线（图中粗黑虚线）内面积约为 10220 ㎡，详见地形图（附后）。本项目用地地势平坦，地块的北面、南面、西面均为邻近多层住宅（北面的住宅为 4 层，坡屋顶；西面和南面的住宅为 6 层，平屋顶）；地块东面有一条小河流过。地块内有一些生长多年的大型树木。

二、设计要求

1. "老年之家"主要采用钢筋混凝土框架结构，地面以上层数不超过 3 层；建筑后退用地红线不少于 6m；整个地块上的建筑密度不超过 35%。
2. 须考虑无障碍设计，2 层以上（含 2 层）建筑需设计电梯；如厨房与餐厅不在同一层，需设计食梯。
3. 造型简洁、大方、亲切，体现时代感，并与周边建筑相协调。
4. 主要的生活和工作用房要有良好的光照和自然通风。
5. 场地和环境设计需考虑消防、后勤车辆，以及非机动车的通行和停泊。
6. 地块上原有的树木可适当保留或移栽。
7. 总图及环境设计须适当考虑供老人休闲劳作的小"种植园"。

三、建筑面积分配及要求

地面以上总建筑面积约 3300 ㎡（上下浮动不超过 10%），具体分配如下（均指建筑面积）：

1. 宿舍 30 ㎡ ×20 间（每间有独立的卫生间）
2. 公共用房：
   • 多功能室及其附属用房 400 ㎡。其中多功能室（可供健身、乒乓、舞会、讲座、临时展览等）300 ㎡，附属用房（更衣、淋浴、厕所、储藏等）100 ㎡
   • 工作室 30 ㎡ ×10 间，会议室 60 ㎡ ×1 间，阅览室 60 ㎡ ×1 间，活动室 60 ㎡ ×1 间，棋牌室：60 ㎡ ×1 间，会客室 60 ㎡ ×1 间
3. 后勤用房：
   • 食堂 120 ㎡（其中餐厅 60 ㎡，厨房 60 ㎡），洗衣房 60 ㎡ ×1 间，保健室 30 ㎡ ×2 间，管理用房 30 ㎡ ×2 间，棋牌室 60 ㎡ ×1 间
4. 其他：
   • 门厅、过厅、走道、连廊、楼梯间、电梯间、值班、公共卫生间、配电间、储藏室等面积根据需要自行分配。
   • 地下室（不计入上述总面积）：自行车库、设备用房等。

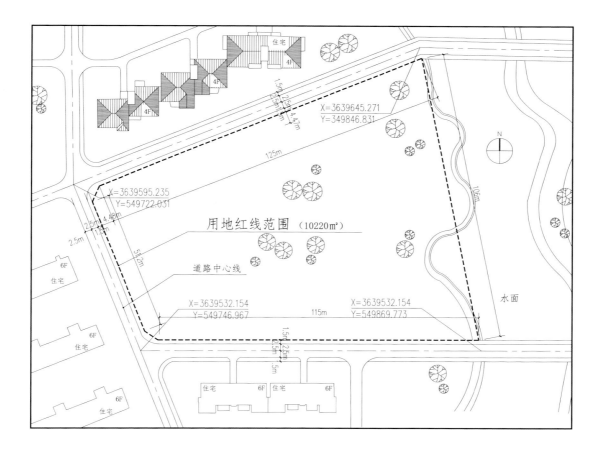

核心考点：

1. 为老年人创造交流空间与休闲劳作场所，考虑老年人宿舍的朝向要求，以及对树木、景观河道的利用。注意复杂功能的流线组织与无障碍设计。
2. 围合形平面的不同组织形式。

　　两个方案的共同之处在于：运用两个体块的围合操作形成对不规则地形的呼应，下方案对树木和祠堂的视看效果最佳。

　　上方案从朝向树木的轴线入手，将建筑分为两个体量，并用交错的玻璃连廊连接，形成对树木、河滩观看的最大视角，另外将古镇和省道两股人流汇聚在场地中间进入建筑，较为巧妙。这些可以联想到阿尔瓦·罗·西扎设计的拉莫斯馆、塞图巴尔教师学校等建筑。形态上，根据工作室的单元特征形成分散的体量，并塑造朝向祠堂的各个视看空间。两个梯形体量通过将中间和边侧处理为玻璃中庭和交通，将端头处理为卫生间、阳台，有效地化解不规则平面，形成主体规整的房间。重要的是还产生了大的形体虚实关系，手法成熟、老道。建议将大梯形的平行四边形柱网改为正交体系。主入口的中庭有些局促，建议将楼梯改为双跑，放在西侧可以看树木和祠堂，中庭为完整的三角形通高。

　　下方案从围合空间入手，通过三层和二层体块的穿插、咬合、搭接，塑造出面向树木和祠堂的庭院及面向河滩和省道的广场，并在庭院和形体咬合处设计门厅，使古镇和省道的人流都能汇集在此，另外也创造了连通树木和河滩的轴线，相当巧妙。形态上的高低关系使二层体量对祠堂高度上进行退让，三层体量创造优质的观看祠堂视角，构思细腻，形体的动态感极强。功能上二层为展览，三层为工作体验，一层为办公、茶室、音乐厅、影厅，分区十分清晰完整。室外的单跑楼梯可作为村民穿越建筑的路径，构思巧妙。

上方案作者：李贝贝
下方案作者：刘艺哲

延伸阅读：

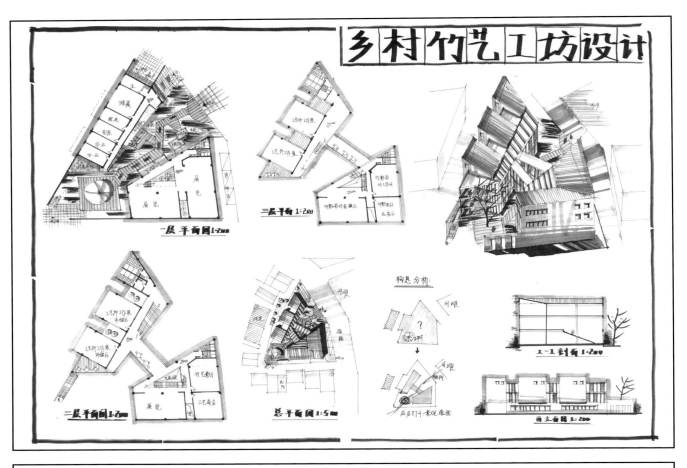

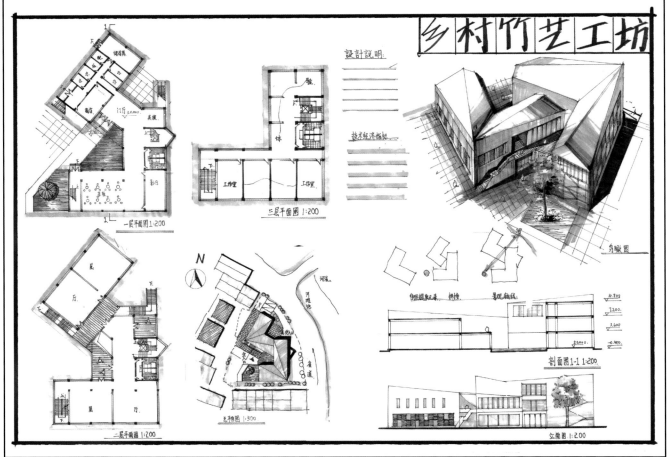

厦门大学 2010 年硕士研究生入学考试初试试题

题目：某企业会所建筑设计（概念设计）（6 小时）

一、概况
  南方某知名大企业于城市近郊风景较好地段拟兴建一会所，为其客户提供交流、休闲等服务。基地内现有一单层平顶框架结构小建筑（6m×20m，开间四跨、进深一跨，层高 3.6m，室内外高差 0.5m），要求该会所在保留原有建筑并在其框架的基础上进行扩建，建筑结构形式可为钢筋混凝土框架、轻钢结构、木结构等，在风格上与自然环境融合，并具有鲜明的形象特色。

二、设计内容及要求（总建筑面积不超过 800 ㎡）
1.	茶室、咖啡厅	250 ㎡
2.	企业产品展示厅	100 ㎡
3.	阅览室（可上网）	100 ㎡
4.	会议室 2 间	50 ㎡ / 间
5.	办公室 3 间	30 ㎡ / 间

  6. 厕所、门厅等公共部分面积自定，停车场需要停 5 辆小车，另有必要可增设一些内容，局部层数不超过二层。

三、图纸要求
1. 平、立、剖面图   1:100 ～ 1:200
2. 总平面图   1:500 ～ 1:1000
3. 透视图 幅面不小于 A4
4. 设计构思、文字或图示、指标、室内布置，表现形式自定。

四、附：地形图

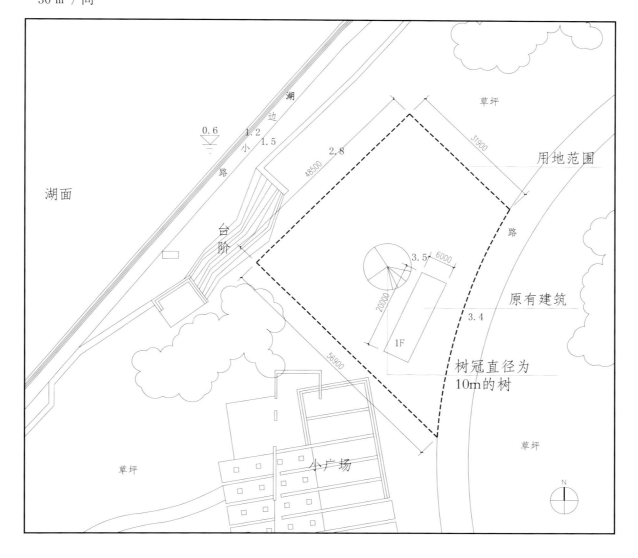

核心考点：

1. 考察新老建筑的空间关系，以及应对树木、湖面景观的策略。
2. 围合形平面的不同组织形式。

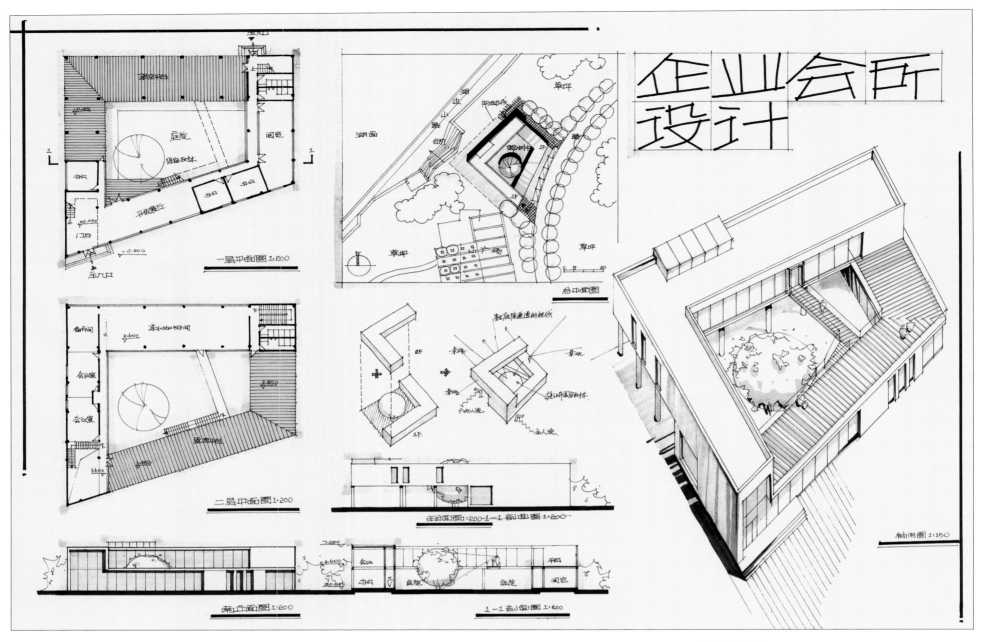

企业会所
设计

一层平面图 1:200

二层平面图 1:200

总平面图

轴测图 1:150

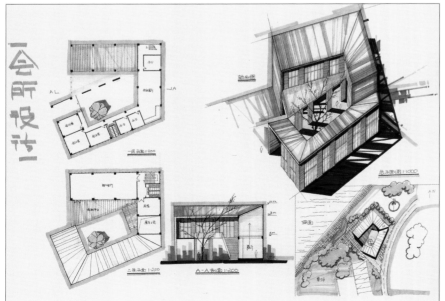

会所设计

一层平面图

二层平面图 1:200

A—A剖面图 1:200

延伸阅读：

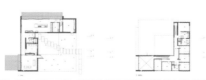

方案点评：

　　两个方案的相似之处在于：运用体块的围合与叠加，产生庭院、架空、露台等空间，与树木、湖面对话。

　　上方案通过两个 L 形形体反向叠加，形成屋顶露台和底层架空的同时，围合出立体化的外部空间，使庭院与湖面景观相互渗透。不足之处：建筑主入口与景观的联系稍显不足，停车位布局有待优化。建议将会议室与阅览室位置互换。

　　下方案通过 U 形和 L 形体块的叠加，形成架空和露台空间，与景观呼应。形态上运用折板进行统一，并结合坡屋顶活跃建筑形体。不足的是：总平面的设计与表达有待深化，主入口未标注，一层室外楼梯未表达。

上方案作者：卢文斌（在同济大学 2015 年初试快题中获得 130 分）
下方案作者：杨含悦（2016 年保送到同济大学）

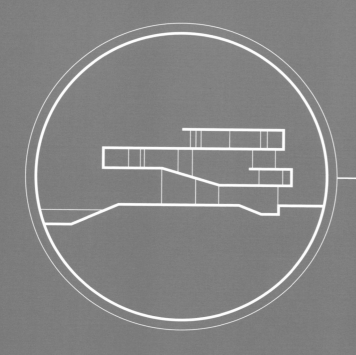

专题四：形体组织与景观关系

　　本章节考题在全国各大高校的快题题目中占据了很大比重。题目中景观内容归纳起来大致包括公园、湖面、林、水系或历史街区等。不同的景观设立物以及景观的不同朝向给题目带来很大变化，对于考生的应变能力也有较高要求。

　　将形体组织与景观关系作为主要考查对象的题目类形大致可分为以下四种：

　　（1）滨水景观类基地。基地景观沿水面展开，需要对水面有良好回应。如同济大学快题周试题俱乐部建筑方案设计、东南大学 2014 年快题周试题滨水客栈设计、青岛理工大学 2012 年初试快题游艇俱乐部设计等。

　　（2）城市公园类基地。要求建筑应对景观面做出适宜且充分的形体变化，如同济大学 2014 年保研试题咖啡厅设计、西安建筑科技大学 2012 年初试快题"艺苑画廊"设计等。

　　（3）街道转角类基地。需考虑对转角公园等景观的回应和道路界面的退让问题，如北京工业大学 2011 年初试快题艺术家创作中心设计、天津大学 2015 年初试快题社区图书馆设计等。

　　（4）景区自然风光类基地。基地中的景观界面一般为两个或以上，设计时需要优先考虑南向景观、重要景观，综合各方向景观需求。如同济大学 2008 年复试快题 SOHO 艺术家工作室设计、天津大学 2014 年初试快题湿地文化展示中心设计、华中科技大学 2005 年初试快题图书馆建筑方案设计、清华大学 2012 年初试快题艺术中心设计等。

　　针对形体组织与景观关系类的题目，以下的设计策略可供参考：

　　（1）以内部空间来应对景观 a. 平面布局应对景观，即在平面布局时将茶室、咖啡厅、餐厅、客房、休息厅等有景观需求的功能布置在面向景观的一侧；b. 台阶式空间应对景观；c. 中庭空间或边庭空间应对景观。即将中庭或边庭的公共空间面向景观打开。

　　（2）以外部空间来应对景观。a. 灰空间应对景观：通过创造面向景观面的宜人灰空间来应对景观。b. 屋顶花园空间应对景观：通过创造面向景观的屋顶平台或屋顶花园来呼应景观，也可以创造从地面到屋顶的连续屋面或坡道来引入人流，达到建筑漫游与观景的目的。c. 外部台阶式空间应对景观：可以说是上一种手法的变形，会产生更丰富的建筑形体效果。d. 渗透性空间应对景观：如通过建筑架空创造景观的渗透或者通过透明的玻璃大厅也可以达到景观渗透的效果。e. 外部连续空间应对景观：像内部空间一样外部空间也可以创造出连续多变的空间形式以应对景观。

　　（3）以形体变化来应对景观。a. 形体滑动：滑动可以产生丰富的平台空间、灰空间和屋顶花园以应对景观。b. 悬挑单元：悬挑的洞口形体自身给人以"看"的动态意向（因此也有人将悬挑洞口称之为"蛇头"）。通过对面积大小类似的功能间隔布置会产生单元重复的形态，这种形态也经常被用来应对景观。c. 折板：在统一的折板下便于创造各种灰空间和平台空间，同时形体又比较完整。d. 形体减法：在完整的形体上做减法操作以创造出灰空间或屋顶花园空间应对景观，是一种简单有效的策略。

　　需要特别指出景观也可以是自主选择的设计手法，题目中没有把景观关系作为考察点的时候，在设计中引入景观元素可以使方案锦上添花。比如建筑中引入内向庭院、水面、竹园、下沉庭院、空中花园等。

同济大学 2014 年推荐免试研究生试题

题目：咖啡厅设计（3 小时）

基地位于世博园区，南面为景观，四周为展馆。功能自定，建筑面积为 500 ㎡，
要求贴线率 65%，充分利用屋顶。

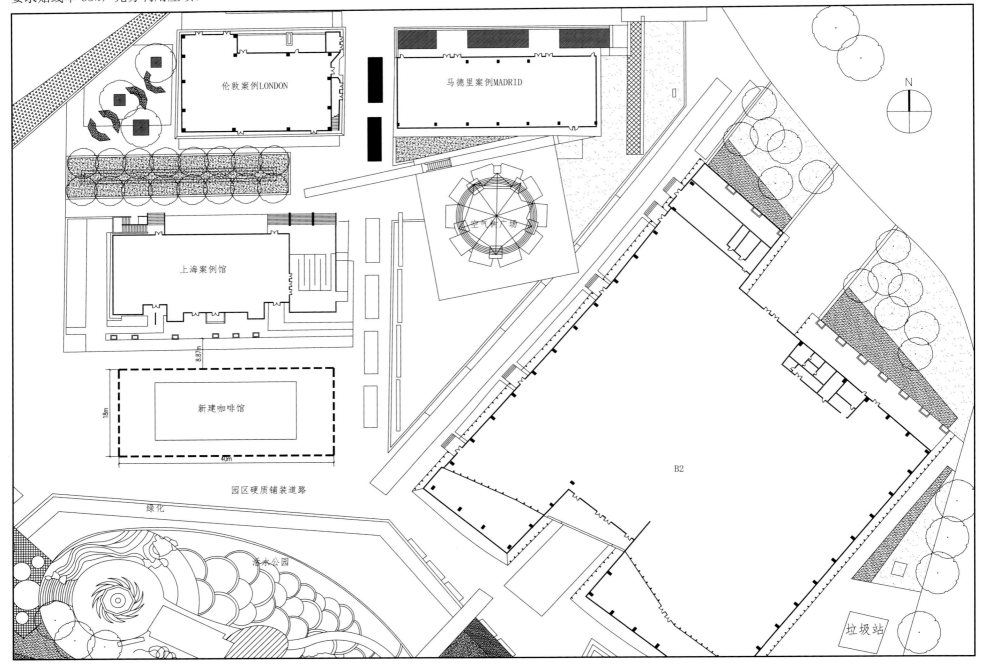

核心考点：

1. 考查建筑与景观的呼应关系，要求充分利用屋顶，形成室外交流与观景空间。
2. 两条或三条平面网格的功能、空间及形态设计。

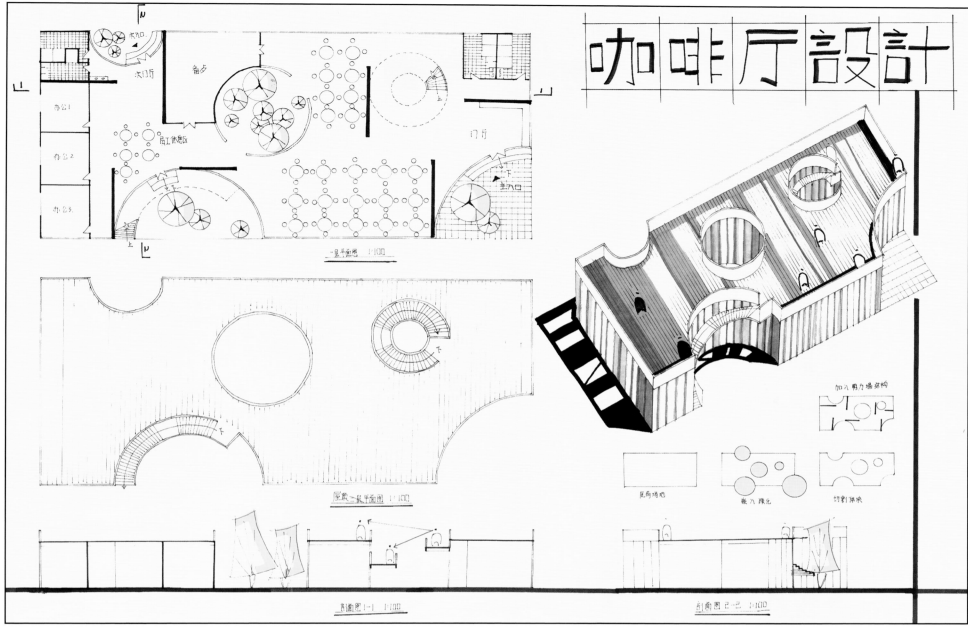

咖啡厅设计

方案点评：

两个方案的相似之处在于：可以通过室外坡道或楼梯直接到达屋面，确保了屋面的公共性、开放性。

上方案运用减法，在方形体块中挖出一些弧形空间，作为入口、庭院、楼梯间等功能，同时也营造了活泼的室内外气氛。不足的是：建筑内部的两个圆形室内外区分不明确，平面缺少玻璃门窗。

下方案用完整的折线形体，围绕中心水院，形成坡道式的屋顶露台及观景路径。二层咖啡厅的出挑露台创造了景观洞口，也形成主入口的灰空间。辅助功能集中设计在一层西侧，保证了咖啡厅的最大景观朝向。不足的是：剖面图的楼梯处理欠妥，无法从室内直接上到室外。

上方案作者：乔婕
下方案作者：刘清

延伸阅读：

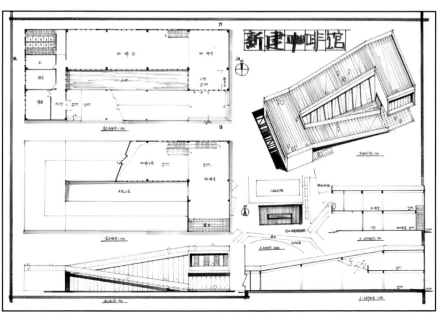

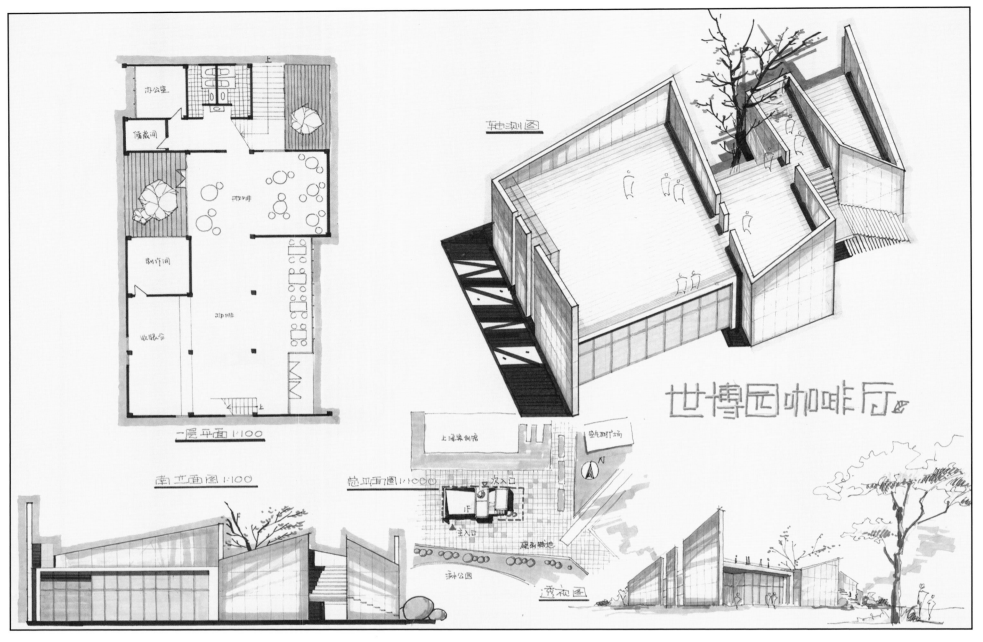

世博园咖啡厅

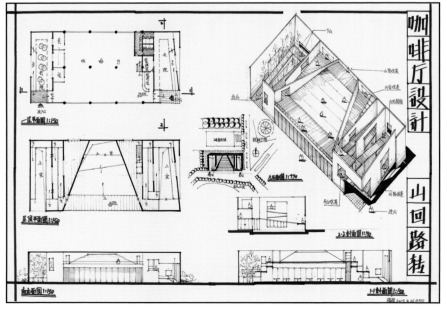

咖啡厅设计

山回路转

延伸阅读：

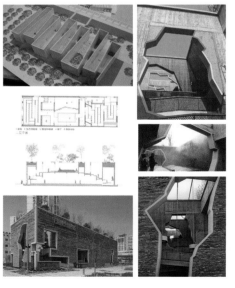

方案点评：

　　两个方案的相似之处在于：运用折板切分屋面，形成尺度多样的屋顶空间，营造出连续转折的步行路径和移步换景的空间效果。

　　上方案学员延续了其武汉大学2012年快题星巴克咖啡馆平面设计手法，通过体块的前后错动，形成两个庭院空间，成为一层的主次入口空间以及通往二层路径的景观。高低变化的折板不仅统一了形体，也将屋面划分为几个大小不同的区域，增强了建筑的趣味性和漫游感。注意卫生间门口的层高可能不够。

　　下方案充分利用屋面，以"山回路转"为主题，结合坡道、竹院、水院、框景，形成高差丰富的观景平台，并创造出步移景异的漫游路径。不足的是：辅助功能面积不够，门厅尺度过小。

上方案作者：杨含悦（2016年保送到同济大学）
下方案作者：张　硕

同济大学 2008 年硕士研究生入学考试复试试题

题目： SOHO 艺术家工作室设计（6 小时）

一、项目概况

南方某创意产业园区的中央景观带有一片荷塘，荷塘西侧已建三层办公建筑，北侧为二层展览建筑，今拟在荷塘北侧空地上建一座 SOHO 艺术家工作室（办公、居住一体化建筑）。

二、项目要求

地上建筑面积 550 ㎡，女儿墙顶限高 12m（若选择坡屋顶，檐口限高 11.4m，坡度不限），可考虑整体或局部地下一层以及空间的整体利用（地下部分不计入地上总建筑面积）。要求设一部电梯，一个室外游泳池（要求设于基地建筑控制线以内，标高不限）。泳池净尺寸长 10m，宽 4m，深 1.2m。

1. 从环境到建筑

该建筑面临大片荷塘，请充分考虑建筑与景观建立紧密联系。

建筑出挑于荷塘的长度应小于 2.1m，出挑部分以下不计建筑面积，但其建筑面积需按实际面积计算，有顶不封闭阳台面积按一半计算，封闭阳台面积全算。

场地主出入口宜设于东北侧道路或西北侧道路，建筑各边应严格满足退界要求，用地范围及地上建筑控制线如图所示，建筑距变电站不得小于 12m。

2. 从构造到建筑

材料：基地区域附件有大量粒径 150mm ～ 300mm 大鹅卵石。

构造设计要求：该建筑承重结构可自行确定（混凝土、钢结构等），但外围护结构中必须利用鹅卵石材料，利用方式不限。

功能要求：

- 办公：可考虑利用地下空间，地下部分不计入地上总建筑面积
- 画室：不小于 120 ㎡（要求作画空间放置净高 7m，长边 10m 的画框）
- 会议：不小于 30 ㎡
- 展示：不小于 100 ㎡（要求层高不小于 3.6m，考虑设置两面长 9m 的连续展墙）
- 单间办公室：不小于 15 ㎡ / 每间
- 卫生间及其他房间面积自定
- 居住部分：主要居住空间层高不小于 3m（居住人员结构：40 岁左右画家夫妇二人，12 岁儿子一人，65 岁左右祖父母二人，25 岁艺术助理一人，38 岁保姆一人）
- 除上述 5 类居室空间外需考虑客房一套，其他公共居住空间及厨房、卫浴等按需自定
- 室外或屋顶露台：面积总计不小于 100 ㎡

三、成果要求（图纸表现方式不限）

1. 总平面图　　　　　　1:300（要求进行场地设计，场地范围包含部分水面）
2. 各层平面图　　　　　1:100（要求标注两道尺寸，并注明各房间名称）
3. 各立面图　　　　　　1:100
4. 剖面图不少于 2 个　　1:100
5. 外围护墙身（从基础至女儿墙，需利用鹅卵石材料）剖面图不少于 1 个　1:50
6. 轴测图 1 张

四、评分标准

1. 总图及场地设计占 20%
2. 方案构思及主体空间设计占 40%
3. 墙身构造设计占 30%
4. 图纸表达占 10%

核心考点：

1. 考查建筑与池塘的景观关系，可利用架空操作产生一定的外部空间，结合泳池与景观呼应；以及对办公、居住两种功能的分区及流线组织。
2. 方形网格平面的不同组织形式。

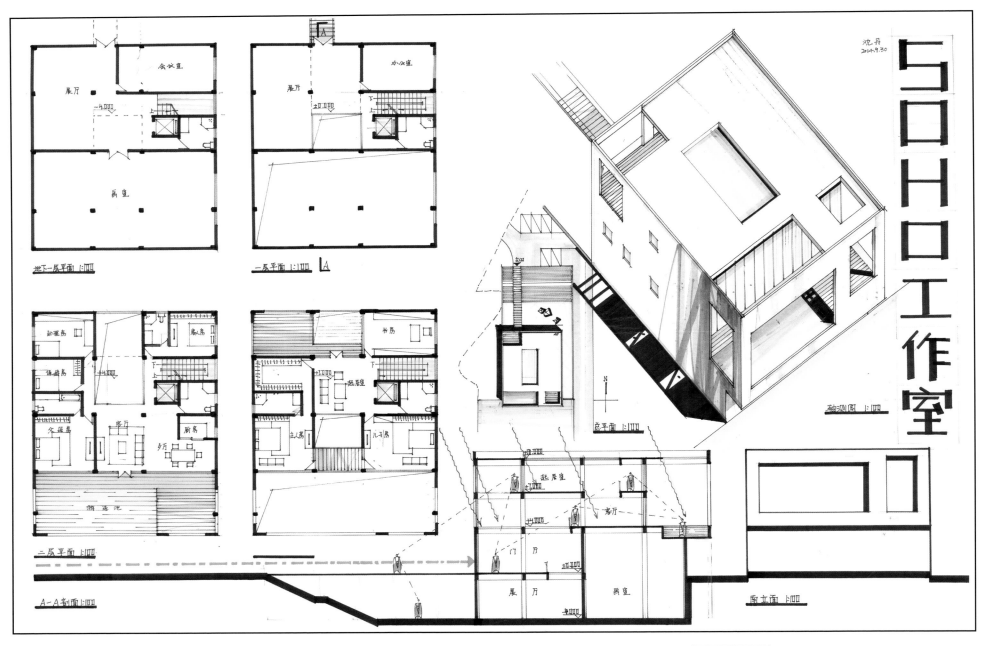

SOHO工作室

沈丹
2014.9.30

地下一层平面 1:100

一层平面 1:100

二层平面 1:100

A-A剖面 1:100

轴测图 1:100

总平面 1:100

南立面 1:100

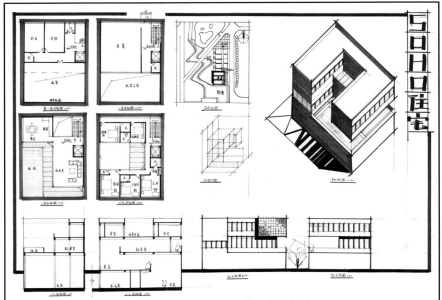

SOHO居室

延伸阅读：

方案点评：

　　两个方案的相似之处在于：台阶式下沉庭院和入口廊桥的设计，丰富了进入建筑的路径，同时也为地下一层办公带来采光。

　　上方案通过对立方体进行模块式减法形成构架、露台、天窗等建筑要素，形体简洁完整。内部中间一条的空间设计比较丰富，视线、光线立体穿透交叉。

　　下方案通过线形体块和基座体块的叠加形成架空、露台空间，也保证了所有房间的南向采光和西向围合，内外空间清晰统一。功能采用剖面分区：地下一层、一层为办公部分，二、三层为居住部分。泳池结合餐厅、客厅布置在二层，拥有南向、西向的景观。

上方案作者：沈　丹
下方案作者：赵新隆

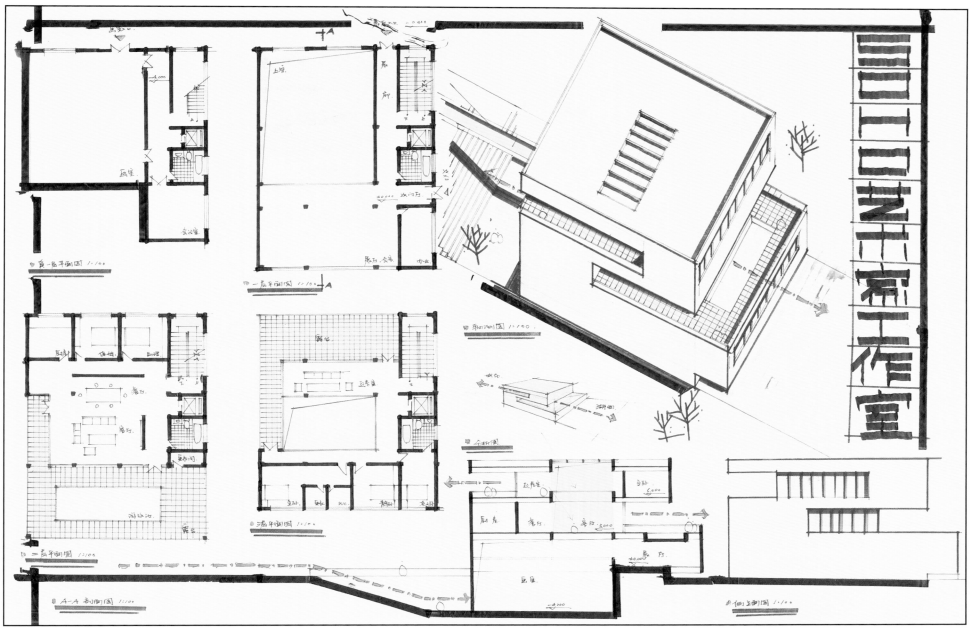

方案点评：

　　两个方案的相似之处在于：运用折叠的形态围合出朝向景观的灰空间，也产生了连续的虚实形体。功能采用剖面分区：负一层、一层为展览、办公，二、三层为居住。辅助功能条形布置，解放了主体空间。

　　上方案用S形体块折叠围合出南侧泳池空间及北侧露台，充分应对景观。南侧滨水形体出挑以及北侧的下沉庭院丰富了建筑接触地面的姿态。二层客厅与三层起居室结合露台、天窗形成多角度的光线与景观渗透。不足的是：各房间的尺寸有待优化，两片连续的9m展墙不满足。下方案运用体块折叠与减法操作，形成U形体块。二、三层以泳池为中心布置居住功能，辅助功能设计在北侧，保证了南侧主体功能和空间的完整。不足的是：客厅与餐厅面积过大；客厅中楼梯影响了客厅的南向景观；南向卧室过少，并且卧室主次区分不够。

上方案作者：汪晨阳
下方案作者：于　山

延伸阅读：

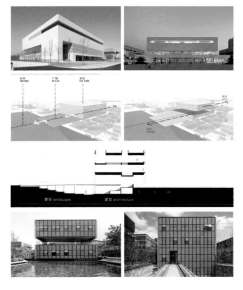

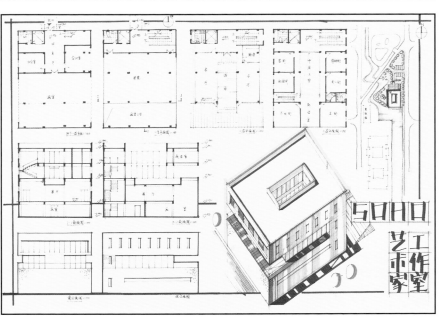

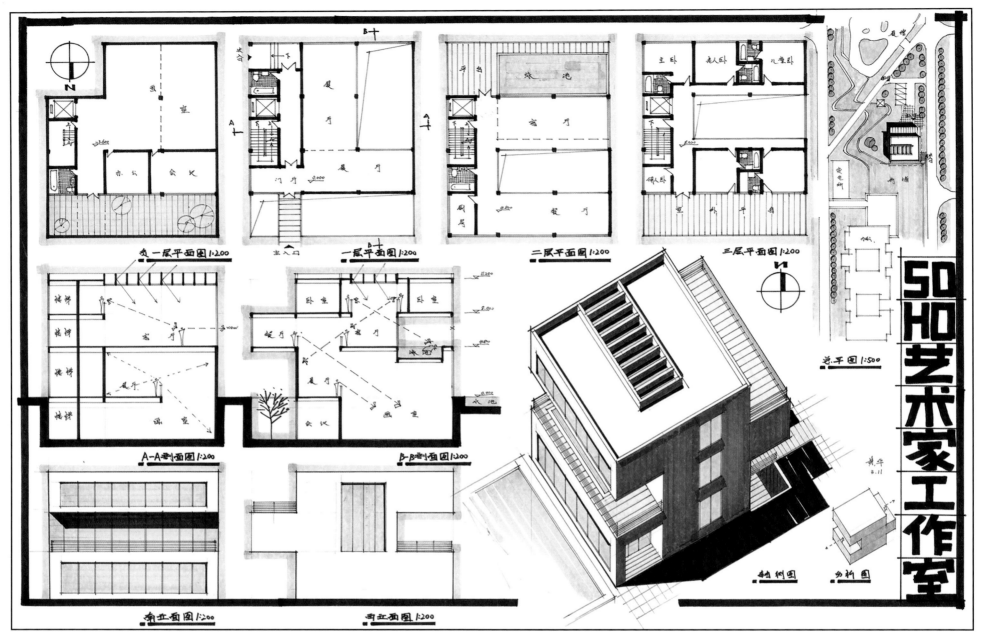

SOHO艺术家工作室

负一层平面图1:200　一层平面图1:200　二层平面图1:200　三层平面图1:200

主入口

A-A剖面图1:200　B-B剖面图1:200

南立面图1:200　西立面图1:200

总平图1:500

剖视图　分析图

黄华 3.11

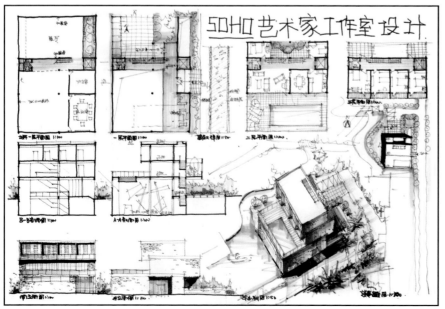

SOHO艺术家工作室设计

延伸阅读:

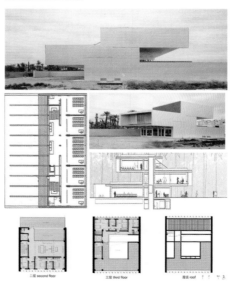

方案点评:

　　两个方案的相似之处在于:运用滑移形成错动的形体,并产生架空和悬挑来形成泳池与入口的灰空间。不同的是:上方案设计了错位变化的内部空间,下方案则将空间挤压在外部。

　　上方案将辅助空间集中布置在西侧一条,运用错位通高,形成客厅、餐厅、展厅和画室的视线交流。泳池布置在二层架空平台上,结合客厅、餐厅,实现与景观的互动交流。办公与住宅在内部空间上的视线交流有待商榷。

　　下方案的辅助空间被挤压在中部,解决了平面进深过大的问题,形成紧凑的布局。功能上将展厅、画室和办公全部布置在地下一层,塑造出一层宽敞的门厅和接待空间。不足的是:办公室和会议室为黑房间。

上方案作者:黄华(在西安建筑科技大学2016年复试快题中获得最高分90分)

下方案作者:李彬(在同济大学2005年初试快题中获得140分最高分,在同济大学2006年复试快题中获得90分最高分)

同济大学 2012 年快题周试题

题目：俱乐部设计（6 小时）

一、项目概况

　　某高规格度假村位于湖心岛上，环境优美，其建筑基本特征为现代风格配以红瓦屋顶。现拟在中心位置配建一座俱乐部，为度假村已有设施配套，服务对象主要是在此度假的人士。

二、功能要求

　　俱乐部使用功能及其面积要求如下：
- 门厅　　　　　150 ㎡，内设接待台
- 贵宾休息室　　80 ㎡
- 乒乓球室　　　50 ㎡
- 桌球室　　　　50 ㎡
- 健身房　　　　150 ㎡，含更衣室及淋浴间
- KTV 包间　　　18 ㎡ ×6
- 多功能厅　　　300 ㎡，满足歌舞及冷餐会等使用要求
- 棋牌室　　　　18 ㎡ ×6
- 咖啡茶座　　　80 座，并配置不少于 30 座的露天茶座
- 阅览室　　　　50 ㎡
- 办公室　　　　18 ㎡ ×4
- 室外停车位　　不少于 10 个

三、说明

　　1. 建筑层数不超过三层，并配置一部客用电梯。
　　2. 上述功能为基本要求，洗手间、贮藏室、楼梯、设备用房等请酌情配置。
　　3. 上述面积指标可以有 10% 的出入，但总建筑面积不得超过 2500 ㎡。
　　4. 建筑退后基地红线 3m 以上。

四、图纸要求

　　1. 总平面图　　　　　1:500
　　2. 各层平面图　　　　1:200
　　3. 剖面图　　　　　　1:200
　　5. 透视图或轴测图

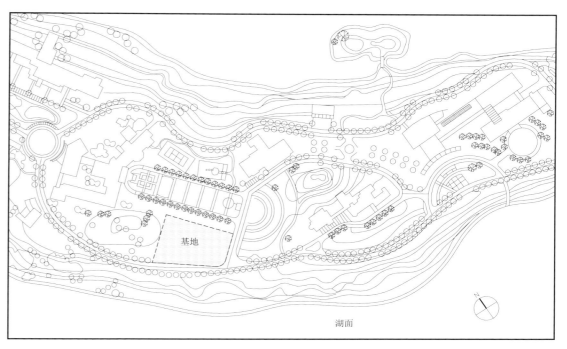

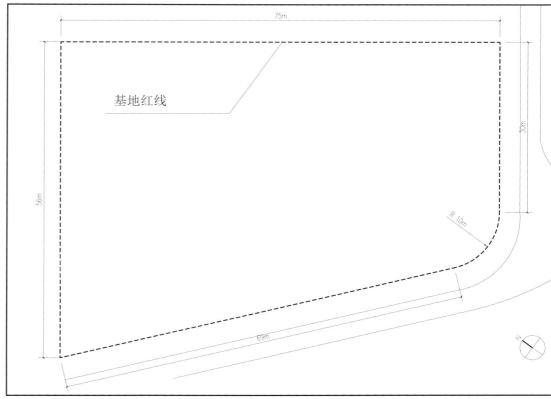

核心考点：

　　1. 考查建筑与湖面的景观关系。注意多功能厅大空间的层高和形态的处理。
　　2. 三条平面网格的功能、空间及形态设计。

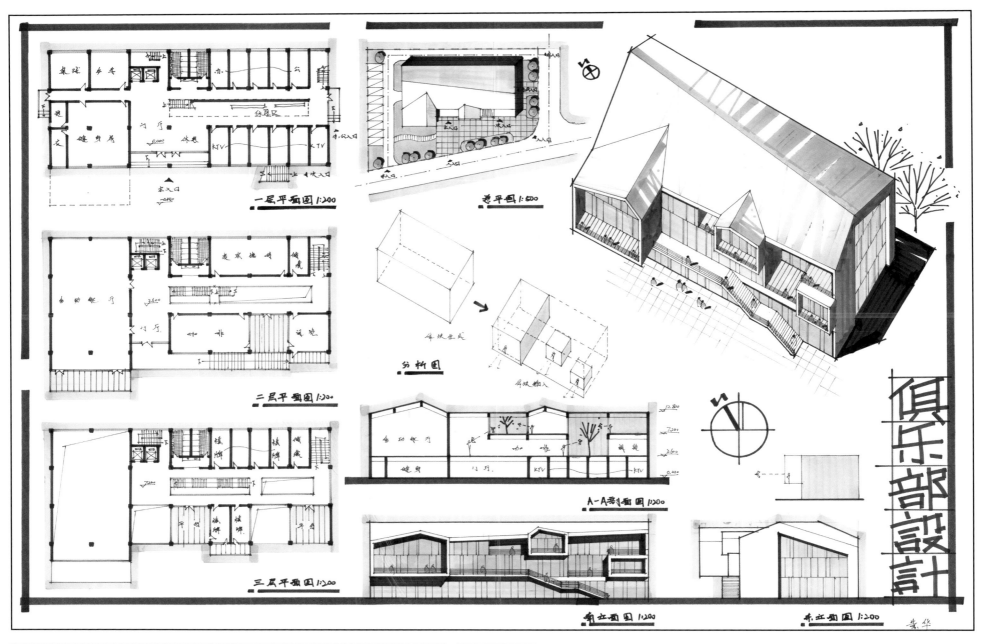

一层平面图 1:200

二层平面图 1:200

三层平面图 1:200

总平面图 1:500

分析图

A-A剖面图 1:200

南立面图 1:200

东立面图 1:200

俱乐部设计

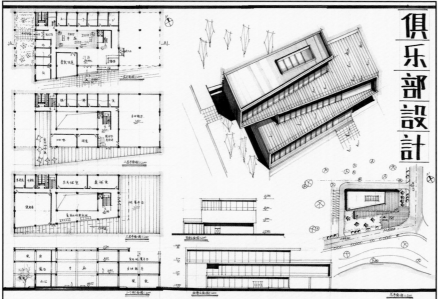

俱乐部设计

方案点评：

两个方案是大小对比的设计手法，上方案通过碎片化的体块和空间呼应景观，下方案则通过体块叠加形成丰富的露台和庭院空间，与景观呼应。

上方案运用虚实单元的间隔，形成多个小空间与湖面景观进行呼应。形态上的坡屋顶处理与周边建筑呼应，特色鲜明。不足的是：单跑楼梯长度不够，卫生间过于靠近建筑中心，主入口门厅的柱子处理不当。

下方案通过3个体块的错位滑移与梯形地块呼应，也形成架空、露台等外部互动空间。功能采用南北分区：北侧叠加相等面积的房间，南侧布置对景观要求较高的大房间。

上方案作者：黄华（在西安建筑科技大学 2016 年复试快题中获得最高分 90 分）
下方案作者：叶磊

东南大学 2014 年快题周试题

题目：滨水客栈设计（6 小时）

一、周边环境

拟建项目位于江南某滨海新农村。基地位于滨海村落群，濒临大海，南侧已建成二层客栈，北侧邻居为传统二层二进院落，基地周边道路以及码头位置详见总图，基地内部老建筑由于拆迁仅遗留下部分废墟（详见总平面图）。用地北侧是农村内部道路，向东直通小码头。

二、主要内容

以提供客房、餐饮、休闲、交流为主。充分考虑客栈重要功能与海面的关系；同时兼顾客栈后勤出入、储藏与晾晒等辅助功能，建筑风格尽量尊重当地环境；卫生间、厨房、库房、设备间等配套服务空间合理配置。用地面积为 648 ㎡；拟建总建筑面积约 1200 ㎡

（灰空间以屋顶平面投影的一半来计算建筑面积）。整体建筑高度控制在 10m以下。其中：

1. 客房（大床 2m×2m）10 间，面积 40 ㎡，要求每个房间有 1 个面海的 10 ㎡～15㎡的小阳台。
2. 小客房（标间）3～4 间，面积 25 ㎡，不看海。
3. 书房 40 ㎡，可以不看海。
4. 接待区可与酒吧吧台结合。
5. 厨房（半开敞）与餐厅结合，满足 8～10 人就餐，有电视。
6. 休闲区，室外、半室外、室内，多区域，多层次。与观海结合，与酒吧吧台有很好的结合。
7. 储藏用房结合边角尽量多的布置，可小面积多房间。
8. 员工住房，4～6 人，洗漱可与一楼公共卫生间结合。

三、设计要求

1. 总平面图　　　　1:500
2. 各层平面图　　　1:250
3. 剖面图　　　　　1:250
4. 表现及分析图数量不限
5. 备注：以上图纸要求在一张 A1 图纸内完成

四、注意

1. 复合空间产生的景观潜力。
2. 日照朝向与景观朝向的矛盾并作出选择（在这一点上没有标准答案，需学生自己通过设计去辨析自己的选择和立场）。
3. 建筑与水体之间可能存在的不同位置关系（水平向和垂直向皆有）以及由此激发出的不同状态的行为活动。
4. 作为容器的建筑（由内向外看的景观塑造）与作为物体的建筑（由外向内看对建筑的形体和用材的要求）。

核心考点：

1. 考查建筑与湖面景观和传统街区的形态与空间关系。
2. 条形平面网格的功能、空间及形态设计。

总平面图标注：另一个客栈(已建成3层)；小码头；进来的路；邻居(现为两层，将来会重建为三层)；剩余废墟；滨湖客栈用地红线；18m；36m；洱海；客栈(已建成2层)；绿地不能盖房；2F；3F；1F；N

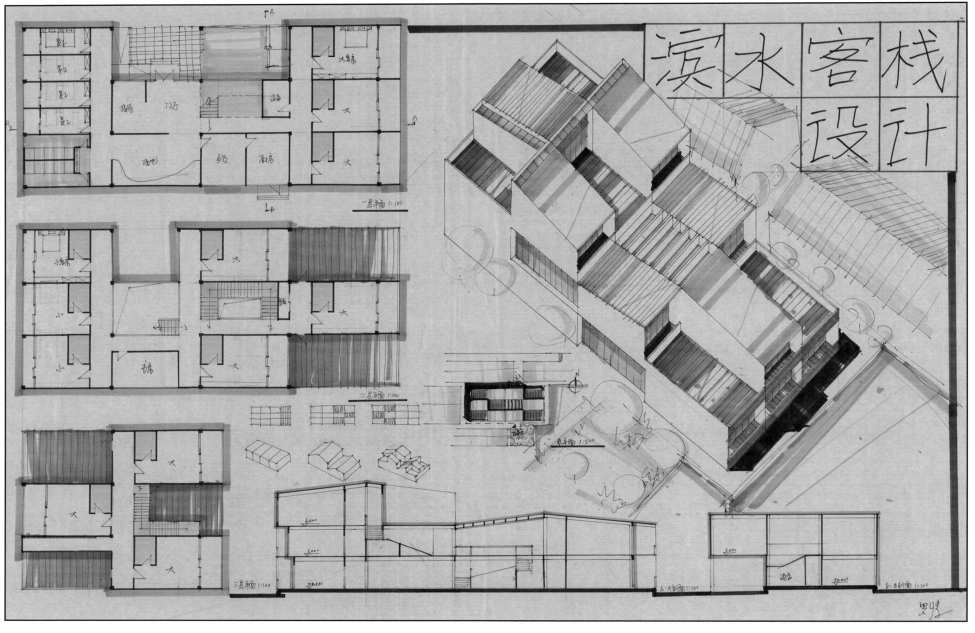

溪水客栈
设计

客栈设计

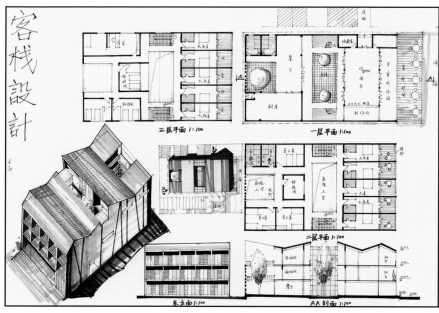

延伸阅读：

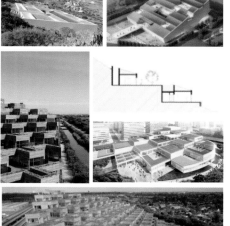

方案点评：

　　两方案为大小对比的空间设计手法，上方案强调碎片化的室外观景空间；下方案在满足10间客房朝向景观的同时，强调内化的庭院空间。

　　上方案形态上通过网格和减法操作，形成层层退台，为更多的客房带来户外交流和观景空间。不足的是：损失了门厅、餐厅等公共空间与湖面的景观关系。

　　下方案功能分为观海的门厅、休闲空间、10间客房，无需景观的客房和辅助部分。空间上通过两个庭院的置入解决房间的通风采光，也呼应了周边的建筑肌理。不足的是：建筑结构表达不清晰，主入口尺度过小。

上方案作者：罗　愫
下方案作者：董卫彬

清华大学 2012 年硕士研究生入学考试初试试题

题目：艺术中心设计（6 小时）

一、项目概况

项目基地位于某风景名胜区艺术村，人文和自然景观良好，是画家写生聚集地。拟在该地块内建设一艺术中心建筑，以交流、展陈为主，辅以教学和服务。

项目用地呈不规则形，用地面积 8338 ㎡。西南两面为茂盛林地，与基地存在 20m 落差，基地内部平坦。基地北侧为村中心道路，东侧为支路，机动车入口可开在东、北两侧，不多于 3 个，且距离东北角丁字路口距离不小于 50m。场地具体细节见地形图。

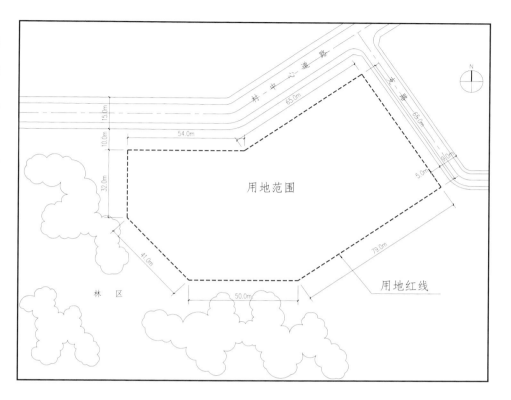

二、设计内容

该活动中心总建筑面积控制在 4000 ㎡ 左右（误差不得超过 ±5%），具体的功能组成和面积分配如下：

1. 内部办公区约 270 ㎡
   - 办公室　　　　　　　　　　　 30 ㎡ × 4
   - 临时库房（直通辅助入口）　　 150 ㎡
2. 教学与活动区约 750 ㎡
   - 开放式画室（教学用）　　　　 50 ㎡ × 3
   - 学术沙龙　　　　　　　　　　 100 ㎡
   - 报告厅　　　　　　　　　　　 300 ㎡
   - 多功能厅　　　　　　　　　　 200 ㎡
3. 展览与报告厅区约 1200 ㎡
   - 展厅　　　　　　　　　　　　 400 ㎡ × 3
4. 公共服务区约 490 ㎡
   - 大厅　　　　　　　　　　　　 150 ㎡
   - 咖啡厅（不少于 150 座）　　　 200 ㎡
   - 商店　　　　　　　　　　　　 50 ㎡
   - 售票咨询（临近入口大厅）　　 30 ㎡
   - 接待室（临近入口大厅）　　　 30 ㎡ × 2
5. 其他必要功能及面积由考生自定，如楼梯、卫生间等

三、设计要求

1. 方案要求功能分区合理，交通流线清晰，符合有关设计规范和标准。
2. 建筑形式要契合地形，与周边道路以及周边景观状况相协调。
3. 建筑层数不超过 3 层，结构形式不限。
4. 设置不少于 15 个机动车停车位。

四、图纸要求

1. 总平面图　　　　　　　　　 1:500
   各层平面图　　　　　　　　 1:300（首层平面应包括一定区域的室外环境）
   立面图 1 个　　　　　　　　 1:300
   剖面图 1 个　　　　　　　　 1:300
2. 建筑轴测或透视图
3. 在平面图中直接注明房间名称，剖面图中应注明室内外地坪、楼层及屋顶标高。
4. 徒手或尺规表现均可。
5. 图纸上不得署名或做任何标记，违者按作废处理。

核心考点：

1. 建筑与西南侧林区的景观关系，以及与不规则地形的呼应。
2. 围合形平面的功能、空间及形态设计。

两个方案相似之处在于，都创造了朝向景观打开的界面。不同的是，上方案采用U形围合，强调内向围合空间的同时，一面朝向林区打开，而下方案通过外部退台呼应景观。

上方案采用剖面分区：一层布置办公辅助与公共功能，二层布置教学、沙龙和展览区的门厅，三层布置展览功能。平面上三层围绕报告厅形成围合式布局；形态上大小轮廓各异的三层体量的叠加，形成了架空、悬挑、平台等外部空间，很好地应对了周边景观。值得一提的是，作者运用片墙的手法引导人流，分割场地，限定视线，一举三得。

下方案通过外部退台呼应景观，并将退台空间与大台阶结合，创造了极其醒目的外部形态。功能分区方面，将房间型空间集中放置于一层和二层的局部，展览从二层门厅开始，利用报告厅的顶部创造台阶式的展览序列，并延伸至顶层。顶层的展览空间成为室内展览的终点与室外展览的起点。室内外流线连贯，空间渗透，构思非常巧妙。此种手法难度在于处理楼梯下面的空间，作者都将其作为门厅、通高等空间，十分巧妙。另外平面上的几条跟基地呼应的斜线处理也很高明，使方案有一定变化，不是那么呆板。建议可以将屋顶板块出挑，形成停留、观景的灰空间。

上方案作者：伊曦煜
下方案作者：刘 杰

延伸阅读：

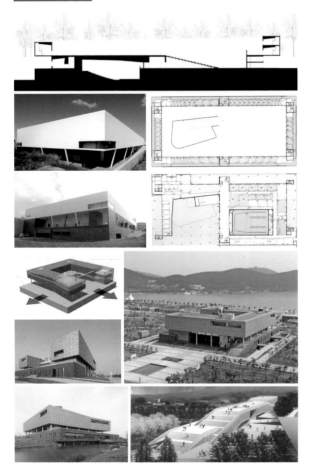

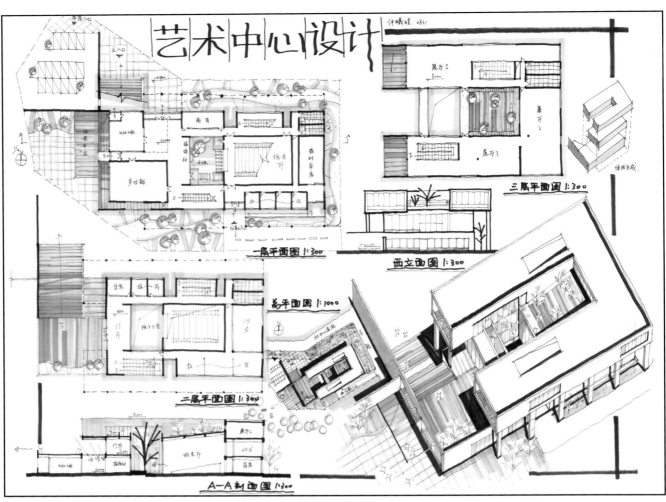

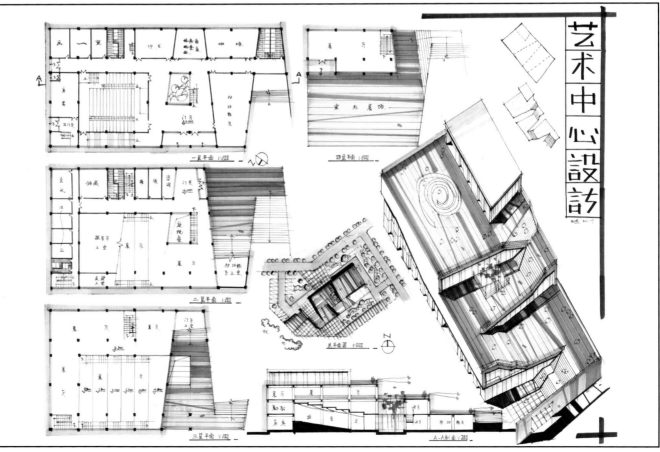

天津大学 2015 年硕士研究生入学考试初试试题

题目：社区图书馆设计（6 小时）

一、设计要求

项目基地位于北方某城市的社区中。拟在该地块建一个社区图书馆，在宣传读书学习理念的同时，开展群众文化活动。并为市民提供阅读学习的公共空间，同时成为社区标志性建筑。其周边环境的航拍图已给出。

项目建设范围略呈梯形，建设用地面积为 2246 ㎡，地势平坦。东西边长 32m ～ 48m，南北边长为 52m ～ 60m。建设用地北侧为城市绿地，不做退线要求。建设用地的西侧和南侧均为居民区，其建筑退线各退用地红线 3m；基地东侧是城市道路，其建筑退线退用地红线 4.5m。图中各部分尺寸均已标出。

二、设计内容

该社区图书馆的总建筑面积控制在 3000 ㎡ 左右（误差不得超 ±5%）。具体的功能组成和面积分配如下（以下面积均为建筑面积）：

1. 阅览区域约 1110 ㎡
   - 普通阅览区 740 ㎡，功能应包括文学艺术阅览、期刊阅览、多媒体阅览、本地资料阅览、科技资料阅览等。
   - 儿童阅览区 370 ㎡，功能应包括婴儿阅览、儿童阅览、多元资料阅览、故事角、婴儿哺乳室、儿童卫生间等。
2. 社区活动约 440 ㎡
   - 多功能厅 200 ㎡，功能应包括演讲和展览的功能。
   - 社区服务 240 ㎡，功能应包括多用途教室、文化教室、研讨室和学习室等，各部分功能的面积和数量自行确定。
3. 内部办公约 120 ㎡ 房间功能应包括：更衣室、义工室、会议室、办公室、管理室等。各部分房间功能的面积和数量自行确定。
4. 贮藏修复约 250 ㎡
   - 贮藏室 100 ㎡
   - 修复室 150 ㎡
5. 公共空间约 1080 ㎡ 包括楼梯、卫生间、门厅、服务、存包、归还图书、信息查询、复印等公共空间及交通空间，各部分的面积分配及位置安排由考生按方案的构思进行处理。

三、设计要求

1. 方案要求功能分区合理，交通流线清晰，并符合有关国家的设计规范和标准。
2. 建设用地北侧的现状为绿地，注意原有居民对该地块的适应。
3. 建筑形式要和周边道路以及周围建筑相协调，以现代风格为主。
4. 建筑总层数不超过四层，其中地下不超过一层，结构形式不限。
5. 本项目不考虑设置读者停车位，但要考虑停车卸货的空间。

四、图纸要求

1. 考生须根据设计构思，画出能够表达设计概念的分析图。
2. 总平面图 　　　　　　1:500
   各层平面图　　　　　　1:200（首层平面应包括一定区域的室外环境）
   立面图 1 个　　　　　　1:200
   剖面图 1 个　　　　　　1:200
3. 画出建筑的轴测图 1 个，1:200，不做外观透视图。

4. 在平面图中直接注明房间名称，阅览部分应标注桌椅和书架的位置。首层平面图必须注明两个方向的两道尺寸线，剖面图中应注明室内外地坪、楼层及屋顶标高。

5. 图纸均采用白纸黑绘，徒手或一起表现均可，图纸规格为 A1 草图纸（草图纸的图幅尺寸为 841mm×594mm）。

6. 图纸一律不得署名或作任何标记，违者按作废处理。

核心考点：

1. 建筑与不规则地形的呼应，以及与城市绿地的空间关系。
2. 兼顾功能的南向采光以及与北侧城市绿地的视线关系。

方案点评：

　　两个方案的相似之处在于：形态上呼应了不规则地形，并创造了朝向北侧绿地的外部空间。功能上将门厅和报告厅等开放空间和大空间解放出来，与条形平面进行组合。

　　上方案从形体叠加入手，运用 L 形体块的反向叠加形成朝向道路转角和绿地的架空及露台空间，这种方法要注意交通核的设计。L 形形体中间围合出庭院、室外台阶、门厅、多功能厅等开放功能，塑造出丰富的外部空间。功能布局采用剖面分区：一层为书库、办公、多功能厅等辅助功能，二层为门厅、教室功能，三层为开放阅览。分区十分清晰，可以改进的是加强教室功能的南向设计，比如二层和三层功能互换。此方案属于典型的条形平面和基座平面组合的设计，又能塑造丰富的形态和空间，是经过反复验证的成熟手法，显示了作者非凡的设计功底。

　　下方案从总图入手，设计了八字形的形态呼应绿地。八字形的一边设计成退台式阅览面向景观；另一边单元化设计，产生更多的南向采光功能，对于处在北方的建筑更为适用；八字形中间的两层门厅和中庭与景观产生了绝佳的立体渗透空间。此方案为典型的单元式设计，在教学建筑中常用，需要注意的是要有整体的形态控制能力，否则很容易做的琐碎。

上方案作者：刘亚飞（在同济大学 2017 年初试中获得总分第三名，复试快题获得 90 分最高分）
下方案作者：贺茜萌

延伸阅读：

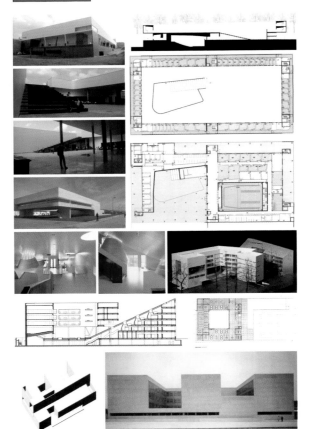

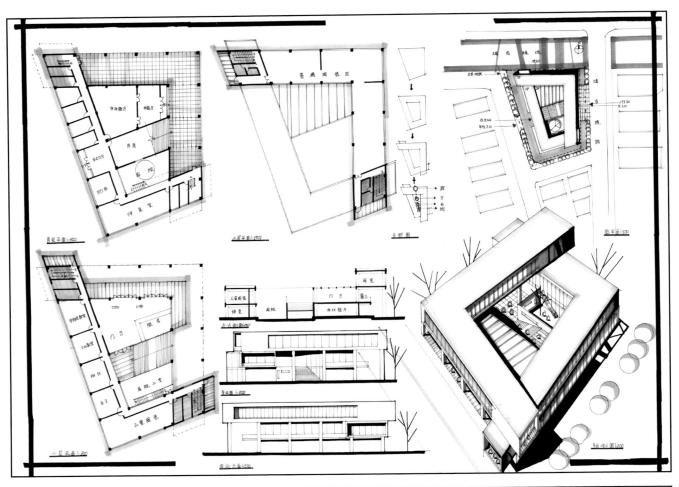

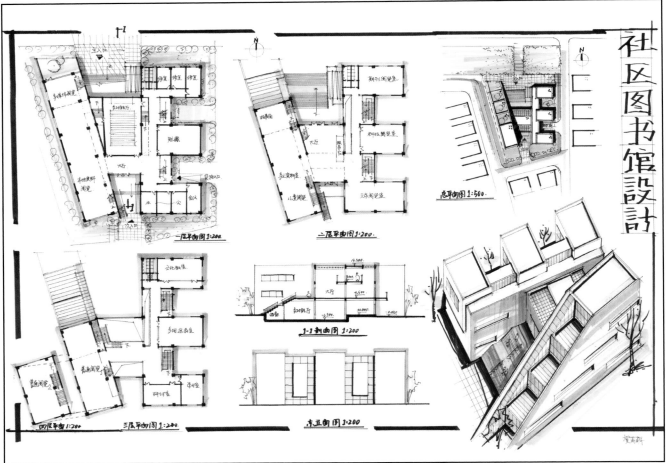

天津大学 2014 年硕士研究生入学考试初试试题

题目：湿地文化展示中心（6 小时）

一、项目概况

项目基地位于南方某城市的湿地公园中。拟在该地块建一湿地文化展示中心，以宣传环境保护理念，开展群众文化活动，并为市民提供休闲聚会的公共空间，并成为湿地公园的景点。

项目建设范围呈矩形，东西两边长 100m，南北边长 140m，建设范围的西面及北面均为湿地公园，南临湖影道（城市次干道），东临临风路（城市次干道），两条次干道有三座桥与湿地相连，可作为基地的出入口，项目建设范围与城市道路的关系在图中均已标出尺寸。该建设范围内陆地部分十分平坦，被水面划分为相对独立的几个部分。陆地边界（岸线）与水面边界（水线）间为斜坡，高差 1m。地形图以 10m×10m 的方格网来定位曲折的陆地边界。

要求所建湿地文化展示中心的建筑尺寸不大于 60m×60m，所建位置由考生在项目基地范围内自行确定。

二、设计内容

该文化展示中心总面积 4000 ㎡（误差不超过 ±5%），具体的功能组成和面积分配如下（以下面积数为建筑面积）：
1. 展览功能约 1000 ㎡
   - 主题展厅　　　200 ㎡ ×1
   - 普通展厅　　　200 ㎡ ×2
   - 多媒体展厅　　150 ㎡ ×1
   - 储藏库房　　　150 ㎡ ×1
   - 修复备展　　　100 ㎡ ×1
2. 文化活动约 1000 ㎡
   - 学术报告厅　　300 ㎡ ×1
   - 文化教室　　　100 ㎡ ×5
   - 图书阅览　　　200 ㎡ ×1
3. 餐饮服务约 600 ㎡
   - 公共餐厅　　　200 ㎡，含吧台，餐饮需要布置桌椅位置
   - 雅阁　　　　　30 ㎡ ×5，雅阁间自带卫生间
   - 厨房　　　　　150 ㎡ ×1
   - 咖啡厅　　　　100 ㎡，需要布置桌椅位置
4. 办公管理约 300 ㎡
   - 办公室　　　　25 ㎡ ×8
   - 接待室　　　　50 ㎡ ×1
   - 小会议室　　　50 ㎡ ×1
5. 特色空间约 200 ㎡

该空间由考生根据设计意图自行设定，以突出湿地文化展示中心的空间特质，其功能既可以是与整体建筑功能相协调的独立功能，也可以是任务书中已有功能的扩大。

6. 公共部分约 900 ㎡

含问询、讲解员休息、纪念品销售、门卫保安等展示建筑固有功能，以及门厅、楼梯、电梯、走廊、卫生间、休息厅等公共空间及交通空间，各部分的面积分配及位置安排由考生按方案的构思进行处理。

三、设计要求

1. 方案要求功能分区合理，交通流线清晰，并符合国家有关设计规范和标准。

核心考点：

1. 考查建筑与湿地及湖面的空间关系。
2. 围合形平面的功能、空间及形态设计。

2. 所建湿地文化展示中心的建筑尺寸不大于 60m×60m，所建位置由考生在项目基地范围内自行确定。

3. 建筑形象要与湿地环境协调融合，并尽可能减少建筑体量对湿地环境的影响，建筑层数两层，结构形式不限。

4. 设计要尽可能保留湿地的原有水面，将水面作为空间元素运用到设计中。

5. 本项目不要求设置游客停车位，但需要考虑展品运输通道及停车卸货空间。

四、图纸要求

1. 考生需根据设计构思，画出表达设计概念的分析图。

2. 总平面图 1:500；各层平面图 1:200，首层平面图中应包含一定区域的室外环境；立面图 2 个，1:200；剖面图 1 个，1:200。

3. 轴测图 1 个，1:200，不做外观透视图。

4. 在平面图中直接标注房间名称，首层平面必须注明两个方向的两道尺寸线，剖面图应该注明室内外地坪（或水面）、楼层及屋顶标高。

5. 图纸均采用白纸黑绘，徒手或仪器表现均可。

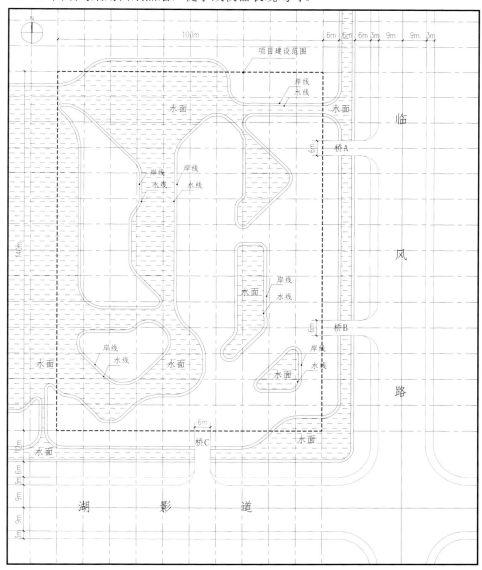

方案点评：

　　两个方案的相似之处在于：运用底层架空的回型布局围合湿地景观，形成不规则的庭院空间。

　　上方案从形态入手，运用条形平面、台阶式空间及底层架空实现与景观的密切联系。一层除门厅和交通外，通过大面积架空塑造建筑的漂浮感。功能平面分区：东侧体块以展览、办公功能为主，西北侧体块为文化功能，西南侧体块为餐饮功能。各功能块通过露台间隔，有独立交通，并通过连廊串联。不足的是：作者读题错误，没能将建筑控制在 60m×60m 的范围内；二层平面的交通联系较弱。

　　下方案从总图入手，利用湿地原有的弧线元素组织庭院与公共交通空间。空间上通过报告厅上方的入口大台阶与内部通向屋顶的楼梯，形成了连续上升的空间序列。方案还运用了台阶式的展览处理底层架空与二层的交通关系，内部空间非常丰富。不足的是：未能组织好主要功能的景观朝向，比如教室与阅览室朝西，餐厅朝北，办公部分占据了景观与朝向最好的区域。

上方案作者：卢文斌（在同济大学 2015 年初试快题中获得 130 分）
下方案作者：赵新洁（跨专业学员，在同济大学 2014、2016 年初试快题中获得最高分 130 分）

延伸阅读：

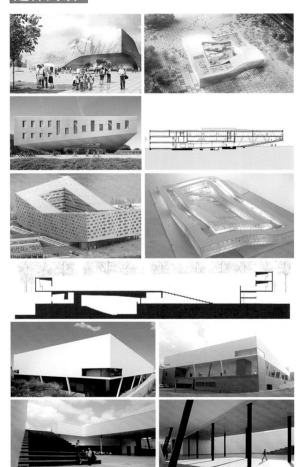

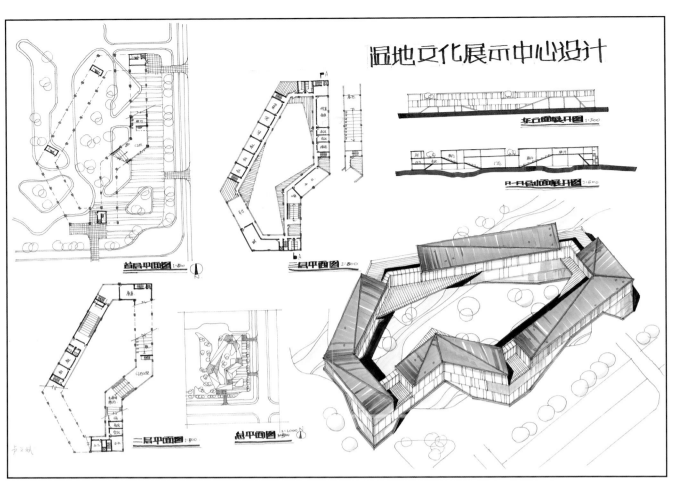

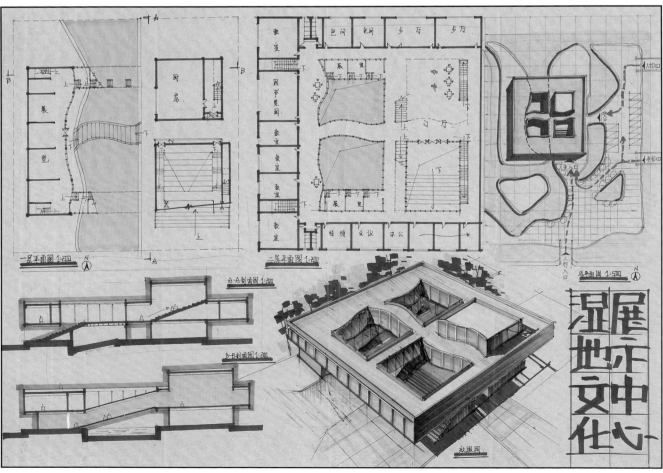

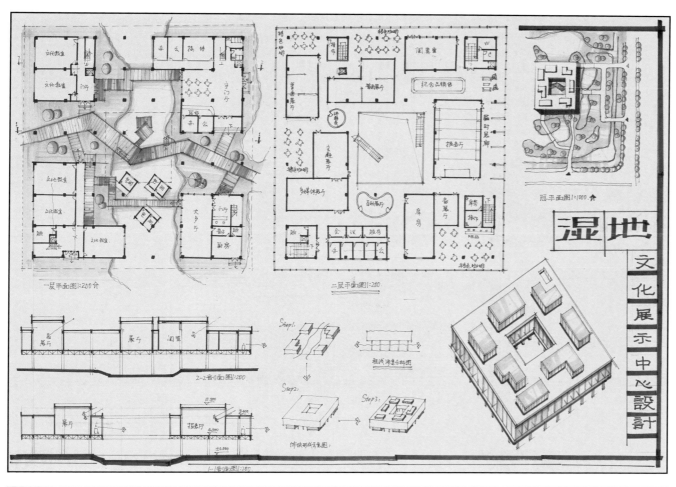

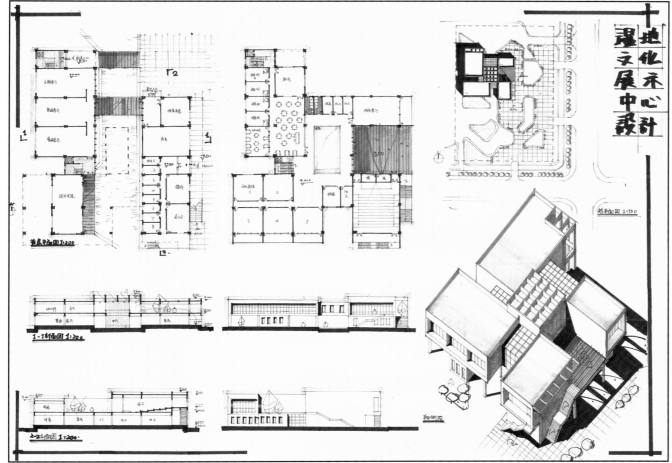

　　两方案的相似之处在于：平面连续转折的空间形态。上方案倾向于内部空间的转折流动，下方案体现在风车状的外部形态。

　　上方案将二层平面设计成流动空间，并将各功能块处理成高侧窗体块镶嵌在主体体块上。空间上底层局部架空，强化建筑的漂浮感，结合曲折的木栈道，形成园林化的空间体验。建议二层走廊局部内凹为部分房间带来采光。

　　下方案根据功能的差异形成旋转的体块。西北侧为展厅和餐厅，并设有独立的厨房送货口；西南侧叠加阅览和文化教室；东南侧叠加办公和报告厅。入口的转折抬高塑造了情景感的路径。不足的是：主入口门厅缺乏停留感，办公与其他功能的交通联系较弱。

上方案作者：陈奉林（在同济大学 2015 年初试快题中获得 130 分）
下方案作者：孟祥辉（在同济大学 2015 年复试快题中获得 90 分最高分）

延伸阅读：

西安建筑科技大学 2012 年硕士研究生入学考试初试试题

题目："艺苑画廊"建筑设计（6 小时）

本画廊拟建于显示某公园一角，主要服务于国内的艺术家（主要为画家、雕塑家、摄影家），提供展览、拍卖等服务，同时也为艺术家提供一个交流聚会的场所。总建筑面积 700 ㎡。

一、主要功能

1. 展览空间 300 ㎡，要求尽可能考虑自然采光为主，但应避免过强的太阳直射光线照到展品。展览空间数量、楼层、空间高度以及相互联系的方式均可由设计者定。

2. 拍卖厅 100 ㎡，要求空间不能有任何遮挡，位置和空间形式不限。

3. 门厅、休息厅 50 ㎡根据方案设置，其中要求有接待台，并考虑有展览宣传资料放置的空间。

4. 办公空间 40 ㎡，空间形式设计者自定。

5. 卫生间 30 ㎡，应设前室。

6. 库房 60 ㎡，主要用于存放艺术品。

7. 其他：根据设计者的设计可自行确定。架空层按架空部分投影的一半计算建筑面积。

二、设计要求

1. 设计须符合国家的相关规范要求。

2. 建筑高度小于 24m，建筑层数、建筑结构形式和建筑材料不限。

3. 鼓励设计者的设计创造，设计者可以从不同角度来突出自己的设计理念和设计特点（可以从空间创造、绿色可持续、材料建构、结构建造、文化传达、光线运用等不同角度发挥尽自己的才能）。※ 此项在评分中会着重考虑。

三、图纸要求

1. 总平面图　　　　　　　　1:500
2. 各层平面图　　　　　　　1:200（注：一层平面图中需标出轴线尺寸）
3. 立面图（1～2 个）　　　　1:200
4. 剖面图（1～2 个）　　　　1:200
5. 设计构思　　　　　　　　不限

以下为可选择完成的图纸内容
1. 外观效果图（透视、鸟瞰、轴测自定），必须反映空间设计
2. 室内效果图
3. 工作原理图
4. 剖面透视图
5. 构造详图
6. 其他设计者认为反映其设计所需要的图纸

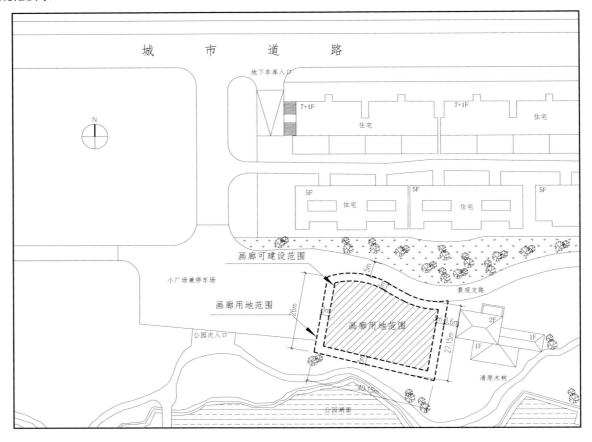

核心考点：

1. 考查小面积画廊的空间组织，以及与景观呼应的策略。
2. 三条平面网格的功能、空间及形态设计。

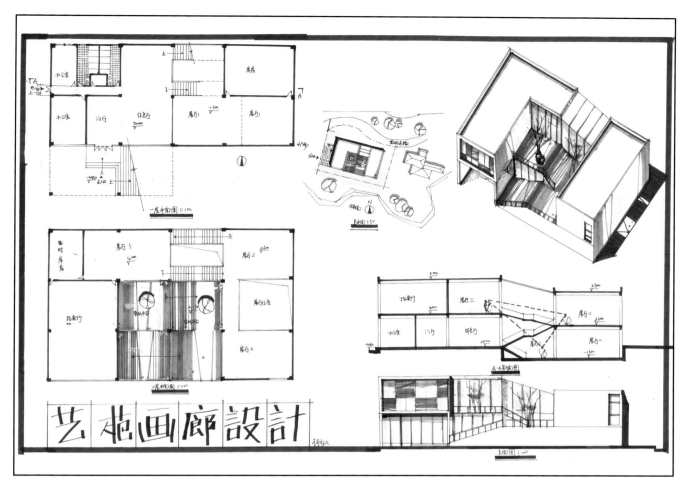

艺苑画廊设计

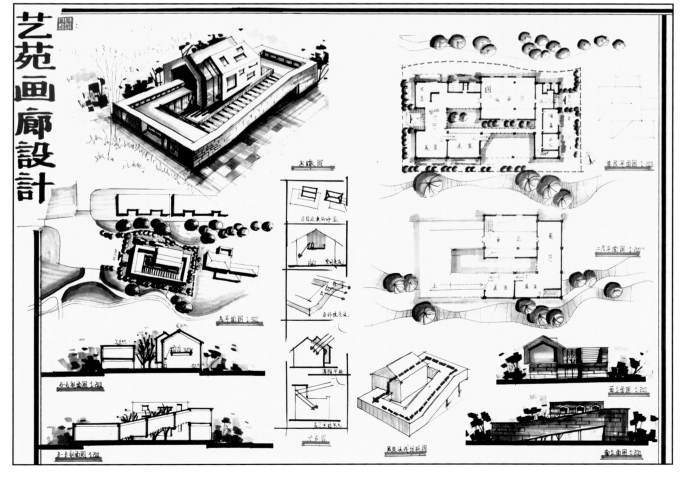

艺苑画廊设计

两个方案的相似之处在于：运用围合、折叠、平台等手法使建筑与湖面产生视线关系，

上方案用U形体量围合景观，并通过内外连续的观展流线，塑造转折的形体变化。连接错层展厅的单跑楼梯与室外台阶共同组成了环形的流线，拉长了空间感受。出挑的三层洞口，创造了主入口的灰空间。不足的是：次入口离主入口过近，与库房距离过远；拍卖厅入口的疏散厅与展厅使用上发生重叠，并且拍卖厅另一入口外为临时库房，疏散规范问题处理欠妥。

下方案的设计理念受到城墙的启发，用围合形体量塑造庭院空间，并运用台阶式展览形成立体的环形展览流线和折叠的形态。展览流线的尽端可以通往屋顶，观看湖面。主体体量设计成坡屋顶与周边建筑呼应，围合体量的局部凸起既解决了展览采光也担当女儿墙的作用，构思巧妙。建议滨湖展览墙面局部开设窗洞，与湖面产生视线关联。

上方案作者：李舒欣（2015年保送到同济大学）
下方案作者：赵新洁（跨专业学员，在同济大学2014、2016年初试快题中获得最高分130分）

延伸阅读：

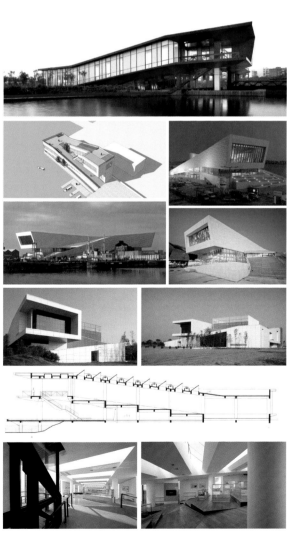

华中科技大学 2005 年硕士研究生入学考试初试试题

题目：图书馆建筑方案设计（6 小时）

一、场地条件

为适应职业技术教育的需要，武汉市某重点职业技术中心拟建图书馆一座，藏书量约为 50 万册，其选址位于学校教育中心区的一片空地上，南面为水面，北面为教学楼，东面为小树林，西面为校行政办公大楼（详见附图）。要求建筑功能设计合理，造型新颖别致，能够反映建筑的时代特征。

二、建筑规模及空间要求

1. 总建筑面积 3500 ㎡
2. 功能及空间要求
   - 阅览室

普通阅览室	250 ㎡
科技阅览室	250 ㎡
期刊阅览室	250 ㎡
视听阅览室	250 ㎡
社科阅览室	250 ㎡
开架阅览室	250 ㎡
研究室	15 ㎡ ×8

   - 书库　　　　　　1200 ㎡
   - 出纳与目录　　　300 ㎡
   - 报告厅　　　　　200 ㎡
   - 内部管理及业务技术用房

办公室	15 ㎡ ×6
采编室	30 ㎡
装订室	30 ㎡
照相	30 ㎡
复印室	15 ㎡
储藏室	15 ㎡ ×2

   - 门厅、走道、卫生间、更衣室及存包处等空间可根据需要设置。

三、图纸要求

1. 总平面图　　　1:500，可附必要的文字说明。
2. 各层平面图　　1:200，注明各层面积。
3. 立面图　　　　1:200（2 个）注明关键位置标高。
4. 剖面图　　　　1:200（1 个）注明各楼层及关键位置标高。
5. 透视图不小于 A3 大小，表现方式不限。

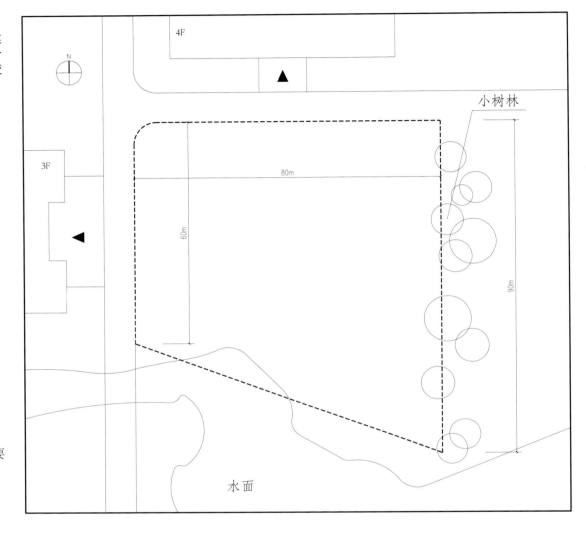

核心考点：

1. 考查建筑与不规则地形及景观的空间关系。
2. 单元功能及三条平面网格的功能、空间及形态设计。

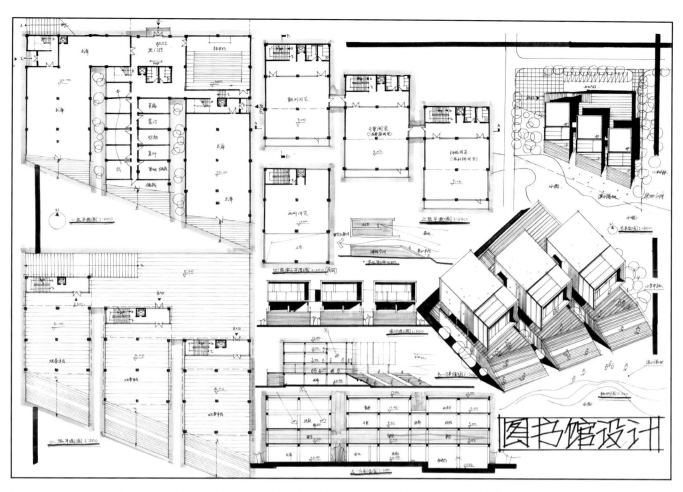

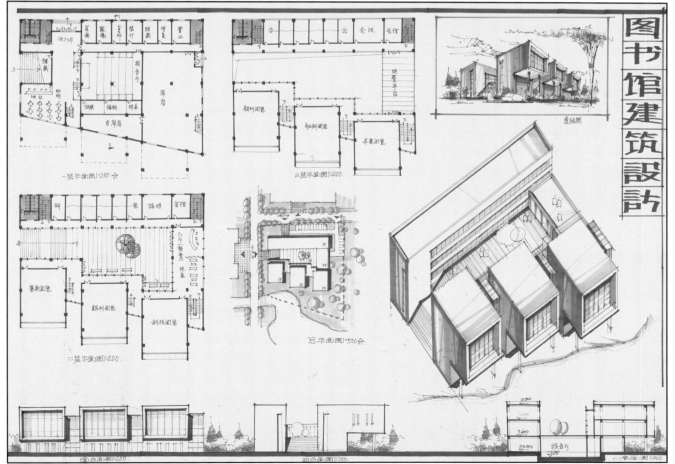

两个方案的相似之处在于：用错落的单元体块呼应地形，应对景观。

上方案运用基座与漂浮的手法，将二层完全架空，获得最大程度的景观渗透；并通过将6间阅览室两两叠加，形成面向景观的3个单元体块。功能剖面分区：一层基座为辅助，三、四层为阅览。不足的是：受到形体的限制，一层小房间采光不足；建筑的入口过多；出纳目录功能未表达。

下方案通过南北两个功能体块围合出二层宽敞的室外庭院，提供了良好的交流场所。不足的是：东南侧楼梯疏散到书库内，不满足规范；南侧中间一部楼梯未到达一层；西南侧楼梯注意结构问题，书库内部缺少电梯。

上方案作者：卢文斌（在同济大学2015年初试快题中获得130分）
下方案作者：陈奉林（在同济大学2015年初试快题中获得130分）

延伸阅读：

方案点评：

两个方案的相似之处在于：运用通透的大玻璃体面对湖面，并设计了丰富的内部空间来与之呼应。

上方案从形态入手，运用U形形体咬合中部玻璃体，形成虚实对比。功能上充分利用报告厅上方空间，设计台阶式阅览，并在南侧阅览区重复了台阶式手法，与景观呼应，其余房间围绕中部开放空间进行组织。不足的是：报告厅层高不够，起坡方向画反了，并且与剖面图不符。卫生间距主门厅过近。

下方案从剖面入手，通过退台式的内部空间，创造了向景观开放、渗透的阅览空间，并在朝向景观的一面组织了与内部相同的露台，形成室外阅览空间。建议对建筑外部造型进行细化，内部退台空间需要设计多个单跑楼梯进行联系。

上方案作者：不　详
上方案作者：赵新洁（跨专业学员，在同济大学2014、2016年初试快题中获得最高分130分）

延伸阅读：

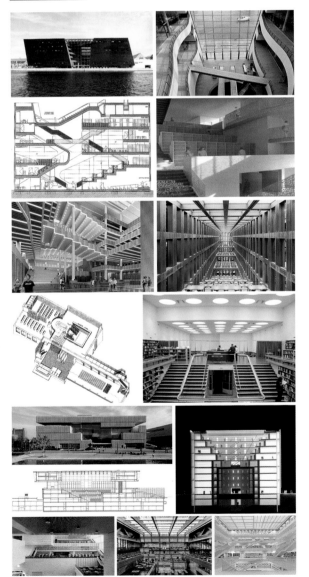

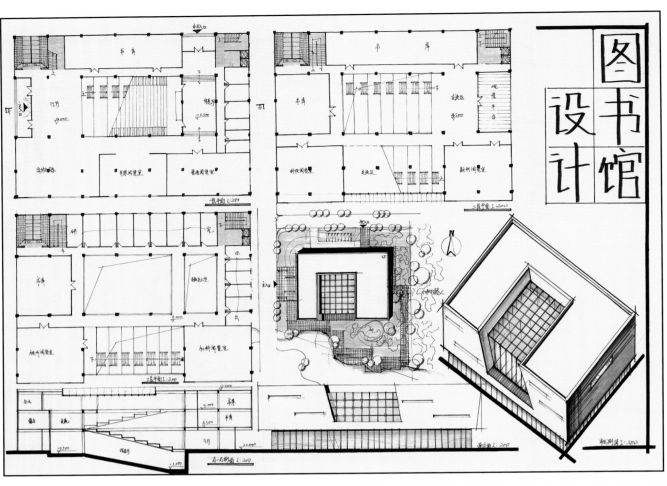

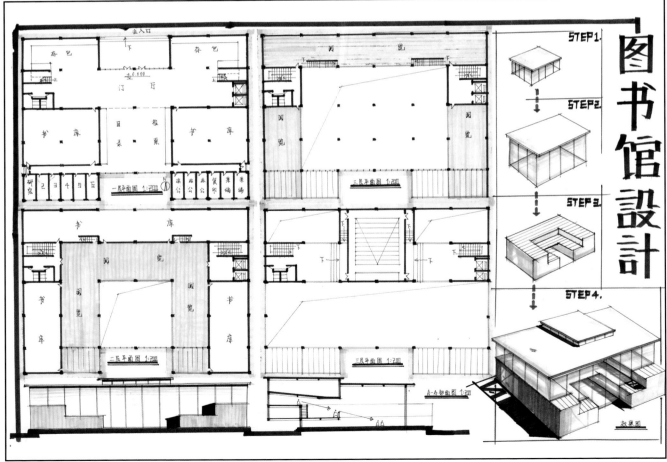

深圳大学 2012 年硕士研究生入学考试初试试题

题目：电子学院设计（6 小时）

在深圳市政府推动下，深圳拟建设一所世界领先的研究型大学。其中，该大学的电子学院将设置学院的重点学科，也将建设代表学校形象的标志性建筑。因此，该项目将体现以下四项设计原则：
1. 注重建筑的创新性与标志性相结合。
2. 注重建筑地域性与可持续发展设计的相结合。
3. 注重内部空间的舒适性与促进师生交流的空间设计。
4. 注重建筑的灵活性，考虑学院今后的扩展空间。

一、经济技术指标
1. 总建筑面积　　　　　6000 ㎡～ 7000 ㎡
2. 建筑用地面积　　　　5000 ㎡
3. 建筑覆盖率　　　　　≥ 45%
   其中包括：
   - 电子实验室　　　　200 ㎡ ×2
   - 微机实验室　　　　200 ㎡ ×1
   - 会议室　　　　　　50 ㎡ ×4
   - 大型报告厅　　　　500 ㎡ ×1
   - 教师办公室　　　　20 ㎡ ×20
   - 研究生办公室　　　400 ㎡ ×2
   - 图书资料室　　　　500 ㎡ ×1
   - 课室　　　　　　　200 ㎡ ×4
   - 小卖部　　　　　　50 ㎡ ×1
   - 咖啡厅 / 餐厅　　　200 ㎡ ×1
   - 门厅、交通、厕所及服务面积请按照相应配置。不考虑地下层停车，但需要适量地上停车与场地设计结合。

二、图纸要求
1. 总平面图　　　　　1:500
2. 各层平面图　　　　1:300
3. 立面图　　　　　　1:300
4. 剖面图　　　　　　1:300
5. 透视效果图
6. 设计概念分析图与设计说明
7. 图纸：A1 绘图纸

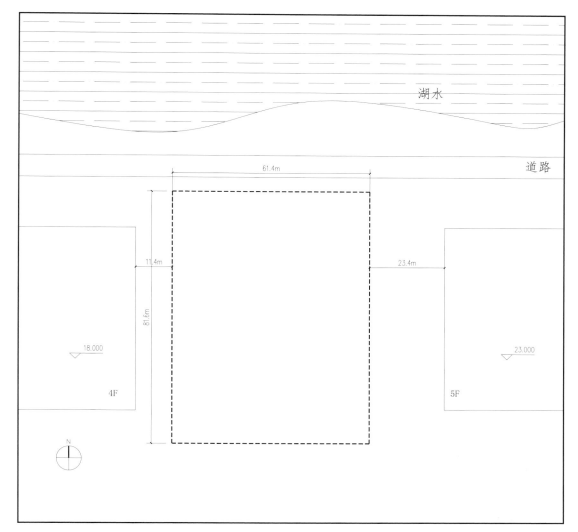

核心考点：

1. 考查建筑与湖面的空间关系。
2. 中心形平面的不同组织形式，以及交流空间的营造。

方案点评：

  两方案的相似之处在于：运用退台、门厅等公共空间应对景观，不同的是上方案朝向景观的开阔面更大。

  上方案在底层基座上叠加回形体块以及面向湖面的U形形体，形成二层的观景门厅和三层的观景露台。功能上将小的房间布置在一层的四周，面积更大的房间则往上叠加，形成合理的柱网结构。中间布置对采光要求不高的报告厅，顶部作为屋顶花园，为门厅及周围的房间带来很好的景观。形体上入口的大台阶、灰空间、形体咬合等手法运用成熟，简约而不简单。大量的课室等教学用房的南向采光是方案的优点，另外建议给中间的报告厅设计窄庭院进行通风、采光。

  下方案根据房间与空间的划分将主要的功能分为L形与方形两个体块，通过L形的庭院和门厅进行功能的间隔和联系。方形体块为阅览室和报告厅叠加，L形体块为教学、工作室、办公室叠加。景观上，作者进行了局部的退台处理，在各层形成面向湖面的室外露台，又对围合的片墙进行局部斜向切割，形成强烈的雕塑感。作者非常善于处理公共交通空间、窄院空间、联系空间，使水景、连廊、绿化互相作用，内外空间互相渗透。

上方案作者：戴子钰（在同济大学2017年初试中快题获得120分）

下方案作者：刘亚飞（在同济大学2017年初试中获得总分第三名，复试快题获得90分最高分）

延伸阅读：

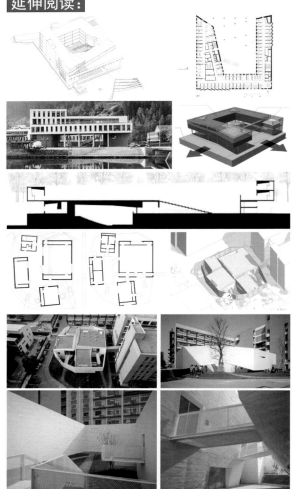

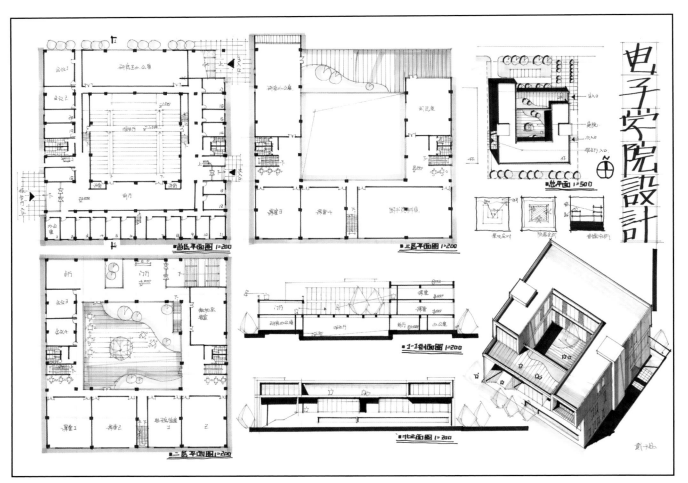

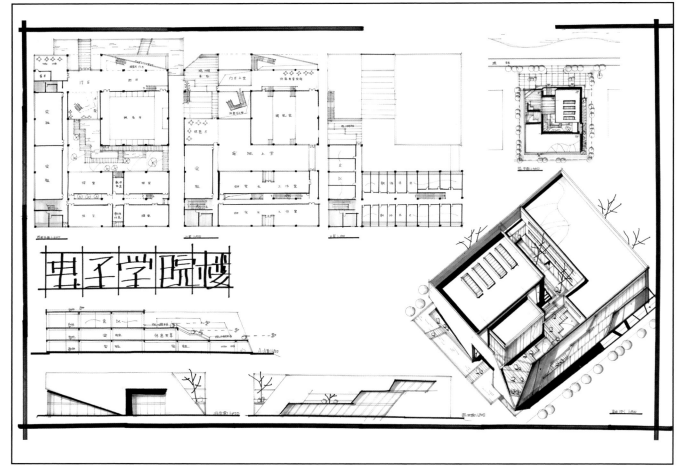

浙江大学 2012 年硕士研究生入学考试初试试题

题目：集装箱餐厅设计（6 小时）

　　某城市在城市更新过程中，将废弃的工业码头改造成市民休闲公园，在公园的滨水区计划建造一处休闲餐厅（见附件一：地形图）。场地的绝对标高见地形图，其中水面常年水位 55.5m，最高水位 58.0m。为体现地块原有的产业特征，同时降低建筑成本，决定以集装箱为主体元素进行建造，具体要求如下。

一、概况
　　集装箱为钢制，具有良好的烈度和防水性，自带内保温层，底面厚 200mm，其余各面厚度 100mm（均含保温层），有两种尺寸可供选用：A 形集装箱尺寸为 12m×2.4m×2.9m（长宽高，下同），B 形集装箱尺寸为 6m×2.4m×2.9m。每种集装箱最多可用 29 个。

二、面积与功能要求
　　1. 餐厅用地面积约 1000 ㎡（含水面），总建筑面积 800 ㎡（±10%）。
　　2. 应包含门厅 60 ㎡；咖啡厅 60 ㎡；大餐厅 120 ㎡；厨房 90 ㎡；包间 5 间，每间 12 ㎡～15 ㎡；经理、财务、管理、保安室、员工休息室各 12 ㎡～15 ㎡；仓库 30 ㎡；卫生间 40 ㎡～50 ㎡。
　　3. 客用小汽车停车位 8 个。

三、设计要求
　　1. 餐厅应成为公园里的一处景观建筑，具有特色，并与公园的环境相呼应。
　　2. 建筑为钢结构，主体结构限定为集装箱，室内不允许另加楼板，其他构件如楼梯、廊道、梁柱结构、外立面做法、室外构件等可自由设计自定。
　　3. 集装箱可采用任何合理的方式进行组合、拼接。
　　4. 尽量利用原有地形，必要时可适当改造。
　　5. 建筑最高点的绝对标高不超过 70.00m（景观构筑物不受此限）。

四、结构与构造要求
　　集装箱最大悬挑可达 4m，超过 4m 应加设支撑；集装箱的六个面均允许开洞，单个洞口宽度超过 3m 时需加补强措施防止箱体变形（多个集装箱紧贴并置时其共用面开洞宽度不限），必要时也可以将集装箱切断使用，但端部应加补强措施。

五、图纸要求
　　1. 底层平面图　　　　　1:200（含场地和总图设计，如出入口、道路、停车场、绿地等景观）
　　2. 其他各层平面图　　　1:200
　　3. 立面图 1～2 个　　　1:200
　　4. 剖面图 1 个　　　　　1:200
　　5. 室外透视或鸟瞰至少 1 个，室内透视至少 1 个
　　6. 设计说明 300 字以内（须注明使用集装箱的类形和数量）

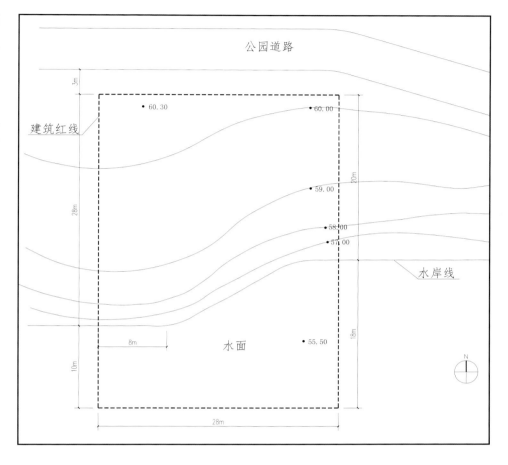

核心考点：

　　1. 考察集装箱建筑的组织形式与设计方法，建筑与景观的应对以及对地形高差的处理。
　　2. 单元化的功能、空间及形态设计。

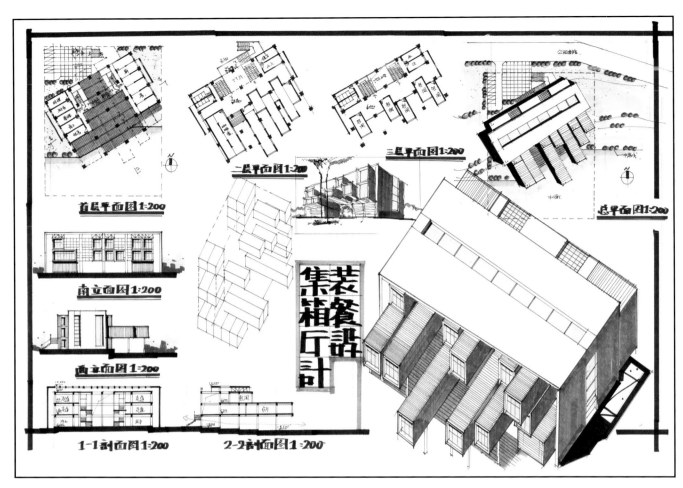

延伸阅读：

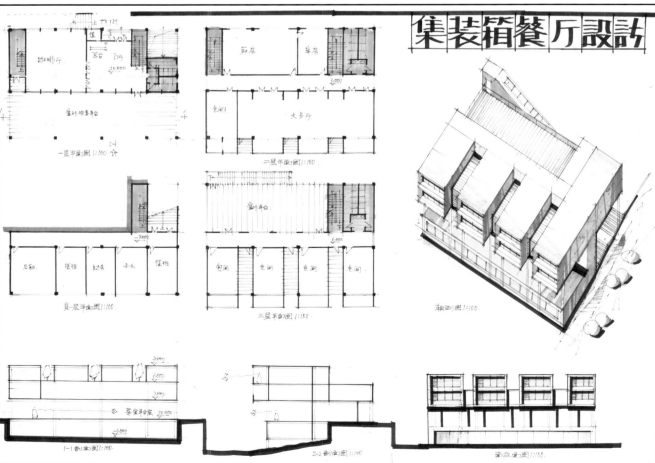

哈尔滨工业大学 2014 年硕士研究生入学考试初试试题

题目：北方某城市老年公寓建筑设计（6 小时）

在北方某城市公园的附近，拟建设一所综合性的老年公寓，总建筑面积 2500 ㎡左右（上下可浮动 5%），建筑层数以 2 层为主，也可以局部 3 层。基地位于城市干道和支路的交叉口处，西侧为城市公园。南侧和东侧为居住小区，北侧为空地，拟建设用地 5300 ㎡。基地内部西南角地下存在某市政设施，要求在其一定范围内不允许建设地上建筑物，地面以草坪绿化为主，严禁行车和设计大面积硬质铺装，具体位置及控制范围详见基地总平面图。

一、设计要求

1. 严格遵照场地可建设范围进行老年公寓的建筑设计，并且科学地利用市政设施控制范围内的场地，创造优美的外部环境。
2. 充分考虑北方寒地的气候特征，场地设计做到交通流线清晰。室外活动空间布置合理，为城市提供丰富的沿街建筑界面。
3. 建筑内部功能要体现老年人的心理特征和生活需求，体现对老年人的关怀和关爱，做到人性化设计，分区明确、流线清晰、配套设施齐全。
4. 建筑外部造型简洁大方，充分体现老年建筑的性格。
5. 具有一定的地域特色和时代感。

二、设计内容

各部分面积分配如下：(所列面积为轴线面积)

- 阳光大厅　　　　　200 ㎡（兼作对外接待和冬季室内活动）
- 多功能厅　　　　　150 ㎡（要求净高 5.7m）
- 公共食堂　　　　　200 ㎡
- 洗浴中心　　　　　150 ㎡

- 会客室　　　　　　30 ㎡ ×1
- 活动室　　　　　　50 ㎡ ×2
- 图书室　　　　　　50 ㎡ ×1
- 医疗室　　　　　　25 ㎡ ×1
- 健身房　　　　　　30 ㎡ ×1
- 单人居标准间　　　35 ㎡ ×8
- 双人居标准间　　　35 ㎡ ×18
- 办公室　　　　　　25 ㎡ ×3
- 员工休息室　　　　25 ㎡
- 储藏间　　　　　　30 ㎡

室外场地要求谁知满足 8 辆小型轿车的停车场地

三、图纸内容和要求

按比例要求徒手绘图，透视图需要彩色表现，表现形式不限，图纸规格 841mm×594mm

1. 总平面图　　　　　1：500
2. 各层平面图　　　　1：100～200
3. 立面图　　　　　　1：100～200（不少于 2 个）
4. 剖面图　　　　　　1：100～200（不少于 2 个）
5. 单人间室内生活设施平面布置图（含卫生间）1：75
6. 透视图
7. 设计分析图（数量不限）
8. 主要经济技术指标及简要设计说明

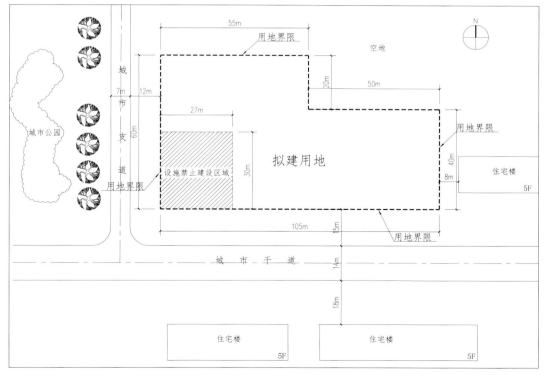

核心考点：

1. 考查学生对于基地内禁止建造草坪的景观与空间关系，以及对西侧公园的回应。
2. 条形平面的不同组织形式，以及老年公寓的人性化设计和交往空间的表达。

方案点评：

　　两个方案的相似之处在于：都通过剖面分区合理区分了辅助部分与住宿部分的功能，使得住宿部分不受干扰且有良好的日照及景观朝向，以及对城市主道路的退让。不同的是：上方案将辅助部分分散化处理，下方案为集中式设计。

　　上方案从形态入手，形成辅助部分的分散设计与住宿部分整形布局的对比，取得了形态的多样统一。辅助部分根据房间高度的不同，形成剖面上的高低变化，产生了丰富的二层屋顶平台，也呼应了西边的景观。不足的是：洗浴功能靠主门厅过近；阳光大厅和主门厅的动线交叉。

　　下方案通过2个折线体量的叠加、错动，很好地适应了基地形状，同时也创造了简洁大气的建筑形态。二层住宿部分的斜向布置兼顾了转角绿化与日照，特别是西侧露台的处理很好地呼应了城市公园。不足的是：洗浴功能占据了良好的朝向和景观，食堂距主门厅过近，多功能厅距主门厅过远，阳光大厅和主门厅的动线交叉。

上方案作者：孙泽龙
下方案作者：卢　品

延伸阅读：

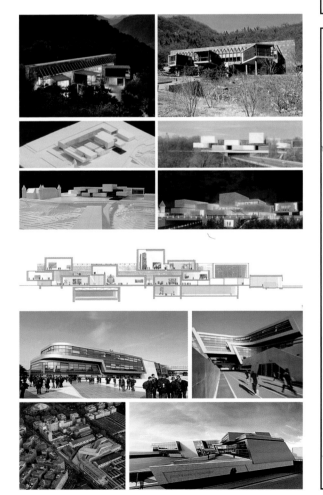

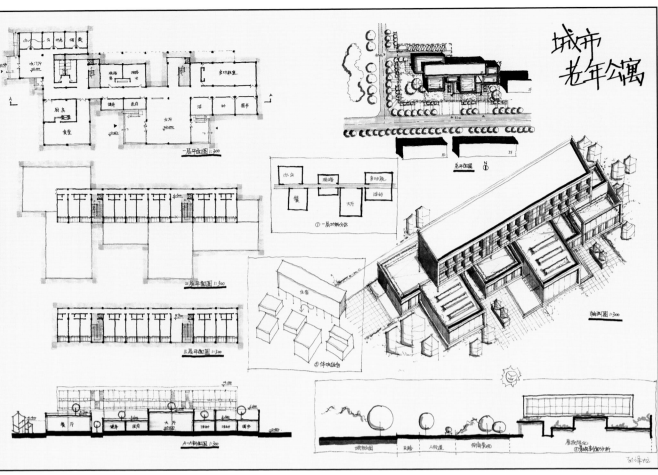

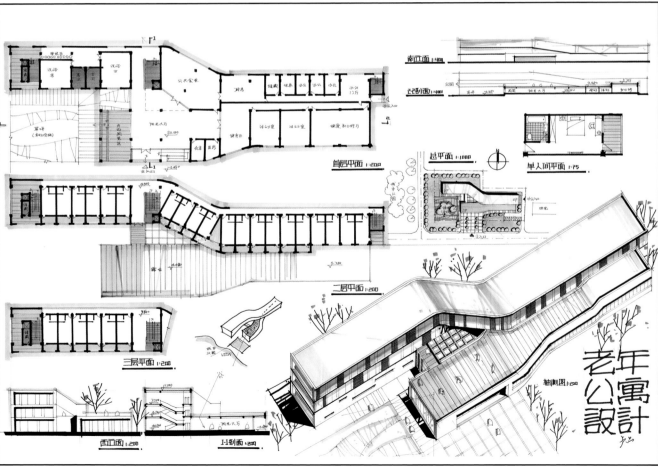

东南大学 2016 年硕士研究生入学考试复试试题

题目：乡村活动中心设计（6 小时）

一、项目概况

　　现拟在南京近郊乡村，建设乡村活动中心一座，基地面积 3000 ㎡
左右，建筑面积 2000 ㎡左右，建筑限高 8m（以道路标高记），基地（见
附图）北侧为风景优美的水塘，南侧为大片稻田，东侧为主要道路。
设计过程需要充分考虑乡村人民行为流线。

二、规划需求

　　1. 需在场地中预留健身室外用地与绿地不小于 500 ㎡
　　2. 需设置 3 个机动车车位（3m×6m），内引道路需 7m 宽
　　3. 建筑红线退东侧道路

三、功能用房

　　1. 乡村阅览室 240 ㎡
　　　阅览室 60 ㎡ ×4
　　2. 活动用房 420 ㎡
　　　棋牌室 60 ㎡
　　　健身房 60 ㎡
　　　文娱活动中心 30 ㎡ ×6
　　3. 乡村超市 300 ㎡（独立管理使用）
　　4. 茶室 120 ㎡（带简单操作）
　　5. 管理用房 30 ㎡ ×4

四、成果要求

　　1. 鸟瞰或透视效果图
　　2. 总平面 1:500×1
　　3. 立面图 1:200×2
　　4. 剖面图 1:200 1～2 张
　　5. 分析图、想法步骤、关系图若干
　　6. 设计说明、必要的经济技术指标

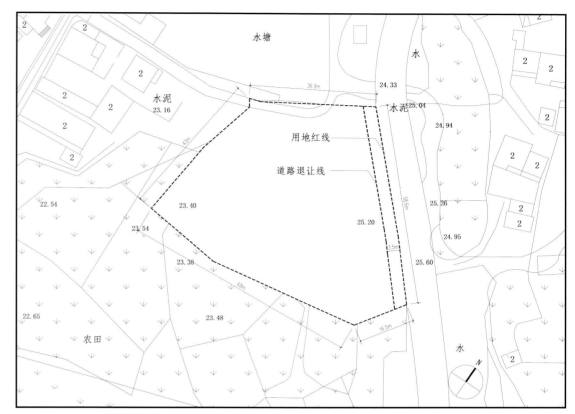

核心考点：

　　1. 建筑对北侧水塘和南侧农田的呼应，以及对不规则地形的利用。
　　2. 对健身室外用地特色空间的思考。

两个方案的相似之处在于：都采用分散式的建筑体量回应不规则地形。不同的是，上方案的形体向外发散，下方案的形体则聚中围合。

上方案利用单元体的手法回应了北部的景观，并塑造了具有张力的建筑性格。底层运用了大量的架空空间，使上部的形态更加清晰。功能分区主要考虑了景观的视线需求，将重要功能空间放置在朝向北部的单元体块中，逻辑十分清晰。同时方案在单元体周边设置了多个围绕式的露台，更强调了对于景观的呼应。不足的是：二层流线不顺，单元体的错动与不规则地形的关系仍有待推敲。

下方案利用单元体包围大空间的方法巧妙地消解了建筑体量，并在二层创造了健身平台空间，形成对北侧池塘和南侧稻田的呼应。功能上将不需采光的超市置于当中，其他房间则围绕其布置，并分散为不同的形态相互围合，是典型的集中式建筑。不足的是：闹静分区不佳，应考虑将阅览等需要安静的房间置于二层。

上方案作者：郭雅璐
下方案作者：王文瑞

延伸阅读：

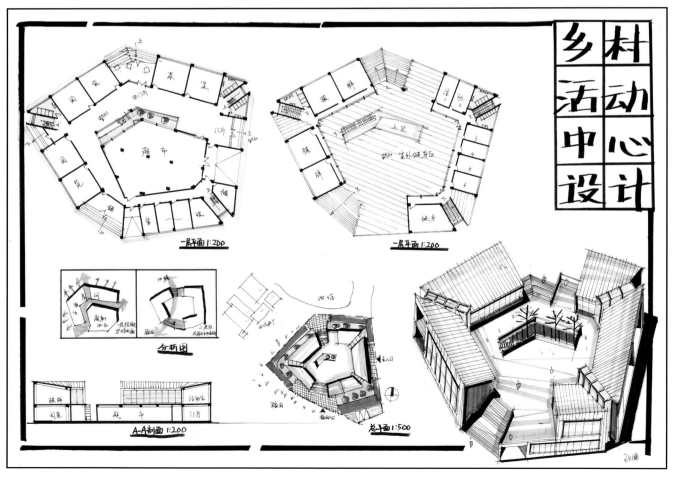

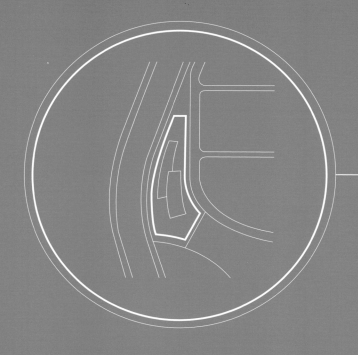

专题五：形体组织与不规则地形

　　快题设计题目基地大多基于真实地形的改编，具有实际项目的复杂性和限制性。从历年各大高校的考题来看，大部分题目的基地或多或少地带有不规则性，理想化的方整地形比较少见，这无疑增加了设计的难度，但同时也赋予了建筑的多样性，考生可借助建筑语言尽可能地表达出自己对于基地的理解和分析。

　　将形体组织和不规则地形作为主要考查对象的题目类形大致可分为以下三种：
　　（1）一般多边形场地。此类场地相对较规整，仅一条或两条边界为斜线，且倾斜程度较小，如山东建筑大学 2011 年初试快题齐鲁文化研究中心设计等。
　　（2）不规则多边形场地。此类场地各个用地边界互不平行，基地形状为典型的不规则形，如同济大 2010 年初试快题综合楼设计、2011 年初试快题中学风雨操场设计、清华大学 2014 年初试快题社区服务中心设计等。
　　（3）弧形场地。一般由于道路转弯或河道等特殊情况限定出的场地，如同济大学快题周汽车展示中心设计。

　　针对外部空间设计类的题目，以下的设计策略可以借鉴：
　　（1）在相对规则的场地中进行设计，建筑形体可以相对简洁、规整，而对于建筑难以利用的边角空间，建议布置入口广场、下沉庭院、绿化水体等景观，以有效利用基地。
　　（2）在异形程度较高、边界条数较多的场地中，可以采取建筑界面与场地主要边界平行的策略。切忌"面面俱到"，以取得建筑与场地的协调关系，同时也避免了建筑布局的杂乱无章。建筑内部功能和空间的排布要尽量保持主要使用空间的完整性和规则性，将不规则部分安排为中庭、内院、过厅、楼梯间、卫生间等公共空间和辅助空间。
　　（3）通过曲线或折线形体来应对弧形基地。在此类特殊地形中，不宜在弧形边界上出现生硬冗长的直线边角；可以尝试运用曲面或折面来建立建筑与场地、道路之间和谐的关系。

　　需要考生重视的是：在不规则地形中设计建筑时，要从宏观视角出发，将周边环境的道路走向、尺度肌理、城市界面等各种要素综合考虑，以获得适应城市脉络的建筑布局。

同济大学 2013 年快题周试题

题目：汽车展示中心设计（3 小时）

一、项目概况

　　基地位于浦东世纪公园附近某社区，由于规划道路的调整，在住宅小区与城市道路之间形成一块空地，经规划部门批准，拟建街心公共花园和汽车展示中心。汽车展示中心用地面积 2200 ㎡（建筑红线面积 1600 ㎡），拟建总建筑面积 1000 ㎡，层数局部两层，用以汽车的展示与销售。

二、总体设计要求

1. 设置室外的汽车临时展示区。
2. 设置室外休闲咖啡区。
3. 顾客停车在小区的地下公共停车库解决，展示中心地面可不考虑停车。
4. 室外场地景观需结合街心花园一并进行设计。
5. 建筑布局应考虑与城市道路与街角的空间关系。

三、单体设计要求

1. 建筑主要功能面积组成（均为使用面积）：
   - 展示大厅区　　　　　　　　　300 ㎡
   - 洽谈咖啡区　　　　　　　　　100 ㎡
   - 问讯服务总台　　　　　　　　30 ㎡
   - 汽车杂志阅览与资料复印区　　50 ㎡
   - 小形 VIDEO 间　　　　　　　　50 ㎡
   - 会议兼接待室　　　　　　　　50 ㎡
   - 后期办公室（办公 - 财务 - 秘书等）　10 ㎡×8
   - 经理办公室　　　　　　　　　20 ㎡×2
   - 卫生间、楼梯间等由设计者确定
2. 建筑要求反映汽车所代表的科技 - 速度 - 时尚等特点

四、图纸要求

1. 总平面图　　　　　1:500
2. 各层平面图　　　　1:100
3. 立面图 2 个　　　　1:100
4. 剖面图 1 个　　　　1:100
5. 透视图 1 个

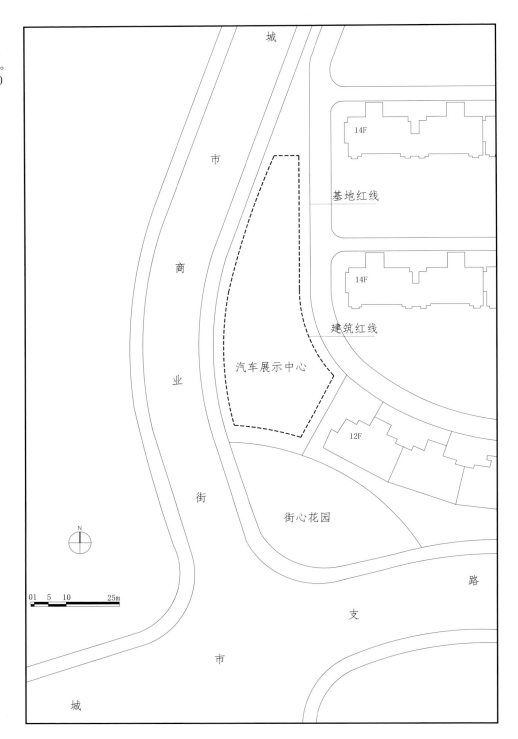

核心考点：

1. 考虑建筑对不规则地形的呼应，以及与城市环境的关系。注意汽车展示中心的建筑性格和汽车展览流线设计。
2. 条形平面的不同组织形式。

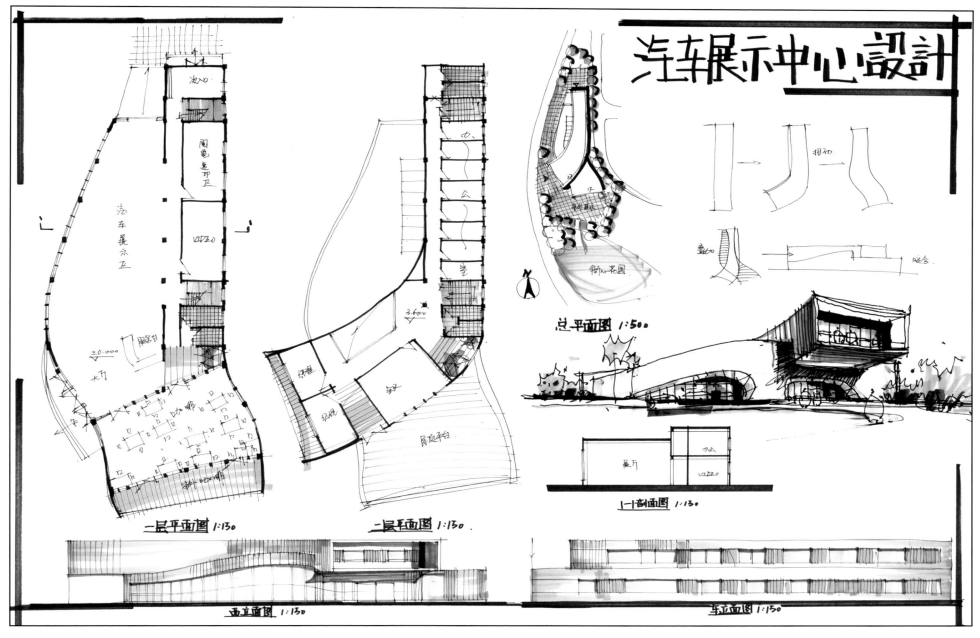

汽车展示中心设计

总平面图 1:500

一一剖面图 1:130

一层平面图 1:130

二层平面图 1:130

西立面图 1:130

东立面图 1:130

方案点评：

　　两个方案的相似之处在于：采用流线形体块来适应不规则地形。

　　上方案通过两个曲线形体的叠加来应对狭长不规则地形，同时也体现了汽车代表的科技、速度、时尚等特征。功能上办公和辅助空间叠加在东侧，保证了西侧主体展示区足够的沿街面和完整的通高空间。咖啡厅结合街心花园设计，并设置二层屋顶露台，充分应对了花园景观。二层体块的出挑营造了主入口的灰空间，也形成建筑的主体形象。

　　下方案通过两个高低体块的咬合形成共享空间，并通过形体的斜度变化强化建筑的速度感。一层架空形成室外咖啡区，作为室内咖啡厅的延伸，也应对了街角景观。不足的是：主入口较为狭小；斜向形体导致房间内部空间实用性差。

上方案作者：闫启华
下方案作者：陈奉林（在同济大学 2015 年初试快题中获得 130 分）

延伸阅读：

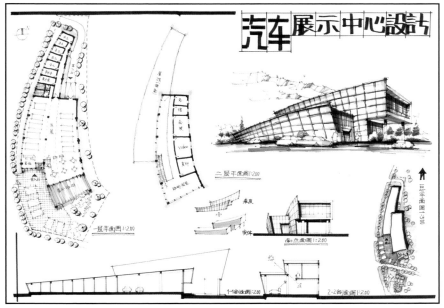

汽车展示中心设计

二层平面图 1:200

一层平面图 1:200

总平面图 1:500

1-1剖面图 1:200   2-2剖面图 1:200

同济大学 2011 年硕士研究生入学考试初试试题

题目：中学风雨操场综合体设计（3 小时）

一、设计任务
在某中学校园内设计一风雨操场综合体。建筑面积 2500 ㎡ 以内。风雨操场指有覆盖的室内运动场，运动场四周可封闭也可敞开。

二、基地状况
平地，无明显高差变化。基地在有围墙围合的封闭校园内。基地周围环境与具体尺寸见"地形图"及"基地尺寸图"。基地地处中国江南地区。

三、任务要求
1. 风雨操场，面积 1000 ㎡ 以内，其中必须可以放置一篮球场及球场周边边界（具体尺寸见"篮球场及边界尺寸图"），风雨操场净高 8m 以上。
2. 体育教师办公室 200 ㎡（允许上下浮动 10%），要求有自然通风、采光。
3. 体育教师更衣室 60 ㎡（允许上下浮动 10%）。
4. 体育器材室 500 ㎡（允许上下浮动 10%），要求必须设置在一层，设借物窗口和易于搬运运动器械的出入口。出入口直接对外。
5. 公共卫生间 80 ㎡（允许上下浮动 10%），要求有自然通风、采光。出入口直接对外。
6. 总建筑面积控制在 2500 ㎡ 以内。

四、规划要求
建筑限高 15m。建筑不得超越建筑控制线，但应对建筑红线范围内道路及绿化布置进行设计。

五、图纸要求
1. 总平面图（比例及涉及范围自定，需交代红线范围内环境及道路）
2. 各层平面图 1:150
3. 立面图　　　　1:150（2 个或 2 个以上，选择设计者认为主要的立面）
4. 剖面图　　　　1:150（1 个或以上，必须剖切到风雨操场净高 8m 以上的空间）
5. 其他适合表达设计的图纸（内容不限，如分析图、透视图、轴测图、内部空间透视、细节详图等）。

六、设计提醒
注意建筑的经济性。结构合理，尽量避免小跨度结构压大跨度结构。空间利用合理，尽量避免小面积房间的空间过高。

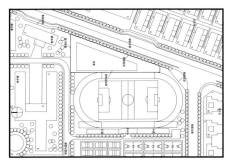
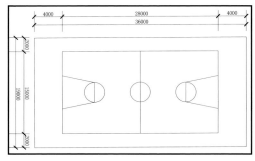
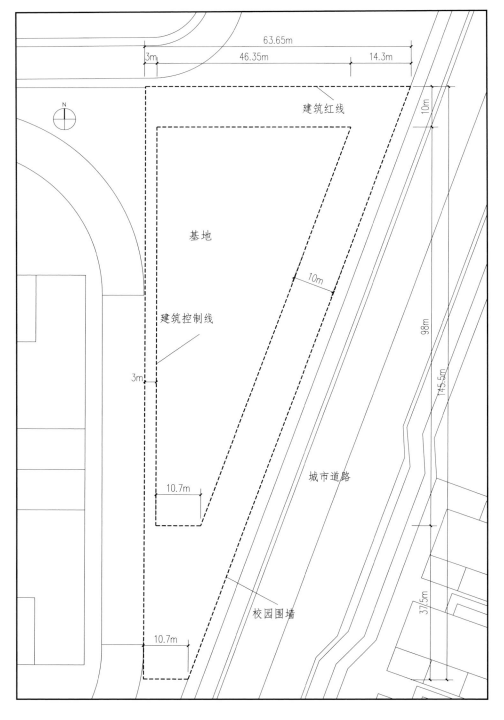

核心考点：

1. 考查建筑对不规则地形的呼应，以及与操场的空间关系。
2. 注意多种入口的流线组织与场地设计，大小、高低、房间的组合及大空间的结构选型。

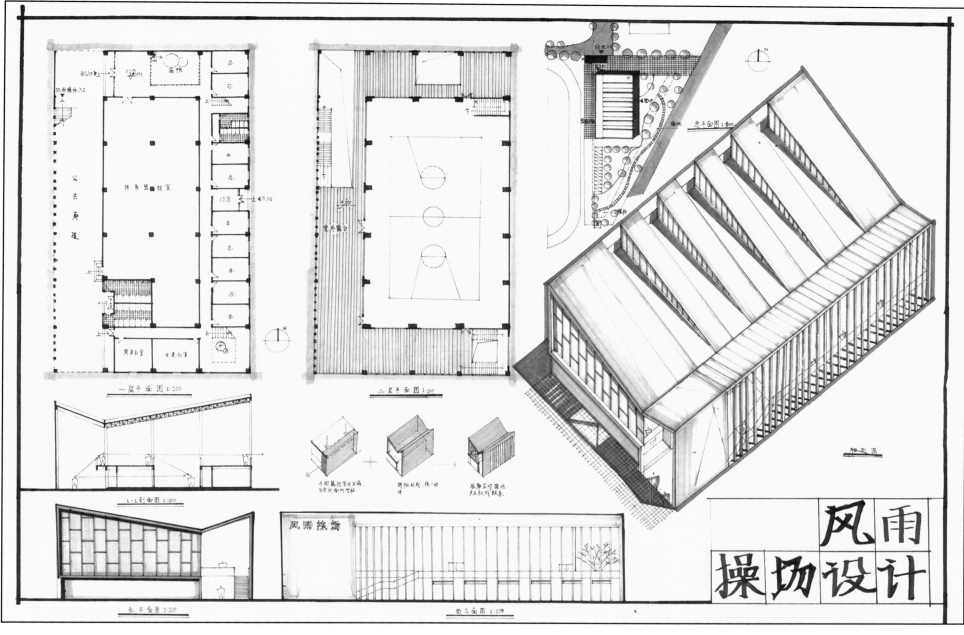

上方案作者：孟吉尔
下方案作者：杨含悦（2016 年保送到同济大学）

方案点评：

　　两个方案的相似之处在于：运用折板造形塑造完整统一的形体。

　　上方案通过大台阶和折板营造出大尺度的灰空间，与操场形成了良好的对话和互动的关系。不足的是：球场主入口缺乏缓冲空间；场地设计稍显粗糙，对三角形地形控制得不够好；停车位设置不合理。

　　下上方案通过大小变化、高低错落的内坡屋顶呼应三角形地形，并形成高侧窗用于室内采光。架空看台成为外部的交流场所，也建立起与校园操场的视线联系。不足的是：公共卫生间无直接对外的出入口，使用不便；主入口设计不够明显，对架空空间的利用也不够。

延伸阅读：

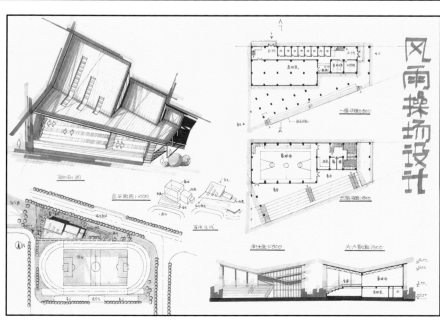

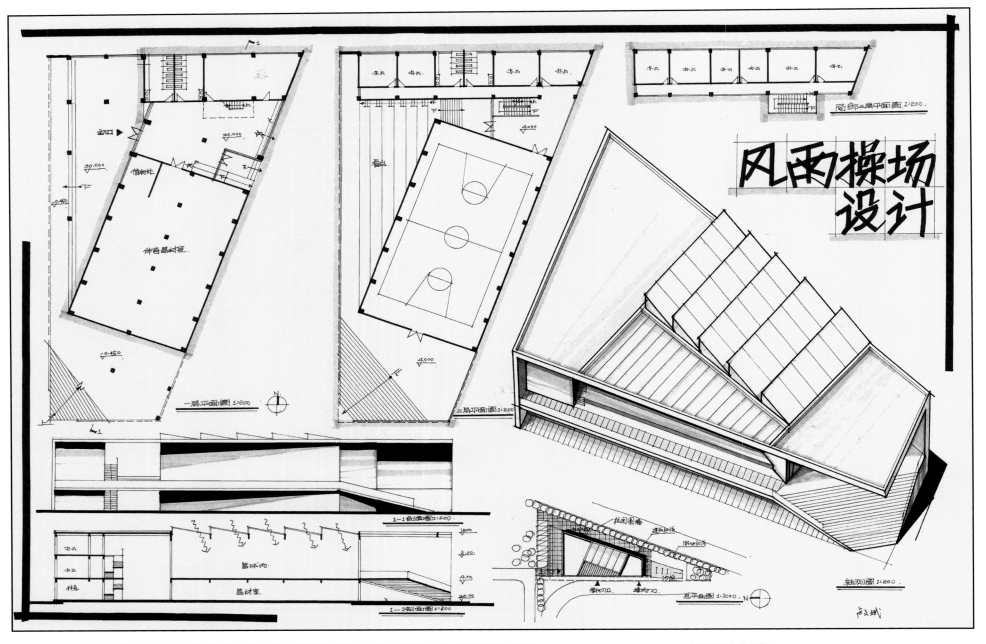

风雨操场
设计

一层平面图 1:200

二层平面图 1:200

局部三层平面图 1:200

1-1剖面图 1:200

1-2剖面图 1:200

总平面图 1:1000

轴测图 1:200

卢文斌

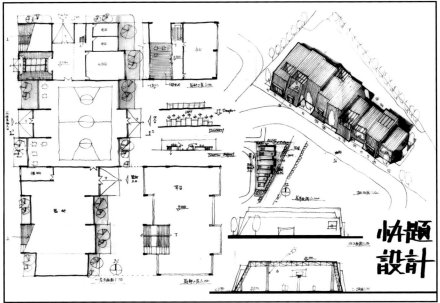

快题
设计

延伸阅读：

方案点评：

　　两个方案的相似之处在于：运用梯形体量与地形呼应。上方案为一个形体，下方案则是体块的平面并置。

　　上方案用梯形形体包裹两个功能块，产生富有张力的外部空间，与操场形成良好的空间过渡同时也提供了看台场所。不足的是：主入口设计不明显；公共卫生间位置不佳。

　　下方案以东西向条状单元体的错位形成灵活的建筑形态，并呼应三角形场地。在器械室屋面上设置看台，既统一了单元体高度，又建立了与操场的视线联系。不足的是：校园围墙开设出入口，办公功能与器械室功能的联系不够紧密。

上方案作者：卢文斌（在同济大学 2015 年初试快题中获得 130 分）
下方案作者：鞠　璟（设计手法类似于武汉大学 2012 年星巴克咖啡馆设计）

同济大学 2010 年硕士研究生入学考试初试试题

题目：综合楼设计（3 小时）

一、设计任务

一栋 6 层综合楼，下面 2 层为普通商业，上面 4 层为普通办公。

二、基地环境

基地位于中国西南地区某小城市，紧临 40m 宽的城市次干道，南北向长 72m，东西向宽约 45m（中间值），总用地面积约 2900 ㎡。基地南北两端有沿街而建的 6 层双坡顶建筑，西面有建设中的双坡顶多层住宅小区，基地北面的道路通向该小区。基地中现有单层临时房屋，将被拆除城市道路中有绿化隔离带。

三、设计要求

1. 建筑必须是坡屋顶，建筑面积控制在 5000 ㎡ 左右，注意建筑退让道路红线以及与相邻建筑的距离控制。注意建筑造形与周边建筑环境的协调。建筑的具体功能可按常规情况进行进一步假定。

2. 商业沿街布置，但要求为上部办公区设置临街出入口，同时要求从建筑北面能出入，地下车库不需设计，但要求在总图中表达出车库出入口以及少量地面临时停车库。

四、成果要求

1. 总平面图   1:1000
2. 底层平面图、标准层平面图各 1 个   1:200
3. 立面图、剖面图至少各 1 个   1:200
4. 沿街透视图 1 个
5. 其余说明建筑设计构思的分析图及表达图自定

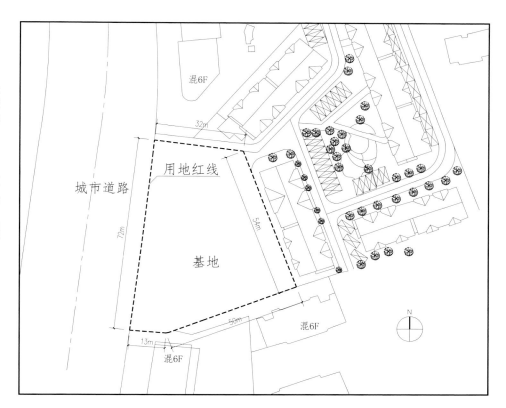

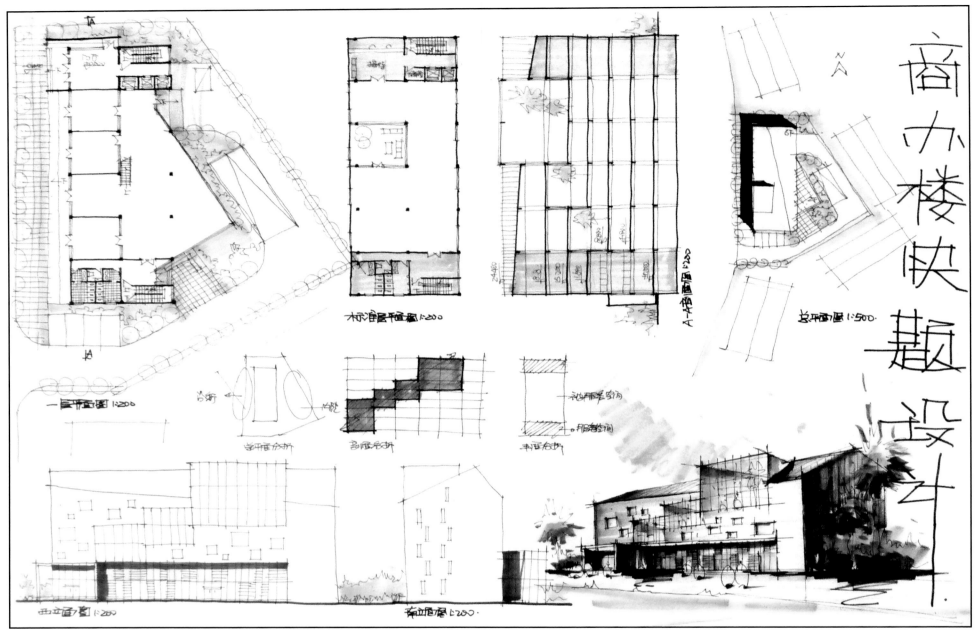

商办楼快题设计

总平面图 1:500.

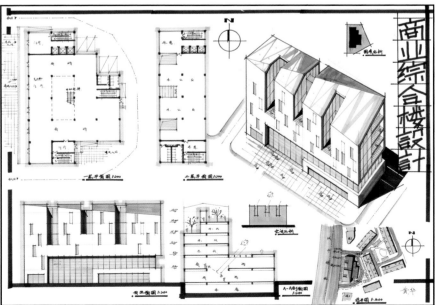

方案点评:

两个方案的相似之处在于：运用单元化的形体来塑造办公功能的公共空间。不同的是：上方案体现为台阶式的内部空间，下方案体现为间隔式的外部空间。

上方案重点考虑了建筑与周围环境的关系。对东侧、南侧建筑进行视线及光线的退让，西侧延续南北沿街界面，东侧结合三角形商业裙房呼应地形。办公部分设计台阶式交流空间，并体现在外部立面上，内外统一。形态虚实有序，不对称的坡屋顶造型强化了建筑的透视感。

下方案运用减法产生间隔露台空间，为办公空间提供部分南向采光，从而产生了立面的虚实关系。不足的是：办公门厅进办公室的通道过窄，办公入口设计不明显；场地车行道设计从北侧进入不合理，建议从基地南侧进入。

上方案作者：李彬（在同济大学 2005 年初试快题中获得 140 分最高分，在同济大学 2006 年复试快题中获得 90 分最高分）
下方案作者：黄华（在西安建筑科技大学 2016 年复试快题中获得最高分 90 分）

清华大学 2014 年硕士研究生入学考试初试试题

题目：社区服务中心设计（6 小时）

一、设计内容

项目基地位于北方某城市。拟在该基地建一社区服务中心。

要求建筑面积 6000 ㎡（±5%）。地形为三角形，两条边尺寸为 128m 和 145m，三角形的斜边方向与指北针方向重合。基地北侧为大学路约 40m 宽，西南侧为阳 光路约 16m 宽，东侧为学府路约 20m 宽。设计要求设置 1～2 个机动车出入口。

二、面积指标

1. 报告厅	200 ㎡
2. 展览或展廊	200 ㎡
3. 图书阅览室	200 ㎡
4. 健身房	100 ㎡
5. 台球室	100 ㎡
6. 冷热饮室	50 ㎡
7. 社区办公室	1200 ㎡
8. 物业办公室	1200 ㎡
9. 空调间	100 ㎡
10. 配电室	100 ㎡

三、图纸要求

1. 总平面	1:500
2. 各层平面图	1:200
3. 立面图 2 个	1:200
4. 剖面图 1 个	1:200
5. 各项经济指标技术（总建筑面积、绿化率、容积率等）	

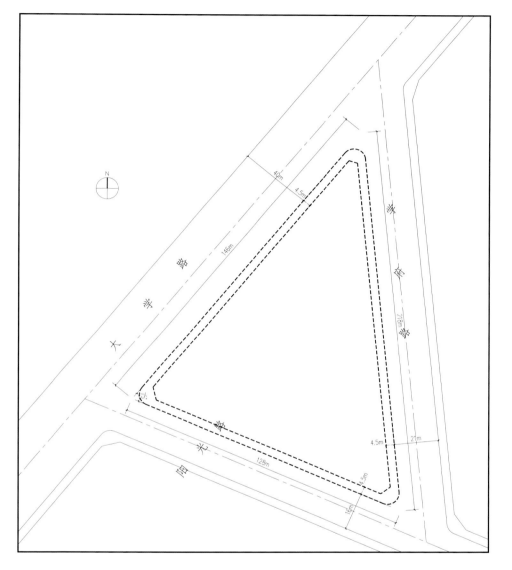

核心考点：

1. 考查建筑与不规则地形的呼应，以及场地的交通和流线设计。
2. 围合形平面的不同组织形式。

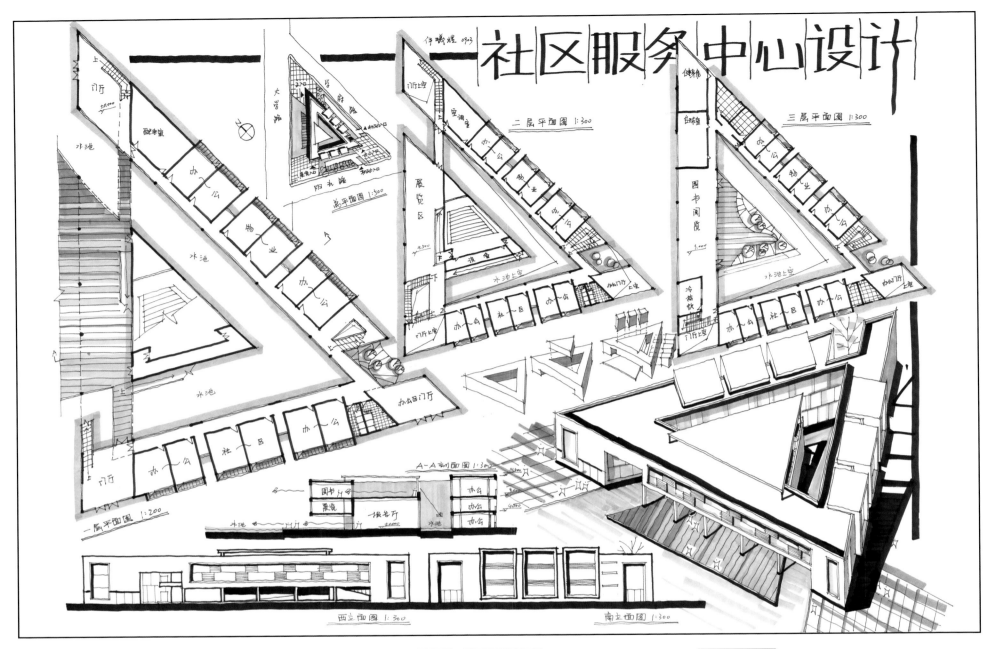

社区服务中心设计

伊曦煜 0903

总平面图 1:500

二层平面图 1:300

三层平面图 1:300

一层平面图 1:200

A-A剖面图 1:300

西立面图 1:300

南立面图 1:300

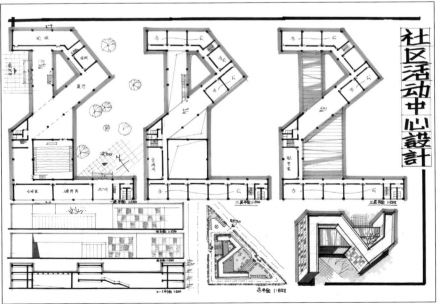

社区活动中心设计

延伸阅读：

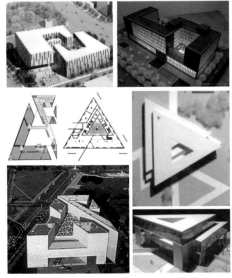

方案点评：

　　两个方案的相似之处在于：都通过线性形体的组织来呼应不规则地形，不同的是上方案采取内向的方式应对复杂的道路交错环境，闹中取静，而下方案采取外向的姿态来面对城市道路。

　　上方案通过三角形母体设计呼应基地，并运用办公线性体量围合成三角形平面，与场地完美呼应，同时通过把报告厅置入内庭院的方法打破了原本形体与空间的单调感。此外作者采用架空、水景进一步丰富庭院空间。形态上将办公室组团化布置，从而形成了单元形体的韵律感。可以改进的是，如果报告厅体量架空半层，可使内庭院空间产生视线渗透，水面显得更加开阔。

　　下方案通过连续的线形形体使得大部分的房间都取得了良好的南向采光。功能采用剖面分区：展厅、活动室、报告厅等公共部分的功能布置在一层，办公等私密等级更高的房间布置在二、三层。总平面的主次入口、道路停车设计合理、细致。

上方案作者：伊曦煜
下方案作者：陆冠宇

天津大学 2012 年硕士研究生入学考试初试试题

题目：艺术家画廊（6 小时）

一、项目概况

项目基地位于北方某艺术学院附近。拟在该地建一艺术家画廊，供艺术家进行聚会及艺术创作交流之用，兼做艺术作品展览及售卖。

项目基地地块狭长，略呈梯形，南北进深 87m，东西宽 36.8m ～ 52.8m，地势平坦规整，总用地面积 3800 ㎡，建设范围如图中用地红线所示，不作退线要求，图中各尺寸均已标出。

二、设计内容

该画廊由展览售卖、聚会休闲、工作室和管理办公室等四部分内容组成，总建筑面积 2000 ㎡（地下停车库面积不计算在其中），误差不得超过 ±5%，具体的功能组成和面积分配如下（以下面积数均为建筑面积）。

1. 展览售卖部分
   - 展厅 :200 ㎡ ×2，用于定期展出艺术家的书画作品。
   - 展卖厅 :180 ㎡ ×1，供艺术品展卖，其中含洽谈室 20 ㎡ ×2。
   - 展品储藏 :50 ㎡ ×2，作为展厅与展卖厅的附属空间，供艺术品个展、整理、储藏。
2. 聚会休闲部分
   - 多功能厅 :200 ㎡ ×1，供艺术家进行交流，并承担小型学术报告厅的功能。
   - 茶室 :150 ㎡ ×1，主要对外经营，但须留出内部通道供贵宾从内部进出。
3. 工作室部分
   - 工作室 :75 ㎡ ×3，供几位专职艺术家工作研究使用，注意房间的采光方向。
   - 休息室 :20 ㎡ ×3，供艺术家工作间歇休息使用。
   - 餐厅厨房 :50 ㎡ ×1，提供艺术家工作室成员约 15 人的午餐及晚餐。
4. 管理办公部分
   - 管理办公 :15 ㎡ ×3。
5. 其他如门厅、楼梯、走廊、卫生间等各部分的面积分配及位置安排由考生按方案的构思进行处理。

三、设计要求

1. 方案要求功能分区合理，交通流线清晰，并符合国家有关设计规划和标准。
2. 总体布局中应严格控制建筑密度不大于 50%。
3. 茶室部分必须设置不小于 300 ㎡ 的内部庭院（室外），作为顾客室外喝茶的场所，并具有良好的室外环境。
4. 本项目要求设置地下停车库，停车位不少于 15 个，不设地面停车位，注意车行坡道的坡度与转弯半径应符合设计规范。
5. 建筑层数 2 ～ 3 层，结构形式不限。

四、图纸要求

1. 总平面图 1:500；各层平面图 1:200，首层平面图中应包含一定区域的室外环境。立面图 1 个，1:200；剖面图 1 个，1:200。
2. 画出内部庭院（与茶室紧邻）的平面布置详图 1:100，及该庭院的内部透视图或轴测图。
3. 外观透视图不少于 1 个，透视图应能够充分表达设计意图。

核心考点：

1. 考建筑与不规则地形的呼应，以及建筑与三条城市道路的形态和空间关系。
2. 围合形平面的不同组织形式。

4. 考生须根据设计构思，画出能够表达设计概念的分析图。
5. 在平面图中直接注明房间名称，有使用人数要求的房间应画出布置方式或座位区域。首层平面必须注明两个方向的两道尺寸线，剖面图应注明室内外地坪、楼面及屋顶标高。
6. 图纸均采用白纸黑绘，徒手或仪器表现均可，图纸规格采用 A1 草图纸（草图纸图幅尺寸 841mm×594mm）。
7. 图纸一律不得署名或作任何标记，违者按作弊处理。

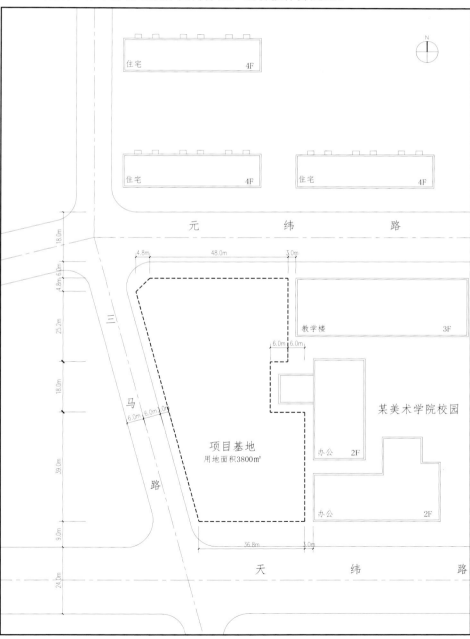

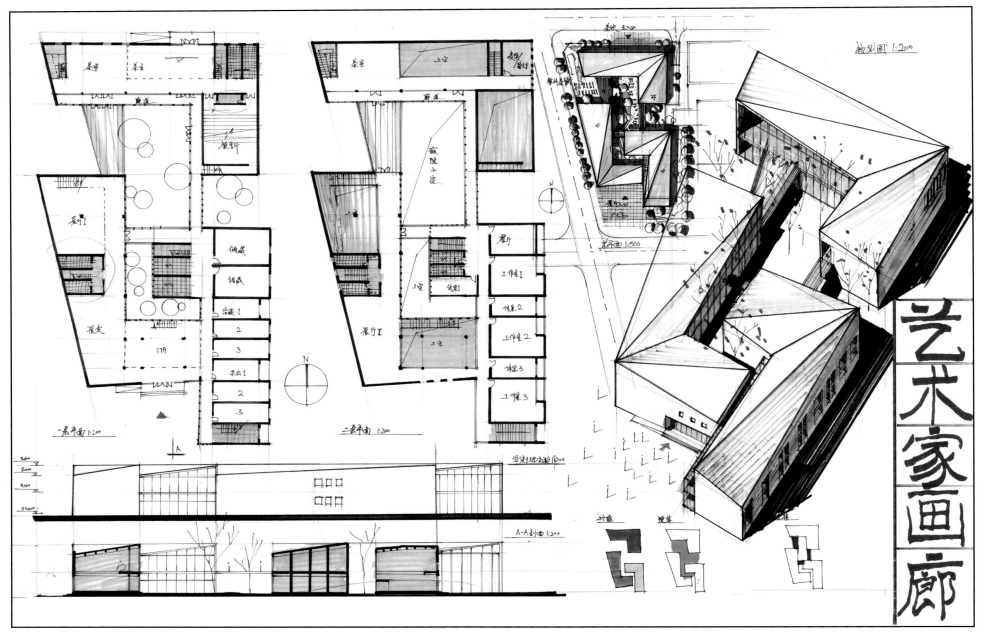

艺术家画廊

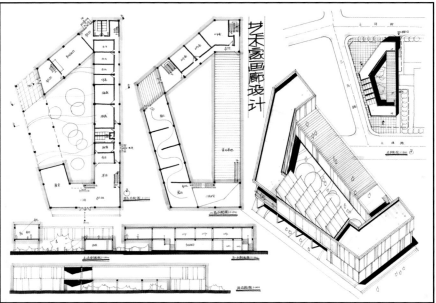

艺术家画廊设计

延伸阅读:

方案点评:

两个方案的相似之处在于:运用 L 形或 U 形形体围合场地,并适应不规则地形。

上方案功能采用平面分区。在不规则场地中组织 3 个不同功能的 L 形体块,并通过旋转、围合产生庭院空间。不足的是:工作室朝向欠佳。建议北侧体块为工作室、办公功能,西侧为茶室、会议功能,东侧为展示功能。

下方案通过形体叠加,形成底层架空和屋顶露台,实现空间的连续和场地内外的贯通。斜切的体块退让出三角形广场来应对城市道路转角,形成工作室和办公的入口。不足的是:道路转角空间切角过大;工作室朝向不佳;茶室对外营业的要求考虑不足。

上方案作者:周宝林(设计手法类似于 2015 年同济大学初试快题 130 分的两个优秀方案)

下方案作者:卢文斌(在同济大学 2015 年初试快题中获得 130 分,设计手法类似于其厦门大学 2010 企业家会所设计)

哈尔滨工业大学 2011 年硕士研究生入学考试初试试题

题目：哈尔滨民俗博物馆（6 小时）

哈尔滨的中华巴洛克历史文化街区有 100 多年历史，保存了大量历史建筑、胡同和院落，它们都是哈尔滨市近代发展史的见证，具有极大的历史价值和美学价值，中华巴洛克风格建筑，是西洋"巴洛克"建筑风格与中国建筑艺术在立面装饰技巧上的有机结合，在外立面上保留了巴洛克建筑的精美造形和装饰手法，并融入中国民族文化元素进行图案装饰；在平面布局上，保留了中华民族传统的四合院格局。

为展示哈尔滨传统的民间文化，拟在保护区内建哈尔滨民俗博物馆一座，总建筑面积为 2000 ㎡（±5%），建筑需要考虑与周边建筑和道路的关系，满足博物馆类建筑在流线上设置、展示环境等方面的要求；探求建筑与自然环境及人文环境之间的共生互动关系：建筑层数不超过三层，适当设置停车位和室外活动场地，用地详见地段图。

一、设计内容

建筑的功能组成见下表：

总面积	2000 ㎡（±5%）	业务研究		120 ㎡
门厅：内含售票、信心咨询	200 ㎡	其中	文物修复	30 ㎡
展示面积：可设 2～3 个展厅、内含讲解员休息室、广播室等	800 ㎡		研究室	30 ㎡
藏品库房	200 ㎡		展陈设计	30 ㎡
公共教育	300 ㎡		刊物出版	30 ㎡
其中	报告厅	150 ㎡	休闲服务	80 ㎡
	教室	50 ㎡	其中	咖啡厅	40 ㎡
	图书馆资料室	50 ㎡		图书和纪念品销售部，可与门厅结合	40 ㎡
	观众参与活动中心	50 ㎡			
后勤办公	150 ㎡	其他		150 ㎡
其中	行政管理	30 ㎡×3		地面停车	8～10 辆
	水泵房	20 ㎡		室外展场	300 ㎡
	消防控制室	20 ㎡		室外演出	300 ㎡
	变配电室	20 ㎡			

二、图纸要求

1. 图纸内容
   - 总平面图　　　　　　　1:500
   - 各层平面图　　　　　　1:200～1:300
   - 立面图 2 个　　　　　　1:200～1:300
   - 剖面图 1～2 个　　　　1:200～1:300
   - 透视图（透视角度不限）
   - 各种分析图
   - 设计说明及技术经济指标
2. 图纸要求
   规格为 A1 图幅（841mm×594mm），徒手绘制在白色绘图纸上，表现方式不限。

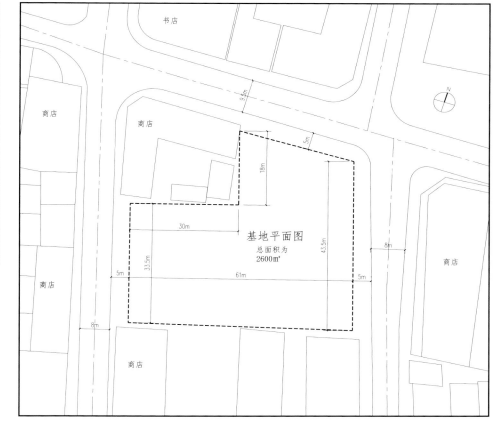

核心考点：

1. 考查建筑与不规则地形的呼应，以及外部展示和演出空间的设计。
2. 围合形平面网格的功能、空间及形态设计。

方案点评：

　　两个方案的相似之处在于：都通过半围合形态来适应地形同时取得与原有建筑的和谐。不同的是上方案是 U 形围合，而下方案是 L 形围合。

　　上方案整体布局为一短一长的南北两条，通过三层的联系形成 U 字形围合。功能分区平剖结合，一层南侧一条布置库房研究功能，北侧一条布置办公功能；二层布置门厅与公共活动等功能；三层布置展厅功能，干净合理。形体处理上，将南侧一条处理成间隔性的单元形体以取得与南侧既有建筑风貌的一致性。U 形体量的围合空间布置室外看台，构思巧妙。不足的是：入口正对卫生间，不甚合理。

　　下方案通过简洁的 L 形坡屋顶体量与原有建筑形成围合之势，再通过减法操作创造出了架空、露台与台阶式空间。室内台阶展览和室外台阶空间内外协调一致，丰富多变，体现了多样统一的美学原则。架空既形成了入口的灰空间，同时也产生了室外展示和室外表演的空间连贯和延续。不足的是：主入口开在次要街道上，建议主次入口广场空间互换。

上方案作者：闫启华
下方案作者：卢　品

延伸阅读：

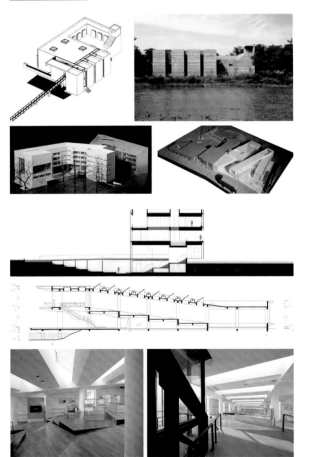

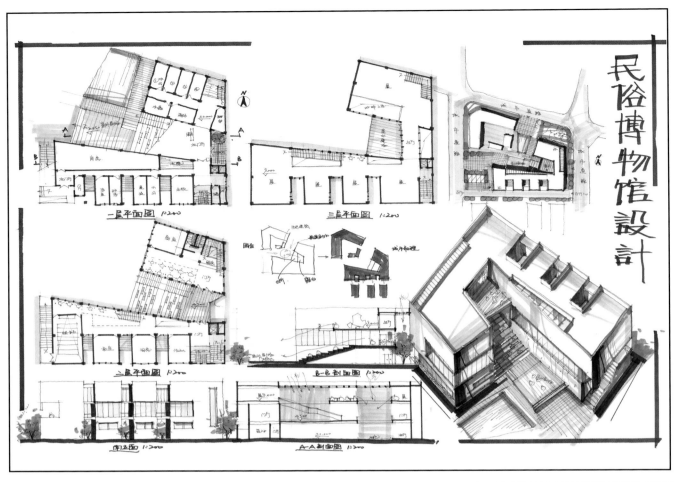

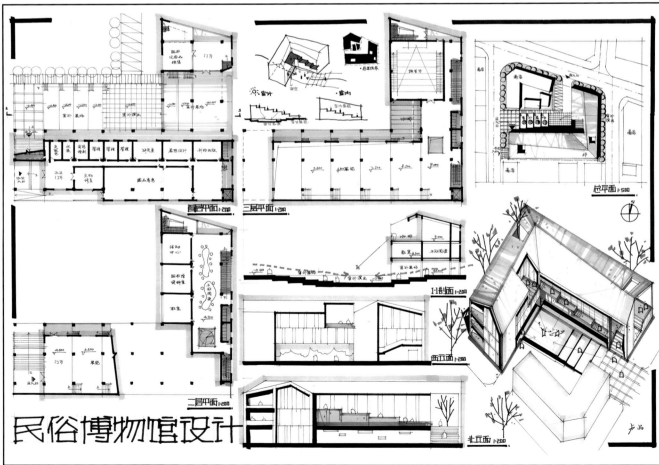

华南理工大学 2016 年硕士研究生入学考试初试试题

题目：南方某高校小型社区活动中心设计（6 小时）

一、项目概况

用地位于南方某高校校园内，场地为三角形用地，周边三面临路，北高南低，标高从 36.00m 到 37.30m，场地分为两个平台，场地北侧为多层民房，东侧为 9 层高框架结构教工住宅。西南临九一八路，隔路为小区游园及底层独立式住宅，场地内有众多的树木，拟建设的项目定位为小型社区活动中心，主要满足社区服务、老人及老人看护儿童之活动场所。设计要求结合周边环境对建筑做适当架空处理，以便儿童在室外活动时给老人提供一定的看护场所。同时要求对内外部空间进行必要的个性化设计，并选择场地周边的一条路进行步行化改造。（用地地形详见附图）

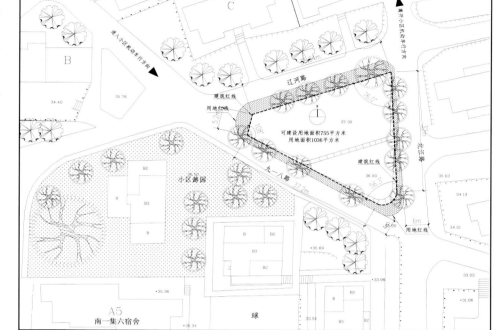

二、设计内容及面积指标

用地面积 1036 ㎡，总建筑面积控制在 900 ㎡以内。
1、社区服务中心 2 间，25 ㎡／间
2、面包屋 40 ㎡
3、养生讲堂 100 ㎡
4、棋牌室 4 间，20 ㎡／间
5、看护空间 30 ㎡
6、会议室 60 ㎡
7、值班室 20 ㎡
8、休息茶座 60 ㎡
9、门卫、楼梯、电梯、公共卫生间等自定
10、小菜园 30 ㎡，适当设置老人、儿童活动场地
11、其他个性化功能空间自定。

四、设计要求

1、建筑平面退缩见地形图所示，建筑红线范围外不能出挑建筑，建筑高度不超过 3 层；
2、结合老人活动及儿童看护要求进行公共空间个性化设计；
3、建筑设计要求功能流线及空间关系合理；
4、结构合理，柱网清晰；
5、符合有关设计规范要求，建筑应考虑无障碍设计；
6、对周边室外场地进行环境设计；
7、设计应表达清晰，表现技法不限。

五、图纸成果

1、总平面图　　　　　1:500
2、各层平面图　　　　1:150 或 1:200
3、立面图 2 个　　　　1:150 或 1:200
4、剖面图 1～2 个　　1:150 或 1:200
5、透视图 1 个，图面不小于 A3
6、主要经济技术指标及设计说明

核心考点：

1. 建筑对高差地形处理，以及对不规则地形的利用。
2. 在极小的场地下　如何处理三角形产生的负面空间。

　　两个方案相似之处在于：运用条形体块围合空间，并适应不规则地形。

　　上方案在三角形平面内，用减法操作形成多角度的架空和露台，给社区居民提供多样的交流空间。形态上三角形的转角处理成空腔，容纳树木，场地上的地形高差则处理成台阶和叠水空间，空间上三角形围合的中心庭院通过外部楼梯串联三个平台，成为整个建筑的核心。功能布局采用剖面分区，一层为门厅类功能，二层为茶室、讲堂，三层为办公和棋牌。

　　下方案用两个条形南北布置，并通过错位的室外平台进行联系，巧妙地处理了高差，呼应了地形，四两拨千斤。功能动静分区也优于上方案，一层为茶室、棋牌较动的功能，二层为办公、服务，三层为讲堂会议，每层都有室外交流平台。

上方案作者：粟诗洋
下方案作者：沈　钰

延伸阅读：

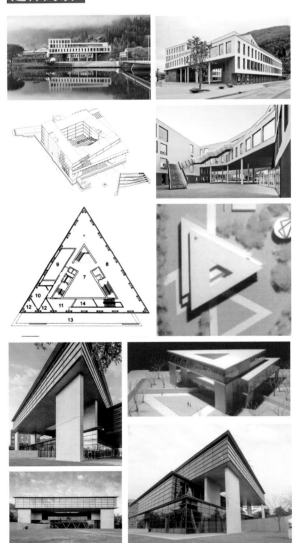

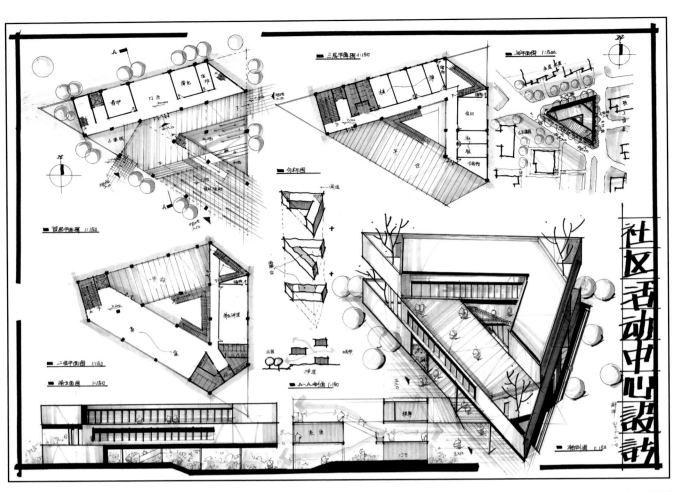

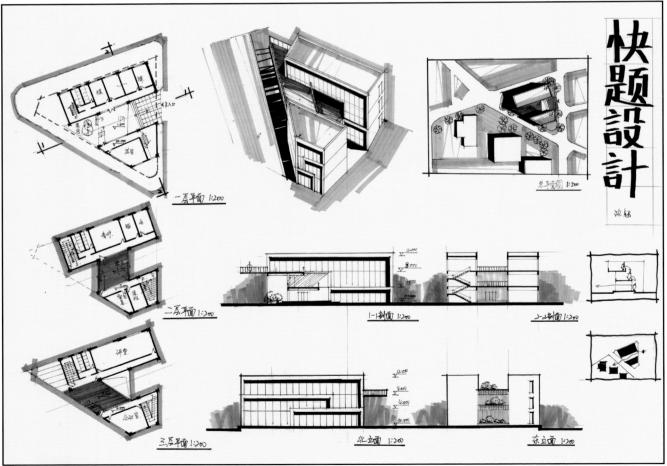

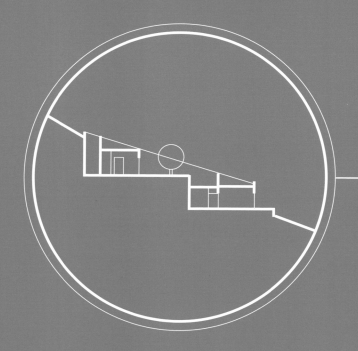

专题六 形体组织与地形高差

快题设计中地形的高差变化往往会带来功能布置与形体处理上的较大挑战。此部分重点考查形态与地形契合的操作，以及功能、空间在不同标高平面合理布置的能力。此类题目对考生的设计能力要求较高，也经常出现在各高校快题考试中。同时高差类题目还可以结合景观关系等限制条件来考察，进一步增加设计难度。此类题目更应该引起同学们足够的重视。

将形体组织与地形高差作为主要考查对象的题目类形大致可分为以下三种：
（1）高差在 1.5m 以下的平缓基地题目。
（2）高差在 1.5m ～ 2m 的缓坡题目。如同济大学快题周河畔艺术馆设计、东南大学 2015 年快题周滨水餐厅设计、东南大学 2016 年初试快题游客服务中心设计、合肥工业大学 2011 年初试快题巢湖文化陈列馆建筑设计等。
（3）高差在 3m ～ 4m 的陡坡题目。如同济大学 2013 年初试快题山地会所设计、南京大学 2011 年复试快题风景区餐厅设计、清华大学 2013 年初试快题北方社区文化站设计单。

针对地形高差设计类的题目，以下的设计策略可以借鉴：
（1）建筑形体设计充分考虑坡地地形条件。总体而言，避免破坏地形、过度改造，尽量平衡土方量，避免出现运土方的情况；综合考虑基地坡方、朝向与景观面的关系，建筑的形体与空间宜适应坡地的特征，不能不顾地形特点，任意发挥。建筑形体与高差地形的接触姿态可分为三类：
a. 地下式，即将建筑体量埋入山地之中，类似于窑洞的处理形式。
b. 地表式，地表式又细分为错层、掉层、跌落、错迭等不同的剖面处理形式。
c. 架空式，即将建筑架起在山地之上。此种方式又可分为架空形和吊脚形接地方式。

（2）针对不同高差运用不同设计技法应对地形与建筑形体关系。高差小于 1.5m 时，缓坡地形处理成建筑内部平面变化，如台阶式展览或台阶式餐厅等；或将建筑不同部分沿高差上下错落。高差 1.5m ～ 2m 时，半层高差处理成错层的空间或台阶式空间。高差 3m ～ 4m 时，可以将高差处理在内部空间，也可以利用高差形成上下层的退台或滑动的形式，以形成更丰富的形体关系，并更好地融合地形。

同济大学 2011 年快题周试题

题目：河畔艺术馆设计（3 小时）

一、设计任务

1. 任务介绍

建筑基底处于南方某艺术聚集区内部，为一对夫妻设计师拟建一座艺术展馆兼艺术工作室，主要创作及展出艺术品为雕塑及绘画。

某地东西两侧现已有建筑物，南北方向分别是道路与河道，道路与河道的河岸之间存在 1.5m 的高差，坡度均匀，基底内部有一废弃，直径 1m 的古井。

2. 设计要求

建筑限高 9m（从道路高度算起），总建筑面积不大于 400 ㎡。

设计师有一件高 6m、长 2m、宽 2m 的雕塑需要在展厅中展出。可对基底平面进行修整，但土方量不可增加，且下挖深度不低于河岸高度。

对古井可做适当处理，但不可拆除，已有建筑墙体可共用。

3. 功能要求

- 展厅　　　　100 ㎡，层高不小于 4m
- 储藏　　　　50 ㎡，层高不小于 4m
- 工作室　　　100 ㎡
- 停车位 1 个（需满足要求），接洽兼休息室 30 ㎡
- 楼梯卫生间自定

二、图纸要求

1. 各层平面图　　1:100（首层需绘制整个基底）
2. 南北立面图　　1:100
3. 横纵剖面图　　1:100
4. 轴测和剖轴测表现图

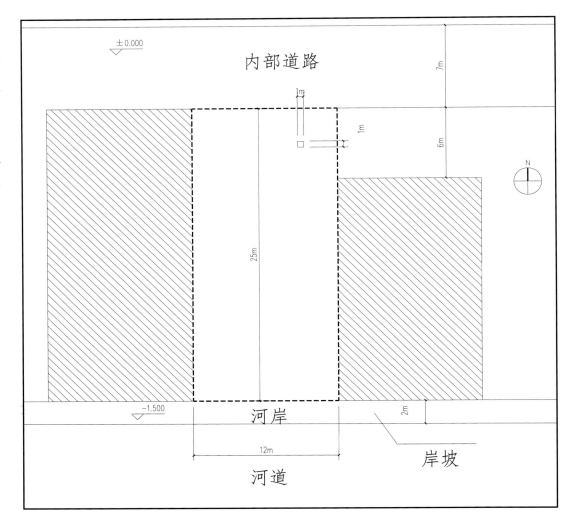

内部道路

±0.000

25m

−1.500

河岸

12m

河道

岸坡

2m

7m

6m

1m

1m

N

核心考点：

1. 考查考生处理微型高差地形的能力，以及建筑与古井、河道的空间关系。
2. 两条平面网格的功能、空间及形态设计。

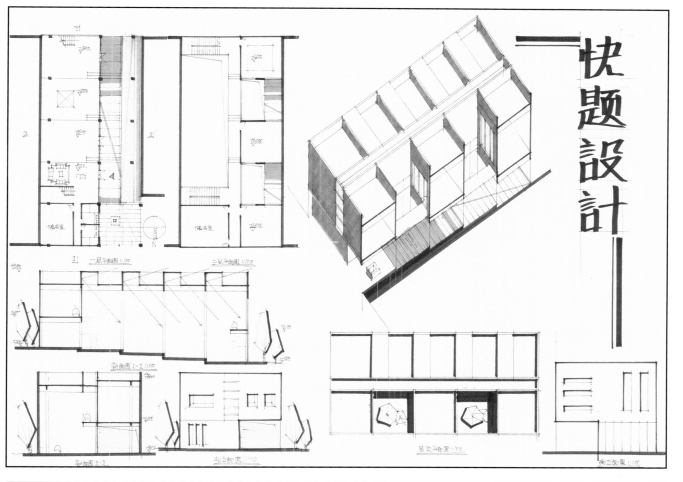

快题设计

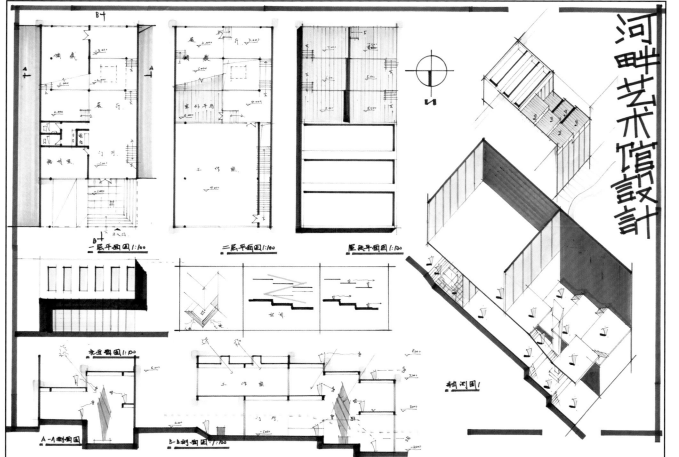

河畔艺术馆设计

方案点评：

　　两个方案的相似之处在于：运用台阶式展览来处理地形高差。

　　上方案通过底层架空连通了道路、古井与河岸，并结合景观设计，产生积极的城市空间价值。形体上运用间隔空间的手法拆解画室功能，形成丰富的立体空间，同时为建筑内部带来采光。不足的是：停车位距古井过近。

　　下方案将台阶式空间运用的非常彻底，不仅内部形成螺旋式展览，外部形态上也与其统一，形成对河道的形体退让和观景的外部露台。不足的是：卫生间为暗房间。

上方案作者：赵洁琳（在同济大学 2013 年初试快题中获得 125 分最高分，设计手法类似于同济 2005 年初试快题社区活动中心设计及同济 2013 年初试最高分考场作品）

下方案作者：黄　华（在西安建筑科技大学 2016 年复试快题中获得最高分 90 分）

延伸阅读：

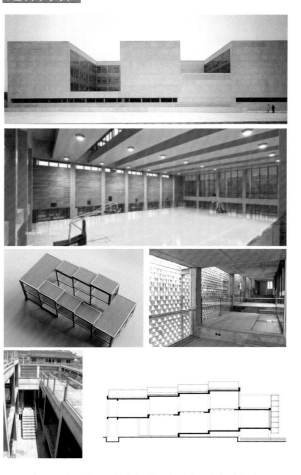

重庆大学 2012 年硕士研究生入学考试初试试题

题目：城市商业综合体设计（6 小时）

  用地位于城市中心地带，地块西北面紧邻城市干道并靠近公共交通停靠站，现有一条人气旺盛、使用效果良好的商业步行街南北向穿越场地，并且连接到地块东北和西南面的商业建筑内部，穿过东北面的商业建筑可直达城市广场，区位交通方便，环境条件好，场地内有一定的高差，最大高差约为 5.5m，用地面积 4725.0 ㎡。根据城市功能布局要求，需新建一栋商业综合体建筑，将场地南北两幢商业建筑有效地连接起来，形成完整的商业中心，建筑面积 4500 ㎡～5000 ㎡。

一、设计要求

  1. 保持城市总体关系和步行商业街的完整性。保留并完善原有商业街，与商业综合体有机组合成为一个统一整体。
  2. 保持与现状建筑良好的空间交流和联系，共同营造城市商业中心的氛围。
  3. 场地西北面紧邻公交车站场处退后用地红线不小于 10m，形成临街广场，其余三方根据设计需要进行控制，但要求与现有建筑有直接方便的紧密联系（场地东北、西南面亦可不退红线紧靠现状建筑进行设计）。
  4. 结合场地高差以及周边现状环境条件合理组织功能布局和空间流线。
  5. 为市民提供购物体验、娱乐休闲和活动参与的公共开放空间，创造功能完善、流线清晰、环境舒适、特色突出的商业综合体，展示现代商业中心的活力和形象。

二、主要建筑指标及功能要求

  1. 总用地面积：4725.0 ㎡
  2. 总建筑面积：4500 ㎡～5000 ㎡
  3. 建筑高度：不大于 3 层
  4. 场地西北紧邻公交站场处退后建筑红线不小于 10m
  5. 容积率：0.9～1.1
  6. 建筑密度：≤ 40%

三、功能要求（交通面积均包含在各功能空间之中）

  1. 商业空间（主力店≥ 200 ㎡、精品店≥ 1000 ㎡）
  2. 休闲活动空间（餐饮、咖啡、酒水吧等≤ 1000 ㎡）
  3. 值班及办公管理用房、卫生间、储藏等辅助空间（≤ 500 ㎡）
  4. 东北、西南方向必须保持与现有城市商业的相互连通，西北结合场地高差合理组织建筑各功能空间。

四、图纸要求

  1. 总平面图（结合场地关系进行用地及环境布置和流线组织，标注建筑层数、标高、建筑尺寸、出入口位置等） 1:500
  2. 各层平面图及交流分析图（完整表达建筑设计与现状建筑、设计建筑与场地的关系，合理进行功能布局和流线组织等，并画出流线分析图） 1:200～1:250
  3. 立面图（至少 1 个，但必须是沿主街方向的立面） 1:200～1:250
  4. 剖面图（不少于 2 个，按图中所示位置画出纵剖和横剖，其中必须有 1 个剖面是沿商业街方向且能剖到设计建筑和现状两幢建筑，表达设计建筑与现状建筑的连接组合关系，标明建筑接地方式、标高等） 1:200～1:250
  5. 表现图（表现形式不限）
  6. 技术经济指标及简要的设计构思说明

核心考点：

  1. 考查建筑对于西侧公交站人流、东侧两条道路人流以及现有商业步行街的回应。同时也需考虑对于南北商业建筑的衔接。
  2. 流线形平面的不同组织形式，以及商业综合体的建筑性格与特点。

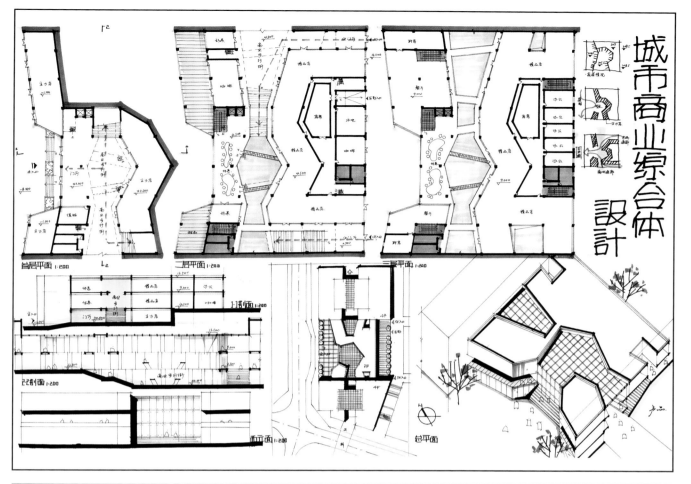

城市商业综合体设计

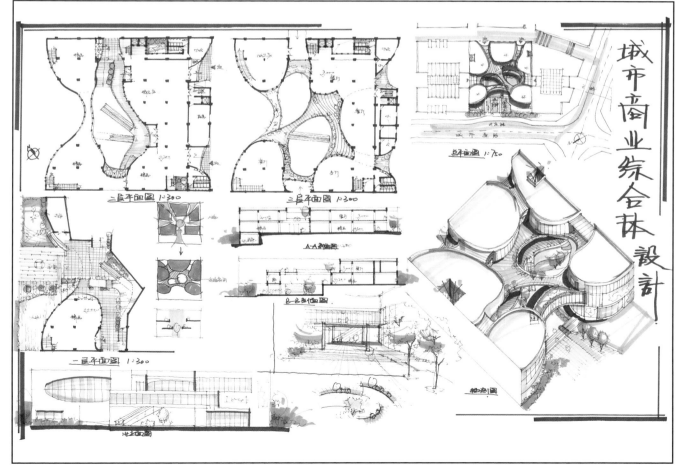

城市商业综合体设计

方案点评：

　　两个方案的相似之处在于：都延续了原有的南北向商业综合体的空间，同时也都考虑引入公交站的人流，并连接了东侧两条商业街。

　　上方案着重塑造了南北向的室内商业街。一层平面在公交站处设计主入口与门厅，将人流引入建筑内部，人流可以经过大台阶上到二层平面，二、三层也都沿着内街布置商业店铺。建筑的后勤辅助部分布置在东侧靠近次要道路一侧，不占用沿街商业价值。建筑造型设计来自对基地等高线的回应，通过折线的切分来增加建筑的形态感与表现力，符合商业建筑的性格特点。建议在二层大台阶处增加通往三层的自动扶梯。

　　下方案以花瓣、峡谷为设计理念，并运用曲线造型塑造了精彩的商业流动空间。底层平面设计了水池、室外扶梯等丰富的景观元素，将西侧的人们引入建筑内部。二层围绕南北向的商业街进行商业布置，并辅以室外露台，同时将东侧的人流直接引入商业内部。三层空间更为流动开放，通过对体块的切分，创造了流线形的5个体块和室外平台，以及峡谷中庭，也为南北侧的商业预留了贯通的室外道路。建筑造型多变，空间相互渗透，层层退台，具有丰富的商业氛围。建议再推敲三层体块内中庭的位置与形态。

上方案作者：卢　品
下方案作者：闫启华

延伸阅读：

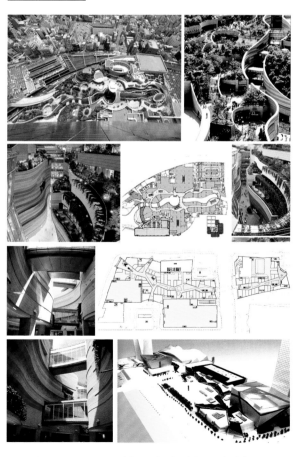

同济大学 2013 年硕士研究生入学考试初试试题

题目：山地会所设计（3 小时）

一、设计任务及建设用地

拟在长江三角洲地区某城市近郊设小形商业会所一处。建设用地南北向长 60m，东西向长 25m，共计面积 1500 ㎡（见用地平面图）。用地的正南向为城市中心方向，拥有良好的景观。

用地地形的高程自南向北逐步提高，最低处的相对标高为 0.00m，最高处相对标高为 6.00m，用地平面图总等高线每根高度差为 0.50m。在用地南北两侧均有通往城市中心的东西向城市道路，南侧道路红线宽 12m（机动车道 7m 宽，两侧各设 2.5m 人行道），相对标高 0.00m，北侧道路红线宽 7m（无人行道），相对标高 6.00m。

会所总建筑面积为：1200 ㎡，面积允许误差 ±15%。

二、功能分配

1. 门厅及餐饮区（500 ㎡）
   - 门厅　　　　　40 ㎡（布置总服务台 ）
   - 咖啡厅　　　　60 ㎡（可结合门厅布置）
   - 餐厅　　　　　200 ㎡
   - 厨房　　　　　60 ㎡
   - 茶室　　　　　20 ㎡ ×5
   - 卫生间　　　　20 ㎡ ×2（男女各 1 间），共 40 ㎡
2. 客房与健身区（250 ㎡）
   - 健身房　　　　100 ㎡（含更衣室）
   - 客房　　　　　30 ㎡ ×5（每间设独立卫生间）
3. 服务于管理用房（120 ㎡）
   - 办公室　　　　20 ㎡ ×2
   - 物业管理　　　20 ㎡
   - 商务中心　　　40 ㎡
   - 卫生间　　　　20 ㎡（宜男女各 1 间）

三、设计要求及说明

1. 南北两侧用地红线与道路红线重合，建筑红线退用红线不小于 3m，东西两侧建筑可贴用地红线。
2. 建筑不超过 3 层，高度自用地表面垂直向上不超过 10m。
3. 建筑用地南北两侧的标高不能改变，但之间有等高线范围内的地形可根据设计需要予以适当调整，如改变坡度，设置挡土墙等。
4. 结合餐饮、咖啡、健身等公共用房，可设相应的室外活动场地。
5. 入口设置：应设主入口以及服务功能入口等至少两处。
6. 不考虑布置机动车和非机动车的停车设施，但应在总平面图、一层平面图标明建筑入口与城市道路间的连接关系，并在一层平面图中（用地范围内）布置室外环境。
7. 若需要，用地范围内新设的道路或通道的坡度不大于 7%。

四、设计表现要求

1. 总平面图，1:500
2. 各层平面图、屋顶平面图（如必要，可绘制某标高的平面图），其中，一层平面图应在用地范围内布置室外环境，1:200
3. 立面图（不少于 2 个，且为相邻的 2 个面），1:200
4. 剖面图，南北向（剖切线与等高线垂直）剖面图，比例 1:100
　　　　　东西向（剖切线与等高线垂直）剖面图，比例 1:200
5. 轴测图，比例 1:200
6. 体现设计意图的分析图和文字说明（不是必要内容）
7. 设计表现用纸为 A1 规格，页数、纸质不限；尺规、徒手表现均可。

五、附图
用地平面图

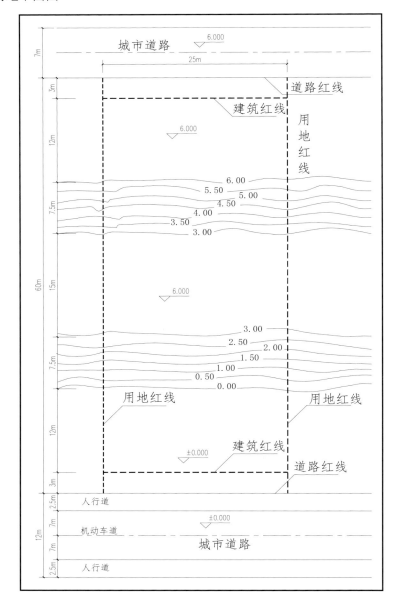

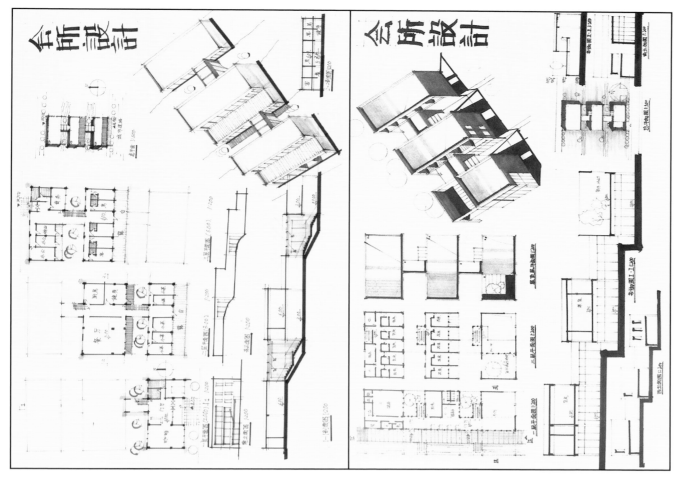

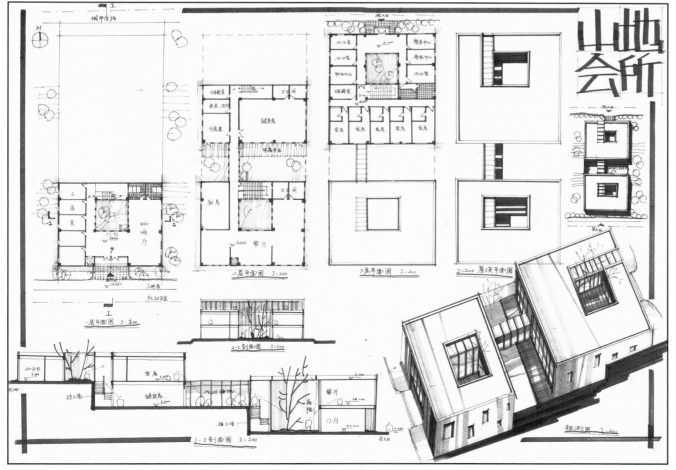

上两个方案的相似之处在于：将建筑设计成 3 条加连廊的形式处理地形高差，并通过庭院保证各房间的采光和通风。

上左方案动静分区明确，一层为门厅、咖啡厅；二层为餐饮、健身房；三层为客房、办公区。形态上，通过房间面积差异叠加出退台空间。不足的是：厨房没有对外出口，且与餐厅之间隔着公共走道。

上右方案结合地形特点，形成连贯南北的架空空间。不足的是：餐饮流线、客房与商务办公流线混杂，厨房距餐厅过远。

下方案以 2 个回字形体块嵌入山体的方式来处理地形高差，并通过内挖庭院解决通风采光。庭院旁边的楼梯和门厅，丰富了空间体验。功能布局合理清晰，北部体块为客房、健身和办公；南部为茶室、餐饮。形态完整，简洁明朗。不足的是：厨房没有单独入口，客房卫生间布局不合理，宜成组布置。

上两个方案均为考场 125 分最高分方案（考后绘制）

上左方案作者：蔡兴杰

上右方案作者：赵洁琳（在同济大学 2013 年初试快题中获得 125 分最高分，方案条形布局来组织功能的设计手法类似于其河畔艺术馆、2005 年同济初试社区活动中心、同济快题周区级文化馆设计）

下方案作者：沈忱（2014 年第一名保送到哈尔滨工业大学）

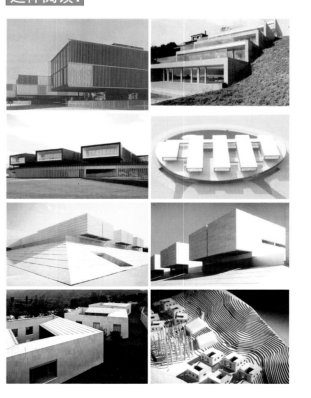

上方案将功能整合为3个部分：一层为门厅、餐饮，二层为茶室、办公，三层为客房、健身。并形成3个体块，坐落在不同台地标高上，呼应地形。形体上运用滑移和架起，产生大面积屋顶露台和灰空间来应对景观。空间上根据地形设计的剖面较为精彩，错位的通高、台阶式的咖啡厅以及通往屋顶的室外台阶非常连贯，一气呵成。

下方案对整体体块做减法，产生错落的庭院和二层露台，既解决了采光问题，又提供了外部交流场所。利用高差设计的室外餐饮区，实现了与室内咖啡厅的渗透。

上方案作者：黄华（在西安建筑科技大学 2016 年复试快题中获得最高分 90 分）

下方案作者：沈丹

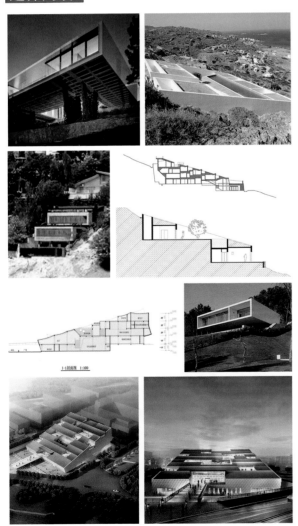

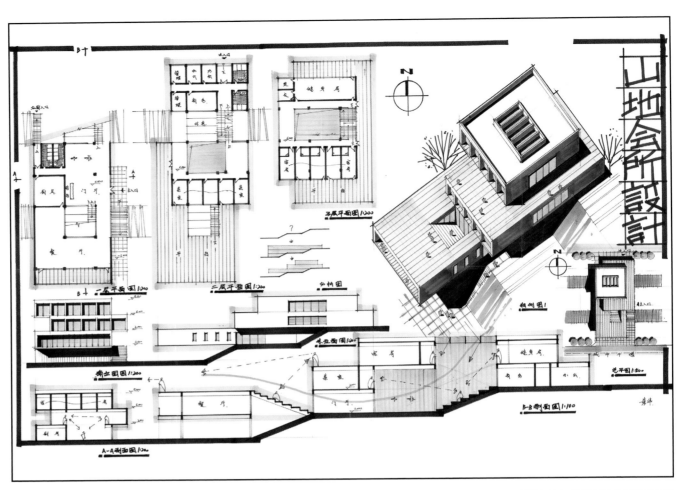

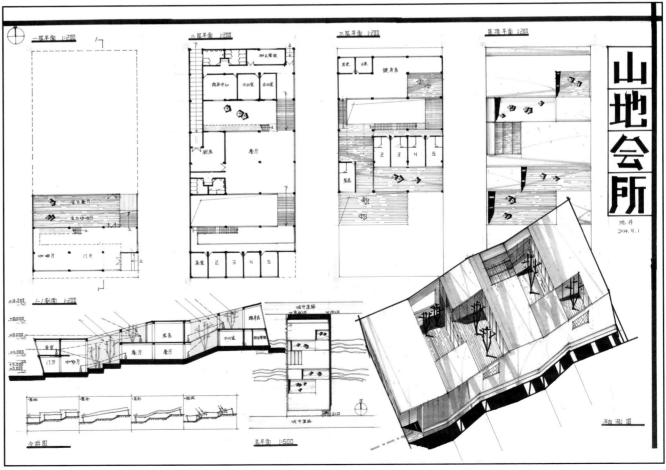

东南大学 2016 年硕士研究生入学考试初试试题

题目：游客服务中心设计（2 小时）

　　某湖边景区需修建一游客服务中心，满足游客问询咨询、休憩观景的需要；同时兼作游艇码头，湖边现有一条 4m 宽道路与湖岸平行，道路边线距离湖岸约 20m，道路标高约 18.0m，湖面常年水位 13.0m（详见地形图）。游客服务中心总建筑面积不超过 700 ㎡，建筑形体控制在 36m×15m×9m（长 × 宽 × 高）的空间体以内。

一、设计要求

　　1. 公共服务部分包括咨询、纪念品销售、售票等区域，面积自定。
　　2. 休息茶座（含服务操作区及柜台，不设厨房）100 ㎡～ 120 ㎡。
　　3. 游艇候船区约 80 ㎡～ 100 ㎡，需考虑检票口的设置。
　　4. 公共卫生间 1 组，需兼顾过路游客的使用，约 60 ㎡。
　　5. 办公室 3 ～ 4 间，共约 80 ㎡。
　　6. 栈桥等附属设施：可同时停靠 2 艘游船，游艇尺寸（长 × 宽 × 高）
12.5m×4.0m×4.5m。

二、图纸要求

　　1. 各层平面图（表达内部功能及与环境的关系，无需表达门，窗等细节）
比例 1:100

　　2. 剖透视（切剖方向及位置自定，需表达空间关系及门、窗、梁、柱等细节）
比例 1:100
　　3. 剖透视（切剖方向及位置自定，需表达空间关系及门、窗、梁、柱等细节）
比例 1:100
　　4. 轴测图

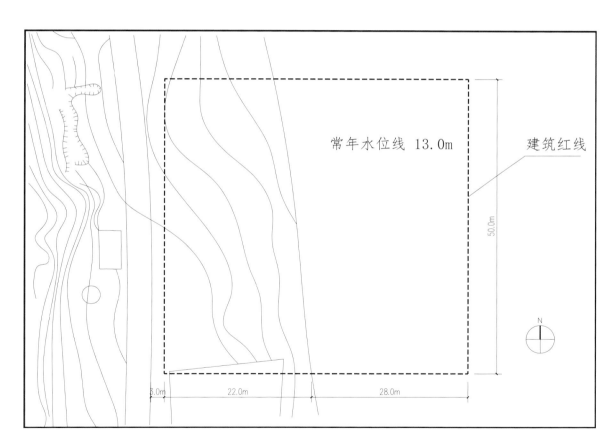

常年水位线 13.0m　建筑红线　50.0m　3.0m　22.0m　28.0m

　　1. 建筑与地形高差及湖面景观的呼应关系。体积限制下的形态和外部空间设计。本题的体积限定类似同济 2014 年免试研究生快题题目：冰块融化。
　　2. 两条平面网格的功能、空间及形态设计。

方案点评：

　　两个方案用了不同的思路应对地形高差，并和景观产生呼应。上方案建筑形态与等高线平行处理高差，下方案和等高线垂直处理高差。

　　上方案利用地形高差将房间型和空间型区分得非常明确，即：办公部分两层均等叠加，茶室和候船区为台阶式空间，面对湖面。这两部分通过景观门厅进行联系。形态上运用减法形成主入口穿通的景观通廊，和屋顶的侧面采光窗口。

　　下方案利用将房间型叠加在道路一侧，将茶室、候船区开放空间设计在滨水一侧。结合地形高差设计半室外台阶式阳光候船区，并与茶室、湖景产生视线交流，形态上根据地形特征差生折叠、架空的姿态，形式感较强，不足的是：形态不够成熟，还需要细化、提升。

上方案作者：赵新洁（跨专业学员，在同济大学2014、2016年初试快题中获得最高分130分）
下方案作者：陈颖军

延伸阅读：

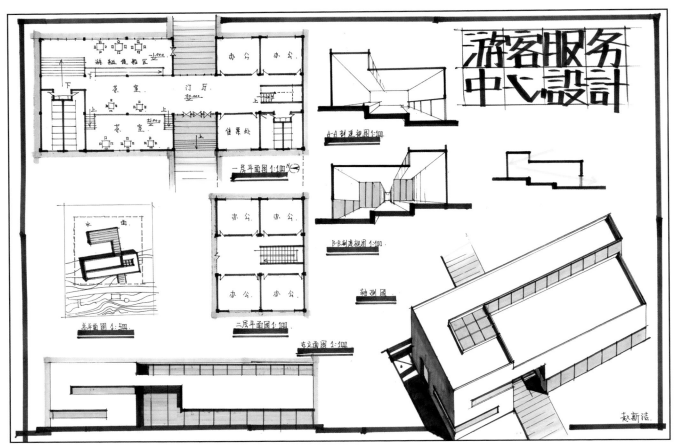

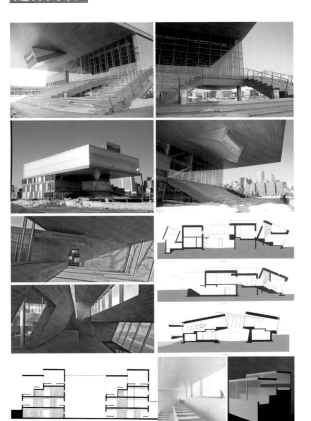

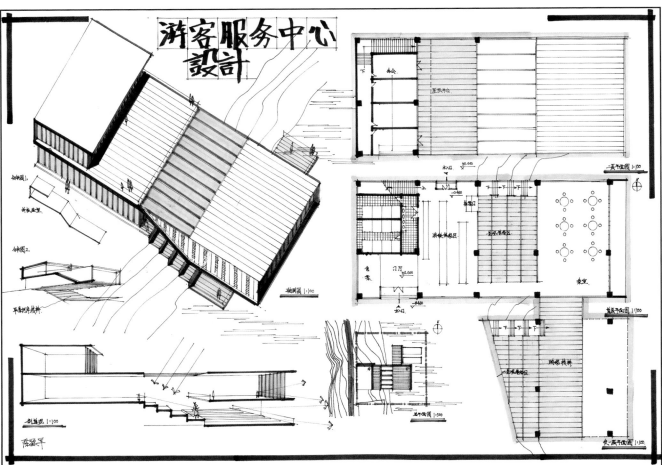

清华大学 2016 年硕士研究生入学考试初试试题

题目：网络学习中心设计（6 小时）

一、题目概况：

建设用地位于校内现有社科楼（文北楼）和文科图书馆之间，南邻泥沙实验，北侧为校团委及广播台小楼，现为人工山及地下粮库，可建设用地总面积约 2320 ㎡，计划平整土地后按周边现有道路标高建设（东南高，西北低，高差约 2.4m）。用地东侧为校园主干路（学堂路），限制机动车通行，西北侧道路可作为机动车服务路。

二、设计内容

该总建筑面积控制在 4000 ㎡ ±5%，建筑总高度不高于文科图书馆（建筑高度 22m）。建筑各功能组成房间的使用面积如下：

1. 公共部分：
   - 多功能厅（净高≥6m）：300 ㎡ ×1
   - 附设音像控制室：30 ㎡
   - 展厅（宜采用开放式，临近多功能厅布置）：180 ㎡ ×1
   - 150 人学术报告厅（需起坡，有单独对外出入口）：180 ㎡ ×1
   - 中型网络会议室：90 ㎡ ×2
   - 小型网络会议室：30 ㎡ ×4

2. 学习空间：
   - 开放式自习空间：不少于 400 座，面积自定
   - 自助式打印、复印：每层集中设置，面积自定
   - 电子资料特藏室：120 ㎡ ×1
   - 培训教室：90 ㎡ ×2
   - 小组讨论室：30 ㎡ ×8

3. 餐饮部分：
   - 咖啡快餐厅：180 ㎡ ×1
   - 厨房（仅提供外送快餐的加热等简单服务，必须有外窗）：30 ㎡ ×1

4. 行政管理用房：
   - 行政办公室：30 ㎡ ×8
   - 60 ㎡ ×1

中心机房（非开放区域，不需要自然采光通风，层高不低于 4.5m，平面形状方整，且须有至少一边邻接周边道路，以方便设备管线安装）：300 ㎡ ×1

另需设置门厅、门卫值班、厕所、楼电梯、走廊等辅助空间。

在总平面设计中，建筑与社科楼之间应保持安全合理的间距。场地设计不限于用地红线之内，应能解决场地两侧高差问题。地块总绿化率不低于 30%，并设置一定的室外休闲活动场地。

在建筑西侧或者北侧安排不少于 6 个地面停车位（在场地设计范围内，但不要求在用地红线之内）。

建筑应考虑无障碍设计（包括入口的残疾人坡道，残疾人专用厕位，电梯等）。

三、图纸要求

1. 总平面图：1:500
2. 各层平面图 1:200
3. 主要立面图（2 个）1:200
4. 主要剖面图（2 个）1:200
5. 透视图（表现方法不限，但不能用轴测图代替）
6. 设计的简要说明及经济技术指标。

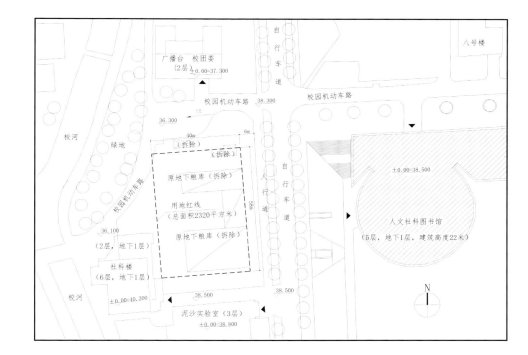

核心考点：

1. 在长条形的基地中对建筑形体、功能流线上的处理。
2. 建筑与西侧绿地、河流的视看关系以及在空间上的联系。

方案点评：

　　两个方案的共同之处在于：运用矩形体量的叠加及小庭院的操作来合理容纳功能，解决建筑的采光、通风，并通过大台阶操作形成不同人流的分层。

　　上方案应对高差的操作是：在场地中处理出 -2.4m、-1.2m 以及 0m 这 3 个层高，分别对应多功能厅、报告厅以及办公 3 个功能，同时满足了不同功能的房间对层高的要求。为了解决房间的采光问题，作者切割出了庭院空间，不仅消解了体量，也丰富了门厅空间。形体上采用几个体块叠加的操作，一层作为大基座；二层适当退让，形成了入口的灰空间以及室外露台应对景观，并大量采用玻璃体；三层大盒子统一全部。不足的是，设备机房的标高交代不清楚，教室、讨论室的流线和开放自习区域有重合，建议将自习区适当间隔避免人流干扰。方案中体量的错动、漂浮，多种庭院，交通独立体量，入口大台阶等都是非常经典的操作。

　　下方案通过顶部回形体块的覆盖，整合形体，也形成了入口灰空间。形态上通过中心庭院和室外露台空间消解大的体量，同时解决采光问题。玻璃体块、庭院、露台共同塑造出精彩的庭院空间，同时，作者对回字形体块进行折叠的操作，呼应地形高差，并在室内形成了中间的台阶式展览空间。细节上，作者在二层局部切割出几个室外露台，使大面积虚的玻璃体之间又有一定的变化，可谓点睛之笔。功能上，在一层通过 3 个不同的标高满足报告厅、设备机房以及办公对层高的要求，解决场地中的高差问题。除了对功能的剖面分区以外，在平面上将小房间统一叠加在南侧，大空间处理在北侧，平面整洁、思路清晰。

上方案作者：刘亚飞（在同济大学 2017 年初试中获得总分第三名，复试快题获得 90 份最高分）
下方案作者：谢雨晴（跨专业学员）

延伸阅读：

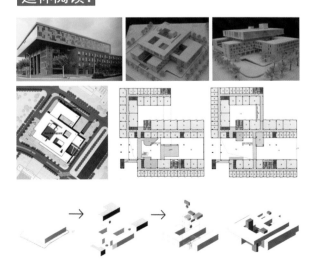

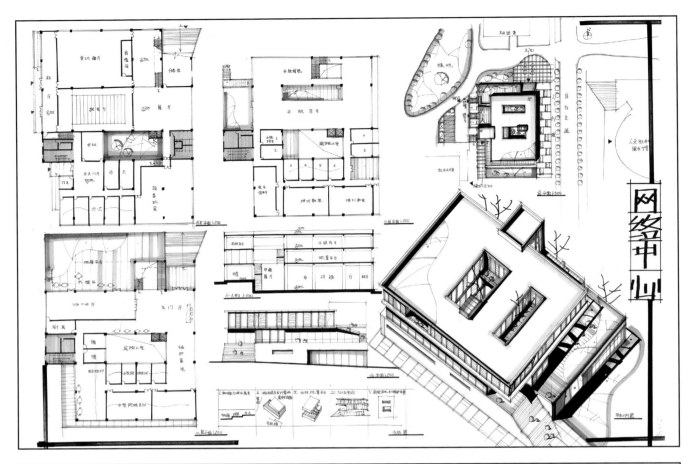

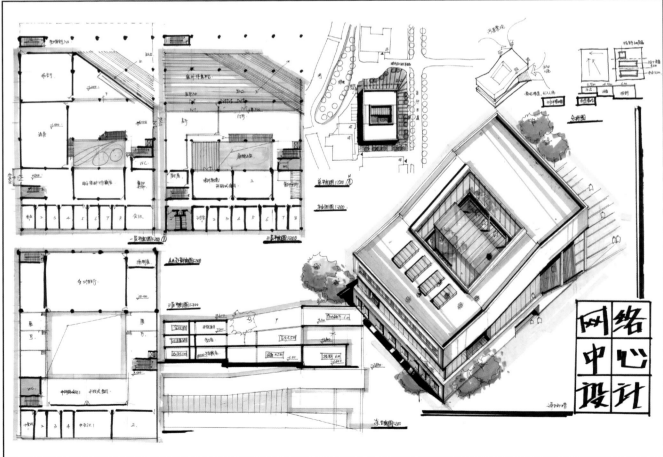

清华大学 2013 年硕士研究生入学考试初试试题

题目：北方社区文化站设计（6 小时）

一、基地概况

    基地位于北方某城市，用地面积为 5600 ㎡。基地南北有 4m 的高差，在场地中间偏南的位置。要求设计 1 栋 2800 ㎡的社区文化站，面积上下浮动 5%。车行入口 1 个，在北段进入。用地范围退距北边 10m，其余 3m。

二、具体功能要求

1. 临时停车	4 ～ 6 辆
2. 门厅	100 ㎡～ 150 ㎡
3. 多功能厅	300 ㎡
4. 办公	60 ㎡ ×2
5. 会议室	60 ㎡ ×2
6. 展廊	150 ㎡
7. 文艺活动室（书画、舞蹈、棋牌等）	300 ㎡
8. 冷热饮	50 ㎡
9. 图书阅览	100 ㎡
10. 健身	100 ㎡
11. 台球	100 ㎡
12. 厕所、楼梯、走廊等自行布置	

三、图纸要求

1. 总平面图	1:500
2. 各层平面图	1:200
3. 立面图	1:200
4. 剖面图	1:200
5. 透视或轴测图	

四、表现要求

表现方式和工具不限。

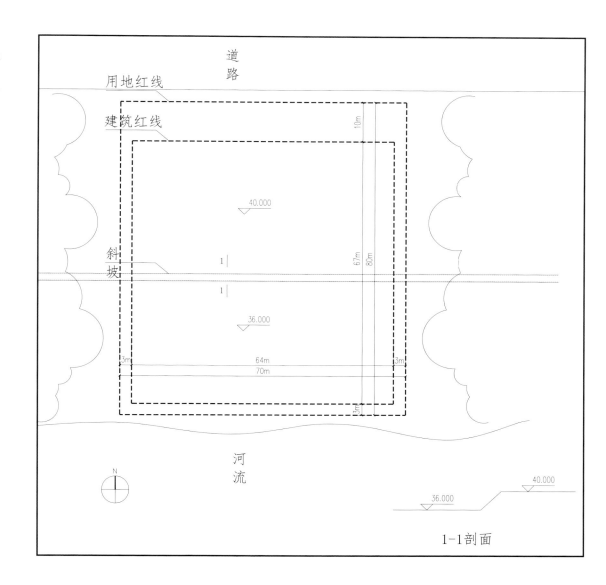

核心考点：

    1. 考查考生处理 4m 场地高差的能力。注意建筑功能分区及景观朝向。

    2. 方形或围合形平面的不同组织形式。

　　两个方案的相似之处在于：通过台阶式空间来处理基地高差，并且创造了简洁大气的建筑形态。

　　上方案从形态入手，设计了应对地形的两种体量：退台和架起，形成整体和碎片的叠加关系，多样统一，逻辑清楚。一层平面为E字形，活动室功能平行地形高差布置，并用庭院间隔，使得所有功能房间都取得良好的日照采光；展厅功能结合地形高差形成台阶式空间来联系2个标高。二层平面布置多功能厅和部分办公、会议功能，南侧端头布置局部下沉的图书室面对良好的景观。不足的是：书画和舞蹈布置在一起，动静分区不合理。

　　下方案运用台阶式空间和报告厅起坡创造出了2个折叠的体量，一个顺应地形，一个与地形形成反差，并形成屋顶的台阶空间应对景观。两个体量相互咬合，在咬合重叠部分设计大小不同的庭院，并丰富了内部空间。不足的是：卫生间离门厅过近；书画阅览室与台阶式展厅之间缺少缓冲空间。

上方案作者：孙泽龙
下方案作者：陈　芳

延伸阅读：

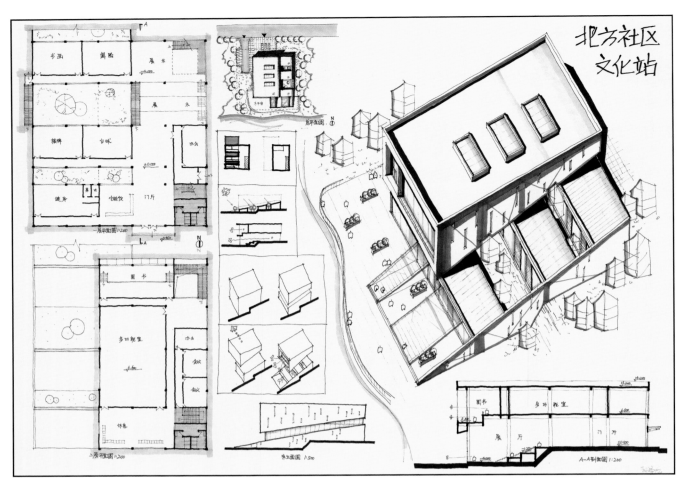

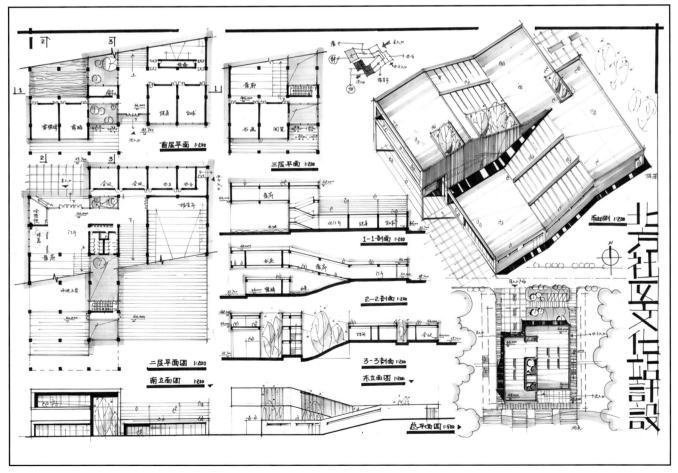

华南理工大学 2012 年硕士研究生入学考试初试试题

题目：古墓陈列馆设计（6 小时）

一、项目概况

在我国南方某城市考古发现了一处南汉国时期的国王的陵墓，为了很好地保护与展示该陵墓，需要建一座南汉王墓陈列馆。

二、基地概况

该陵墓坐北朝南，北、东、西三面被山包围绕，南面临水，环境优美。

考古挖掘的陵墓墓室在地下，地面上仅露出直径约 10m 的坟茔。

古墓陈列馆建设用地总用地面积为 3200 ㎡，基地北高南底，坡度较平缓。基地通过一座桥与南面的城市道路连接。（见地形图）

三、项目设计要求

1. 遗址陈列馆总建筑面积为 1800 ㎡～ 2000 ㎡。
2. 主体建筑层数 1 ～ 2 层，建筑结构、风格不限。
3. 为了很好地保护陵墓本体，需要在坟茔上建一个陈列大厅，游客可进入陈列大厅和墓室参观，大厅应设计可供参观的平台和路径。
4. 除了陵墓陈列大厅外，陈列馆还需要展示相关文物、史料，以及进行相关考古学术研究。

四、设计内容

1. 陵墓陈列大厅面积　　　　　　800 ㎡～ 1000 ㎡
2. 展览部分面积　　　　　　　　500 ㎡～ 600 ㎡
3. 游客服务、休息部分面积不超过 150 ㎡
4. 考古研究、文史资料、办公会议等部分面积　250 ㎡～ 300 ㎡
5. 设备用房、卫生间等其他必要的辅助面积不超过 120 ㎡
6. 陈列馆前面需布置前广场，广场上需有适当的景观设计，并留出可停 10 辆小车与 2 辆大型旅游车的停车位。

五、图纸内容及要求

1. 总平面图　　　　　　　　　　1:500
2. 陈列馆各层平面图　　　　　　1:150
3. 陈列馆立面图（2 个）　　　　1:150
4. 陈列馆剖面图（1 个）　　　　1:150
5. 彩色外观效果图 1 幅
6. 简要文字说明主要经济技术指标
7. 图面表现形式自选
8. 图纸规格：A1 图幅（841mm×594mm）

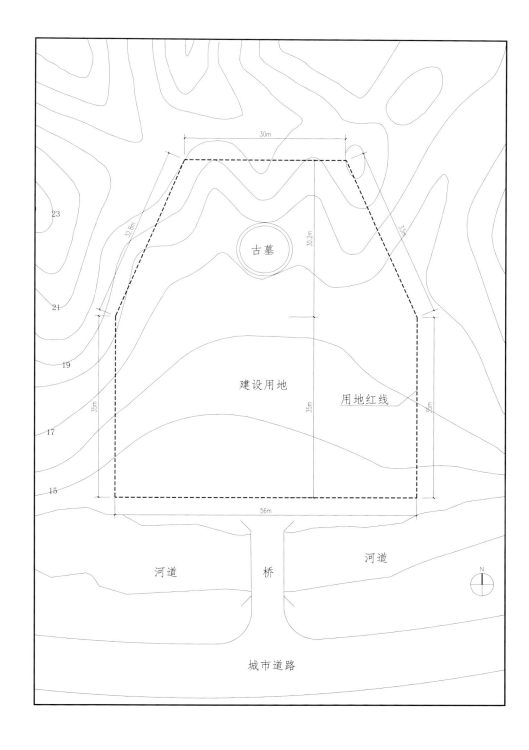

核心考点：

1. 考查考生处理建筑与古墓空间关系，以及应对地形高差和不规则地形的能力。
2. 条形平面的不同组织形式。

方案点评：

　　两个方案的相似之处在于：都结合地形高差，以古墓展厅为中心塑造出情景化的参观路径。

　　方案通过条形体块的并置、错动适应不规则地形，并利用地形高差形成内部空间的立体环绕。展览路径顺应体块的错动呈 S 形，并结合每条体块端部的庭院，形成"曲折尽致，眼前有景"的生动体验。功能布局采用平面分区：西侧一条为辅助，其余四条为展览。内部坡道围绕古墓，拉长了空间感与观看感，丰富了节点体验。作品内外统一，构思巧妙。

　　下方案以古墓为中心塑造出三维环绕的参观路径，并形成环绕的整体形态。参观人流进入门厅后左转进入序厅，然后顺着台阶式展厅上到二层展厅，接着在二层环绕古墓看展一周后通过直跑楼梯下到中间的古墓展厅，顺着古墓展厅的台阶拾级而上便又到达了二层，出门后通过一个螺旋的坡道便可到达屋顶平台，最终可以通过环绕的室外路径直达入口处，结束参观。建筑的形态也呈现出螺旋起伏的连续感，并与功能和地形完美结合。

上方案作者：卢文斌（在同济大学 2015 年初试快题中获得 130 分）
下方案作者：张家洋

延伸阅读：

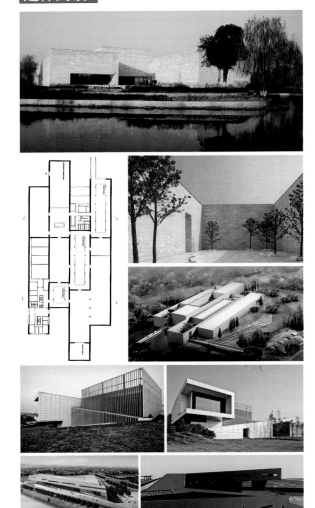

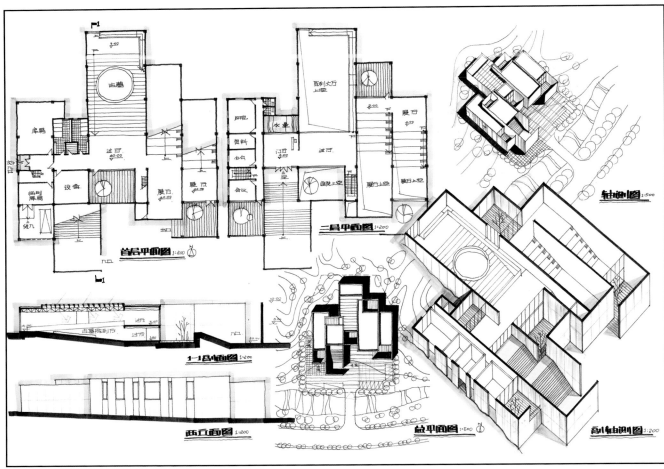

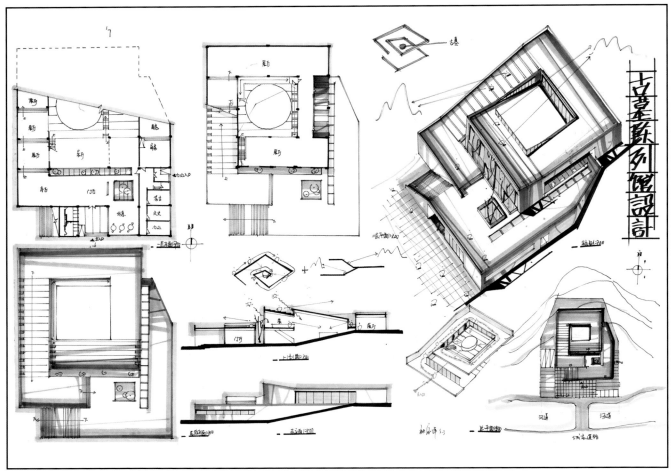

重庆大学 2013 年硕士研究生入学考试初试试题

题目：山地滨江综合楼设计（6 小时）

一、选址概况

建设用地位于南方某山地城市滨江地段总部办公区内，总用地面积 7425 m²。

地块南北两侧均为城市道路，其中南侧道路比北侧道路标高低约8m，两条道路在地块西侧约200m处连接；南侧道路为城市滨江路，主要为车行道路并兼顾沿江休闲散步人群；滨江路南侧有带状城市滨江公园，景观良好；北侧道路为城市次干道；地块东侧为已建成其他企业办公楼；西侧为城市绿地。

二、设计要求

1. 地块内拟建某企业总部办公综合楼。

2. 地块内需留有南北向城市公共人行通道，其最窄处宽度不得小于7m，以解决南北两条道路的日常步行联系问题。

3. 公共人行通道与办公内部功能需要清晰分开。

4. 地块在南北两条城市道路上均需设计停车出入口。

5. 地块内设置不少于 12 辆的室外小汽车停车位，4 辆室内停车位。

注：
- 本试题提供该办公楼的剖面示意图，表达了剖切位置所在的结构、空间信息（隐藏了部分看线信息），要求据此完善设计的其他内容，并在该剖面图上增添必要的看线（用细实线表达），已完成最终的剖面图。
- 该剖面图表达的结构板面标高、梁柱关系是已经确定的条件，不允许更改，但建筑外墙表皮形式、栏杆、女儿墙等局部非结构部分可以自行调整。

三、主要建筑功能及指标要求

1. 总用地面积 7425 m²

2. 建筑面积 5700 m²～ 6000 m²（以轴线计），主要功能设置如下：
- 办公部分：2800 m²～ 3000 m²（为该功能分区面积，不是房间净面积），其中办公套房 3 套（含接待室、办公室）约 60 m²/ 套、15 人小会议室 3 间、50 人中会议室 1 间、其他办公空间形式自定

• 多功能厅及其他配套用房	250 m²
• 员工餐厅和厨房等附属设施可容纳 150 人同时就餐	面积自定
• 咖啡厅	180 m²
• 健身文体中心，包括健身房、乒乓球、棋牌室等活动室	300 m²
• 企业文化展示厅	180 m²
• 图书阅览室（开架阅览）	180 m²
• 辅助及设备用房（储藏、车库、保安、仓库等）	300 m²
• 其他公共部分用房（门厅、楼梯间、卫生间、走廊等）	面积自定

四、设计成果要求

1. 总平面图，1:500（结合周边环境与交通条件进行场地环境布置和车人流线组织，标注建筑层数、标高、建筑尺寸、用地红线等，列出主要经济技术指标）

2. 各层平面图，1:200（若该层与下层只有较小局部变化，可用虚线引出变化部分单独表达，不必绘制出该层全部平面）

3. 立面图，2 个，1:200

4. 剖面图，1 个（在以提供的剖面上完善）

5. 三维表现图、表现方式不限，但必须清楚表达建筑主要立面

6. 方案构思简洁要说明不少于 100 字，经济技术指标应列出主要功能房间面积

核心考点：

1. 考查考生的立体空间思维，以及将剖面转化成平面、形态的能力。

2. 条形平面网格的功能、空间及形态设计。

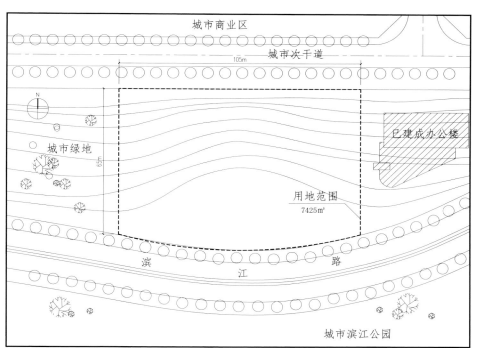

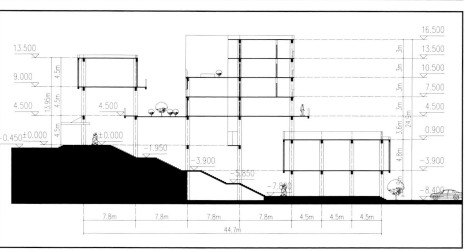

方案点评：

此方案在现有剖面基础之上，对形态做减法处理，形成面向景观的多个开口以及丰富的外部空间。平面网格秩序明确，楼梯布置均匀，各功能入口清晰。

本方案作者：卢文斌（在同济大学 2015 年初试快题中获得 130 分）

延伸阅读：

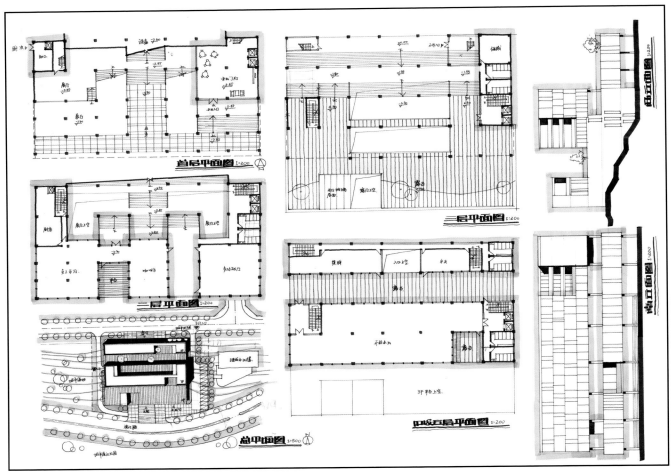

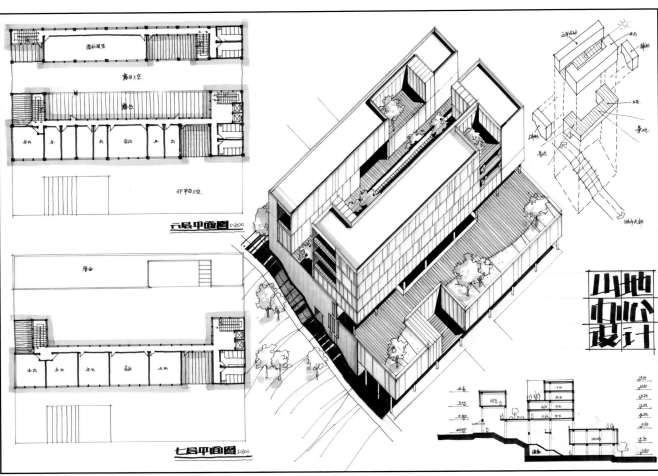

南京大学 2011 年硕士研究生入学考试复试试题

题目：风景区餐厅（6 小时）

一、基地及周边情况

1. 基地尺寸：风景区餐厅建设用地为长方形，东西方向长度为 60m，南北方向正投影长度为 40m。

2. 基地坡度：建设用地北高南底呈均匀缓坡、最北侧和最南侧高度相差 4m。

3. 周边道路：基地南侧主要道路为 9m 宽，道路与基地最南侧边界无高差，主要人流方向来自东面；基地西侧为次要道路宽 6m，顺缓坡向上，道路与基地西侧边界无高差。

4. 周边景观：基地南侧景观最好，其次为东侧，北侧为山坡，西侧景观一般。

二、设计要求

1. 建筑层数：建筑层数为一层或局部二层。

2. 建筑面积：风景区餐厅总面积控制在 600 ㎡～ 700 ㎡。

3. 功能配置：风景区餐厅分为餐厅大厅、餐厅包间、餐厅入口门厅、厨房、内部办公等几个部分。

- 餐厅大厅 200 ㎡～ 250 ㎡（包括卫生间），应能布置不少于 10 张圆桌。
- 餐饮包间 6 个，每个尺寸控制在 4m×6m 左右，每个包间均设卫生间，6 个餐饮包间应独立成区，相对集中。
- 门厅 60 ㎡～ 100 ㎡。
- 内部办公两间面积 30 ㎡～ 40 ㎡。
- 厨房总面积 150 ㎡～ 200 ㎡。

4. 建筑东西南北四个面退让基地红线距离均不小于 4m。

三、图纸要求

1. 总平面图　　　　　　1:500（附近有公共停车场，可不考虑停车）
2. 各层平面图　　　　　1:100
3. 立面图　　　　　　　1:100
4. 剖面图　　　　　　　1:100（需表达建筑与坡道的关系）
5. 鼓励有助于设计概念的轴测、透视、平面或剖面局部放大图，数量及表现方式不限。

四、表现要求

表现方式和工具不限。

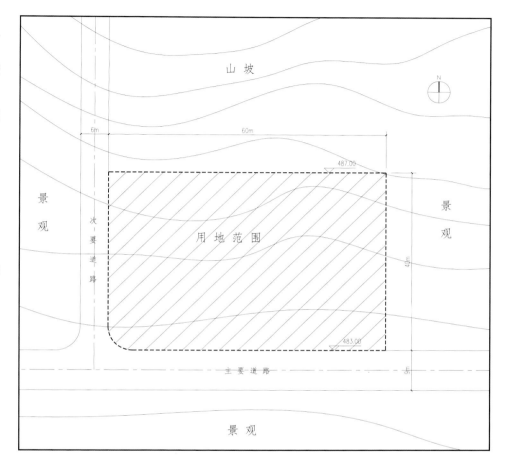

核心考点：

1. 考查小型建筑与地形高差以及景观的关系。
2. 三条平面网格的功能、空间及形态设计。

方案点评：

两个方案的相似之处在于：通过形体的斜度变化来应对地形，不同的是：上方案建筑形体与地形成反差，而下方案建筑形体顺应地形。

上方案以一个上翘的斜坡洞口形体与山体形成反差。内部空间运用台阶式餐厅适应高差，并产生立体化的观景效果；外部空间运用架空、庭院和水景，形成情景化的主入口和内外空间的渗透。功能分区清晰：一层为门厅和台阶式餐厅，二层为辅助和包间。

下方案通过平面的退台形成了建筑斜趴在地形上的形态，然后再通过减法操作挖出室外露台与内部庭院以丰富建筑空间体验，也丰富了建筑形态。不足的是：大餐厅的南向景观效果不佳。

上方案作者：徐峰山
下方案作者：覃　琛

延伸阅读：

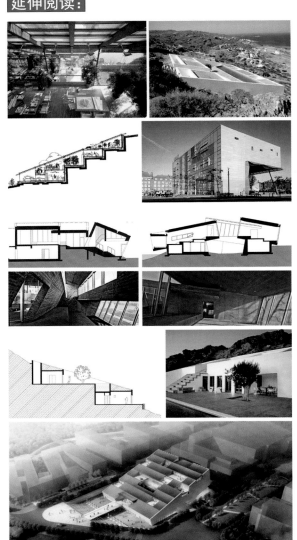

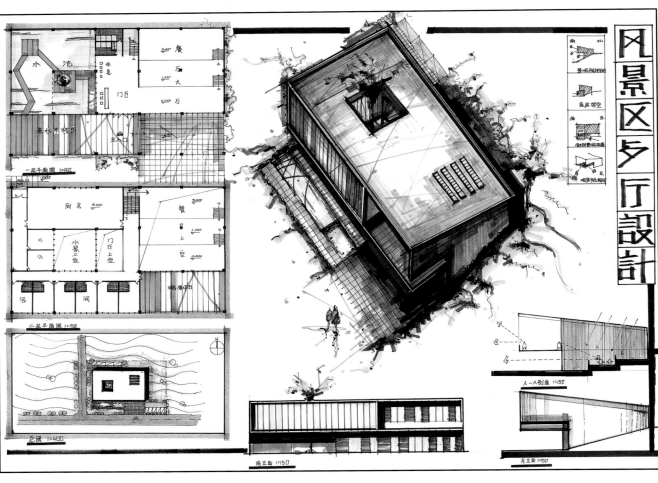

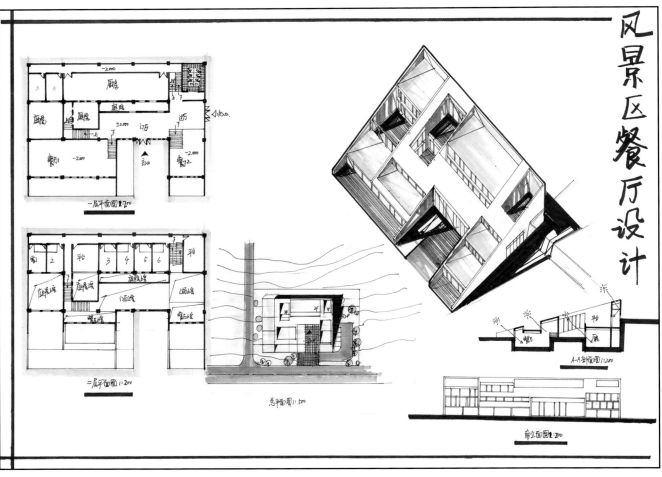

合肥工业大学 2011 年硕士研究生入学考试初试试题

题目：巢湖文化陈列馆建筑设计（6 小时）

在合肥市巢湖边设计一座文化陈列馆，用于对巢湖历史文化进行展示研究。

一、基地

基地位于合肥市巢湖南面，用地中央有 2m 左右的南北高差，北临我国五大淡水湖之一的巢湖，其余 3 面为农田，环境优美。用地西侧有与城区相通的道路，北侧为环湖坝埂道路。用地边界内的面积约 1800 ㎡，场地内西南部有 2 棵需要保留的古树，具体尺寸及周边环境详见附图的地形图。

二、设计内容（建筑面积控制在 1200 ㎡左右，层数不超过 3 层）

1. 展示空间
   - 临时展示空间 .... 90 ㎡
   - 专题展示空间 .... 120 ㎡ ×2
   - 室外展场（自定）
2. 研究与管理用房
   - 研究室 .... 30 ㎡ ×4
   - 小会议室 .... 60 ㎡
   - 多功能报告厅 .... 120 ㎡
   - 办公管理 .... 15 ㎡ ×3
   - 值班室 .... 10 ㎡
3. 其他
   - 售品部 .... 15 ㎡
   - 休闲茶室 .... 45 ㎡
   - 库房 .... 60 ㎡
   - 卫生间（自定）
   - 室外小形车停车位（5 个）

三、设计要求

1. 处理好建筑与基地周围环境之间的景观，空间关系，注重对于地形高差的处理。
2. 功能组织合理，动静、主轴分区明确，技术可行。
3. 建筑造形及室内外空间设计有特色，考虑所在地的气候特征。
4. 图纸表达方式不限。

四、图纸要求（在 A1 图幅不透明图纸上绘制）

1. 总平面图 1:500
2. 各层平面图 1:200
3. 立面图（2 个） 1:200
4. 剖面图 1:200
5. 设计说明
6. 室内局部空间设计
7. 外观透视图

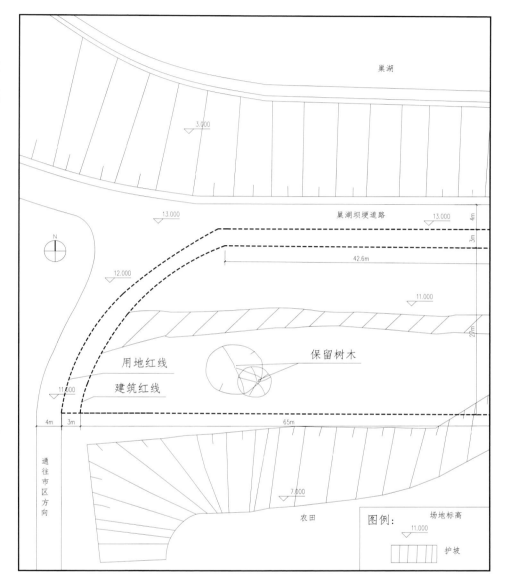

核心考点：

1. 考查考生应对微形高差、树木及湖面景观的能力。
2. 注意道路转角空间的设计。

方案点评：

　　两个方案都呼应了地形高差和不规则地形，并对保留树木加以考虑。

　　上方案运用两个体块的错动关系，不仅很好地解决了地形的高差，同时也对不规则的基地边界进行了回应。功能布局采用剖面分区：利用高差将报告厅单独设在一层，办公、入口大厅置于二层，三层则完全释放给展览、茶室等功能，并结合保留树木设置了多个室外露台与庭院，形成了丰富多样的观展路径。不足的是，内部中庭过多，略显琐碎，局部交通空间狭窄。

　　下方案从剖面入手，重点思考了对 2m 高差的利用，将其设计为错层，并容纳了台阶式展览。错层的设计在三层形成了一个反向的室外台阶空间面向景观湖面，也呼应底层的空间。功能上将不需要景观的展览设计在一层，二层设计为南北架空和门厅、茶室的开放空间，三层设计为办公、会议，以及朝向湖面的室外露台。整体设计极为理性、简约，特别是展览功能的缝隙采光、二层的架空、三层的观景台阶，都显示了作者非凡的设计功底。不足的是，进入建筑的室外台阶形态稍弱，建议再加宽、曲折。

上方案作者：伊曦煜
下方案作者：刘亚飞（在同济大学 2017 年初试中获得总分第三名，复试快题获得 90 分最高分）

延伸阅读：

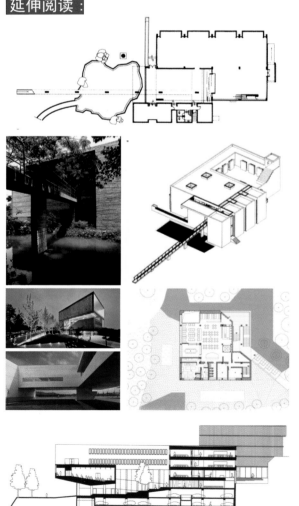

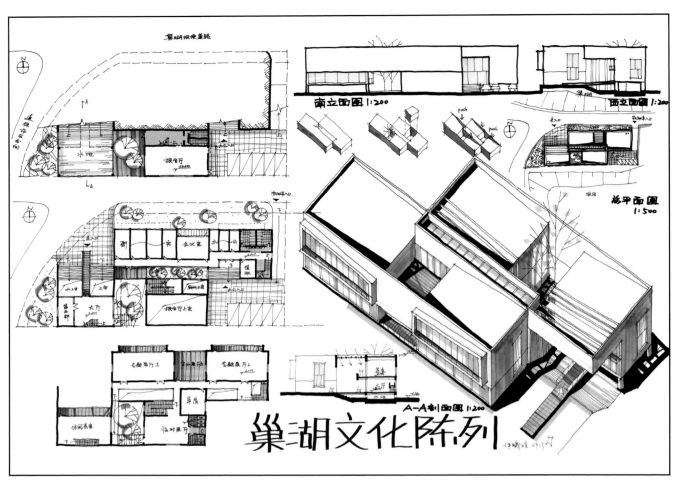

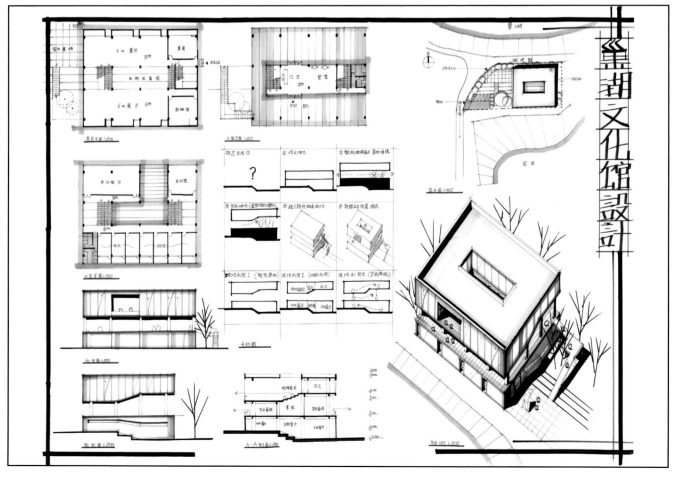

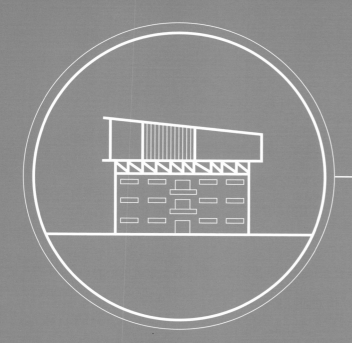

专题七：形体组织与新旧建筑

历史建筑的保护与更新一直是当今社会关注的热点话题，近几年各高校的快题题目中也多次将此作为重点考查对象，如同济大学近两年的复试快题皆是考查在历史街区中介入新建筑的设计。需注意此类题目不仅仅考察新旧建筑功能、形式和空间之间的关系，还要求考生从城市空间、景观组织、地形高差等综合角度来应对问题，因此本章内容可谓是快题设计的重点与难点。

将形体组织和新旧建筑关系作为主要考查对象的题目类型大致可分为以下四种：

（1）在旧建筑内部进行改建。此类题目应注意对保留建筑元素的利用。如同济大学 2007 年初试快题乡土历史资料陈列馆设计及改编题目夯土建筑遗迹改造设计等。

（2）在旧建筑一侧进行扩建。扩建部分的设计，不仅要考虑其本身的功能和使用要求，还要处理好与原旧建筑内部空间与外部形象间的联系及过渡。如同济大学 2014 年复试快题社区活动中心设计、同济大学 2007 年复试快题某中学教学综合楼设计、东南大学 2013 年快题周民居改建、东南大学 2014 年快题周昆曲社设计、哈尔滨工业大学 2013 年初试快题重工业历史展览馆设计等。

（3）在旧建筑顶部加建。应考虑到加建结构与下层建筑间的结构转换以及两者形象的对比统一。如同济大学 2010 年复试试题顶层艺术画廊设计。

（4）在历史街区中设计新建筑。在设计新建筑时要充分考虑周围的历史环境并做出恰当的回应，以实现对文脉的延续。如同济大学 2015 年复试快题建筑艺术交流中心设计、同济大学 2014 年复试快题社区休闲文化中心设计、同济大学 2008 年博士复试快题商业会所设计等。

针对新旧建筑类的题目，以下的设计策略可以借鉴。

（1）妥善处理新旧建筑功能、结构、形式的统一性与整体性。扩建和加层在设计意图上除新建筑本身的功能和使用要求之外还应考虑旧建筑功能的提升、新旧建筑的内部空间与外部形象上的联系与过渡的问题。旧建筑部分的处理应注意功能提升、结构更新、旧建筑作为一件展品三个层面。连接部分则采用灰空间、玻璃体、天桥等虚体实现新旧之间的过渡。新建筑部分的手法包括修旧如旧、符号提炼、以简衬繁、围合空间、体块冲突等。

（2）以城市文脉视角关注历史街区内新建筑问题。加建建筑除了关注新旧建筑本身功能、形式、空间上的联系外，更要关注周边肌理的延续和城市空间的引入，具体的设计手法包括：城市界面的延续、建筑形体围合出积极的城市公共空间、底层架空引入城市元素、下沉庭院呼应城市景观等。

同济大学 2007 年硕士研究生入学考试初试试题

题目：乡土历史资料陈列馆（3 小时）

一、项目概况

在一处修复过的夯土建筑遗迹旁修复一座乡土历史资料陈列馆。

夯土建筑遗迹只留下墙体，没有屋顶，遗迹形式及具体尺寸见附图。

建筑周围环境为平原旷野，宽边方向朝正南北。

二、设计限制

1. 夯土建筑遗迹为受保护文化，不得对其进行任何形式的拆除或开洞，不得将其作为新建筑的承重构件，但可将其作为建筑的围护墙体，并允许在其上加设门窗、窗户、玻璃等围护构件。

2. 新建筑的结构（加柱子，剪力墙等）必须与夯土建筑遗迹相隔1m以上的距离。但新建筑楼板允许向老建筑方向出挑，并允许出挑至紧贴老建筑墙体。

3. 受施工条件限制。新建筑"不上人楼面"允许最大悬挑为3.5m，新建筑"上人楼面"允许最大悬挑为2m。

4. 为保护夯土建筑遗迹，新建部分建筑必须（通过利用顶板或雨篷等构件）将夯土建筑遗迹的顶部全部遮盖。

5. 新建筑限高11.2m。

6. 新建筑必须设计在建筑控制线之内。

7. 不得以任何形式设计低于现状地坪以下的空间（如下沉空间和地下室）。

三、功能要求

1. 陈列馆面积　　600 ㎡以上（层高 4.5m 以上，要求自然采光）
2. 咖啡馆约　　　100 ㎡（平面图要求家具布置）
3. 管理用房约　　80 ㎡
4. 贵宾接待间约　50 ㎡（平面要求家具布置）
5. 储藏　　　　　300 ㎡～ 400 ㎡（层高 4.5m 以上，不需要自然采光）
6. 其他相应部分：卫生间、楼梯、门厅等公共部分不定具体面积。
7. 入口位置不限制。

四、图纸要求

1. 各层平面图（要求每层平面都要清楚画出夯土建筑遗迹的部分,不得省略），比例 1:150
2. 立面图 3 个（南立面、北立面及东立面），比例 1:150
3. 纵剖图、横剖图各 1 个（剖面剖到遗迹部分的时候，应将遗迹画出，不得省略），比例 1:150
4. 表现建筑新旧部分交接处的完整墙身剖面大样，比例 1:50
5. 轴测或透视表现图

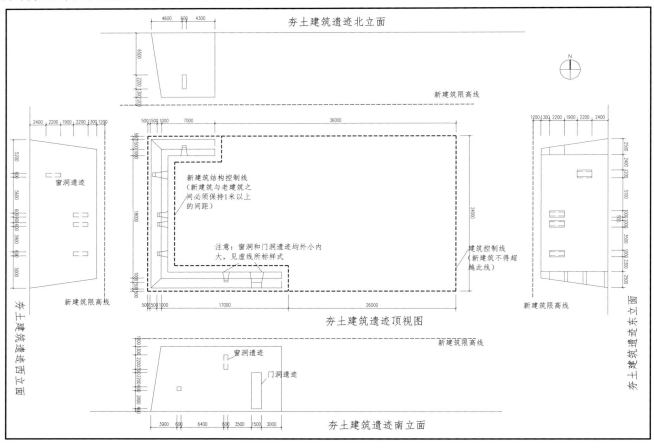

核心考点：

1. 考查新旧建筑的空间关系。注意展览建筑的三线设计。
2. 三条平面网格的功能、空间及形态设计。

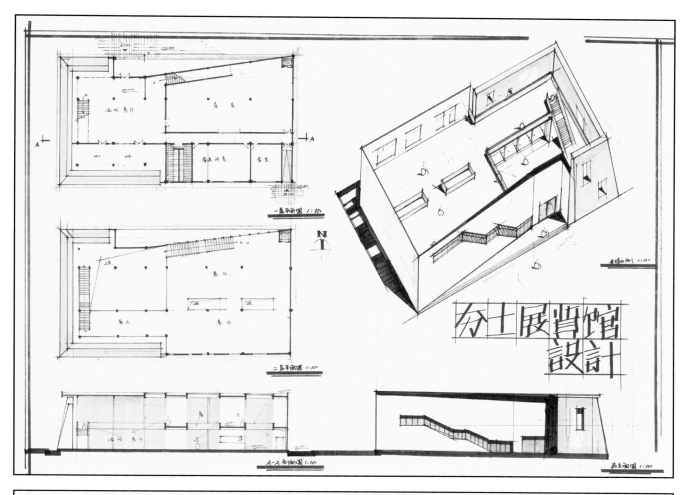

夯土展覽館設計

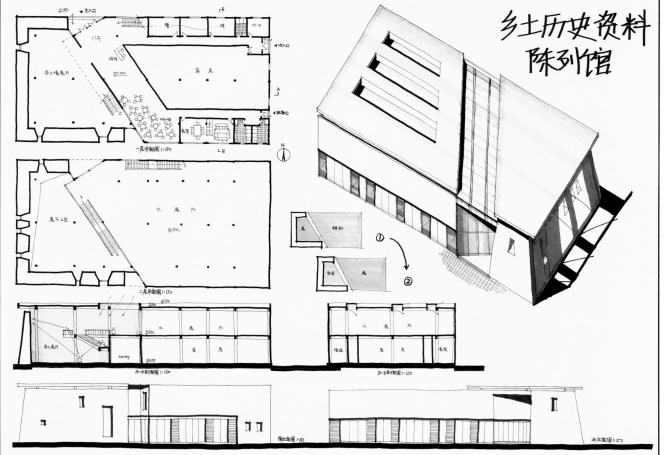

乡土历史资料陈列馆

方案点评：

　　两个方案都考虑了新旧建筑的内外空间联系，围绕夯土墙设计通高中庭与开放式交通，形成观众与夯土墙的互动。

　　上方案功能采用剖面分区：一层为辅助功能，二层为展览功能。入口设计运用斜向的形态引导人流。

　　下方案通过斜向控制线，形成三角形的通高展览空间，增加建筑的动感。功能采用剖面分区：一层为公共、辅助功能，二层为主体展览功能，不足的是：办公位置设置不合理，与主门厅联系较弱。

上方案作者：汪晨阳
下方案作者：孙泽龙

延伸阅读：

同济大学 2007 年硕士研究生入学考试初试试题改编题目

题目：夯土建筑遗迹改造（3 小时）

如图为一夯土建筑遗迹。遗迹只留下墙体，没有屋顶。
遗迹周围环境为平原旷野，宽边方向朝正南北。
要求对遗迹进行改造，在其内修建一座乡土历史资料陈列馆。

一、设计限制

1. 为适应新建筑的功能要求，夯土建筑遗迹能够被局部拆毁，但墙体被拆毁的长度不得超过总长度的 25%。
2. 对剩余部分的夯土建筑不得进行开挖，不得将其作为新建筑的承重构件，但可将其作为建筑的围护墙体，并允许在其上加设门窗、窗户、玻璃等围护构件。
3. 为保持新旧建筑的结构稳定，新建筑的结构（如柱子、剪力墙等）必须与剩余的夯土建筑遗迹部分相隔 1m 以上的距离。但新建筑楼板允许向老建筑方向出挑，并允许出挑至紧贴老建筑墙体。
4. 新建筑限高 11.2m。
5. 新建筑必须设计在建筑控制线之内。
6. 不得以任何形式设计低于现状地坪以下的空间（如下沉空间和地下室）。

二、功能要求

1. 陈列馆面积　　　　500 m² 以上（层高 4.5m 以上，要求自然采光）
2. 咖啡馆约　　　　　80 m²（平面图要求家具布置）
3. 管理用房约　　　　60 m²
4. 贵宾接待间约　　　50 m²（平面图要求家具布置）
5. 储藏　　　　　　　200 m²～300 m²（层高 4.5m 以上，不需要自然采光）
6. 其他相应部分　　　卫生间、楼梯、门厅等公共部分不定具体面积
7. 入口位置不限制

三、图纸要求

1. 各层平面图（要求每层平面都要清楚画好夯土建筑遗迹的部分，不得省略），比例 1:150
2. 夯土建筑遗迹被拆毁部分的立面图，比例 1:150
3. 纵剖面、横剖面各 1 个（剖面剖到遗迹部分的时候，应将遗迹画出，不得省略），比例 1:150
4. 表现建筑新旧部分交接处的完整墙身剖面大样，比例 1:50
5. 充分反映设计的轴测或透视表现图

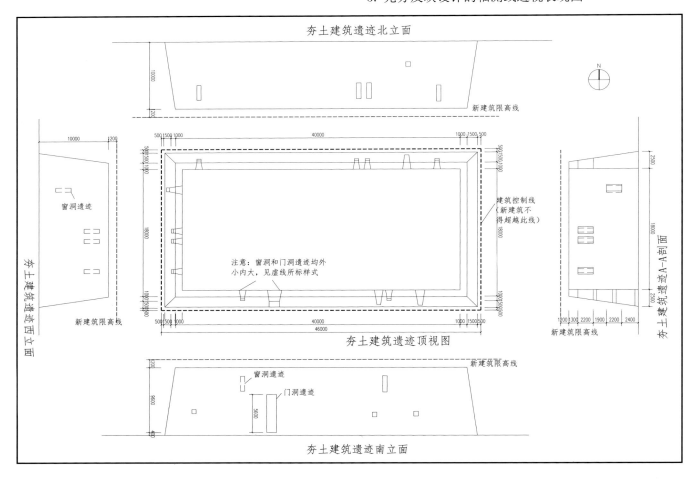

核心考点：

1. 处理公共空间、展览与夯土的关系。注意展览建筑的三线设计，以及辅助功能采光问题。
2. 条形平面网格的功能、空间及形态设计。

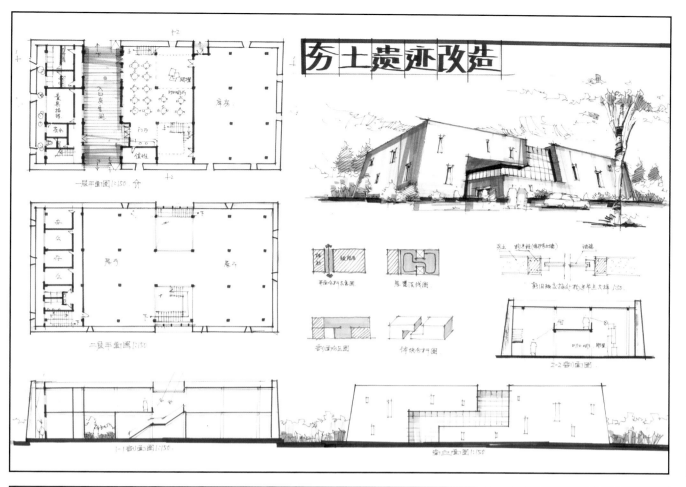

夯土赏迎改造

上方案运用减法操作切割夯土,形成两个 L 形体块咬合 Z 形空间的形态,产生内外连续的空间。一层的底层架空,划分出辅助和主体功能。二层通过穿通的玻璃体容纳交通,也为展览带来采光。不足的是:夯土墙的结构承重存在问题。

下方案将辅助空间中心化布局,解放了周边展示空间,形成最大化的夯土展示面。功能采用剖面分区:一层为展示功能,二层为管理、贵宾、接待功能,并通过屋顶花园解决采光问题。管理、卫生间在内部空间中的出挑既是功能使然,也增强了内部空间的虚实张力。屋顶上的两个高起的 U 形体块解决了内部采光问题,并对应通高展示空间。

上方案作者:陈奉林(在同济大学 2015 年初试快题中获得 130 分)
下方案作者:李 彬(在同济大学 2005 年初试快题中获得 140 分最高分,在同济大学 2006 年复试中获得 90 分最高分)

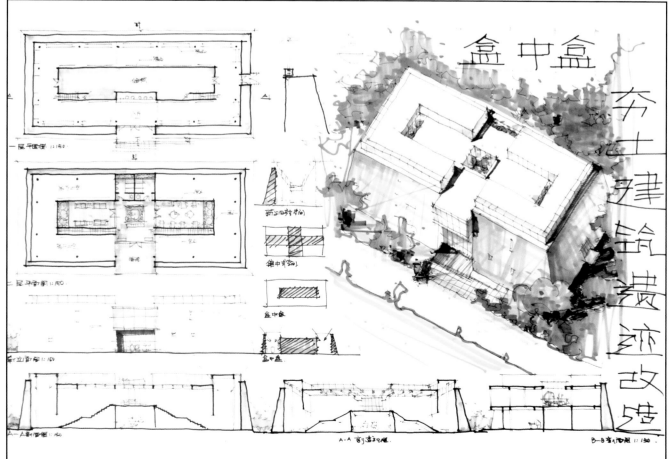

盒中盒

夯土建筑遗迹改造

延伸阅读:

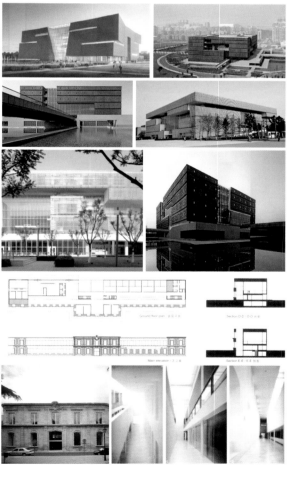

同济大学 2015 年硕士研究生入学考试复试试题

题目：建筑艺术交流中心方案设计（6 小时）

一、项目概况

本设计主要表达对新建筑介入环境及其内外空间品质的理解。项目位于华东夏热冬冷地区某市中心内，基地北侧和西侧均有城市道路，周边为老城区坡顶建筑群（住宅、办公等），北侧邻接步行街，其中 A、B 两栋建筑为特色老建筑，分别为文艺沙龙和餐厅，C 栋为规划新建餐饮建筑，其他与基地相邻建筑均为公共建筑，在基地内拟建一处建筑艺术交流中心。

二、项目要求

基地面积为 2650 ㎡，要求设计的艺术交流中心总建筑面积为 2000 ㎡，建筑密度不大于 70%，绿化率不小于 5%，建筑总高度不大于 15m，不设置地下室。

1. 环境要求：

基地（总图斜线范围）位于老城内环境敏感区域，应充分考虑与周边建筑尺度和城市空间关系，特别是与北侧步行街 A、B 两栋老建筑的相邻关系。周边坡顶建筑主要为红色砖墙红瓦屋顶，A、B 两栋楼为米色水刷石墙面和红色瓦屋面（相关立面见附图）。建筑退界（粗虚线表示的可建范围）要求见基地总平面图示意，并满足相应规范间距要求。

2. 交通组织：

仅可在西侧城市道路开设不大于 7m 宽的机动车出入口，且与城市道路交叉口转弯起始点距离不小于 30m。在基地内部设计 5.5m 宽的双向车道（环道路可设不小于 4m 的单行车道），用于少量的展示交流区和事务所办公区的车流出入，并设 4 个小型车临时停车位，基地内无需考虑其他停车需求。

3. 功能配置：

建筑艺术交流中心项目可分为 a 和 b 两个各自独立的区域，两者之间除了应设置便于管理的通道联系外，可以建立空间上的视觉联系，且互不干扰。

a 展示交流区共约 800 ㎡～1000 ㎡，其中：
- 展厅不小于 500 ㎡，可选择模型、图纸、影像三种方式展示
- 服务、礼品、书店，约 60 ㎡
- 小型报告厅，约 60 ㎡，可容纳 40 人
- 办公 15 ㎡×4
- 设计独立的门厅、洗手间、临时库房（60 ㎡）和楼梯（根据需要）

b 建筑设计事务所共约 1000 ㎡～1200 ㎡，其中：
- 合伙人办公室 40 ㎡×3；其他办公室 15 ㎡×6
- 大开间办公室总计不小于 600 ㎡，容纳不少于 40 个设计师，可分为若干个小组间隔和讨论区
- 会议室 40 ㎡，2～3 间
- 图书资料室 80 ㎡
- 设计独立门厅，洗手间、咖啡休息区和楼梯

上述所有空间的层高没有限制，也不存在通高双倍计算面积问题，面积指标计算可有 10% 的增减，建筑不超过 3 层，电梯配置自定。

三、成果要求（图纸表现形式不限）

1. 总平面图   1:750（要求表现出车道、绿化、硬质铺装场地及新老建筑）
2. 各层平面图   1:200（要求标明各房间的名称以及主要的家具）
3. 北立面   1:100（要求表达立面形式、材料和细部）
4. 其他立面 1～2 个   1:200
5. 剖面图   1:200（要求表现内部空间特点，至少 1 个）

6. 立面局部墙身断面   1:50（从基础到女儿墙或坡屋顶，注意建筑构造与立面形式等相吻合）

7. 透视图（由北向南视角）或轴侧图 1 张，其他透视图、分析图不限

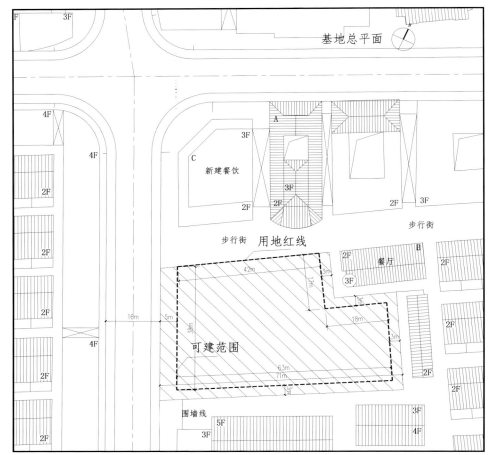

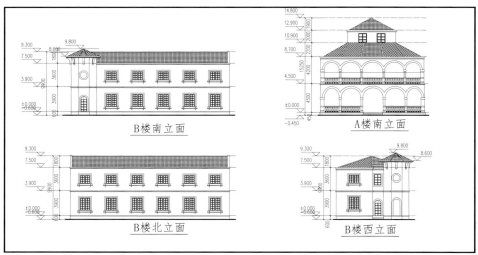

核心考点：

1. 考查新建建筑与老城区的空间与形态关系。
2. 围合形平面的不同组织形式。

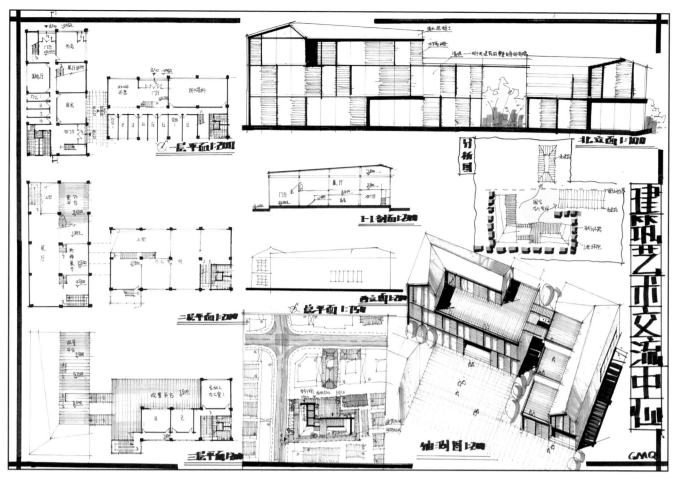

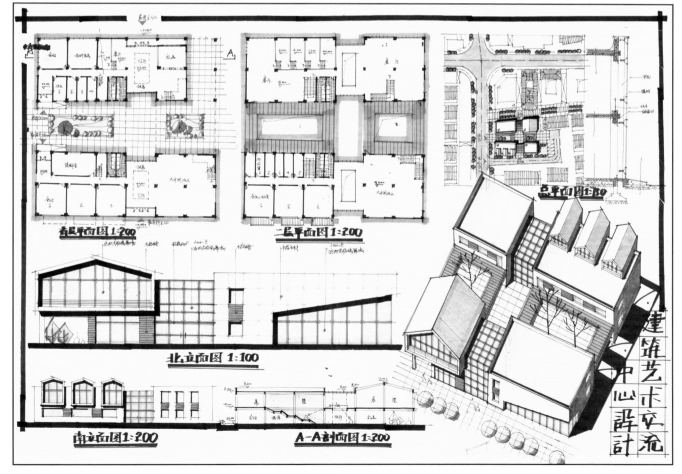

上方案运用 2 个长方形体块围合出广场，对老建筑进行退让，充分考虑了与周边建筑尺度和城市空间关系。形态上运用减法操作，形成丰富的屋顶露台空间。并以 2 个相对的 L 形坡屋顶，呼应周边老建筑。功能分区清晰：西侧体块为展示区，一层为办公辅助，二层为展览；东侧体块为事务所，一、二层为办公，三层为合伙人办公室。机动车入口、环路、停车位设置合理。稍显不足的是，露台的使用价值不高。

下方案规划上，运用 2 个独立的长方体体块限定室外庭院空间。沿街面与周边建筑守齐，应对周边的城市肌理。东北角的架空和二层坡屋顶体块的处理应对了北侧的特色建筑。艺术交流中心北侧体块布置展览功能，南侧体块布置办公功能，2 个部用室外连廊连接。形体上，玻璃体与实体结合，坡屋顶单元块与主体的结合，既呼应了周边的老建筑，又产生了虚实关系。

两个方案都是考场 90 分最高分方案（考后绘制）
上方案作者：贡梦琼（跨专业学员，设计手法类似于 2012 年天津大学艺术家工作室及同济 2015 年初试作品）
下方案作者：孟祥辉（设计手法类似于天津大学 2014 年湿地展览馆及同济 2014 年复试作品）

延伸阅读：

方案点评：

两个方案的相似之处有三：其一，都在新老建筑之间退让出了一个广场，给历史建筑退让出一个观赏空间，同时创造了大量的露台空间以呼应老建筑；其二，都通过坡屋顶的形态以呼应周边建筑；其三，在将建筑两部分功能合理分开的情况下实现建筑形体的整体性。

上方案通过大基座上叠加分散体量的手法取得了与周边建筑肌理的高度吻合。建筑形态丰富、多变却又能统一、整体。同时这样的手法创造出二层丰富的平台空间来观看历史建筑。功能布局采用平面分区，西侧是展示功能，东侧是办公功能，两部分互不干扰又能相互联系。

下方案通过引入一条斜向的轴线将建筑形态一分为二，同时将西侧街道的人流经过通道引入内部广场。二层再通过台阶式的展厅将两部分体量连接起来合二为一。最后通过减法操作在三层挖出一些小庭院和室外露台空间以打破规整大体量的单调之感。

上方案作者：孙泽龙
下方案作者：张家洋

延伸阅读：

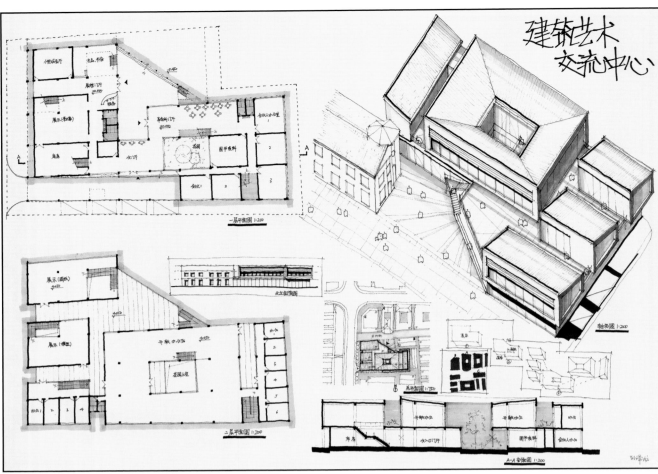

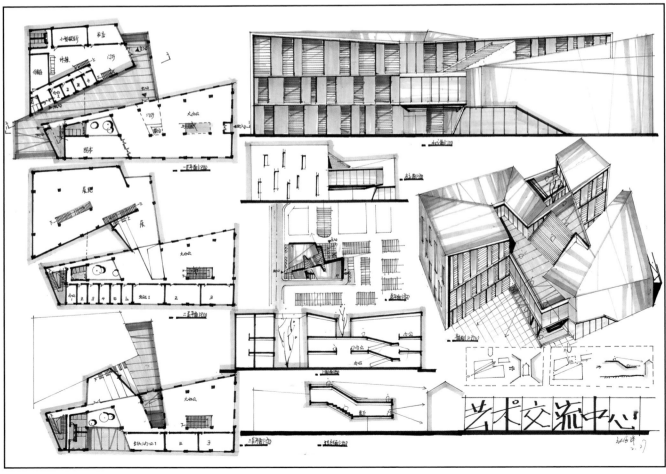

同济大学 2014 年硕士研究生入学考试复试试题

题目：社区休闲文化中心设计（6 小时）

一、项目概况

基地位于上海市中心某历史风貌保护区中，周边有保存完好的红砖饰面的花园洋房历史建筑群。人口密度较高，面积为 2900 ㎡。基地内的南侧有一幢（A 幢）需要利用的花园洋房建筑，其南侧及东、西侧立面及屋面形式必须保留，并已完成内部空间结构的更新（包括新的结构体系及楼梯）。现拟建总建筑面积为 2000 ㎡ 的社区休闲服务中心，新建筑与更新后的历史建筑一起形成一幢整体建筑。

二、总体设计要求

1. 社区休闲文化中心考虑为本社区及周边居民提供高品质的公共活动空间，满足开放性多样化的休闲生活需求。
2. 社区休闲文化中心的功能安排，必须充分利用更新的历史建筑（A 幢），建成后与新建部分合二为一，统一考虑消防疏散问题。
3. 新建部分应充分考虑基地周边及 A 幢历史建筑的风貌及比例协调，新建建筑高度不可超过历史建筑屋脊高度（即小于等于 13.5m）。
4. 社区休闲文化中心一层建筑面积（包含 A 幢历史建筑底层面积）要求小于基地总面积的30%。（对城市及社区开放的灰空间可以不计入 2000 ㎡ 建筑面积中，亦不计入一层建筑面积中）。
5. 机动车与非机动车停车已在社区中统一考虑，本题目中不再予以考虑。

三、单体设计要求

1. 建筑主要功能面积构成（均为使用面积）
   - 休闲茶室（含简餐）　　　　　350 ㎡
   - 小商店　　　　　　　　　　　100 ㎡
   - 洗衣店　　　　　　　　　　　60 ㎡
   - 奶茶铺　　　　　　　　　　　40 ㎡
   - 文化展示室（多功能室）　　　120 ㎡
   - 电玩游艺室　　　　　　　　　100 ㎡
   - 健身房　　　　　　　　　　　80 ㎡
   - 乒乓球　　　　　　　　　　　60 ㎡
   - 图书室　　　　　　　　　　　60 ㎡
   - 书画室　　　　　　　　　　　60 ㎡
   - 教室　　　　　　　　　　　　60 ㎡ ×2
   - 办公室　　　　　　　　　　　20 ㎡ ×3

- 根据功能需要设计门厅、楼梯、电梯、卫生间等
2. 总建筑面积允许有不超过 5% 的上下浮动

四、成果要求（图纸表现方式不限）

1. 总平面　　　　　　1:500
   - 画出原有历史建筑与道路，进行基地范围内的场地设计
   - 标注建筑主要的出入口，写明主要技术指标
2. 各层平面　　　　　1:200
   - 要求注明房间名称
   - 要求标注两道尺寸
3. 立面图 2 个　　　　1:200
   - 东立面（要求包含 A 幢历史建筑完整的侧立面）
   - 北立面（要求至少包含 1 幢保留历史建筑完整的北立面）
4. 剖面图 1 个　　　　1:200
   - 要求包含 A 幢历史建筑
   - 要求标注两道尺寸
5. 相关的分析图
6. 透视图或轴测图（要求包含 A 幢历史建筑）

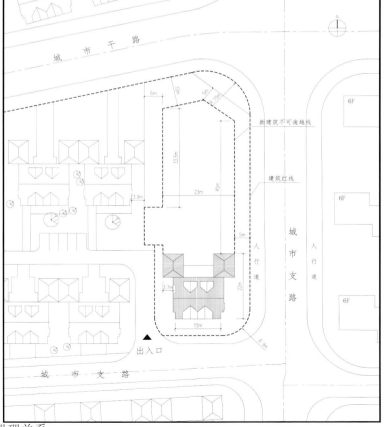

核心考点：

1. 考查新旧建筑衔接、过渡以及建筑与城市道路转角的空间关系，和新建筑与周边历史街区的肌理关系。
2. 三条平面网格的功能、空间及形态设计。

方案点评：

　　两个方案的相似之处在于：都运用分散的坡屋顶体量来取得新老建筑肌理上的一致性。上方案为局部呼应，下方案为整体延续。

　　上方案内部空间运用台阶式展览巧妙处理了新旧建筑高差。功能采用剖面分区：一层为公共办公功能，二层为娱乐功能，三层为文化功能。不足的是：多功能厅内部有柱子，但作为考场原方案已经非常出色。

　　下方案从沿街立面的统一连续为出发点，将老建筑坡屋顶的体量在新建筑上间隔重复，产生韵律美。间隔性的平面使得内部房间都有良好的南北采光和丰富的外部露台空间，二层西侧的露台空间形成对历史建筑空间退让和视线关系。中间连续的大坡屋顶则延续了老建筑的大体量，并通过相互错位形成现代、动态的形象。

上方案作者：殷悦（此图为最高分 90 分考场方案，考后绘制，设计手法类似于其东南东湖公园规划设计）

下方案作者：孙泽龙

延伸阅读：

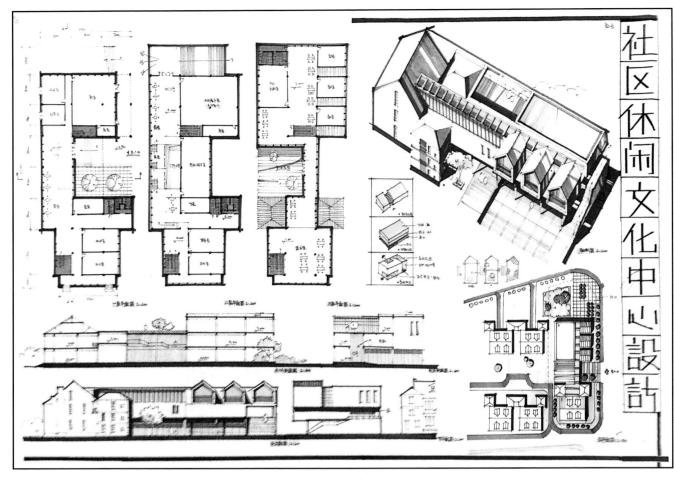

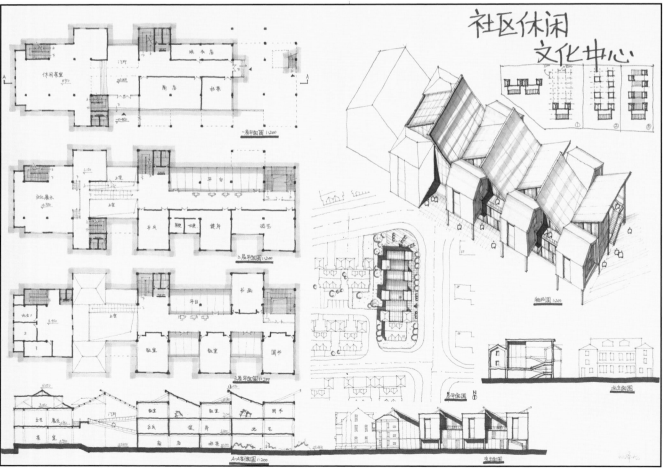

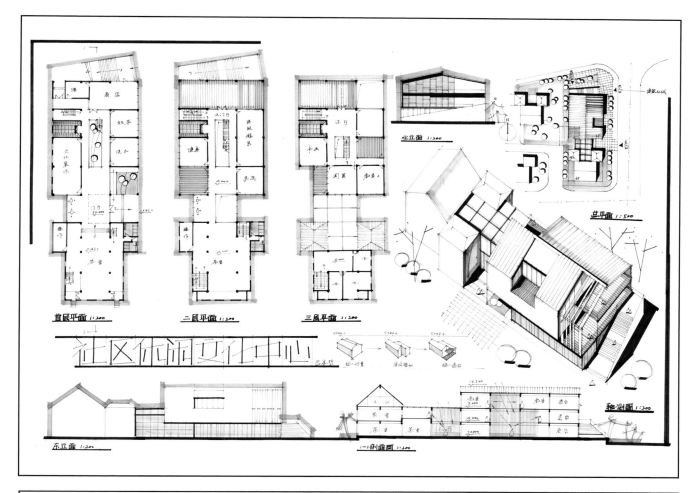

社区休闲文化中心

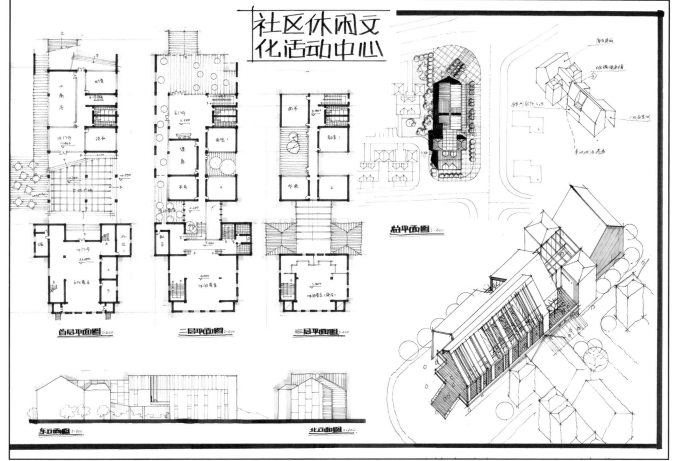

社区休闲文
化活动中心

两个方案的相似之处在于：都通过对完整坡屋顶做减法操作手法来塑造动态的建筑造型，并且都创造了大量的灰空间来回应周边历史建筑。功能布局都采用剖面分区：一层为对外辅助功能，二层为娱乐功能，三层为文化功能。

上方案通过两个半坡屋顶的滑动以及减法操作创造出了层次丰富的外部空间。新老建筑之间设计为门厅，并通过玻璃连廊相接，老建筑内部用作茶室与办公的功能。

下方案通过两个坡屋顶的错位、嵌套呼应转角地形，并产生外部灰空间。形态上通过三层的间隔花园，为教室带来南向采光。形态简约大气、外部空间丰富。不足的是：新建筑三层只设一部楼梯不满足疏散要求。

上方案作者：吕承哲（跨专业学员）
下方案作者：游钦钦

延伸阅读：

方案点评:

两个方案的相似之处在于:都用连续起伏的坡屋顶形态与周边建筑取得和谐。

上方案运用底层架空,连接东西两侧城市空间。功能上将老建筑各层处理成大空间,并运用台阶式茶座解决新老建筑之间的高差。新建筑围绕中庭组织功能,通过连续的单跑楼梯,联系上下。南北贯通的交通空间与连续转折的坡屋顶一起塑造了立体交错的空间。

下方案与上方案不同之处在于将坡屋顶的形态通过连续的折板形态包裹起来,相对更加具有整体性。在统一的折板之下又置入 3 个单元盒子以丰富建筑沿街立面。建筑平面一层局部架空,扩大了街角广场的空间,同时也打开了视线通廊,沿街的人流也可以欣赏到西侧的历史建筑。

上方案作者:黄 华(在西安建筑科技大学 2016 年复试快题中获得最高分 90 分)

下方案作者:段晓天(在同济大学 2016 年初试快题中获得最高分 130 分)

延伸阅读:

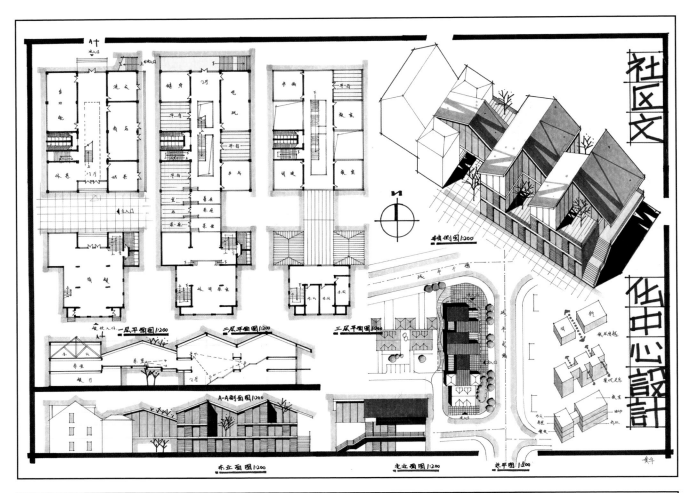

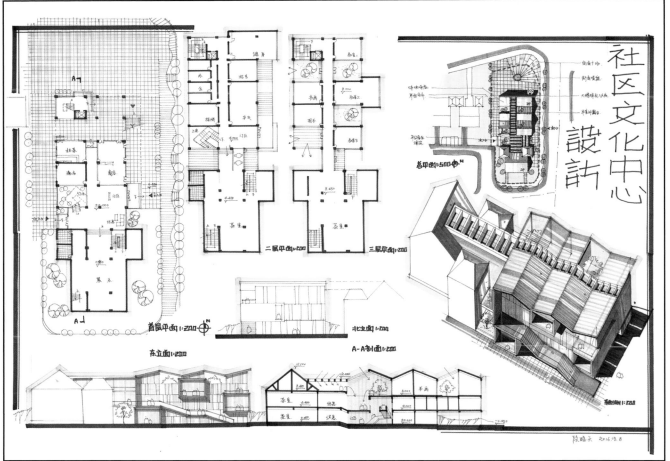

同济大学 2008 年博士研究生入学考试初试试题

题目：会所设计（6 小时）

　　某城市历史街区中有一幢民国时期留存的历史建筑，拟作整体的保护、更新与利用。在规划中拟结合其沿街相邻的扩建建筑物调整为会所与商业用途（详见附地形图）。要求考生将新老建筑作为一个整体在用地内合理规划总体布局，统筹布置新老建筑的功能要求并赋予新老建筑一个和谐的整体建筑空间和形态。

一、总体布局要求

　　总体布局允许在历史建筑的南面用地内增添一栋新建筑物（除南面需退用地红线 3m 外，其余各边均无退界要求），新楼高两层，与北侧老建筑的连接方式由设计者自定，停车需求在街区内另行解决，不在基地内考虑。新建筑的入口可同时考虑在用地的东侧和南侧。新老建筑周边除必要的人行道外，可适当布置绿化。

二、建筑设计要求

　　1. 试题要求设计的新建筑结合现存建筑物的空间和形态，实现良好的新的功能和交通联系，并结合历史街区的城市形态形成一个协调的整体城市片段。

　　2. 新老建筑的功能分布与参考面积要求：（要求布置家具）

　　老楼（沿北侧城市街道）
　　　• 一层：旅店大堂 400 ㎡（包括接待，休息，前台办公，小型咖啡厅，电梯和楼梯，洗手间，商务等用途）（注：部分大堂面积需求可安排至新建筑物内解决）
　　　　多功能厅　　　　　　　150 ㎡×1
　　　　50 ㎡小会议室　　　　2～3 间
　　新楼（沿东南侧街道）
　　　• 一层：精品商店约800㎡，（包括管理用房，库房，电梯及楼梯以及通往二楼的大堂空间，洗手间等）
　　　• 二层：中餐厅及厨房，设 2 间包房，约 800 ㎡

　　3. 总建筑面积约在 3000 ㎡左右

　　4. 建筑红线控制见地形图所注

三、图纸要求

　　1. 总体布置图 1:300，表示新老建筑物和周边现有建筑物的屋顶平面、道路、绿化，建筑物出入口位置和流线

　　2. 新老建筑物平立剖面图 1:200（各层平面，东、南沿街立面，以及显示新老建筑关系的剖面）

　　3. 透视或轴测表现图（表现方式不限）

　　4. 设计概念说明

　　5. 以上内容安排在 A1 图纸内（草图纸或白图纸均可）

　　6. 以上要求内容可用深色铅笔或墨水笔绘制

四、评分标准

　　1. 总体布置：新老建筑物之间的布局是否合理；各种流线是否通畅；与城市外部空间的关系是否恰当。

　　2. 建筑设计：平面功能流线是否合理，空间形态和尺度是否良好，剖面不同标高间，不同空间高度间的处理是否恰当。外立面设计是否能妥善处理历史建筑与新建筑的关系，建筑比例、尺度、门窗洞口的设计，细部和屋顶处理是否合理。

　　3. 图面表达：图面布置整齐美观，线条工整清晰，表现力强，文字大小合适。

核心考点：

　　1. 对老建筑内部功能的更新。注意新老建筑、建筑与街角的空间与形态关系。

　　2. 围合形平面的不同组织形式。

五、附图
　　地形图
　　原历史建筑平、立、剖面图

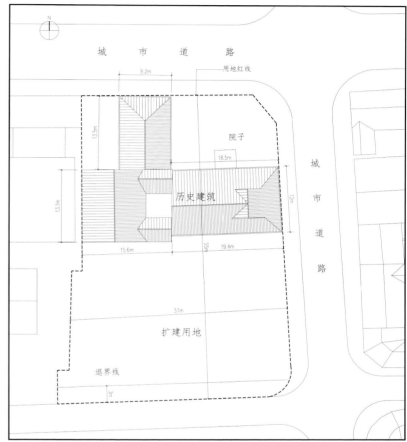

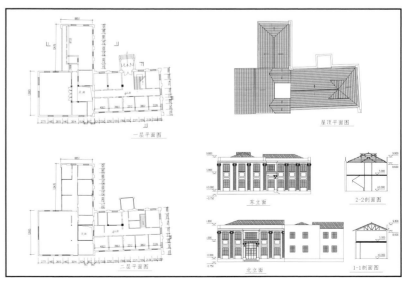

方案点评:

　　两个方案的相似之处在于:都通过连续坡屋顶的形态与原有建筑风貌保持统一。功能布局都是剖面分区:一层布置沿街精品店与门厅以及部分后勤管理房间,二层布置客房、大餐厅和包间。

　　上方案通过在新老之间设计室外楼梯和室内玻璃中庭内的楼梯,形成新老的空间关系和视线关系。形态上通过坡屋顶的高低错位,以及屋顶玻璃空间和露台空间的错位形成虚实、错动的建筑形象。

　　下方案通过在新老之间的两条玻璃体块进行功能连接和空间过渡。转角的切割和斜向通道的设计有利于商业及二楼餐饮次要入口人流的导入。立面设计是典型的二段式划分,一层精品店沿街内收形成骑楼,二层形态通过折板包裹,整体上实下虚,对比分明,符合商业建筑表情。建议:新老建筑之间的上部可适当增加一些玻璃覆盖。

上方案作者:卢　品
下方案作者:闫启华

延伸阅读:

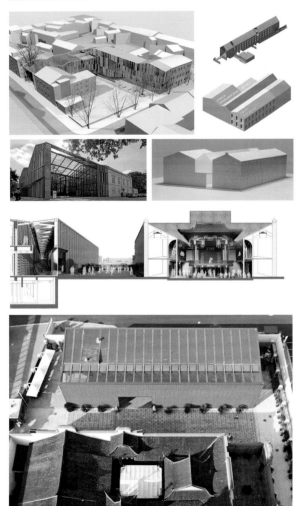

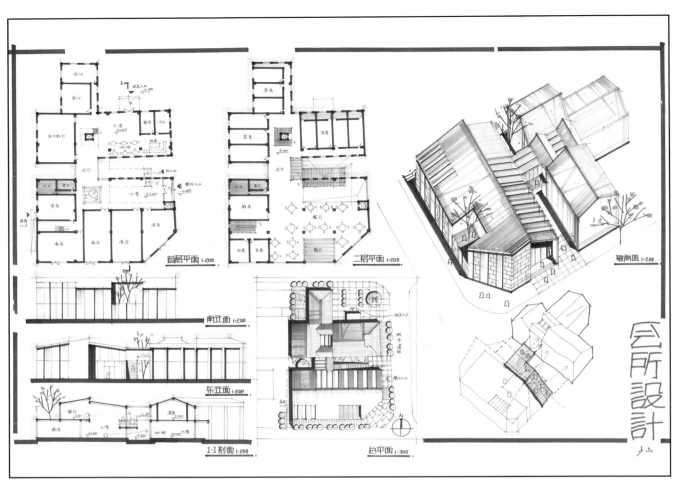

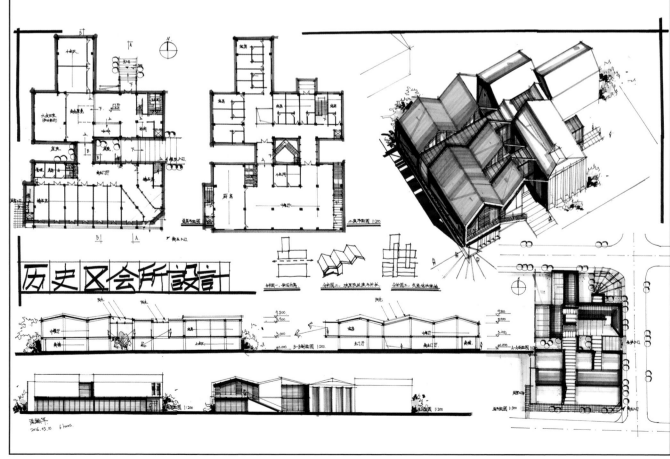

华南理工大学 2013 年硕士研究生入学考试初试试题

题目：老年人活动中心扩建工程设计（6 小时）

一、项目概况

广州市某社区拟对原有老年人活动中心进行升级改造，以满足退休人员活动需要。

活动中心位于台地上，原有建筑在用地西南角设有 2 处入口，建筑采用单元式布置在不同标高的台地上，均为 2 层，以连廊连接。其中，A、B、C 栋为活动室，首层标高为 38.6m，二层楼面均与连廊屋顶在同一标高（42.0m）上，D 栋为办公区，首层标高为 41.0m，层高 3.4m。

扩建用地与周边道路有较大高差，基地内部比较平整，场地标高为 37.5m，具体情况详见地形图。

二、设计要求

1. 结合基地设计，能因地制宜安排布局。扩建建筑应控制在建筑红线范围内，可根据需要增设出入口，开口位置自行选择。
2. 地上建筑层数 2 ～ 3 层（以场地标高 37.5m 以上计算，主体空间在场地标高以下的计为地下建筑或半地下建筑。）
3. 对用地红线内的室内外场地进行简单的环境设计，并解决 5 个停车位（室内外均可），其中无障碍车位 1 个。
4. 功能流线布局合理，考虑无障碍设计，要求残障人士可到达扩建部分的所有房间，并通过与原有建筑的合理连接，尽量改善原有建筑的无障碍通行条件，扩建部分需设置无障碍卫生间或专用厕位。
5. 建筑通风采光良好，适应地方气候。
6. 空间关系合理，竖向设计科学。
7. 结构形式合理，柱网清晰。
8. 符合有关建筑设计规范。
9. 设计表达清晰、条理、全面，技法不限。

三、设计内容（总建筑面积 900 m² ±45 m²，以下各项为使用面积）

1. 门厅   面积自定
2. 值班室（带独立卫生间）   20 m²
3. 多功能活动厅   120 m²
4. 群众曲艺活动室   50 m² ×2
5. 报刊杂志阅览室   60 m²
6. 体检室、理疗室（各 1 间）   30 m² ×2
7. 小卖部（可对外服务）   50 m²
8. 库房   30 m²
9. 配电间   20 m²
10. 楼梯、电梯、坡道（数量自定）
11. 其他辅助空间自定

四、图纸要求

1. 总平面图   1:500
2. 各层平面图   1:100 或 1:150
3. 立面图   1:100 或 1:150（1 ～ 2 个）
4. 剖面图   1:100 或 1:150（1 ～ 2 个）
5. 透视图   1 个
6. 主要经济技术指标及设计说明
7. 其他图纸自定
8. 图纸采用 A1 图幅，纸质不限，横竖版均可

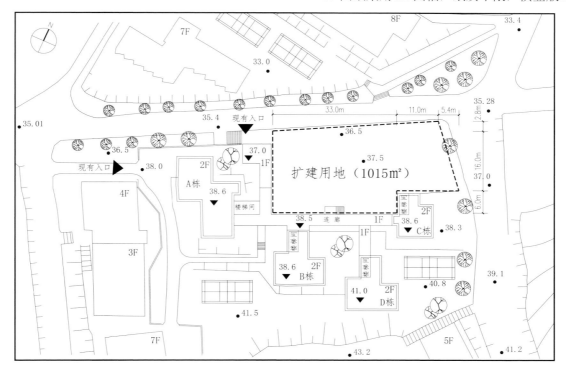

核心考点：

1. 新老建筑的形态和空间关系，及老年人建筑的无障碍设计。
2. 条形平面网格的功能、空间及形态设计。

方案点评：

　　两个方案的相似之处在于：从形态入手，创造出大面积的露台空间和灰空间来应对老建筑，同时通过连廊处理好新老建筑之间的交通联系。

　　上方案通过 2 个半坡屋顶体量的交错与咬合来处理形态，平面上错动出 2 个广场作为主次入口空间，剖面上的错动带来了内部高侧窗采光。作者在基本体量的基础上再进行减法操作，创造出面对老建筑的灰空间和庭院空间，同时也丰富了建筑形体。建筑功能布局采用剖面分区：将吵闹的功能布置在一层，安静的阅览室布置在二层，需要景观的房间则布置在靠近老建筑的庭院一侧。

　　下方案通过 T 形体量呼应周边建筑，并通过架空和露台操作，形成室外停车和屋顶交流空间。形态上通过连续的坡屋顶和单元体的操作塑造活泼的建筑形象，符合建筑的性格。单元体的间隔容纳楼梯和室外交流平台，是成熟的设计手法。建筑功能布局采用剖面分区：一层完整的块状平面布置门厅、小卖、库房等公共和辅助功能，二层为阅读、活动室、多功能厅、理疗室等功能，相互分离，互不干扰。

上方案作者：罗雁月
下方案作者：温良涵（2017 年保送到同济大学）

延伸阅读：

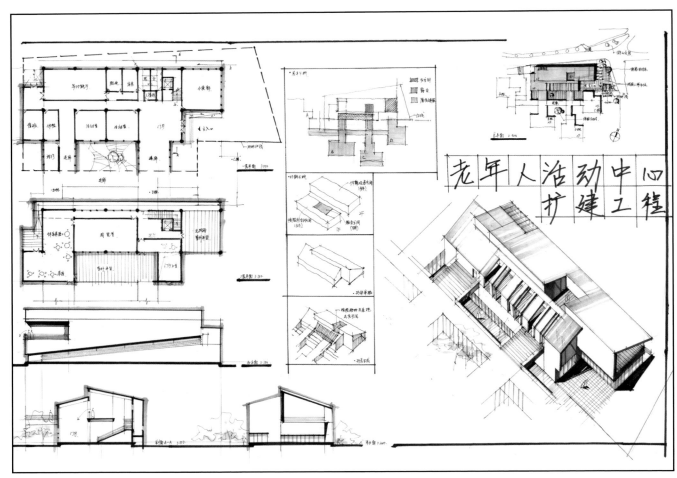

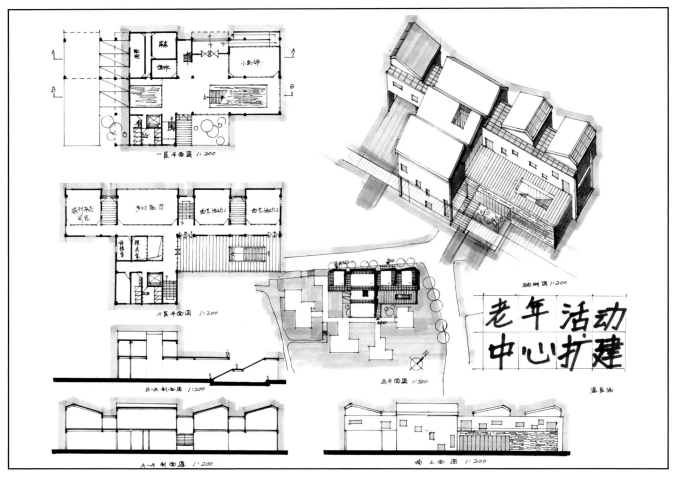

同济大学 2010 年硕士研究生入学考试复试试题

题目：顶层艺术画廊设计（6 小时）

一、项目概况

拟建一小型画廊，进行当代艺术品的收藏与展示，画廊在废弃纺织品仓库的顶部加建而成。仓库原结构为无梁楼盖体系，基础预留了顶部加建的可能性，经结构鉴定，下部通过局部构件即可满足顶层画廊的结构要求。

二、项目要求

1. 画廊层数不超过两层。
2. 画廊另设专用的垂直电梯与楼梯；原有楼梯可延伸至加层，作为疏散楼梯使用。
3. 画廊加建部分应选用适于本项目的结构体系，应充分考虑与原有结构的衔接关系。
4. 画廊加建体量应充分考虑与仓库建筑体量的关系，在结构适合情况下，加建部分可突破原有仓库的建筑外轮廓线。原仓库部分的外立面保持不变。
5. 画廊加建空间应充分考虑对自然光线的利用。
6. 画廊总建筑面积 1800 ㎡，主要包括以下功能空间
   - 开放式展厅 800 ㎡，净高不低于 3.6m
   - 两个大型装置艺术品展厅各 200 ㎡，净高不低于 5.0m
   - 门厅与交通空间
   - 洽谈室与办公室
   - 纪念品店与咖啡
   - 库房与卫生设施

三、成果要求（图纸表现方式不限）

1. 各层平面图   1:200
2. 立面图（2 个，需包括原仓库部分）   1:200
3. 剖面图（2 个，需包括原仓库部分）   1:200
4. 结构选型轴测简图（比例不限）
5. 透视图或轴测图

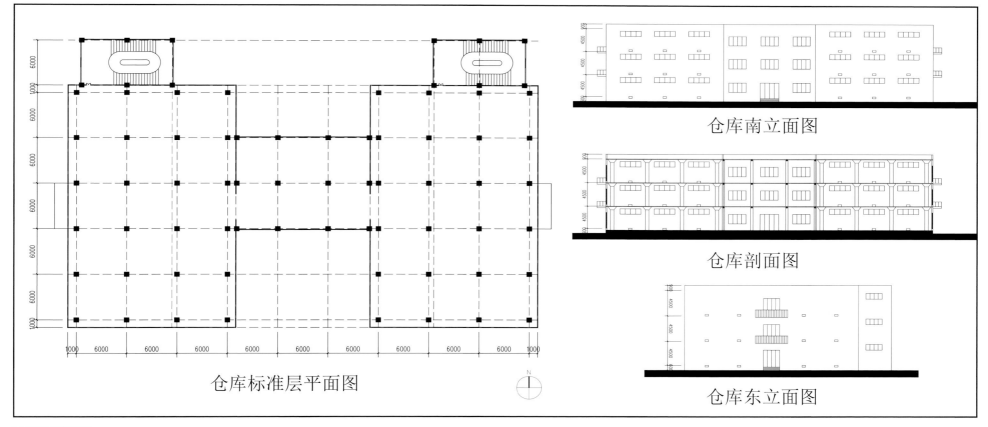

仓库南立面图

仓库剖面图

仓库东立面图

仓库标准层平面图

核心考点：

1. 考查新旧建筑结构和交通的衔接，以及新建筑的形态控制。
2. 注意展览建筑的流线设计。

方案点评：

上方案将功能设计为局部两层，通过与坡道呼应的斜向屋顶形成一层和二层形体的过渡，丰富内部空间的体验，并塑造了独特的形态。空间上围绕大型展厅设计坡道，拉长空间感受，与开放式展厅形成高低间隔、连续转折的空间变化。

下方案根据层高的差异设计出大型展厅和开放展厅的错层空间。功能采用剖面分区：一层为公共辅助功能，二层为展览功能。建议南侧辅助功能移到加建二层。

上方案作者：刘涟
下方案作者：凌赓（在同济大学 2013 年初试快题中获得 130 分最高分）

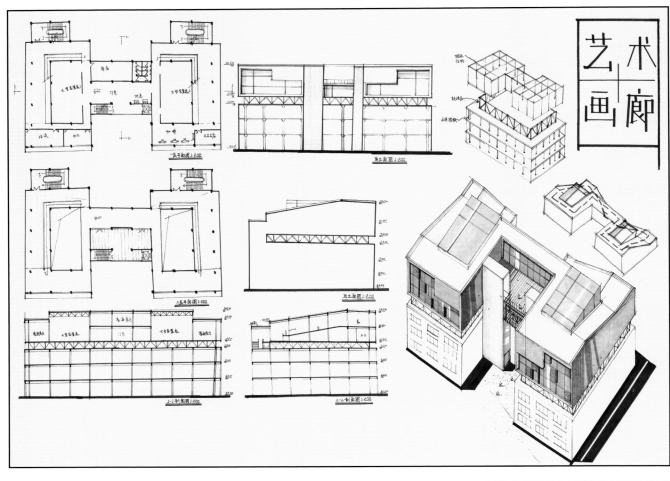

延伸阅读：

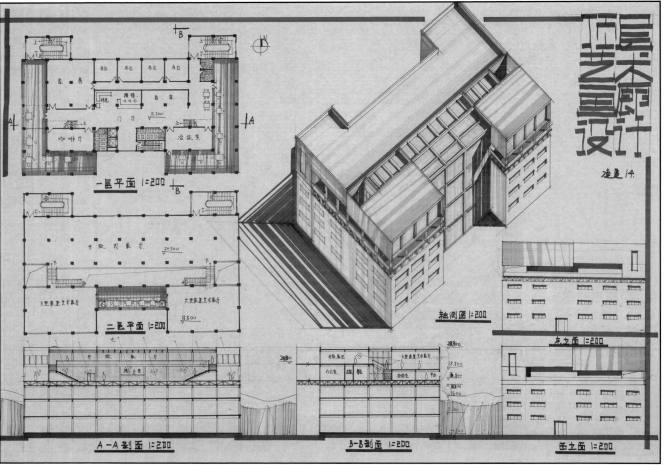

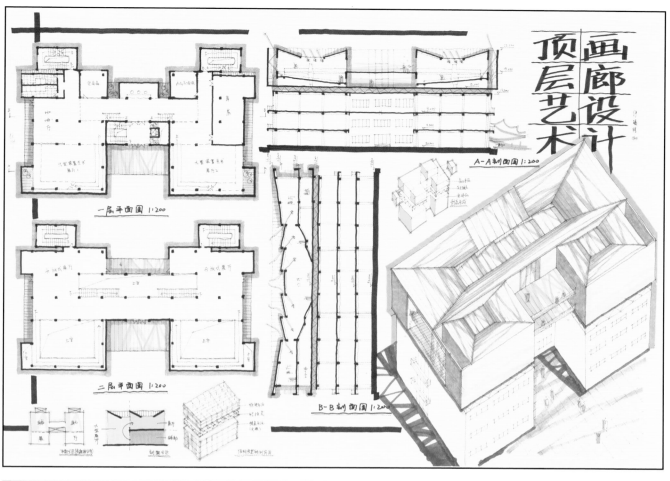

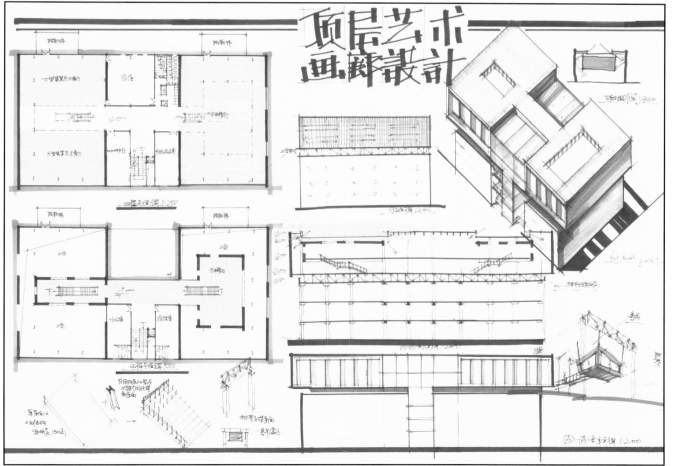

上方案根据功能要求的特点寻找出 3 个特色的中庭空间，并通过内向的坡屋顶和采光设计进行强化，也形成了完整大气的第五立面。平面上通过出挑、退让产生出各个方向的大小露台以及采光花园。空间丰富，形态完整。两个坡道的设计丰富了展览路径，两个单跑楼梯的设计呼应内凹的坡屋顶和间隔的坡屋顶采光，形成连续、收放的空间序列。不足的是，左侧楼梯的出口画反了，建议调整。

下方案运用内部大空间中植入体量的手法，形成两个悬挑的盒子，增强空间雕塑性。两侧为展厅，中间垂直叠加辅助功能。两个对称的单跑楼梯连接两层悬吊部分和展厅，构思巧妙。

上方案作者：伊曦煜
下方案作者：冷 鑫

延伸阅读：

西安建筑科技大学 2014 年硕士研究生入学考试初试试题

题目：知青纪念馆建筑方案设计（6 小时）

一、背景

20 世纪 60、70 年代一场轰轰烈烈的"知识青年"上山下乡运动，涉及到全国各地，影响到千万个家庭的生活与命运，对广大农村及边疆发展建设影响深远，一大批青少年得到锻炼与考验，相当一批有志者成为国家及社会的栋梁与精英。为纪念这一重大历史事件，建设知青纪念馆成为广大接受知青锻炼地区的普遍意愿。现有陕西延安、山东东泉、浙江绍兴、辽宁康平四地有意利用空置小学兴建知青纪念馆，征求建筑设计方案。

二、实例借鉴：下面是国内已建成的典型事例（内容简介），可供设计人借鉴参考。

黑龙江知青博物馆：

展示面积 1200 ㎡，展线长 400 m。展厅分序厅及"到农村去，到边疆去"、"广阔天地，难忘岁月"、"顺应民心，调整政策"、"知青情节、永志难忘"等四个部分。为使人们永远铭记这段历史，由黑龙江省文化厅批准建设，黑龙江省发改委立项的知青博物馆，于 2006 年 8 月 1 日开工建设，历经三年时间于 2009 年 8 月 11 日正式开馆对外开放。知青博物馆位于黑龙江省黑河市爱辉历史文化旅游区内（黑河市爱辉镇），占地面积 10.5hm²，建筑面积 7100 ㎡，布展面积 6400 ㎡，是我国第一个反映知识青年上山下乡历史的大型展馆。该馆展厅共分三层。一楼是以知青上山下乡：《知识青年在黑龙江》为主题的主展厅，全面叙述了自 1955 年全国第一批知青"北京庄"开垦北大荒以来数十年的知青史。展览的主要特点是以真人、真事讲故事的方式向观众介绍；展览内容共分为六个部分：一共赴北大荒、二闪光的青春、三浴火凤凰、四难忘的记忆、五改革开放的中坚、六两地情。展览的主要形式除文字、图片外，还有油画、场景、雕塑、文物等内容。二、三楼是以《青春叙事》为展览主题的油画厅，由当代著名知青画家陈丹青、沈嘉蔚、刘宇廉、李斌、潘衡生、赵晓沫、陈逸飞、徐纯中等创作的 200 余幅以知识青年上山下乡为主题的专题画展，他们的作品全部反映知青生活，在艺术水准上可称为我国油画届的精品。

三、内容

1. 基地内现有校舍建筑质量良好，当年兴建时不仅有原下乡知青出资捐助，亦有部分知青还参与设计或修建，纪念意义深远，甲方建议尽可能保留、利用。纪念馆周边多为当年知青生活居住过的民房及院落，甲方希望纪念馆与周边环境能成为有机的整体。

2. 建筑面积（含利用部分）控制在 3200 ㎡左右为宜，尽量将有限资金用于环境营造上。

3. 空间构成：可供 300 人使用一个、带影视放映的多功能厅一个；陈列、展厅；接待、管理、研究室等按需设置。结合上述提示，请设计者参考上海、黑龙江等实例自拟建设内容（并随方案一并提交）。

4. 室外空间建议内容：知青纪念碑、知青大舞台、知青纪念墙、知青园等。

四、图纸要求

1. 总平面 （1:500）
2. 各层平面 （1:200）
3. 主要立面 2 个 （1:200）
4. 体现设计意图的剖面 （1:200）
5. 透视图、分析图等
6. 设计说明及项目建议书
7. 用纸为 2 号图纸，表达方式不限

核心考点：

1. 对现有建筑的改造利用，并与新建筑形成一个整体。
2. 纪念性建筑群序列空间的规划，需要平衡纪念性空间和展览的流动性空间。

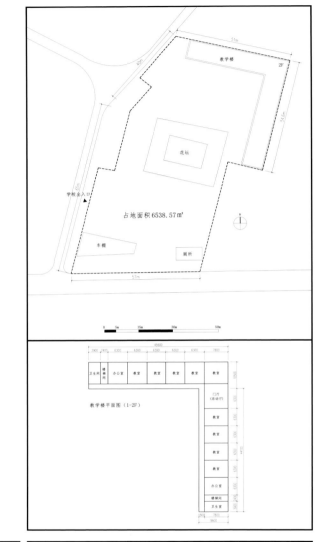

基地地形图

教学楼平面图（1-2F）

基地现状图（卫星）

地域建筑形态

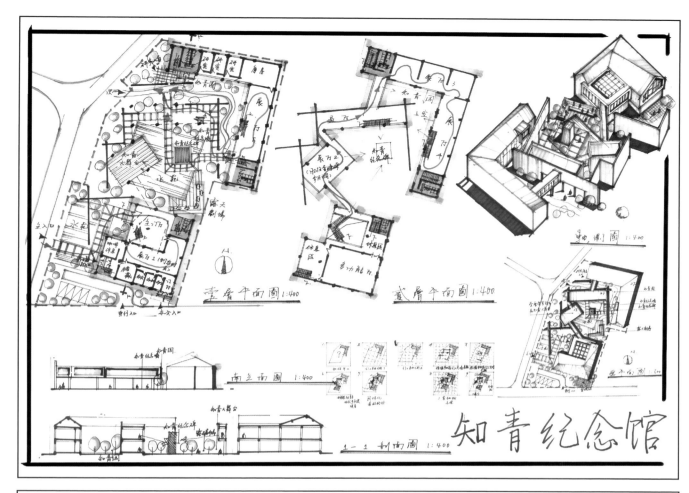

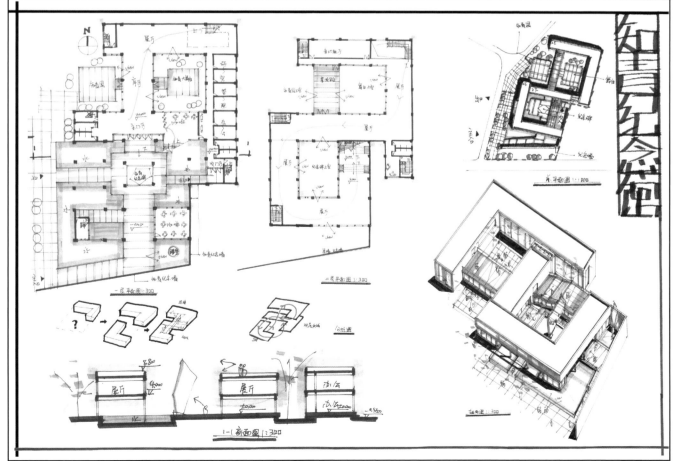

知青纪念馆

壹层平面图1:400　　　　贰层平面图1:400

南立面图1:400

1—1剖面图1:400

一层平面图1:300　　　二层平面图1:300

1-1剖面图1:300

方案点评：

　　两个方案的相似之处在于：通过体块之间的围合形成展览路径的转折变化，并把纪念碑、大舞台、知青园置于空间之中。上方案强调自由围合，下方案通过轴线来统一主要空间与流线。

　　上方案场地较大，作者从园林空间出发设计了部分空中的室内展览流线以及部分架空的室外流线。并运用与老建筑重复的L形以及条形体块进行平行或扭动，形成丰富多样的群落。形体之间通过知青纪念墙进行整合。知青纪念碑设计在空间中心，各个角度都能对此视看。功能上，主次入口明确，流线清晰。不足的是，展览流线结束回不到主入口。大舞台与纪念碑过近。

　　下方案从引导及空间围合入手，设计了一条南北轴线，一片知青纪念墙，三个围合的院落，并通过一条莫比乌斯环串联。知青纪念墙作为流线的开端，大气、开敞地将参观人流引到轴线上，轴线上安排了纪念碑、主门厅、序厅以及序厅两侧的知青园、大舞台，非常清晰、明确地串联在一起。大舞台、纪念碑又成为两个院落的景观，在二楼观展也可看到。主入口前面的架空和水系塑造了宁静的纪念氛围。不足的是，次入口与主入口稍近。另外建议对知青园用墙体进行围合。

上方案作者：贾逸非
下方案作者：张　茜

延伸阅读：

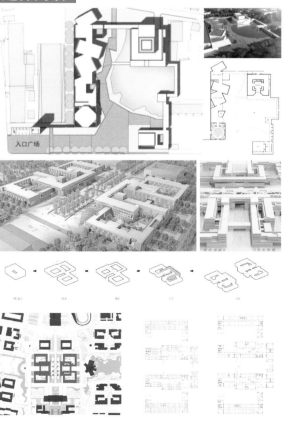

入口广场

同济大学 2016 年硕士研究生入学考试复试试题

题目：科创中心建筑设计（6 小时）

为了培育科研成果转化，服务国家社会经济发展需求，大学校园内拟建设一座科创中心。总建筑面积约为 6000 ㎡，并以此建筑的建设为契机，将建筑与周围城市步行环境有机结合，建构具有城市活力的城市公共空间。其中，要求将建筑室外公共空间与城市人行道衔接，并进行广场设计，广场面积不小于 800 ㎡。此外，基地内有一座废弃的厂房（见图）。要求保留厂房原有结构进行改建，使之成为科创中心的组成部分。

一、内容

科创中心要求如下：

1. 门厅	200 ㎡	
2. 咖啡厅	180 ㎡	
3. 多功能会议厅	350 ㎡，	可举办各类科研论坛和沙龙
4. 科技成果展厅	350 ㎡	
5. 图书阅览室	300 ㎡	

6. 科研实验区小型实验室 6 间，每间 100 ㎡～120 ㎡，层高不小于 5.4m，其中 4 间由于荷载要求，必须设置在一层，实验区有独立对外的出入口，方便运输货物

7. 科技研发中心　　　　　　1000 ㎡，包含 6 个研发单元

8. 科学家工作区：包含科学家工作室 60 ㎡／套，共 10 套（每套含科学家办公空间和研究生工作空间等），会议室（60 ㎡）和小报告厅（120 ㎡），并配有自助咖啡区（面积自定）

9. 科研杂志编辑部　　　　　500 ㎡，内部空间形式自定

10. 其他如卫生间、楼电梯等根据需要及相关规定进行设置

二、图纸要求

总平面　　1:500（要求对场地进行总平布置，形成良好活动环境，与城市人行道衔接）

各层平面　1:200（首层平面应包括一定区域的室外环境）

立图　　　1:200

剖面　　　1:200

轴测图或透视图（比例不限，图幅不小于 200×300mm）

核心考点：

1. 考查建筑与城市界面和校园绿地的空间及过渡关系；新老建筑的衔接和形态关系。

2. 围合形平面的不同组织形式，以及复杂功能的竖向叠加和平面分区。

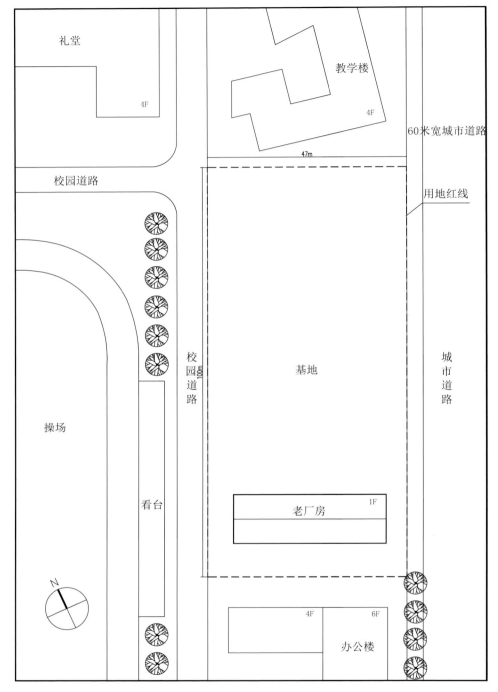

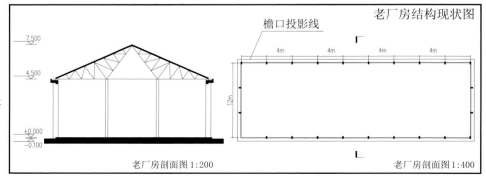

老厂房剖面图 1:200　　　　　　　　老厂房剖面图 1:400

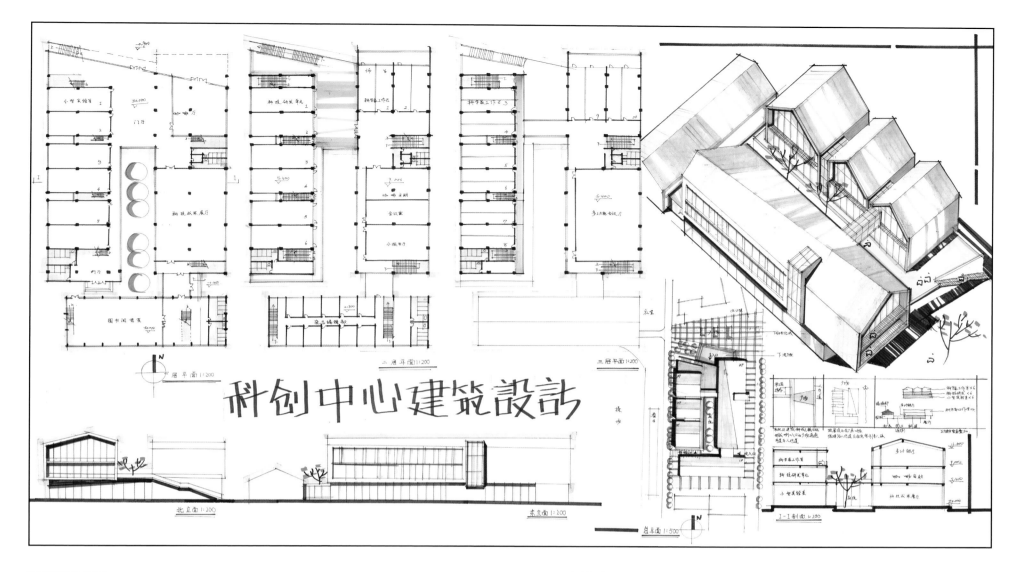

科创中心建筑设计

方案点评:

    此方案在总图关系上,场地顺应北部中法中心的斜轴线,为学校与城市之间提供一片公共活动场地,同时保持了城市、学校界面的延续性。新建建筑与老厂房有清晰的衔接关系,共同围合出建筑的内庭空间,形成一个完整的建筑群。

    建筑单体方面,方案设计了入口台阶、平台与走廊、狭长的内庭院等丰富的室外空间,与周边的环境有良好的视线渗透关系,也为老厂房的立面提供了绝佳的视点。建筑形态上充分考虑老厂房的空间和形态,采用了坡屋顶与老厂房呼应,并采用了单元式手法,强化造型的韵律感;沿城市的立面则较为完整,形成整体和单元的对比。功能布局上将老厂房中置入图书与编辑部功能,其余采用剖面分区:一层为门厅、展厅、咖啡和实验室功能,二、三层为科技研发、科学家工作室、会议室等科研功能。叠加清晰,特别是实验室、科技研发、科学家的叠加尤为理性。新老交接的空间处理为面向城市的次入口空间,而面向校园的入口可由一层及二层的室外平台引入。方案设计逻辑清晰,空间层次丰富,造型简洁美观。不足的是:楼梯过多,新旧关系还可以再优化。

此方案作者:杜怡婷(此方案为 90 分最高分考场原图方案,考后绘制)

延伸阅读:

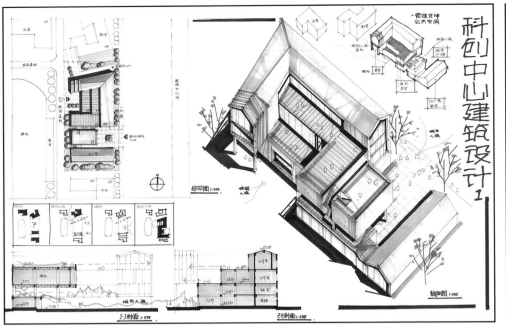

延伸阅读：

方案点评：

上方案在总图上回应了中法中心的斜度，同时考虑了与南侧老建筑的联系。并根据题意设计了2个广场空间分别呼应了建筑和城市、建筑和校园之间的关系，使两个不同属性的空间在建筑中融合。建筑单体用S形体量回应周边环境，并创造了架空、退台、室外露台、室外楼梯等多样的外部活动空间，也丰富了建筑造型。形态上设计了从北面四层教学楼到地块内一层老厂房的过渡，由北至南从四层递减到一层，形成的退台空间面向校园，并用坡屋顶回应原有的厂房造型。空间上通过玻璃门厅联系老厂房和新建筑，并在每层都设置了室外平台回应周边的环境。整体建筑空间内外渗透，形体错落有致，体量和谐。建议建筑与老厂房之间的过渡空间还可优化。

下方案在总图上主要强调了与城市的空间关系，将建筑主要室外空间向城市与老厂房开放，面向校园一侧则设计架空和围合空间。另外对中法中心斜线的考虑，使建筑与周边肌理更为统一，特别是总图景观的布置也非常细腻、协调。建筑形态上运用L形体量的反向叠加，形成架空和露台空间，并使建筑面向校园和城市都产生丰富的视角和整齐的界面。另外新旧建筑空间的融合不同于常规的玻璃体连接方式，方案通过一条斜向的展览连廊与老厂房相互咬合，并与上部报告厅的斜向形体形成了具有视觉冲击力的新老对比关系。老厂房的一部分结构暴露作为灰空间与环境融合，成为方案的一大特点。不足的是：报告厅与门厅的关系较弱，建筑的南向房间过少。

（两个方案均为88分考场方案，考后绘制）
上方案作者：卢品
下方案作者：段晓天

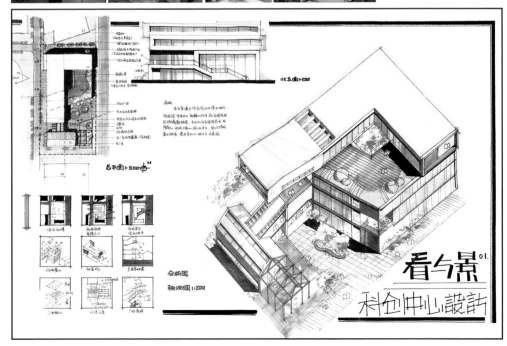

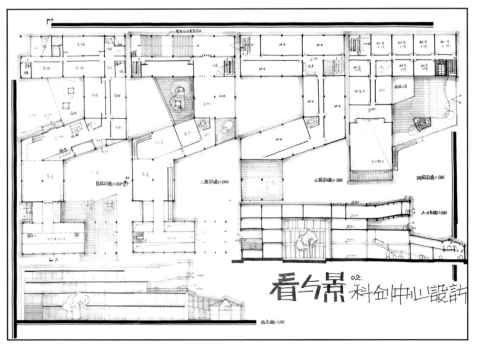

哈尔滨工业大学 2013 年硕士研究生入学考试初试试题

题目：重工业历史展览馆（6 小时）

一、设计题目：重工业历史展览馆

北方某重工业工厂计划利用厂区内的一处空地，拟建一个重工业历史展览馆，总建筑面积 2000 ㎡左右（上下可浮动 5%，包含保留建筑），层数最高 2 层。项目选址临近城市道路，用地平坦，基地具体尺寸详见附图。

二、设计要求

1. 场地内要求保留原有一处废弃的加工车间和一座水塔，加工车间改造成实景展示区，水塔可以改造成观光塔或者场地景观构筑物，具体位置和详细尺寸详见附图。

2. 充分考虑场地自身形态和周边条件，妥善处理新建筑与保留车间和水塔的关系，使得它们形成一处和谐的建筑群体。

3. 充分考虑展览建筑的性质和特点，合理组织建筑功能空间，塑造适宜建筑形象，内外空间有机贯通，并满足相应场地要求。

三、设计内容

1. 各部分面积分配如下：（所列面积为轴线面积）
- 展示区　　　　　　600 ㎡（要求净高 4.2m，墙面开窗面积小于 40%）
- 实景展示区　　　　340 ㎡（利用原有保留车间改造）
- 多功能厅　　　　　150 ㎡（要求净高 5.7m）
- 售票寄存　　　　　80 ㎡
- 纪念品超市　　　　120 ㎡
- 水吧休息区　　　　50 ㎡
- 阅览室　　　　　　30 ㎡×1
- 藏品库房　　　　　30 ㎡×1
- 编目室　　　　　　60 ㎡×1
- 摄影室　　　　　　30 ㎡×1
- 制作室　　　　　　30 ㎡×2
- 管理办公室　　　　30 ㎡×3

2. 室外场地要求设置满足 2 辆大型巴士和 6 辆小型轿车的停车场地。

四、图纸内容与要求

按比例要求徒手绘图，透视图需要彩色表现，表现形式不限。白色不透明绘图纸规格 841mm×594mm。

1. 总平面图　　　　　1:500
2. 各层平面图　　　　1:100～1:200
3. 立面图　　　　　　1:100～1:200（不少于 2 个）
4. 剖面图　　　　　　1:100～1:200（不少于 2 个）
5. 透视图
6. 设计分析图（数量不限）
7. 主要技术经济指标及简要的设计构思说明

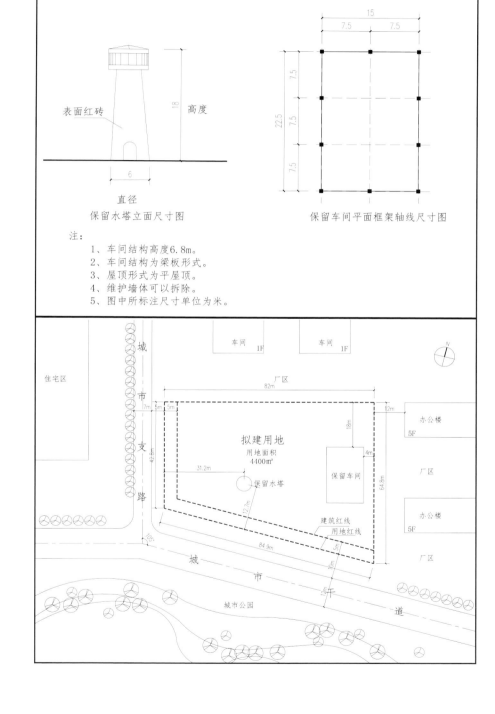

注：
1、车间结构高度6.8m。
2、车间结构为梁板形式。
3、屋顶形式为平屋顶。
4、维护墙体可以拆除。
5、图中所标注尺寸单位为米。

保留水塔立面尺寸图　　　保留车间平面框架轴线尺寸图

核心考点：

1. 考查建筑与城市公园、道路转角的空间关系，以及如何利用保留车间和水塔形成新老共生。
2. 围合形平面的不同组织形式。

方案点评：

　　两个方案的相似之处在于：合理地应对了不规则地形，同时与保留的水塔形成了形态和空间关系，并将水塔置于人工的水环境之中，增加观赏性和对道路转角的开放性。两个方案的水塔都对建筑形态产生了冲击，形成围绕水塔的弧线和朝向塔放射的轴线，并且都对6.8m的车间高度进行了群体的高低组合。

　　上方案对水塔的呼应设计非常轻松、巧妙，运用环绕水塔螺旋的弧线 、水平板块及竖向体块进行围合、穿插、咬合，形成丰富、多样的建筑形态。方案的独特之处在于朝向公园的斜面处理，形成观景的上人屋面，并与水塔盘旋、连接，将观光塔的概念做到极致，是非常难得的设计。形态上依次高起的3个体块为车间、展厅、报告厅，体现了作者细腻的设计技巧。方形体块的重复和弧线空间的呼应，体现了协调、韵律的设计美学，是非常成熟、好用的手法。

　　下方案在矩形体块上进行不规则切割，形成对水塔的动态围合和轴线对应 ，并产生对水塔的多次观看场景。流线上从门厅右转进入实景展厅，再通过坡道进入二层展厅，可以通过室外楼梯观看水塔，再进入室内展览；也可以通过室内展厅完成参观，参展流线简洁清晰。方案的难点和高明之处在于对不规则空间的处理，将其设计成庭院、商店、寄存、设备等不需要规整空间的功能。这种不规则平面的设计尤其困难，要注意两套柱网的交接和转折；另外轴线两端联系水塔和屋顶水景的手法借鉴了安藤忠雄的设计，是本方案的灵魂；再者就是多次的蜿蜒转折设计的淋漓尽致，处处透漏出作者对大师方案精髓的转化和作者细腻、扎实的设计功底。

上方案作者：赵　伟
下方案作者：闫启华

延伸阅读：

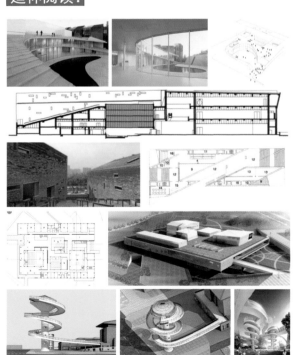

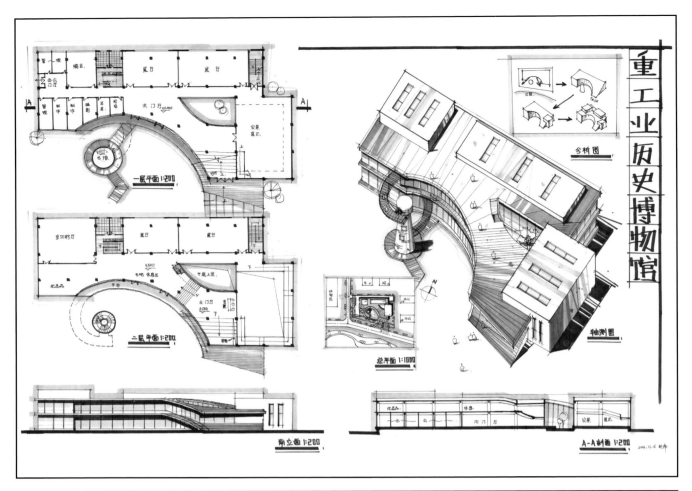

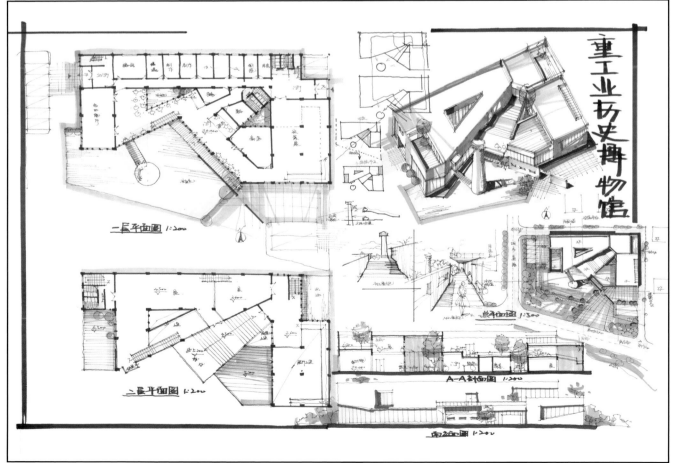

华南理工大学 2011 年硕士研究生入学考试初试试题

题目：建筑学院学术展览附楼设计（6 小时）

一、项目概况

南方某高校建筑学院计划在现有办公楼及建筑设计院一侧建设一处附楼，以满足学术活动、图片及模型展览的需要，并为师生提供休息交流场所。场所情况详见地形图。

场地北侧学院办公楼建于 1930 年代，传统民族风格。基座为白色水刷石饰面，红色清水砖墙，坡屋顶为绿色琉璃瓦，砖混结构；场地东侧为原学生宿舍，建于 1930 年代，白色水刷石基座，红色清水砖墙，平屋顶，局部绿色琉璃瓦小檐口，砖混结构，现改建作为建筑设计院工作室；场地西侧建筑设计院主楼建于 1980 年代，墙面贴红色条砖，绿色琉璃瓦小坡檐口，框架结构。

二、设计内容（总建筑面积 1200 ㎡～1400 ㎡，以下各项为使用面积）

1. 多功能报告厅	100 ㎡
2. 休息活动厅	100 ㎡
3. 展览空间（展厅或展廊，可合设或分设）	500 ㎡
4. 咖啡吧（含制作间）	100 ㎡
5. 卫生间	50 ㎡
6. 建筑书店	50 ㎡
7. 管理室	20 ㎡
8. 储藏室	50 ㎡
9. 室外活动及展览空间	规模自定

三、设计要求

1. 结合原有建筑、环境进行设计，能因地制宜，合理布局。
2. 场地内登山台阶和小路可结合设计调整位置和走向，但不可取消；场地内现有大树宜尽可能保留。
3. 学院办公楼南面次入口首层过厅西侧为阶梯报告厅，附楼宜考虑与其在功能上的必要联系。宜结合附楼考虑建筑设计院主楼与东侧工作室之间的联系。
4. 建筑设计要求功能流线、空间关系合理，动静分区明确，并处理好新旧建筑的关系。
5. 结构合理，柱网清晰。
6. 符合有关设计规范要求，尽可能考虑无障碍设计。
7. 对建筑红线内室外场地进行简单的环境设计。
8. 设计表达清晰，表现技法不限。

四、图纸要求

1. 总平面图	1:500
2. 各层平面图（其中报告厅、咖啡厅、卫生间需要简单室内布置）	1:200
3. 立面图 2 个	1:200
4. 剖面图 1～2 个	1:200
5. 透视图 1 个	
6. 设计分析图，自定	
7. 主要技术经济指标及设计说明	

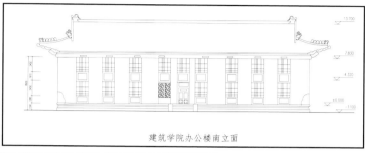

建筑学院办公楼南立面

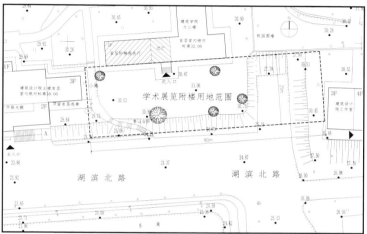

建筑设计院工作室西南角　　　场地东段现状

建筑设计院主楼与登山台阶　　　建筑设计院工作室西南角

核心考点：

1. 考查考生处理新建筑与旧建筑、湖面、树木的空间关系，以及老建筑与湖面的视觉通廊。
2. 分散体量的功能、空间及形态设计。

方案点评：

　　两个方案的相似之处在于：对历史建筑退让，形成足够的外部空间，并通过外部路径的设计有效联系了3栋建筑。不同的是：上方案运用加法形成对树木的围合和景观的渗透，下方案则在长方形形态上运用减法和加法操作形成多样统一的形态。

　　上方案以错落的坡屋顶单元围合树木，底层局部架空，加强了与周围3栋建筑的联系，形成景观渗透。功能采用剖面分区：一层为咖啡厅、书店等辅助功能，二层为展厅和多功能厅。多功能厅靠近北面教学楼次入口，强调两者在功能上的联系。

　　下方案将围绕树木的一层空间设计为半室外展览，最大限度的进行开放，形成历史建筑与湖面景观的最大联系。并通过透视框的做法强化历史建筑的入口和湖面联系的轴线，形成形态和空间的主导要素。功能采用剖面分区：一层为室外展览，二层为咖啡厅、书店等辅助功能，三层为展厅和多功能厅。形态上通过转折、错位和叠加形成对基地的呼应和立面的均衡。

上方案作者：刘宇阳
下方案作者：伊曦煜

延伸阅读：

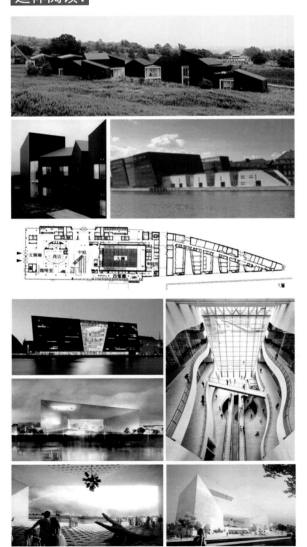

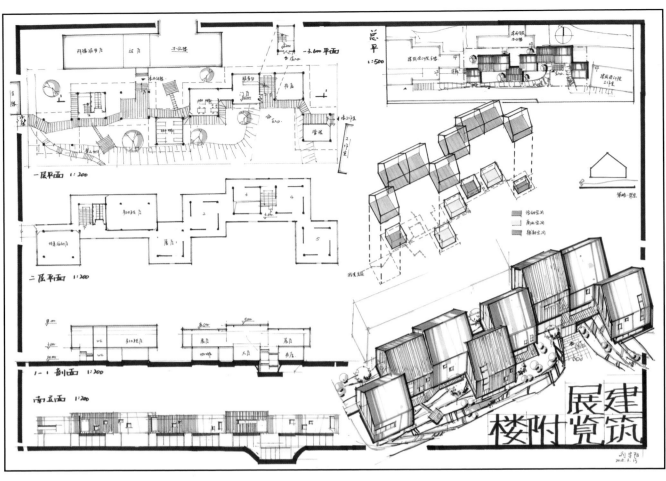

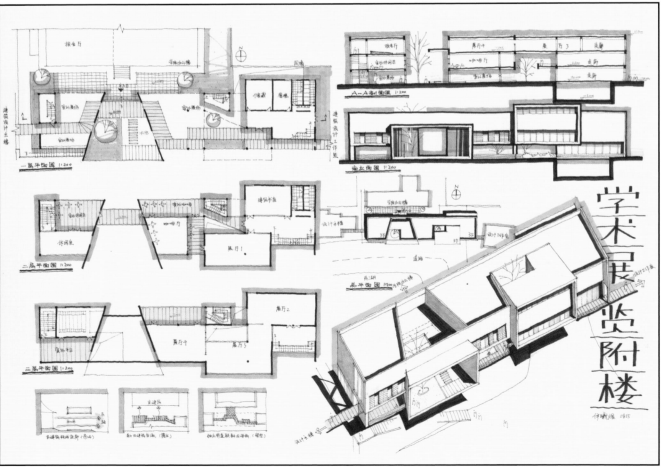

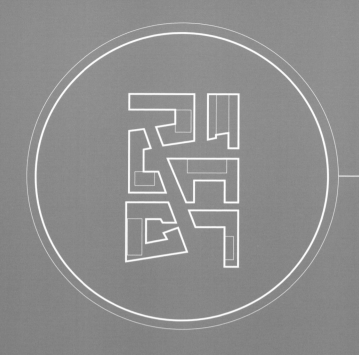

专题八：形体组织与规划综合

由近几年各大高校快题真题，尤其是复试题目中可以看出，对有关形体组织与规划综合类的题目考查比重在不断增加。此类题目不再仅限于建筑单体设计，而是要求考生在一个大场地中对建筑群体、开放空间、交通系统、绿化体系、文物保护等进行综合布局后，再对其中的典型单体加以设计。此类题目场地设计的分值比重较大，要求考生对总图设计给予高度重视。一般地，场地设计需要考虑到建筑退界及高度控制、防火要求、日照间距、防噪间距、视线要求、地形高差等知识要点。

将形体组合与规划综合作为主要考查对象的题目类型大致可分为以下两种：

（1）在一个地块中布局建筑群。这是最为基本的规划类题目类型，如北京工业大学 2012 年初试快题国际小学设计、同济大学 2012 年博士初试快题度假别墅及假日旅馆设计等。

（2）建筑分散在两个以上的用地中。此时需考虑建立各地块间的相互关系，如轴线关系、景观关系、建筑间的围合关系等，如东南大学 2010 年初试快题东湖公园规划加单体设计、东南大学 2011 年初试快题某大学路北学生公寓区设计、同济大学 2011 年复试快题商业综合体设计、同济大学 2011 年博士初试快题某地块城市更新设计等。

注意：基地中处于核心地位的建筑常作为单体设计考查对象，如同济大学 2012 年复试快题江南某城市规划展示馆设计、同济大学 2013 年复试快题滨水创意产业园区企业家会所设计等。

针对规划综合类的题目，以下的设计策略可供参考：

（1）规划结构上，首先，分析场地的人行入口、车行入口、地下车库出入口、地面停车等的布局；其次，根据周边道路情况、地块形状、景观及一些限制性因素（如地铁线、住宅、高架桥等）确定场地主要轴线、次要轴线，而轴线的交叉点或者起始点即为节点；再次，将基地分为各个组团，同时区分核心建筑、一般建筑。最后，对轴线、节点、绿化景观等进行设计。注意：上述各个步骤并没有严格的顺序之分，而是相辅相成，相互影响的。

（2）建筑布局上，从"营造外部空间"和"建立室内外空间的联系"这两方面来着手。

a. 营造外部空间：外部空间，即城市公共空间，是市民公共活动、相互交往的场所，包括街道、广场、水滨、绿地、公园等，这些空间可以通过节点、轴线、视觉通廊、生态廊道等连成系统，形成序列化的空间，以促进城市活动的连续性和丰富性。

b. 建立室内外空间的联系：可以考虑建立建筑室内空间与基地内部及周边的树木景观、滨水空间、历史建筑等的渗透关系。

对于场地设计的细节，本书收集了一些较好的特定处理手法，如滨水步道弧形或折线处理、轴线的铺装设计、节点的构图设计、核心广场的形态选择、绿地庭院的景观布置等，供大家分析总结、消化吸收。

同济大学 2012 年硕士研究生入学考试复试试题

题目：江南某城市规划展示馆设计（6 小时）

一、基本情况
1. 项目名称：江南某城市规划展示馆项目设计。
2. 基本情况：项目建设地点位于市体育中心东北角，东至珠江路，南至中心横河，北至朝霞东路，总用地面积约 25 亩。
3. 城市展览馆紧邻体育公园。

二、设计要求
1. 设计应尊重城市原有肌理，合理利用现状，处理好本馆与周边体育公园、体育设施及中心横河景观带的尺度关系和空间关系。
2. 主体建筑占地控制在 2500 ㎡左右。
3. 设置不少于 40 个机动车停车位，另设 2 个大型旅游客车停车位。
4. 城市规划展示馆建筑总面积 7000 ㎡左右，其中：
   展示功能区建筑面积约 6000 ㎡，主要设置：
   • 设置序厅、规划公示厅、临时展览、城市概况、历史文化展区，入口序厅不小于 150 ㎡，规划公示区建议面积 200 ㎡左右，城市概况展示区、历史文化展示区不小于 600 ㎡，临时展览区面积 500 ㎡，同时设置面积不小于 200 ㎡的咖啡吧、纪念品专卖及休憩区，其他为辅助功能用房。
   • 设置规划建设成就展示区（包括总体规划、专项规划、详细规划等专题展示），和独立的城市总体规划模型展示区，其中规划建设成就展示区面积不小于 400 ㎡；城市总规模型展示区约 500 ㎡；模型区域 25m×20m 无柱空间，容纳城市总体规划模型，考虑模型下沉布置，模型下设 1.5m 高维修更新操作空间，大厅高度考虑与空间协调；另应考虑在模型周边设计廊道、坡道以寻求更好的参观视角。
   • 设置重大建设项目展示区、城镇规划展示区以及一个容纳不少于 40 人的 4D 影院。
   • 其中重大建设项目展区面积不小于 300 ㎡，城镇规划展示区面积不小于 500 ㎡。
   后勤服务区建筑面积约 1000 ㎡。包括：
   • 一个中型会议室：可举办 150 人左右会议，建议面积不小于 300 ㎡。
   • 一个贵宾接待厅：建议面积不小于 100 ㎡。
   • 一个大型方案评审室：建议面积 150 ㎡左右；小型会议室若干。
   • 其余为技术办公用房：包括馆长办公室、解说员办公室和设备用房。
5. 体育公园（室外运动场地），以满足广大居民早晚锻炼健身的需求。
   项目包括：
   • 2 个篮球广场
   • 2 个网球场
   • 户外健身设施若干
   • 健身步道（与绿化或水景相结合）

三、成果要求
1. 设计策略的简要说明
2. 提供体育公园及规划展示馆的总体布局图　　1:1000
3. 规划展示馆的各层平面图　　　　　　　　　1:200
   立面图 2 个　　　　　　　　　　　　　　　1:200
   剖面图 1 个　　　　　　　　　　　　　　　1:200
4. 透视或轴测图
5. 其他分析图

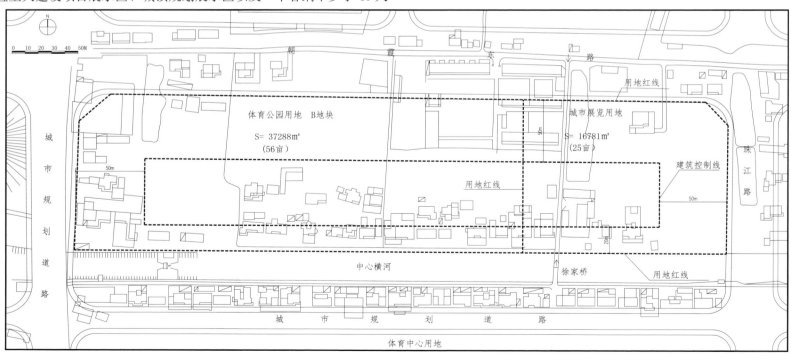

核心考点：

1. 规划上建立展览馆与体育公园的空间关系。城市规划展示馆的场地设计、功能布局及空间模式。
2. 条形平面的不同组织形式。

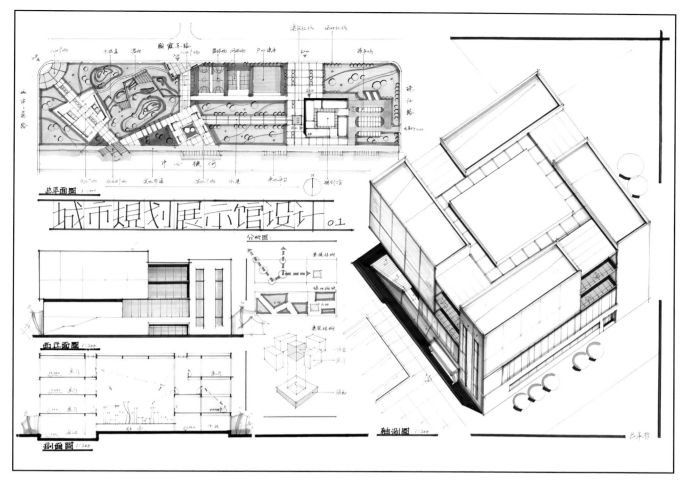

城市规划展示馆设计 01

城市规划展示馆设计 02

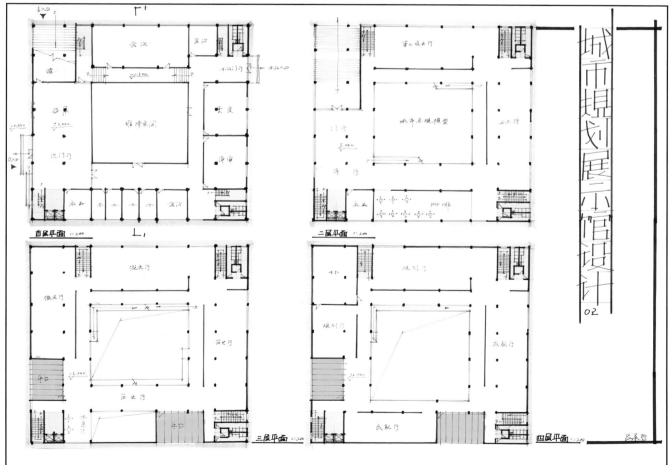

此方案在规划上局部设计了引导性强的折线进行空间的联系，广场、绿地、主路径、景观小路、水面的划分逻辑清晰，并对城市转角及交叉口、滨水空间都有所回应。规划馆区域的出入口及停车空间设计合理。

建筑单体上，运用风车形的造型方式，形成了虚实相间的建筑造型，并用室外大台阶与露台呼应周边的公园河道景观。功能布局采用剖面分区，主要辅助空间与临展设在底层，二层以上为展览。平面设计为集中式空间，中庭布置城市总规模型，辅助空间位于四角，逻辑性较强。不足的是：规划中的广场尺度过大，滨水河道的景观设计不够灵活。建筑形态对景观呼应的手法稍显简单。

此方案作者：吕承哲（跨专业学员）

延伸阅读：

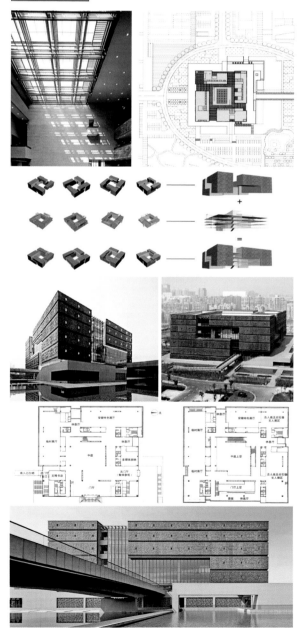

方案点评:

　　此方案在规划总图上与城市、滨水区域的关系清晰,运动公园内节点、路径及滨水互动空间的形式丰富多变,尺度合适。适当将水体灵活地引入公园中,与重要的广场空间相辅相成。景观环路、运动场、停车、消防的布置合理。

　　建筑单体设计以地景建筑为概念,使建筑成为运动公园的延伸,与公园融为一个整体。同时,方案设计了多个室外露台空间以呼应周边的公园与水域景观。对于公园的人流,运用大台阶直接引入二层;对于北侧城市道路的人流,则以架空的入口灰空间进行引导。建筑内部空间围绕城市总体模型布置,并采取层层退台的方式呼应外部的斜坡屋顶与露台,同时给予室内每一层空间最大化的景观视野。不足之处在于:建筑的占地面积超了一些。

此方案作者:蒋宇菲、曹代、徐竹

延伸阅读:

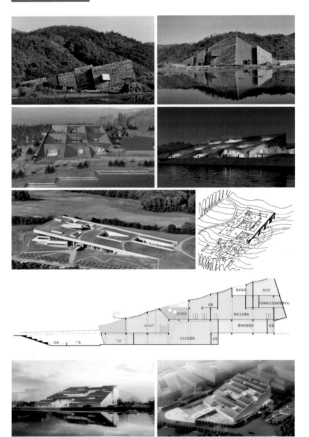

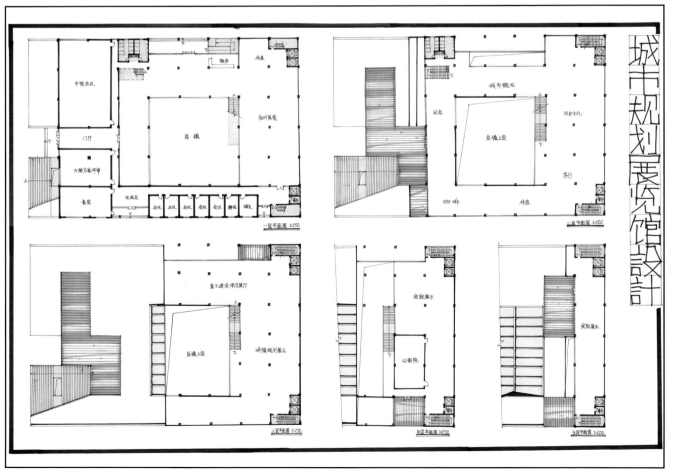

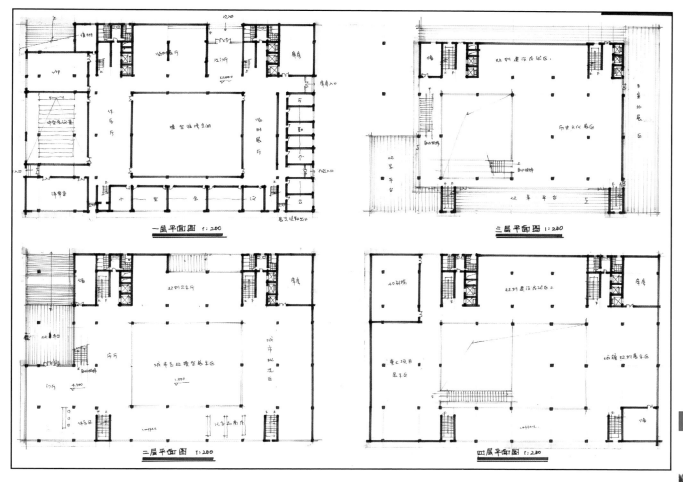

一层平面图 1:200

三层平面图 1:200

二层平面图 1:200

四层平面图 1:200

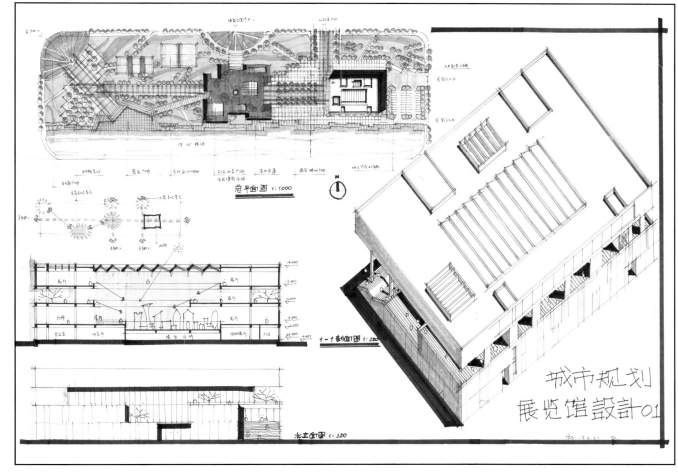

总平面图 1:1000

1-1剖面图 1:200

北立面图 1:200

城市规划
展览馆设计01

方案点评：

此方案规划上，通过轴线与节点空间的组合，形成基本布局。两个下沉广场的设计立意明确，一个为滨水剧场，一个为中心节点，景观立体化强。不足的是：体育公园缺少停车场。建筑单体上，通过基座和漂浮的形态，产生多层次的观景平台。功能采用剖面分区：一层为辅助功能，二至四层为展览功能。平面以通高模型空间为中心组织展览，并通过中空的错位形成立体的视线交流。不足的是：一层会议室中间有柱子，层高不够；卫生间面积过小，电梯过多。

此方案作者：游钦钦

延伸阅读：

重庆大学 2014 年硕士研究生入学考试初试试题

题目：城市建设发展中心规划与建筑设计（6 小时）

一、设计概况：

西南某市拟建设城市规划展览馆（简称规划馆）、城市学术中心、规划局办公楼（以上三项为多层建筑，近期建设）以及建设服务大厦（高层建筑，远期建设）四项合称为"城市建设发展中心"。建设用地位于该市偏西的区位、中心水系景观区北岸，总用地面积 1.8 万㎡；景观河道以北是城市新区，以南是老城区；地块四周均为城市道路，其中南侧、西侧道路为城市主干道；北侧、东侧道路为次干道；用地北部、东部地块为政务区（多层），西部地块为新建商业酒店区（高层）。

规划馆、城市学术中心、规划局办公楼、建设服务大厦四者可组合也可分离设置，流线相对独立但需有便捷联系。规划馆建设面积约为 6000 ㎡（地上）；城市学术中心建筑面积按功能自拟；规划局办公楼建筑面积约为 3000 ㎡（地上）；建设服务大厦地上建筑面积约 18000 ～ 20000 ㎡；另有约 1000 ㎡的地下设备用房与 200 个车位左右的地下车库，地面有不少于 20 个小车位（3m×6m）、4 个大型巴士停车位（4m×10m）。建设用地基本平整，无明显高差，长年气候温和，无极端气候现象。绿地率不低于 30%，建筑密度不高于 40%。

二、设计内容：

- 完成用地范围内的总平面设计，需注明建筑名称，各类人车出入口位置（实心三角形箭头）、地下建筑范围线（中粗虚线）、场地设计（明确硬质铺地、绿地），需用细虚线绘制出规划馆沙盘模型位置，其它所需标注内容按方案深度的相关规定执行；因建设分期要求，需充分注意建设服务大厦尚未建设时的场地状况；
- 完成规划局办公楼的单体建筑设计；
- 完成建设服务大厦的标准层（或典型层）平面设计（基本功能为办公）

三、规划局办公楼功能要求：

- 50 人会议室 1 间（兼做城市规委会会议室，需有良好景观及必要的配套服务用房）；20 人左右会议室 5 间；
- 规划成果公示区约 200 ㎡；
- 办公套房 5 套（含接待室、办公室）：约 40 ～ 50 ㎡／套、其他办公空间形式自定；
- 辅助及设备用房（储存、设备、安保监控等）：300 ㎡
- 其他公共部分用房（门厅、楼电梯间、卫生间、走廊等）：面积按需自定

四、图纸要求

- 总平面，1:500（可直接绘制于 A3 附图上）；
- 规划局办公楼各层平面图，1:200（标注两道尺寸；若该层与下层只有较小局部变化，可用细线引出变化部分局部表达，不必绘出该层全部平面）；
- 建设服务大厦标准层平面图，1:200（要求同上，只需绘制 1 个即可）
- 剖面图，1 个（至少包含规划局办公楼部分）；
- 透视或轴测表现图，角度自定，表现方法不限；
- 文字说明，主要技术经济指标（至少包含以下指标）

总用地面积、总建筑面积（其中：地上、地下需分别列出）、容积率、建筑密度、地下车库车位数、地面车位数、层数（地上、地下）、绿地率（屋顶绿化不得计入）

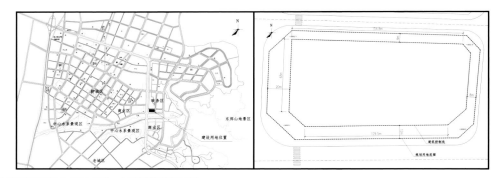

方案点评：

本方案总图布局上通过建筑间的错位使四栋建筑都有朝向南侧中心水系的景观界面。规划馆和规划局办公作楼为主要展示形象和对外开放度较大的建筑，设计在靠南侧道路区域；规划服务大厦和城市学术中心靠北侧次干道，形成较为私密的内部区域。规划馆考虑道路转角形态，将主入口设计在转角处，同时将规划服务大厦暴露在转角处，形成区域的标识性。不足的是：停车场只有一个，使用不便；地下车库入口宜结合规划服务大厦设计；车行主入口宜设计在次干道；规划服务大厦裙房的面积过小，不好用。规划局办公作楼为中庭式平面，通过退台楼梯丰富了中庭空间，外部结合架空和水景设计形成丰富的灰空间。功能布局采用剖面分区：一层为门厅、展示等公共空间，二层为会议，三层为办公。形态上通过百叶、玻璃和露台错位交织来组织，略显简单，缺少对南侧景观的形态和空间呼应。

此方案作者：聂 鹏

核心考点：

1. 规划和行政办公综合体的动静分区及多种流线的组织。
2. 建筑群体对南侧景观的呼应以及对西侧城市主干道的形象展示。

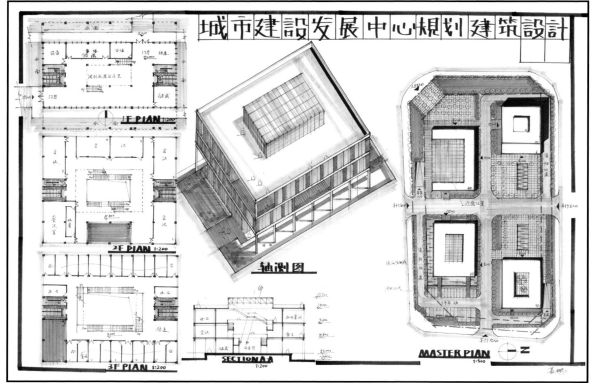

东南大学 2015 年硕士研究生入学考试初试试题

题目：商业服务中心规划（2 小时）

一、基本情况

服务中心用地约 72 亩，其东侧为大型的城市公园，西侧是住宅区，北侧为一大型商业综合体，南侧紧邻城市景观湖面（见下图）。东侧主干道退距 30 m，临湖道路退距 10 m。其他道路退距：多层 5 m，高层 10 m。

二、设计要求

1. 商业文化展示中心（5000 ㎡，不超过 3 层）；
2. 特色酒店（2 万㎡）；
3. 商业街区（3 万㎡，由 800-2000 ㎡ 不等的独栋建筑构成，以 2 层为主，不超过 3 层）；
4. 创意办公中心（2.5 万㎡），建筑限高 50 m。

另：机动车停放按 80 辆／万㎡ 考虑，地面停车不超过停车位总数的 15%。

三、图纸要求

1. 总平面图——1：1000，包括建筑、道路（含各建筑的入口，地面停车，地下车库范围与出入口安排）、简单的广场和景观布置；（绘于给定的 A3 总图上）
2. 结构分析——内容、形式、比例及数量不限。（绘于 A3 空白纸上）

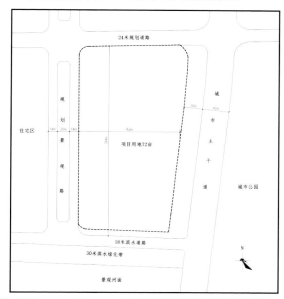

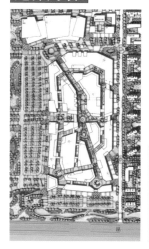
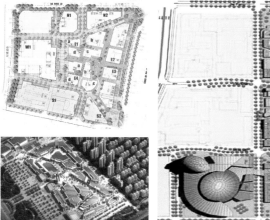

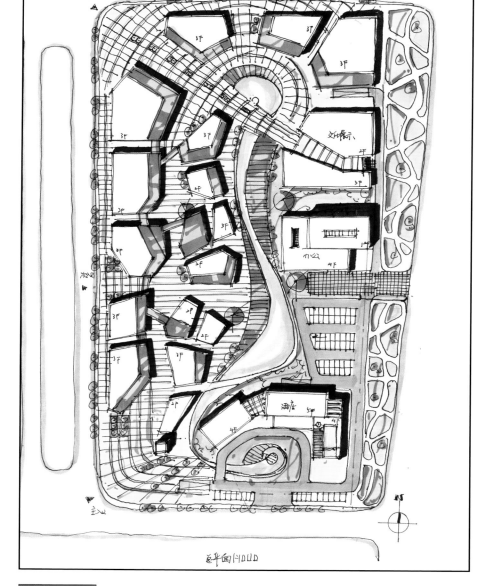

总平面 HDUD

本题为典型的商业街区综合体设计，需要平衡周边用地资源进行功能和空间布局。此方案将特色酒店布置在用地南部，有效利用了城市景观湖面；北侧和西侧全部留给商业街区，与北侧大型商业综合体形成商业流线连通，西侧紧邻景观路并与住宅区形成方便的联系，特别是两个道路转角和道路中间广场的设计将人流进行有效导入；东侧濒临城市绿化设计创意办公和商业文化展示中心，形成幽静的办公、展示环境。办公和酒店之间设计大型停车场，方便几大功能的使用，不足的是酒店北面的地下车库入口距离酒店太近，需要调整。最后用中间的景观水面将展示、办公、酒店和商业进行动静分区。商业街区形态上运用折线、切割和退台的手法形成连续、流动的动线；特色酒店对景观湖面进行围合；办公主楼和裙楼组合的方式；商业文化展示作为办公和商业的过渡，运用轴线空间和形态切割手法形成标志性的建筑。基地南侧和东侧为主要车行入口，北侧和西侧为四通八达的商业流线入口。此方案是在老师教学的指导下完成的作品，功能布局理性、形态设计活泼、流线组织合理、景观层次丰富。

此方案作者：张家洋

重庆大学 2015 年硕士研究生入学考试初试试题

题目：宾馆总平面设计（3 小时）

一、设计要求

1. 主要功能体量应适度分散，体现园林式宾馆局部特征，建筑外观风格不限；
2. 建筑层数不超过 3 层（不含出屋面楼梯间），制高点（楼梯间顶、标志构筑物、坡屋顶屋脊等）距室外地面标高不超过 15 m；
3. 建筑需充分考虑景观，噪声，风向等环境因素；
4. 用地范围内地面需设置不少于 15 个小汽车停车位（其中包含 2 个残疾人停车位，按相关规范执行），地下需有 60 个小汽车停车位；

二、主要建筑功能及指标要求

总用地面积：10938 m²；场地内的主要功能设置要求如下：
1. 客房部分：4000 m²
2. 宴会厅、风味餐厅及相关配套用房：800 m²
3. 会议中心（包含大中小型会议厅若干，面积分配自定）：800 m²
4. 健身文体中心（包括健身、棋牌、阅览、视听等活动室）：800 m²
5. 管理辅助用房（办公、后勤，安保监控等）：600 m²
6. 地下车库：按车位数估算车库总面积
7. 地下设备用房：300 m²
8. 其他公共部分用房（大堂、楼梯间、卫生间、走廊等）：面积按需自定

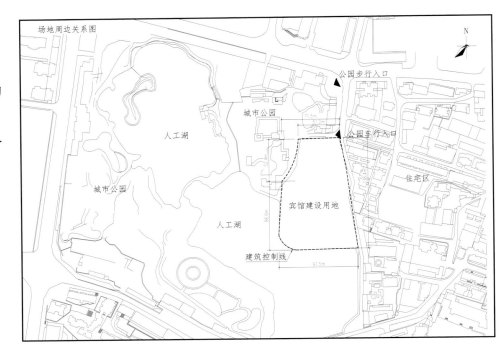

方案点评：

左方案从整体形态布局入手，将功能分为会议、文体、宴会、客房四个主体，办公及风味餐厅为辅助。形成工字形的总图形态，并将客房以折线形态朝向湖面打开，区别于 L 形的会议主体，使建筑在对称的基础上有些微差，主入口叠水、宴会厅、泳池的轴线序列非常大气，符合度假酒店的常规形象。不足的是，主入口叠水阻碍了内部环路，办公的层数偏高，可设计为一层，风味餐厅的位置建议放在健身、文体西侧。右方案从与人工湖平行的客房入手，形成两条斜向的轴线，一条为通往酒店大堂的主轴线，一条为通往会议健身组团的次轴线。形态上通过体块的坡屋顶分割与连接形成高低错落的群体关系，并通过连廊、亭榭丰富主入口空间。空间上，管理、会议、健身组团朝向城市公园打开，客房组团围合出大气的入口园林，并将多数客房朝向人工湖。不足的是，东南侧的车行入口、停车、地库入口与北侧道路脱离，建议连接起来，再将办公车行入口与人行入口合并。另外，地库入口宜距客房近一点，并利用客房地下作为车库。

左方案作者：林誉婷　　右方案作者：张晋源

延伸阅读：

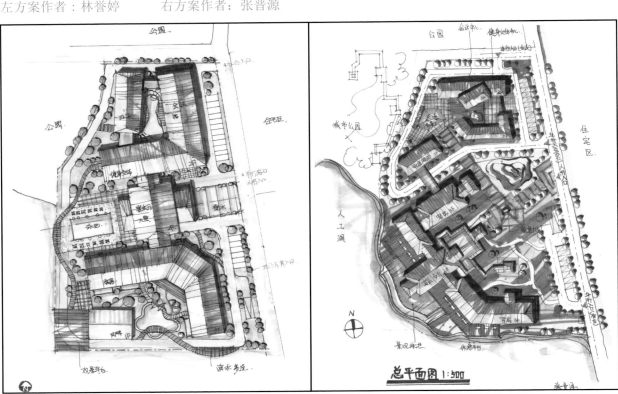

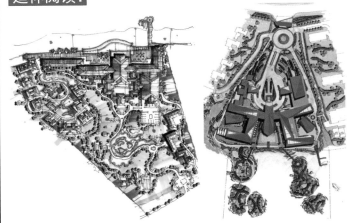

同济大学 2011 年博士研究生入学考试初试试题

题目：某地块城市更新设计（6 小时）

一、项目背景

本项目为长三角地区某城市中心区城市更新地块的城市设计，地块面积约为 26000 ㎡。因为历史原因，地块形状不规整，同时周边情况复杂，具体如下：

1. 基地分为南北两个地块，中间有一条市政规划道路穿过，该道路建筑退界可按照街坊路进行处理，退界尺寸见图。

2. 地块南部有一条通道与外侧城市道路相连，可作为人行通道进行处理。

3. 地块内建筑高度按照多层控制，女儿墙顶标高全部在 24m 以下（允许采用部分不大于 30° 的坡屋顶）。

4. 建筑最小间距控制在 10m，基地内的建筑对北侧多层居住与幼儿园建筑退界需按照 1:1.1 考虑。

二、设计要求（本设计分为规划设计和建筑设计两个部分）

规划设计：

1. 本地块功能要求为总部办公基地。总建筑面积要求地上 65000 ㎡，地下停车若干。

2. 地上部分要求布置 18 栋独立单元，每个单元的面积控制在 3000 ～ 4200 ㎡范围内。单元间可以采用独栋、双拼以及联排布局等多种布局方式（不考虑功能上下叠加的借用空间处理），并要求以独栋数量最大化为宜。

3. 要求每个独立单元都有自己的地面、空中庭院空间，也要求注重公共绿化以及环境与步行空间的立体化整合处理。

4. 在此规划中要求其中一栋单元 4200 ㎡（地上部分建筑面积）布置为总部会所，并希望其成为整个总部基地的功能与地理核心空间。

5. 地下部分，地下二层、三层考虑布置为整体地库，不要求考生进行设计，但需要考生在总图上对车库出入口进行表示，南北两侧两个地库个需要两个出入口。

6. 地块中部地下有一条地铁穿过，地铁顶板埋深 12m，新规划地下室范围不得超过地铁控制线范围（地面以上的空间可以根据设计构思合理跨越地铁范围），要求考生对这一条件进行技术设想，使得地面以上部分土地同样可以加以使用，以满足容积率要求。

建筑设计：

1. 在完成规划设计的基础上，要求考生对其中的 4200 ㎡，（地上）总部会所进行单体建筑设计。

2. 总部会所考虑为文化展示、交流、论坛、会务、研究等功能需要；其中：
   - 简餐咖啡厅 　　　300 ㎡
   - 展示空间 　　　1200 ㎡（包括 10m 净高展厅 300 ㎡，7m 净高展厅 300 ㎡，5m 净高空间 600 ㎡）
   - 会务空间 　　　1000 ㎡（其中 400 人报告厅一个，其中会务空间考生可以酌情依照等级进行布置）
   - 要求考虑多种不同规模会务同时举行的可能以及论坛功能的置入
   - 办公空间 　　　200 ㎡
   - 公共空间及库房自定

3. 需要考虑客用电梯与货用电梯的布置。

4. 地下一层空间可以利用，且不计入地上总建筑面积（包括地块退界氛围内、地铁控制范围以外的土地范围）。

5. 要求考生对总部会所的功能策划根据以上要求提出自己的想法，并通过设计加以体现。

三、图纸要求

1. 规划设计
   - 总平面图 　　　　　　　　　　　1:1000
   - 可以表达设计概念的分析图纸若干
2. 建筑设计
   - 各层平面图 　　　　　　　　　　1:200
   - 立面图 2 个、剖面图 2 个 　　　1:200
   - 轴测图
   - 表达设计概念的分析图纸若干

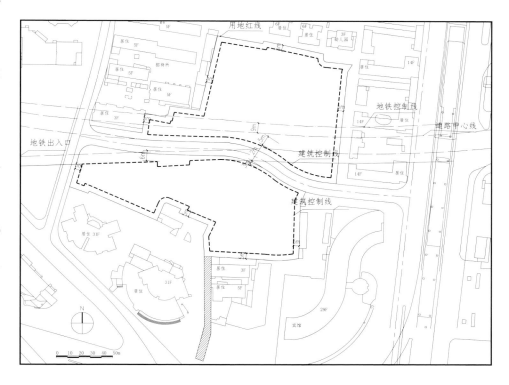

核心考点：

1. 考查建筑的群体布局，对地铁控制线的避让，以及两个地块的空间联系。会所建筑与展厅的功能分区和流线设计。

2. 三条形或方形平面网格的不同组织形式。

　　两个方案的相似之处在于：总图规划运用了相似的外部空间手法进行围合，创造了露台、退台空间，产生了丰富的视觉联系。

　　上方案在总图上运用了流畅的曲线围合了节点空间，突出了中心的建筑单体。功能布局采用剖面分区：一层为办公、会议，二、三、四层主要为展览，报告厅作为独立形态设计在四层，并架在主入口上成为建筑的主体形象。造型上运用不同层高展厅的叠加产生斜向的空间形态，并与报告厅的形体相呼应。西侧二层架空体块的设计产生了入口和露台空间，也丰富了建筑造型。不足的是：体块的咬合关系未仔细推敲。

　　下方案通过架空、围合手法塑造了入口的灰空间和内部的屋顶花园，很好地体现了会所建筑的交流性特点。功能布局上采用剖面分区：一、二层为展览功能，通过错层进行竖向空间连接；三层为会务、办公功能，通过围合室外花园，产生交流场所。形态上通过架起和材质的设计体现内部不同的功能属性，并利用报告厅的层高变化产生形体的连续折叠。斜向轴线的设计为内部空间带来了动态联系，既是交通疏散的必要，也是对入口空间的引导。

上方案作者：卢　品
上方案作者：杜怡婷（在2016年同济大学复试快题中获得最高分90分）

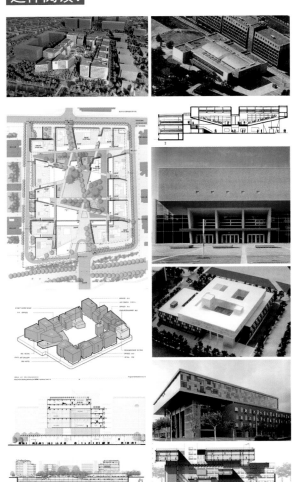

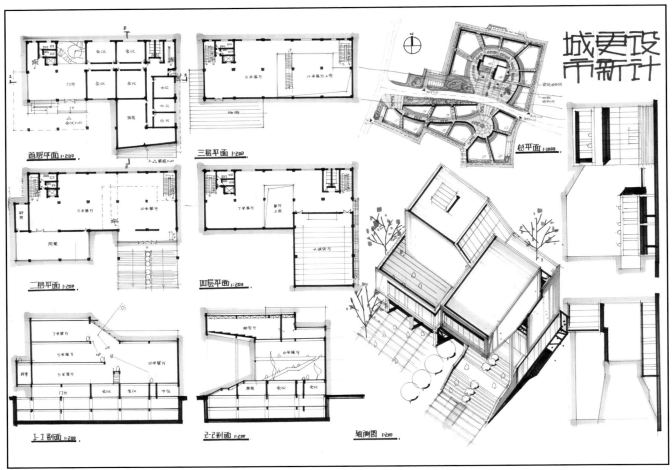

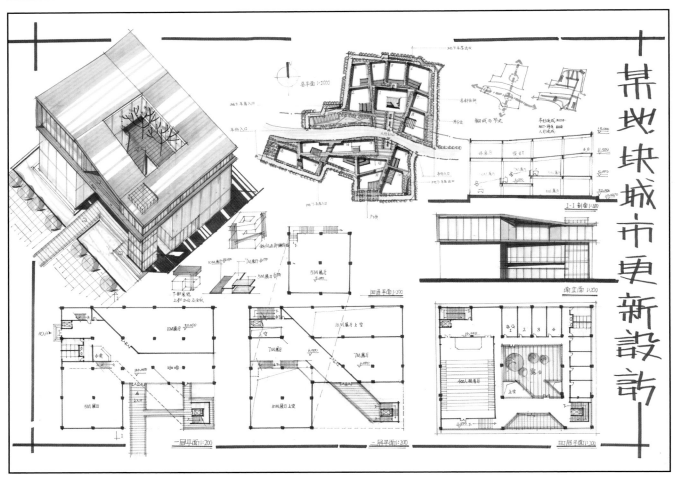

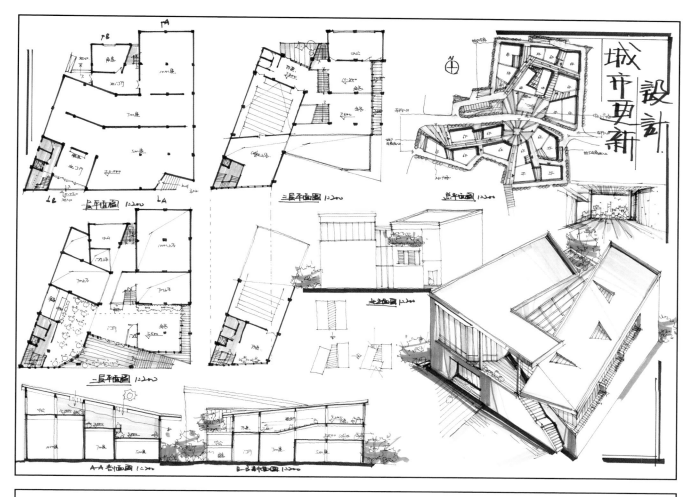

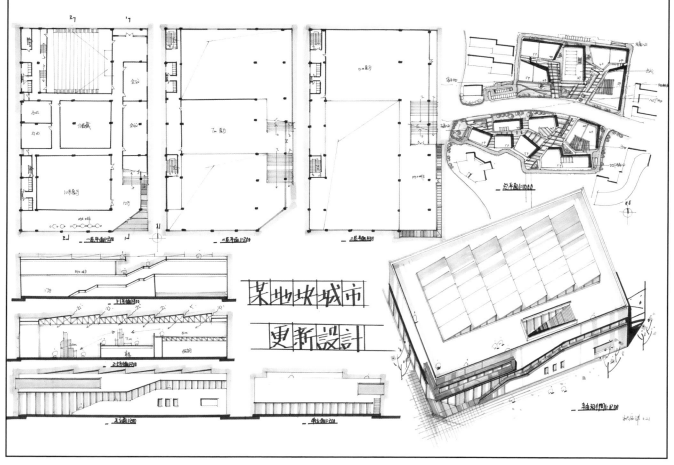

两个方案的相似之处在于：总图规划上运用轴线、切割及围合手法进行群体设计，并且强化了两个地块交界的公共广场。另外，两方案的建筑内部都根据展览空间的高度差异产生了台阶式的空间。不同的是上方案展览空间在一层，下方案为一到三层。

上方案建筑单体从总图入手，设定出梯形的场地，并通过 V 形平面围合三角形中庭应对公共广场和水景空间。功能上将不同标高的展览空间设计在一层，二层叠加开放的会务空间，并在外立面和屋顶上产生空间和斜度的对应。报告厅置于 V 形平面一条的顶层，并将屋顶设计成与会务空间相反的斜面，多样统一。造型上运用虚实对比的体块和板块相互穿插、交错，并结合高差和斜度的变化，产生了很强的张力。

下方案将展厅根据高度的差异设计成台阶式展览，用连续的楼梯进行联系，并在室外设计与室内对应的楼梯，形成建筑的主体形态，构思巧妙。功能上为明确的三条布局，辅助功能置于西侧，中间一条为主体功能，东侧为连续的交通空间。建筑形态简洁，顶部利用锯齿形的屋顶天窗丰富形体，并为展厅带来良好采光。不足的是：对于会所建筑，外部交流空间的设计较少。

上方案作者：闫启华
下方案作者：张家洋

延伸阅读：

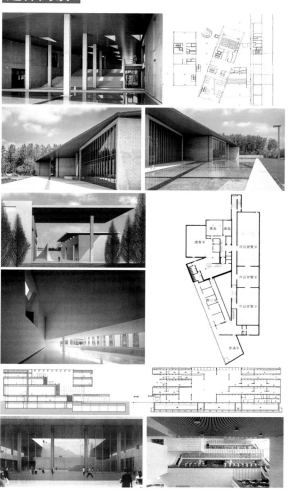

同济大学 2013 年硕士研究生入学考试复试试题

题目：滨水创意产业园区企业家会所设计（6 小时）

　　某地拟在滨水区域建设创意产业园区，要求建设 5 幢创意产业办公楼，每幢 8000 ㎡（不超过 8 层）；以及一座企业家会所，建筑面积 4000 ㎡。场地内地面停车位不少于 12 个，地下车库车位 150 个。

　　基地内有 3 个工业时代废弃的混凝土结构圆塔，直径为 12m，高 24m（见基地图）。要求保留现存的 3 个圆塔，并进行改扩建为园区企业家会所，圆塔内部为完整空间，无其他结构。改扩建时可对圆塔进行结构改造，开洞率不得超过 40%，内部空间可加设楼板，层数不限。基地东侧桥面与滨水步道有高差（见基地图标高），城市规划要求利用此建筑物连接桥面人行道与滨水步道，步行桥及阶梯可建在红线以外，但无障碍电梯需设在建筑物内并供外部空间使用，要求建筑物在二层设置观景平台作为城市公共空间与步行桥及滨水步道联系，面积不小于 300 ㎡。

一、企业家会所建筑功能要求如下

1. 报告厅　　　　　　　　200 ㎡
2. 展厅 4 个　　　　　　　250 ㎡×4
3. 活动室　　　　　　　　50 ㎡×5
4. 企业家沙龙　　　　　　150 ㎡
5. 水景茶室　　　　　　　200 ㎡
6. 餐厅　　　　　　　　　100 ㎡
7. 小餐厅（包房，带卫生间）　30 ㎡×5
8. 厨房　　　　　　　　　100 ㎡
9. 内部管理办公室 5 间　　30 ㎡×5
10. 会议室　　　　　　　　60 ㎡
11. 其他如咖啡厅、休息室、卫生间、小卖部等可根据需要设置
12. 建筑需考虑无障碍设计

二、图纸要求

1. 总体设计：
   - 总平面图 1:1000（要求对园区进行总体布置，合理组织各类流线，合理组织建筑物及环境景观）
2. 会所单体建筑设计：
   - 各层平面图　　　　　　1:200
   - 立面图（至少 2 个）　　1:200
   - 剖面图　　　　　　　　1:200
   - 轴测图或透视图（比例不限，图幅不小于 200mm×300mm）

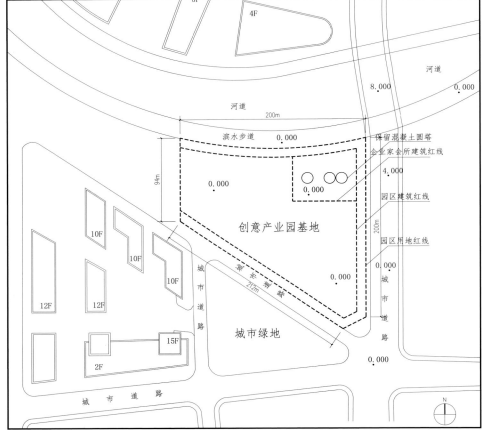

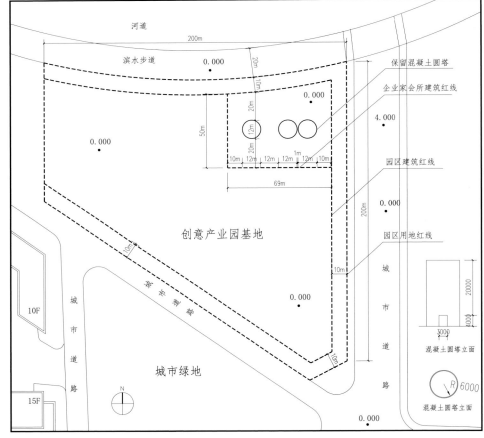

核心考点：

1. 考查商业办公楼群体规划设计与滨水景观设计。建筑单体与圆筒、河道及城市道路之间的关系。
2. 三条或围合形平面的不同组织形式。

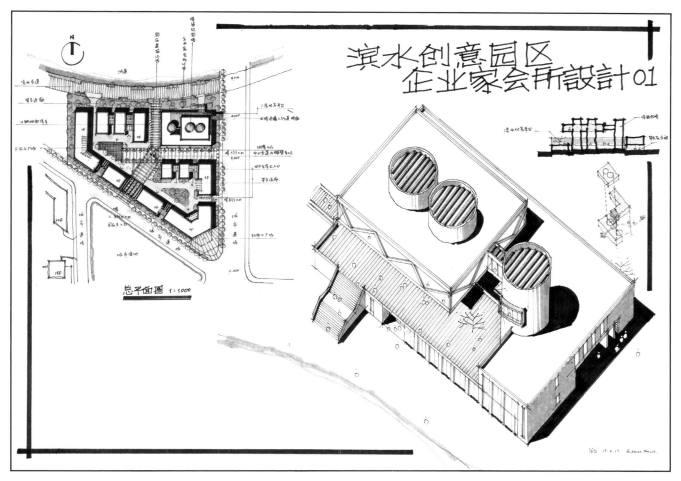

滨水创意园区
企业家会所设计 01

总平面图 1:1000

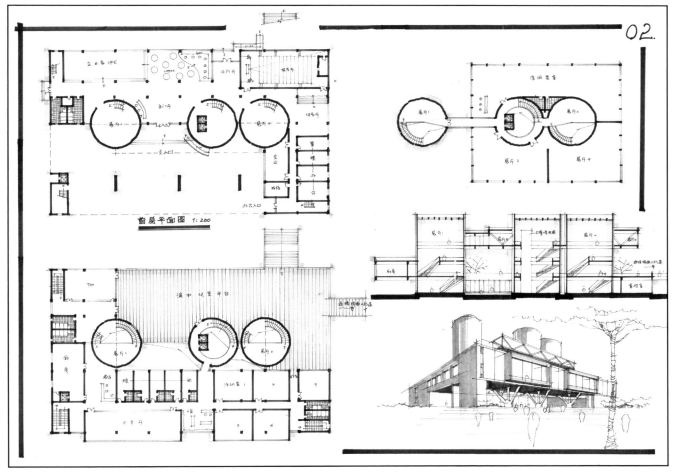

02.

首层平面图 1:200

方案点评:

　　此方案规划设计轴线清晰,布局合理。单体建筑间用连廊联系,围合出两个庭院空间。下沉广场的设计,丰富了空间体验的同时给地下室带来采光。

　　单体设计上,将展厅和茶室以独立体块悬架在四层,并利用 2 个 L 形体块的反向叠加,形成主入口架空空间和滨水观景露台。功能采用剖面分区:一层为办公,二层为餐厅和活动室,四层为展厅和茶室。圆塔中设置主体展览和交通。不足的是:餐饮空间景观朝向不佳,形体对圆塔包裹过多。

此方案作者:游钦钦

延伸阅读:

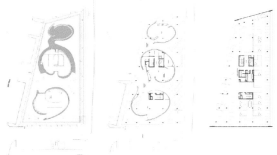

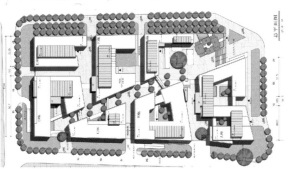

方案点评：

该方案在场地中引入一条斜向轴线，使场地内部与城市道路产生联系，并将建筑斜向切割，形成两个反向错动的梯形体量，与圆筒产生咬合关系和体量上的横竖对比。体块的局部退让形成屋顶大平台，应对北边水景。总图上的几条放射状道路划分用地、切割建筑，并使建筑与周围环境产生联系。建筑形态通过L形和U形母题形成两个组团的围合，布局较为统一。广场和滨水景观的设计尺度较大，需要细化。功能上北侧的两层梯形体块为餐饮，利用滨水景观。南侧的三层梯形体块为办公、会议、沙龙、活动，拥有南向采光。将没有采光通风的圆筒作为展览，并进行屋顶采光设计。十分清晰简约，堪称完美。

此方案作者：姚娇阳

延伸阅读：

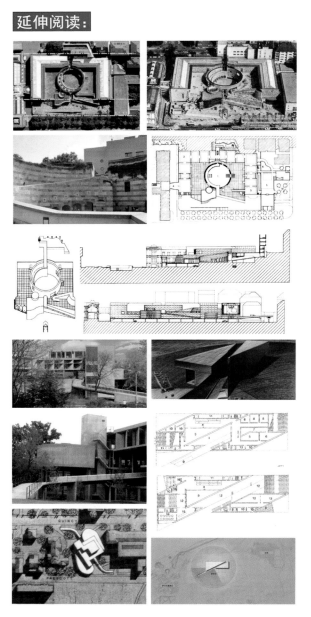

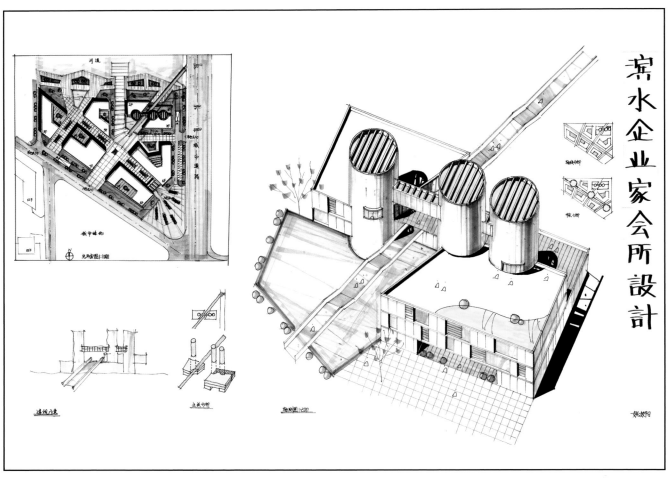

溆水企业家会所设计

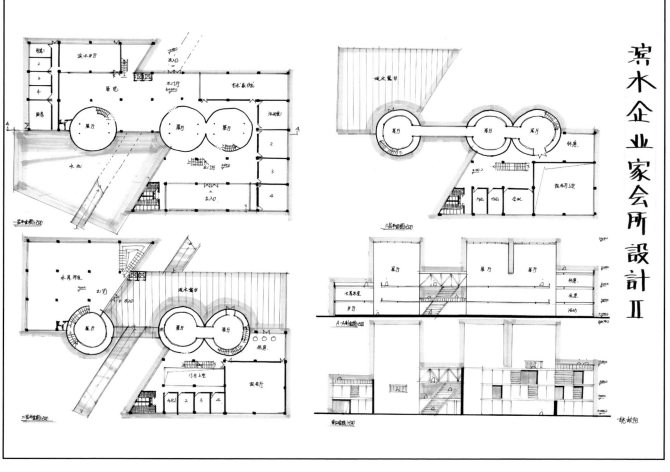

溆水企业家会所设计Ⅱ

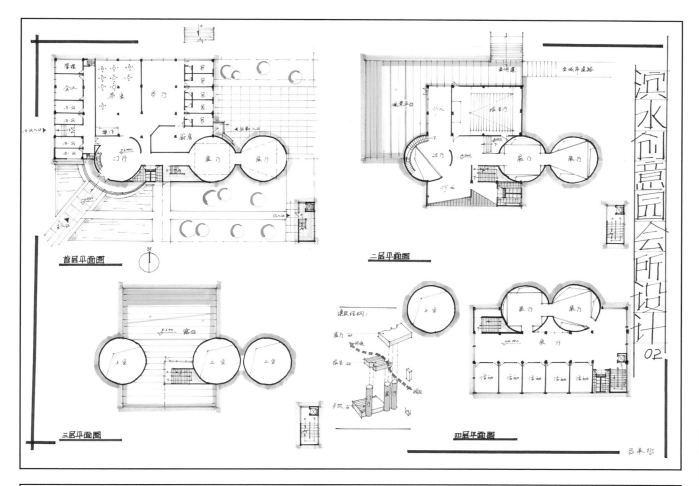

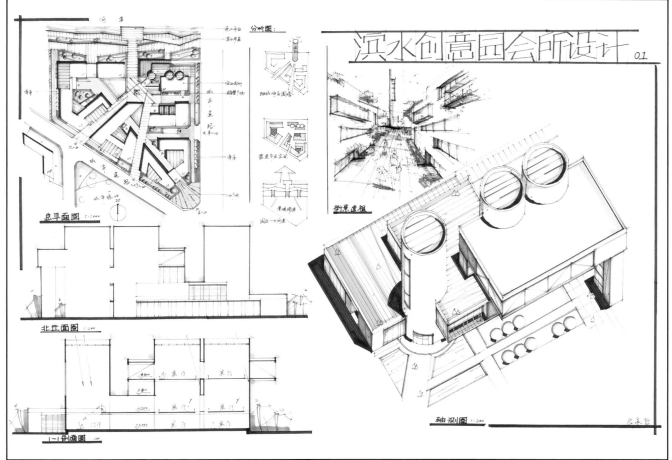

此方案在总体规划上，清晰体现了轴线、节点、路径的设计要素，与城市周边的环境一一对应。以圆塔为中心，圆塔前面的广场为空间节点，设计放射形的几条路径，连接两条城市道路和滨水空间。建筑围绕主次路径以及3个圆塔进行内部庭院的围合，产生形态多样又很统一的总图布局。

建筑单体上，方案最大的特点是利用3个错动的体块与圆塔形成横竖对比，并且将3个塔向内部中心广场和外部城市道路最大化暴露，形成很好的展示性和标志性。功能分区清晰、简明，茶室、餐厅、沙龙设计在滨水的2个体块内，并结合露台与景观互动。西侧的圆塔作为入口通高门厅，另外2个圆塔为展览功能，充分利用了圆塔的封闭空间，并通过方形、三角形与圆形组合产生空间和光线的强烈对比。顶层的体块通过桁架结构架空在四层，并通过对角交通核进行结构和疏散设计，具有很强的视觉开放性与冲击力。不足的是：二、三层的露台空间面向水面的功能偏少。

此方案作者：吕承哲（跨专业学员）

延伸阅读：

　　两个方案相同点是：平面的交通布局和功能分区：两端式交通核、三条式平面布局。

　　上方案规划上，运用形体围合产生两个轴线与两个庭院，并通过滨河体块的间隔处理，加强庭院与河道的空间渗透。单体上，将圆塔完全融入建筑建筑内部，形成三条式布局：北侧一跨为餐饮、滨水露台；中间一跨结合圆塔布置展览及交通，南侧为活动、会议、办公功能。

　　下方案和上方案类似，不同的是下方案将主体建筑设计成三层，展览大面积布局在二层。解放出二层空间，形成二层大面积的架空观景平台。

上方案作者：刘津瑞（此图为 85 分最高分考场方案，考后绘制）
下方案作者：马　迅（2014 年保送到东南大学）

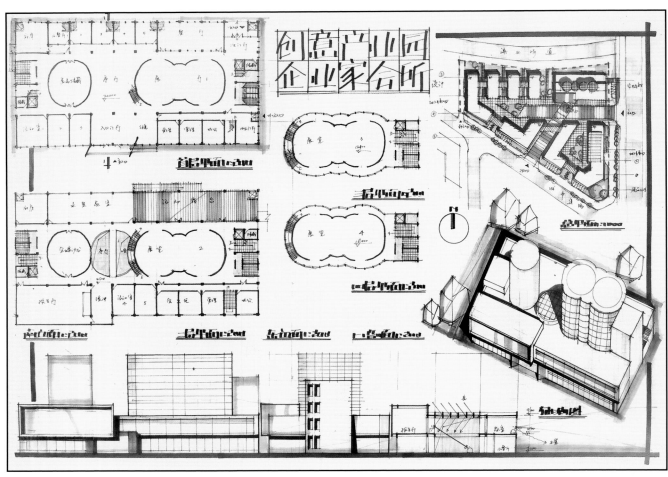

延伸阅读：

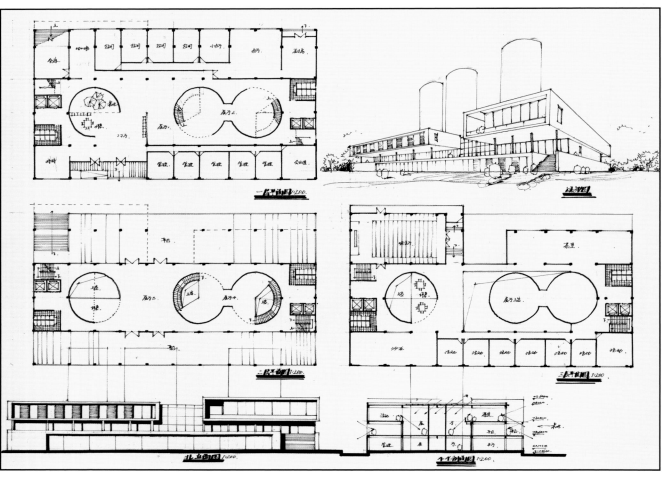

同济大学 2011 年硕士研究生入学考试复试试题

题目：商业办公综合体设计（6 小时）

一、项目背景

本项目为长三角地区某城市地块的商业及商业办公综合体设计，地块面积约为 15360 ㎡。基地东侧（跨河）为一大型商业中心。具体如下：

1. 基地分为东西两个地块，中间有一条河流穿过，A 地块面积约为 10000 ㎡，B 地块面积约为 5360 ㎡，退界尺寸见图。

2. 地块北部和西部各有一条地铁及若干地铁线出入口。

3. 地块内建筑高度按照多层控制（24m 以下，允许采用部分不大于 30° 的坡屋顶）。

二、设计要求

本设计分为规划设计和建筑设计两个部分。

1. 规划设计：

  • A 地块功能要求为商业用地，建筑密度不大于 50%，地上建筑面积要求 12500 ㎡；B 地块功能要求为商办用地，建筑密度不大于 35%，地上建筑面积要求为 7000 ㎡，其中商业 3000 ㎡，办公 4000 ㎡。

  • A、B 地块做规划设计，A、B 地块商业空间可考虑跨河连廊连接，要求注重公共商业广场、环境绿化及与步行空间的立体化整合处理。

  • 地下部分：地下一层结合地铁出入口布置为商业功能（A 地块中的 13 号线 2 号出入口和 17 号线的 2 号出入口及 B 地块 13 号线 1 号出入口位置待定，可结合商业布局重新布置）；地下二层考虑布置为整体地库，不要求考生进行设计，但需要考生在总图上对车库出入口进行表示；东西两侧两个地库各需要两个出入口。

  • 地块北部地下有一条地铁穿过，新规划地下室范围不得超过地铁控制线范围，地面以上的空间可以根据设计构思和技术处理合理跨越地铁控制线。

  • A、B 地块各考虑 15 辆和 10 辆地面停车。

2. 建筑设计：

  • 在完成规划设计的基础上，要求考生对 B 地块的商业办公综合体进行单体建筑设计。

  • 商业办公综合体考虑为商铺，餐饮，办公及相应的公共空间和辅助空间等功能，办公需要独立的门厅和出入口，要求考生在满足面积要求的基础上对商业及功能进行策划，提出自己的想法，并通过设计图纸加以体现。

  • 需要考虑自动扶梯，客用电梯与货用电梯的布置。

三、图纸要求

规划设计

1. 总平面图，1:1000

2. 可以表达设计概念的分析图纸若干

建筑设计（B 地块商业办公综合体）

1. 地下一层平面图，1:200；底层平面图，1:200；某一办公层平面图，1:200

2. 立面图 2 个，剖面图 1 个，1:200

3. 轴测图

4. 表达设计概念的分析图纸若干

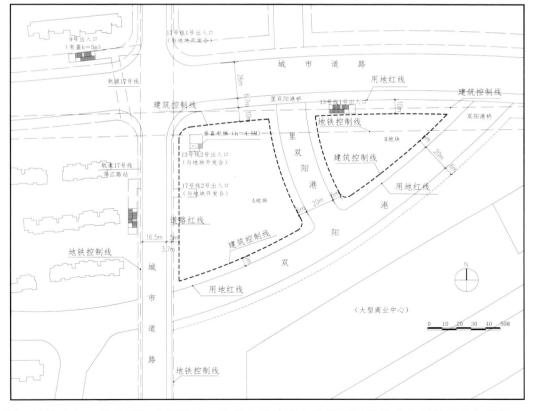

核心考点：

1. 考查两个地块的建筑与河道、地铁出入口的交通和空间联系。注意 B 地块商办建筑不同性质出入口的区分与设计。

2. 围合形平面的不同组织形式。

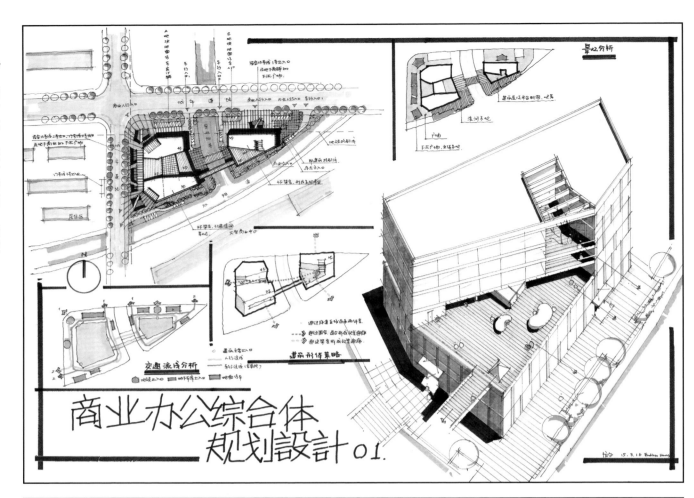

商业办公综合体
规划設計 01.

方案点评：

此方案运用大的形体切割，形成围合和退台，并结合空中廊道加强 A、B 地块联系与呼应。空间上通过架空的手法，形成城市和河道的穿透联通。总图上，结合地铁出入口及地下商铺，设计出空间丰富的下沉广场。功能采用剖面分区：地下二层为停车库，地下一层为便利店超市，一、二层为商业，三层为画廊和观景平台，四至六层为办公。平面结构清晰合理，辅助功能东西相对设置。商业部分内挖一个中庭空间，并运用交错的单跑楼梯，形成活跃的商业氛围。办公部分切割出露台空间应对河道景观。方案完成度较高，总图设计细致深入。不足的是：商业次入口楼梯距办公交通过近，且占据了景观朝向；三层架空过多，造成空间浪费。

此方案作者：游钦钦

延伸阅读：

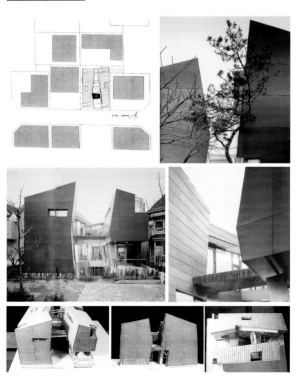

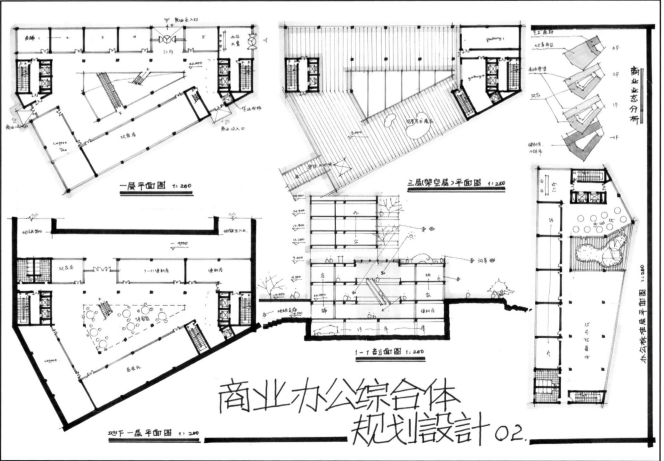

商业办公综合体
规划設計 02.

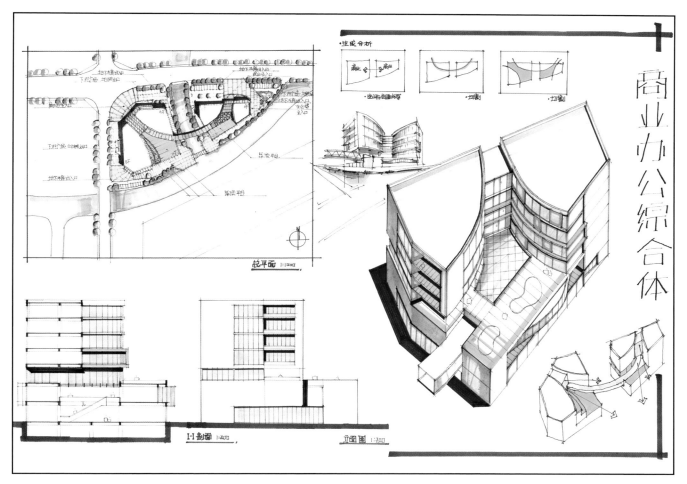

商业办公综合体

此方案总图布局上用曲线玻璃连廊、滨水广场与露台空间进行两个地块的连接，具有强烈的引导性和连贯性。同时地块结合地铁的出入口设计下沉广场与商业进行联系。总图出入口及停车关系明确，多个开敞空间层次清晰。

建筑形态上东、西地块形态统一设计，并运用弧线对体块进行切割、联系，产生出花瓣的群体造型。商办建筑单体上，将滨河体量设计为两层商业，建筑主体为4层办公，形成对河道转角的有效退让，及良好的景观视线。西南侧的办公体块局部与商业裙房脱开，产生架空空间与景观渗透，并给办公人员提供了休闲的场所。立面上运用横向线条、阳台、板块及曲线穿插的手法，形成虚实连续、多样统一的造型。

此方案作者：吕承哲（跨专业学员）

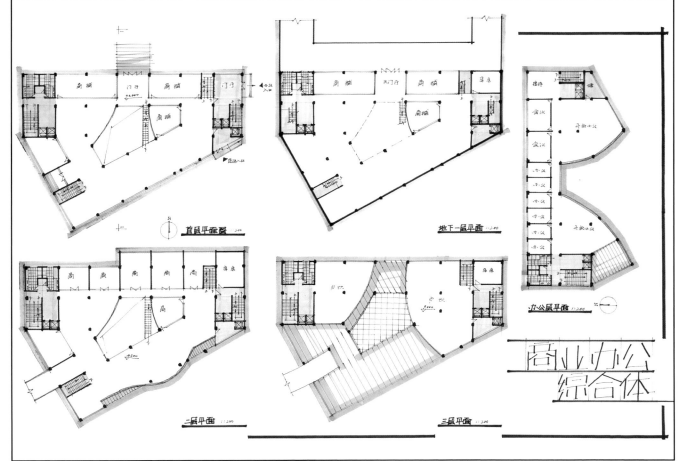

商业办公综合体

东南大学 2011 年硕士研究生入学考试初试试题

题目：某大学路北学生公寓区设计（6 小时）

　　为了改善大学生的居住及后勤服务条件，某校决定兴建路北学生公寓，选址于紫金大道路北、校园外独立地块，由地下过街通道与主校园相接，基地呈不规则梯形，北边长约 200m，西边长 190m，南边长 300m，东边长 47m，基地总面积为 2.52hm²，地形基本平坦，基地内有条小河横贯。基地西侧为现状低层居住建筑；北侧紧邻城市轻轨路线；南侧为连接绕城公路与城市快速内环的快速通道——紫金大道，及城市交通枢纽——高庄立交，是城市对外交通的门户地带。

　　基地拟建学生宿舍 35000 ㎡，学生食堂 3600 ㎡，大学生社团礼堂等配套用房 1200 ㎡，总建筑面积约 40000 ㎡（不含地下室面积），建成后满足 3600 名学生的日常生活需要。

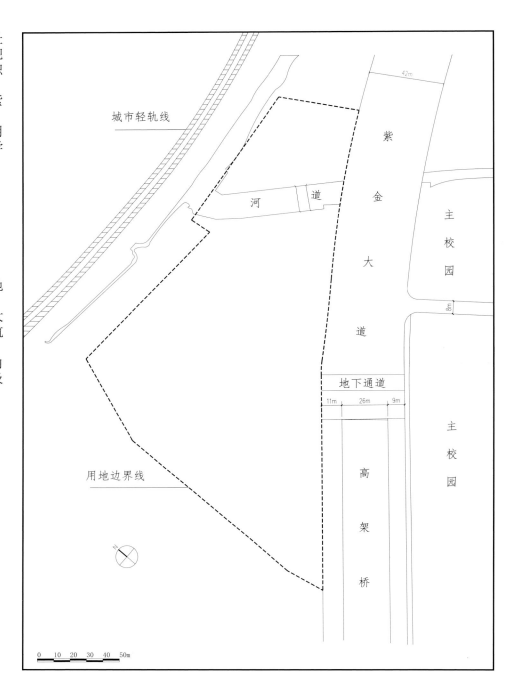

一、试题一：总体设计（建议用时 120 分）
　　1. 根据场地周边区位环境，进行总体布局，规划应遵守下列技术指标：
* 地块容积率　　　　　≤ 1.6
* 建筑高度　　　　　　≤ 50m
* 建筑密度　　　　　　≤ 30m
* 绿地率　　　　　　　≥ 40%
* 建筑退让紫金大道道路红线不小于 15m，退让用地边界不小于 8m，基地内部河道退让 2m。

　　2. 请在基地内布置学生宿舍（幢数不限）、学生食堂（可和宿舍结合）、大学生社团礼堂，标明基地出入口和主校园相连的地下通道位置、建筑名称、建筑主入口及建筑层数。

　　3. 对基地进行整体环境设计，包括铺地、公共绿地，小品等；要求在场地内标出一处地下车库出入口的位置，室外布置不少于 2 处篮球场、2 处排球场以及 20 辆小车停车位。

二、试题二：大学生社团礼堂单体设计（建议用时 240 分钟）
　　总建筑面积 1200 ㎡
　　1. 功能内容：
* 观众厅　　　　　　　250 座
* 咖啡茶座　　　　　　100 ㎡
* 演员休息室　　　　　80 ㎡
* 化妆间　　　　　　　40 ㎡ ×2，男女各 1 间
* 办公室　　　　　　　30 ㎡ ×2
* 贵宾接待　　　　　　60 ㎡（带卫生间）
* 其他：门厅、舞台、售票、卫生间、更衣间、储藏间、走道、连廊等
　　2. 图纸要求：
* 各层平面图　　　　　1:200
* 立面图 2 个
* 剖面图 1 个
* 大学生社团礼堂效果图（要求全部或局部表现建筑群体关系）

三、说明
　　设计成果绘制在图幅 A1（841mm×594mm）图纸上。

> **核心考点：**
>
> 　　1. 规划布局公共功能与私密功能的分区。
> 　　2. 学生公寓与主校园的空间联系。注意宿舍建筑的朝向要求及外部交流空间的塑造。

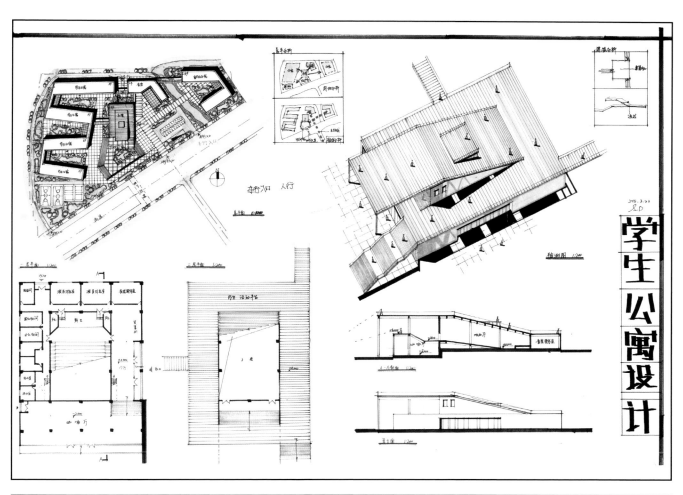

学生公寓设计

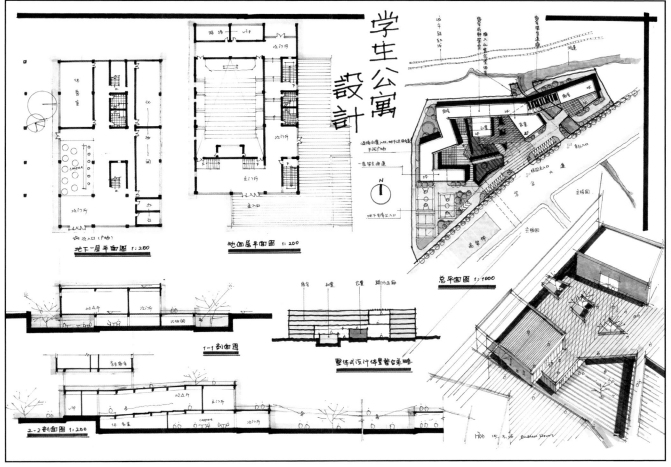

学生公寓设计

两个方案的相似之处在于，下沉广场与礼堂采用地景化建筑的策略，建立起公寓与主校园的紧密联系。

上方案规划上以礼堂为空间核心进行布局，充分体现其公共性。学生公寓围绕礼堂和食堂基本成南北向布局，并以 U 形母题围合庭院，保证了南向采光。交通上设计环路环通基地，并运用下沉广场与地下通道联系南侧主校园。礼堂设计以观众厅为平面核心，并将其上抬形成斜面露台，丰富了交流场所。

下方案规划上采用整体化策略，将宿舍、礼堂、食堂相互穿插联系，解放了外部空间，形成更多的室外交流场所。总平面布局合理：宿舍远离高架，食堂临水设计，位置较差的三角地用于球场，停车场结合主入口设计。建筑单体设计局部地下室，并运用滑移手法产生两个层次的露台空间。不足的是：礼堂公共形象过弱。

上方案作者：沈　丹
下方案作者：游钦钦

延伸阅读：

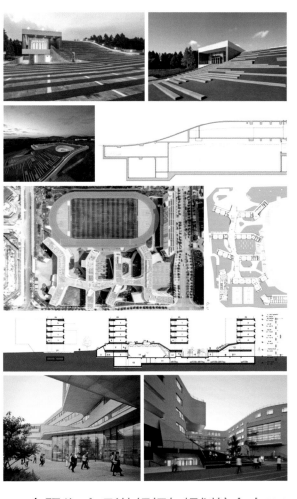

东南大学 2010 年硕士研究生入学考试初试试题

题目：东湖公园规划加单体设计（6 小时）

一、试题 1：规划（建议 2 小时）

1. 规划内容：
   - 中国特色美食馆　　　3600 ㎡
   - 国学教育馆　　　　　2700 ㎡
   - 艺术家工作室　　　　1200 ㎡
   - 昆曲会堂　　　　　　1800 ㎡
   - 中医药养生馆　　　　2300 ㎡
   - 游艇码头，钟塔
   - 规划范围地块 A、B，B 块做艺术家工作室单体建筑设计
2. 规划要求：
   - 20 个小汽车停车位，标注地下停车场出入口，要求做环境设计，包括铺地、绿化、小品等
   - 要求标出建筑层数，建筑名称，场地出入口，建筑出入口
   - 规划退线为退马路红线 4m，退地铁保护线 10m
   - 总平面图要求画 A1 图纸上

二、试题 2：艺术家工作室（建议 4 小时）

内容：
1. 展厅　　　　　　250 ㎡
2. 艺术家工作室　　200 ㎡
3. 艺术家休息室　　80 ㎡　（含书房、卫生间）
4. 接待室　　　　　60 ㎡
5. 餐厅　　　　　　80 ㎡
6. 厨房　　　　　　20 ㎡
7. 客房 6 间
8. 其他（门厅、走廊、储藏、更衣、厕所）

三、图纸要求

1. 总平面图　　　　1：1000
2. 各层平面图　　　1：200
3. 剖面图　　　　　1：200
4. 总体地块鸟瞰图或轴测图

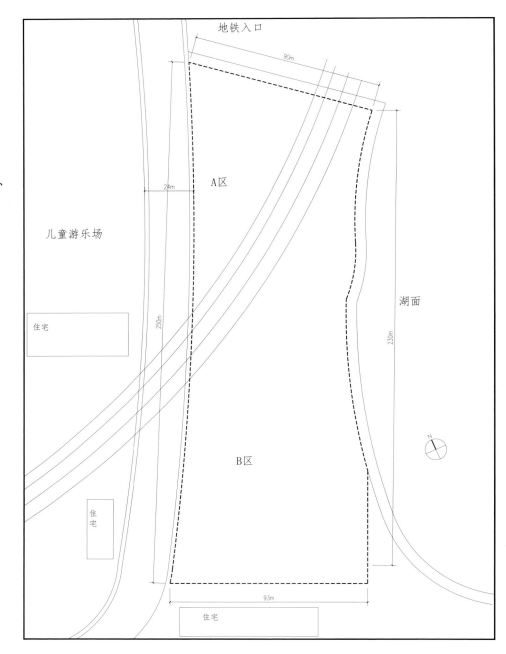

核心考点：

1. 建筑单体的空间形态与湖面景观的关系。注意地铁保护线的退让，以及停车场和滨水景观的设计。
2. 条形或围合平面的不同组织形式。

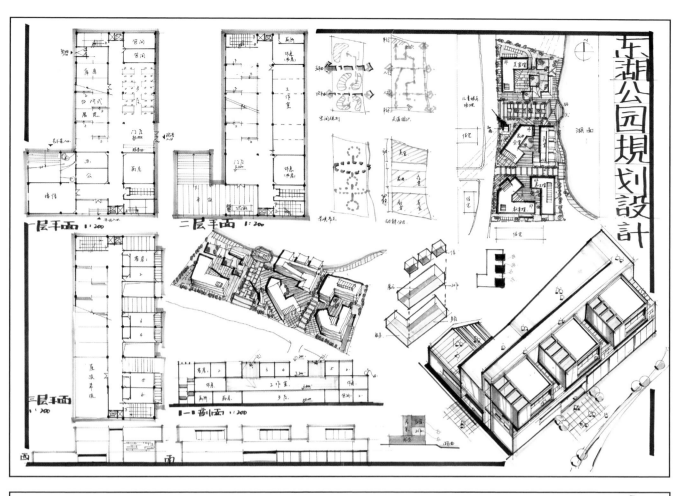

東湖公園規劃設計

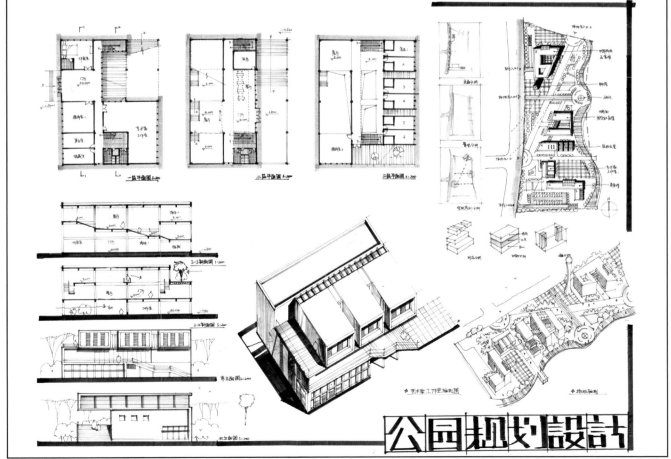

公園規劃設計

两个方案的相似之处是：单体建筑的单元形态构成。

上方案规划比下方案弱，昆曲会堂、国学教育馆与湖面没有关系。但建筑设计较为出色，功能清晰的分为朝向湖面的三层餐厅、工作室、休息室，以及背向湖面的两层展厅。形态上通过单元体块、台阶和展厅的斜面变化形成大小、高低的层次。空间上非常精彩，西侧台阶式展览连通一层和三层，形成空间的流动；东侧空间的间隔形成内部的高低韵律和外部的观景平台。

下方案规划比较有特点，所有建筑都可以朝向湖面。建筑功能采用剖面分区：一层为工作室、休息室，二层为门厅、餐厅、展厅，三层为客房。形态上运用整体和单元对比的手法，将客房设计为三个单元块，并架空形成主入口空间。平面上，中间一条为交通与通道空间；东侧为景观视线良好的房间，西侧为展厅等景观要求不高的房间。

上方案作者：刘宇阳
下方案作者：殷　悦（作者延续自己的一贯设计手法：三条式平面、台阶式展览、基座大台阶、单元块，见其同济大学 2014 年复试 90 分卷）

延伸阅读：

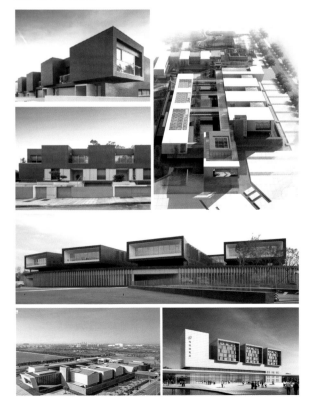

方案点评：

　　两个方案的相似之处是：通过形体的转折变化与湖面呼应，上方案体现在体块上，下方案体现在折板上。

　　上方案规划上设计出明确的三条轴线分割地块，建筑群体通过退台、中庭空间呼应湖面。艺术家工作室通过形体的架空、退台、转折，形成外部空间，与湖面呼应。功能采用剖面分区：一层为展厅、办公，二层为餐饮、客房，三层为工作室。不足的是：厨房流线与客房流线交叉，客房朝向不佳。

　　下方案规划比较有特点，所有建筑都可以朝向湖面，总图设计细腻合理。形态上运用折板、架空、大台阶、屋顶花园的手法，形成连续完整的形体，并在屋顶咬合玻璃体提示交通空间，丰富了形体的层次以及内部体验。功能采用剖面分区：一层为展厅，二层为门厅，三层为餐厅和工作室，四层为客房。不足的是：一、二层缺少卫生间；三层客房与餐厅流线混杂，卫生间的位置不佳，且楼梯数量不够；四层娱乐与客房混杂；另外钟塔设计在地铁控制线范围内，不合题意。

上方案作者：游钦钦
下方案作者：卢文斌（在同济大学 2015 年初试快题中获得最高分 130 分）

延伸阅读：

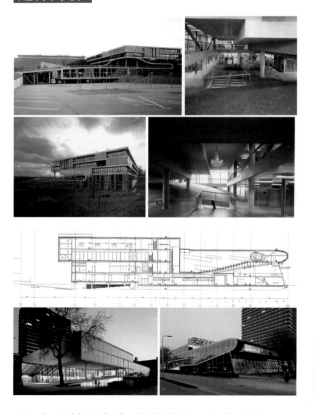

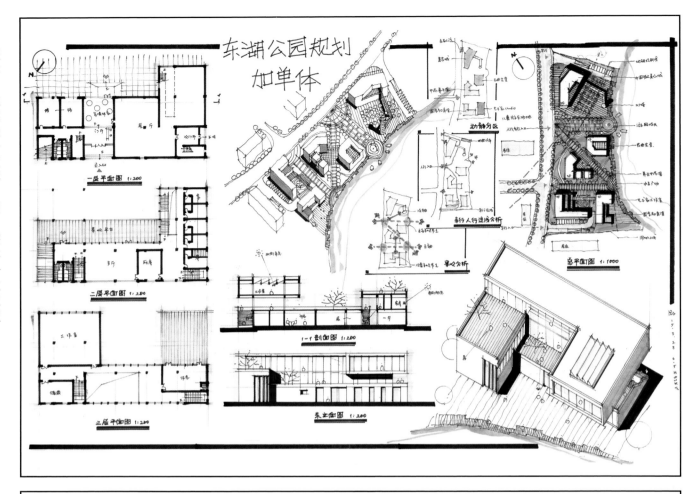

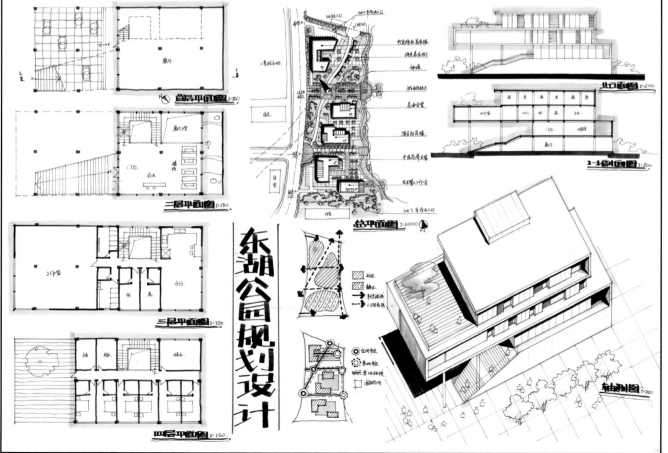

北京工业大学 2012 年硕士研究生入学考试初试试题

题目：国际小学设计（6 小时）

拟在北方某大城市居住区内建设 12 班国际小学一座，总建筑面积约 6500 ㎡，其中一期需建设教学办公楼一座，建筑面积 2700 ㎡。

一、基地环境和用地规划设计要求

基地位于城市高档住宅区内。基地宽为 80m，长 120m。东临小区主要干道，北临次要道路，西侧为小区绿化广场，东侧为高档住宅区，南侧为住宅区会所。场地平整，建筑在基地北侧需退用地红线 5m，东侧需退用地红线 8m。建筑用地详见附图。

二、设计内容和设计要求

设计要求：
完成小学总平面布局设计和教学办公楼建筑设计
设计应方便进行年级划分
教学办公楼建筑层数不超过 4 层

设计内容：
1. 总平面设计内容

教学及办公楼	2700 ㎡不超过 4 层
小礼堂	800 ㎡ 1 层
食堂	1000 ㎡ 1 层
宿舍	2000 ㎡不超过 5 层

体育运动区 100m 直跑道（长轴为南北向），篮球场（15×28m）、排球场（9m×18m）各不少于 1 个，乒乓球场地（7m×14m）若干

传达室（位于学校大门侧）	20 ㎡ 1 层

其中项仅需做总平面图布置

2. 教学办公楼建筑设计内容及面积分配

教育用房总计 1680 ㎡

普通教室（每班 45 人）	60 ㎡ ×12
音乐教室（舞蹈教室）	80 ㎡ ×1
音乐准备室	20 ㎡ ×1
美术教室（艺术教室）	80 ㎡ ×1
美术准备室	20 ㎡ ×1
科学试验教室	80 ㎡ ×2
科学准备室	40 ㎡ ×1
计算机教室	80 ㎡ ×2
多媒体学术报告厅	190 ㎡ ×1
多功能准备室（电教器材）	20 ㎡ ×1
图书室（包括书库、学生阅览、教师阅览）	150 ㎡ ×1
科技活动室	40 ㎡ ×1

办公和辅助用房总计 380 ㎡

校长办公室	20 ㎡ ×1
副校长办公室	20 ㎡ ×1
行政办公室	20 ㎡ ×1
总务处办公室	20 ㎡ ×1
总务仓库	20 ㎡ ×1
教导处办公室	20 ㎡ ×1
会议室	40 ㎡ ×1
社团活动室	20 ㎡ ×3
卫生保健室	20 ㎡ ×1
教师办公室	20 ㎡ ×6
配电房	20 ㎡ ×1

其他：门厅过道、楼梯、卫生间、饮水处等。

三、设计最终成果要求

1. 总平面图	1:500
2. 各层平面图	1:200～1:300
3. 立面图（不少于 2 个）	1:200～1:300
4. 剖面图（不少于 1 个）	1:200～1:300
5. 效果图	
6. 技术指标和简要说明	

7. 所有图纸必须采用人工手绘在不透明纸上，表现手法不限，规格为 A1 图幅（841mm×594mm）

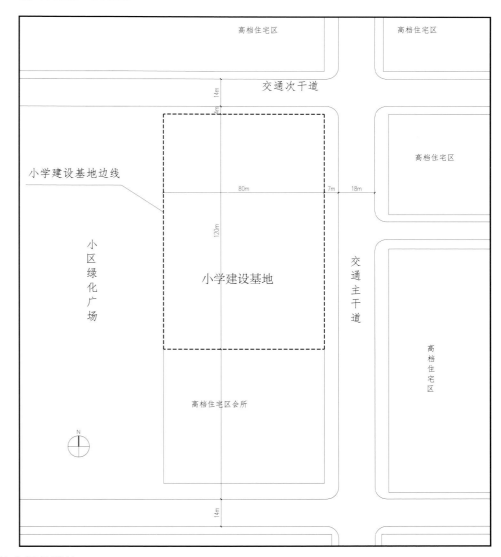

核心考点：

1. 运动、宿舍、教学三大功能分区与联系。教学办公楼建筑的功能分区与交往空间的设计。
2. 条形或围合形平面的不同组织形式。

方案点评:

　　两个方案的相似之处在于:都运用了平面的围合和斜面屋顶,创造了连续的线性造型。

　　上方案总图规划上采用立体叠加和架空的手法将几个建筑联系起来,并运用折线形的对称布局,围合出3个院落空间,其中一个为校园主广场,另外两个为教学楼和宿舍楼的庭院。对称布局强化了主入口的轴线,并正对礼堂,塑造了礼仪广场空间。轴线两边分别为教学楼以及食堂宿舍,运动场则置于地块西侧。建筑单体上,方案通过2个U形体块穿插、咬合产生了内外渗透的空间。形态上通过向礼堂的两段连续倾斜产生了对广场的空间退让,并与报告厅顶部的斜坡相互呼应。

　　下方案总图规划上将教学楼设置为东西轴线的中心。礼堂、运动场等公共区域置于北侧,食堂、宿舍等生活区域置于南侧。建筑单体上,方案整体呈U形围合,呼应校园轴线;同时运用大台阶、底层架空及三层的玻璃体丰富入口的空间,也成为校园广场的礼仪界面。造型上利用报告厅的高差创造了斜向连续的屋顶造型,很好地衔接了三层和四层体量。教室功能以单元体的手法局部产生形体的变化。不足的是:局部有黑房间,另外玻璃连廊内部有教室,建议优化。

上方案作者:罗愫

上方案作者:殷悦(在同济大学 2014 年复试快题中获得最高分 90 分)

延伸阅读:

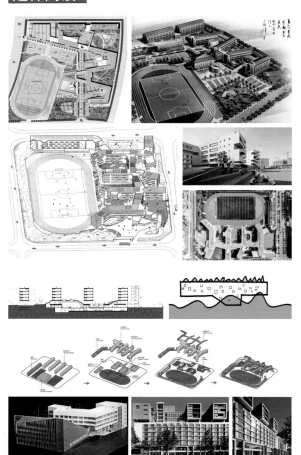

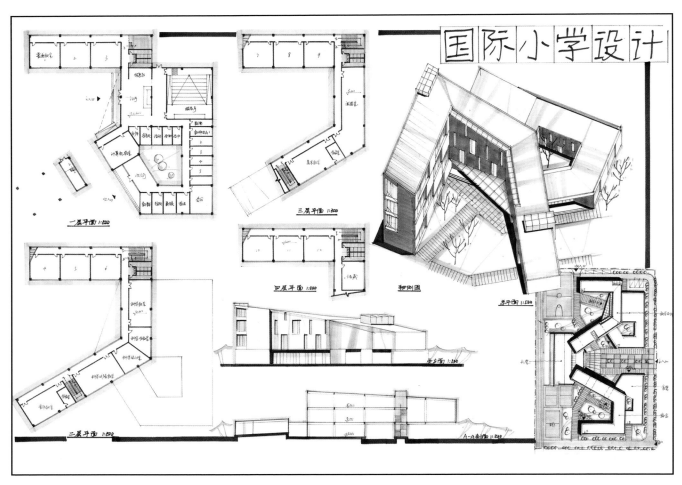

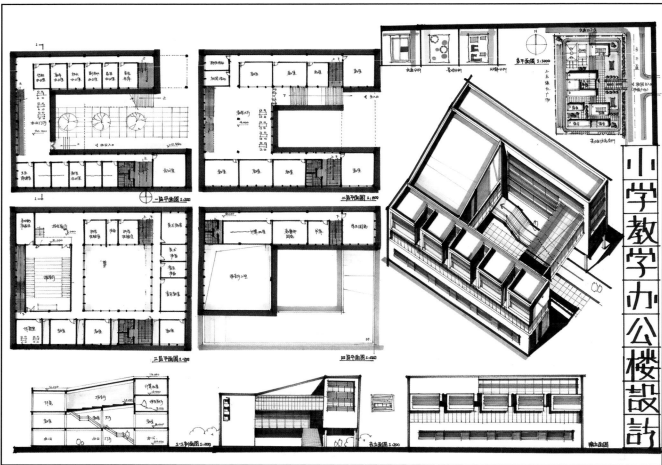

后记

本书是几凡设计教育教师团队及众多学员成果的共同见证。自 2005 年几凡成立以来，独具匠心的自编教材，独特的授课体系，科学的教学思路，一直是我们所追求的核心价值目标。几凡每年为国内外各大建筑院校输送了大量学硕士、博士研究生，为众多设计院输送大量优秀设计人才，为社会培养了数千名优秀的设计师，成为了业内设计师手绘快速表达及考研快题设计的领航者！

我们制定了一套专门针对考研、出国留学及工作需要的设计教学体系，也在教学实践中不断探索，将各大建筑院校的快题设计类型化和系统化。创办至今，几凡学员屡屡获得全国建筑类院校快题考试第一的好成绩，每年春季研究生成绩公布后，我们都会收到来自全国各地学子的感谢短信与电话，这是几凡不断前行的动力，也是我们不遗余力地进行本书编辑的精神力量。

本书受中国建筑工业出版社邀请，书中的题目均来自于各大建筑院校研究生所提供的基础资料，后经过重新绘制、加工整理，在此一并感谢。希望本书能为更多建筑专业学子提供良好的交流机会，也期盼更多同学能加入到几凡的大家庭中来。

最后向曾经帮助过我们和对本书提出宝贵建议的 莫天伟 教授、田利教授、王莉莉教授、胡振宇教授、郭华瑜教授、林晓东教授、方遥教授、刘义君教授、王畅教授、赵慧宁教授、冯阳教授、付凯教授、 吴骥良 教授、 李岳荣 教授等表示衷心的感谢。特别是田利教授，在本书长达两年的编写过程中，一直给予我们高度支持和鼓励，同时也对本书的主题特色、框架体系及行文逻辑提出了众多建设性的意见，在此深表感谢！

在此也要感谢为本书绘制图纸的众多几凡学员和几凡老师：毕若琛、蔡文静、蔡兴杰、曹代、曹加铭、曹秋颖、陈芳、陈奉林、陈家豪、陈磊、陈颖军、陈志刚、程泽西、储思敏、戴一正、邓珺文、杜怡婷、段晓天、范佳星、高吉利、高佳琪、贡梦琼、贺茜萌、胡彪、黄华、江玥树、蒋玲娇、蒋宇菲、鞠璟、冷鑫、李彬、李佳沛、李凌、李璐、李舒欣、李香、李志豪、林松涛、林增捷、凌赓、刘杰、刘津瑞、刘涟、刘清、刘亚飞、刘宇阳、刘卓奇、卢品、卢文斌、陆冠宇、陆一栋、罗愫、罗燕月、吕承哲、吕梦菡、马迅、孟吉尔、孟祥辉、聂鹏、潘晓、乔婕、沈忱、沈丹、沈钰、师雯晖、苏丹旎、粟诗洋、孙泽龙、覃琛、覃深深、唐铭、铁兵、汪晨阳、王成泉、王韩霖、王林玉、王宁、王伟、王文瑞、王叶、王艺、王雨佳、魏潇仙、文梦晗、吴昊、吴晞、肖宁菲、谢金容、谢雨晴、熊荻、熊宏材、徐峰山、徐航、闫启华、杨含悦、杨勇、杨宇、杨宗祥、么文爽、叶磊、伊曦煜、殷悦、永昌、游钦钦、于佳男、于宪、于在跃、喻干一、张赫群、张宏宇、张家洋、张蕾、张仁亮、张硕、张月、赵洁琳、赵伟、赵新洁、赵新隆、郑永俊、周宝林。

由于时间久远、疏于记录，对于未能列入名单的几凡学员，一并感谢！并请与我们取得联系，我们将在第二版书上把您列上。更要感谢参与本书文本编辑的几凡设计教育团队及其他成员：周雅琼、徐晓、李亚香、吴昊、郭明明、朱望。

回想起十年前的初步构思；这三年的图纸整理；这两年在飞机上、火车上、咖啡厅、宾馆里的文字书写；这一年的不眠之夜；这半年的无数讨论；这数月的熬夜加班；这几周反复删减，一张张地形图重新绘制，一张张参考图反复审核，一幅幅快题作品仔细检查，最后又将书的厚度减半；以及不知何时爬上鬓角的丝丝白发，真心感到辛苦。同时体会到理论工作者的不易，在此也对他们表示深深的敬意。由于忙于建筑设计公司运营、设计创作与几凡设计教学等多种工作，忽略了对父母家人的关心和照顾，在这里对他们表示感谢和歉意。特别要感谢我的妻子对我默默地支持与奉献，才有这本书的面世，客观地说这一半的功劳要归于她。最后仅以此书献给我周岁的女儿萌萌，祝她开心快乐的成长！

2015 年 12 月于同济大学

参考文献：

[1] 中华人民共和国建设部，中华人民共和国国家质量监督检验检疫总局．GB 50352-2005 中华人民共和国国家标准——民用建筑设计通则 [S]．北京：中国建筑工业出版社，2005．

[2] 《建筑设计资料集》编委会．建筑设计资料集 [M]．北京：中国建筑工业出版社，2005．

[3] 张文忠．公共建筑设计原理 [M]．北京：中国建筑工业出版社，2008．

[4] 日本建筑学会．建筑设计资料集成 [M]．天津：天津大学出版社，2007．

[5] ［德］普林斯，迈那波肯．建筑思维的草图表达 [M]．赵巍岩，译．上海：上海人民美术出版社，2005．

[6] 黎志涛．快速建筑设计方法入门 [M]．北京：中国建筑工业出版社，1999．

[7] 黎志涛．快速建筑设计一百例 [M]．南京：江苏科学技术出版社，2009．

[8] 黎志涛．快速建筑设计一百问 [M]．南京：江苏科学技术出版社，2011．

[9] 徐卫国．快速建筑设计方法 [M]．北京：中国建筑工业出版社，2001．

[10] 陈帆．建筑设计快题要义 [M]．中国电力出版社，2008．

[11] 宋晔皓，张悦．快速建筑设计 40 例 [M]．南京：江苏科学技术出版社，2010．

[12] 叶荣贵．华南理工大学建筑学院——快速建筑设计 50 例 [M]．南京：江苏科学技术出版社，2007．

[13] 胡振宇，林晓东．建筑学快题设计 [M]．南京：江苏科学技术出版社，2010．

[14] 美拉索．图解思考：建筑表现技法 [M]．邱贤丰，译．北京：中国建筑工业出版社，2002．

[15] （德）贝尔特·比勒费尔德，（西）塞巴斯蒂安·埃尔库里．设计概念 [M]．北京：中国建筑工业出版社，2011．

[16] （奥）卡里·约尔马卡．设计方法 [M]．北京：中国建筑工业出版社，2011．

[17] （荷）赫曼·茨伯格．建筑学教程 1：设计原理 [M]．天津：天津大学出版社，2003．

[18] （荷）赫曼·茨伯格．建筑学教程 2：空间与建筑师 [M]．天津：天津大学出版社，2003．

[19] 程大锦．建筑——形式空间和秩序 [M]．刘丛红，译．天津：天津大学出版社，2008．

[20] （美）爱德华·T·怀特．建筑语汇 [M]．林敏哲，译．大连：大连理工大学出版社，2001．

[21] （德）托马斯·史密特．建筑形式的逻辑概念 [M]．肖毅强，译．北京：中国建筑工业出版社，2003．

[22] （日本）小林克弘．建筑构成手法 [M]．陈志华，译．北京：中国建筑工业出版社，2004．

[23] （日）猪狩达夫．图解建筑外部空间设计要点 [M]．刘云俊，译．北京：中国建筑工业出版社，2011．

[24] 彭一刚．建筑空间组合论 [M]．北京：中国建筑工业出版社，1998．

[25] 同济大学建筑系建筑设计基础教研．建筑形态设计基础 [M]．北京：中国建筑工业出版社，1981．

[26] 朱雷．空间操作 [M]．南京：东南大学出版社，2010．

[27] 黄居正，王小红．大师作品分析 [M]．北京：中国建筑工业出版社，2005．

[28] （日）原口秀昭．路易斯·I·康的空间构成 [M]．徐苏宁；吕飞，译．北京：中国建筑工业出版社，2007．

[29] 富永让．勒·柯布西耶的住宅空间构成 [M]．刘京梁，译．北京：中国建筑工业出版社，2007．

[30] 桑丘－玛德丽霍斯．桑丘－玛德丽霍斯事务所设计作品 1991-2004.[M]．北京：中国建筑工业出版社，2004

[31] 建筑创作．坎波·巴埃萨住宅作品集 1974 — 2014.2014 年第 2 期．北京：《建筑创作》杂志社

[32] Editors of Phaidon Press. The Phaidon Atlas of Contemporary World Architecture [M].Phaidon Press,2004.

[33] Editors of Phaidon Press. The Phaidon Atlas of 21st Century World Architecture Travel Edition [M].Phaidon Press,2011.

[34] ArchGo.http://www.archgo.com/

[35] 在库在言.http://www.ikuku.cn/

[36] ArchiDaliy.http://www.archdaily.com/

[37] 筑龙网.http://www.zhulong.com/

[38] 谷德设计.http://www.gooood.hk/

[39] 中国知网.http://www.cnki.net/

[40] 建筑学报.http://www.aj.org.cn/

[41] 专筑网.http://www.iarch.cn/

[42] 建筑创作.http://www.archicreation.com.cn/

[43] UED-《城市·环境·设计》.http://www.uedmagazine.net/

[44] EL Croquis.http://www.elcroquis.es/Shop